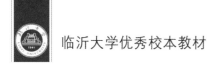
临沂大学优秀校本教材

U0288813

有机化学实验

Organo Chemistry Experiment

余天桃　主　编

彭安顺　副主编

山东人民出版社
Shandong People's Publishing House

前　言

　　《有机化学实验》教材是根据教育部面向化学、应用化学、化工、医学、药学及相近专业"有机化学实验"教学大纲的要求和教育部对国家级化学实验教学示范中心建设内容中对有机化学实验课的基本要求，结合普通高等院校理工科有机化学实验教学的现状和多年的实验教学经验编写的。

　　有机化学实验是化学、化工、制药及相关专业本科、专科学生必修的一门基础实验课程。为适应高等教育"厚基础、宽口径、强能力、高素质、广适应"的人才培养模式的改革需要，化学类基础课程体系进行较大的调整，实验课与理论课并重，突出了实验课程在人才培养中的重要作用。如何在有机化学实验教学中加强学生动手能力和实验操作技能的培养，提高学生自主设计实验、创新实验能力，为后续的专业实验课程奠定良好的基础，满足素质教育的要求，恰是广大同仁在有机化学实验教学过程中一直思考和探索的课题。为此，我们吸取了国内外优秀教材的经验，对原有的教材和讲义进行了删繁就简、去粗取精的整合和浓缩，力图在课程体系、教学内容和导引学习上有所拓展、有所创新。本教材主要特点如下：

　　（1）突出基本技能的培养和操作训练。在以往的教学中我们发现，不少学生在专业实验课程和毕业论文阶段，表现出实验技能缺乏、基本操作不规范等问题。为此，本教材对常规有机化学实验中所接触到的基本技能和操作做了详细介绍，内容突出实用、深入浅出，适应创新应用型人才的培养的要求。

　　（2）教材共六章，包括有机化学实验的一般知识，有机化学实验基本操作技术，有机物的分离、提纯与表征，有机化合物的制备，多步合成及设计性实验。共设 83 个实验项目，其中基本操作技术 17 个、综合性实验 42 个、创新及设计性实验 24 个。实验项目的选取覆盖了有机化学主要和重要的反应，也充分考虑实验的安全性和环保性。

　　（3）在"有机化合物的制备"一章中，对各类有机物的合成方法先进行了综述，注重有机化学反应的类比、串联和归纳，加强了与《有机化学》教材内容的呼应与联系，有利于学生系统全面地掌握有机化学知识，使理论联系实践更加密切。本教材依据绿色化学的基本原则，在内容编排时，尽量选择温和、高效的反应条件和无毒、无害、无二次污染的原料、产品和催化剂。

（4）教材增编了"知识链接"栏目，内容包括：诺贝尔奖、化学人物、化学前沿、新型材料、医学保健等诸多知识，起到了融科学性、趣味性、人文性为一体、开阔学生视野、加强学科交融，强化知识的横向联系的重要作用。

（5）教材增编了多步合成和设计性实验，通过开放实验让学生查阅资料、自行设计实验方案、确定实验条件、完成实验、表征产品结构，并以论文形式提交实验报告，提高学生阅读和查阅科技文献的能力和独立实验的能力，为毕业论文的写作及未来从事研究和实际工作奠定基础。

（6）教材收集编入了常见有机物的物性参数、红外光谱图和核磁共振谱图，以及常见有机试剂的配制、纯化方法等，从而为更好地完成实验和进行研究提供方便。

本书由余天桃教授主编，彭安顺教授副主编，参加编写的有温梅姣、王亚琦、虞召朋、徐淑永、付广云、王丽、锁守丽、夏闽、贾瑞宝、于军香、刘金梅等，最后由余天桃、彭安顺统稿。参编人员皆选自实验教学一线，在高校创新教育、精品课程建设等方面积累了丰富的经验，取得了较好的教学效果和丰硕的研究成果。

在教材的编写中，我们受到国内外优秀有机化学实验教材的深刻启迪、山东人民出版社和临沂大学化学化工学院的广大师生的热忱帮助，在此一并致以衷心的感谢！

由于水平有限，书中疏漏和不妥之处敬请读者批评指正。

作　者

2013 年 5 月于临沂

CONTENTS | 目 录

第二章 有机化学实验基本操作技术 /25

第三章 有机物的分离、提纯与表征 /73

CHAPTER 1 | 第一章
有机化学实验的一般知识

1.1　有机化学实验的基本内容

　　有机化学实验的内容主要包括有机化学实验的一般知识、有机化学实验常用仪器及装置、有机化学实验技术、典型有机化学合成实验、有机化学综合性多步设计实验等。

　　"有机化学实验的一般知识"主要介绍有机化学实验课程的目的、要求,有机化学实验室规则,实验室的安全,事故的预防、处理与急救,有机化学实验课程的学习方法等;"有机化学实验常用仪器及装置"主要介绍常用仪器及装置的识记、构成、装配要点、使用规范、注意事项。"有机化学实验技术"主要介绍有机化学实验中涉及的基本操作技术和原理,训练学生掌握基本操作技术和技能是有机化学实验课的重要环节和任务,因此,对于重要的基本操作单独设置实验项目,并在合成实验中加以运用和巩固,目的是让学生能够正确操作并达到熟练的程度。"多步设计实验"是在常规的实验基本技能的基础上,设计综合性的、探究性的实验项目,在实验过程中重技能的形成、巩固、深化与应用,在设计实验中通过查阅文献确定实验方案、仪器药品、步骤方法等,并实施实验全过程,培养学生创新意识和综合能力,提高实验教学质量。

1.2　有机化学实验课程的目的要求

　　有机化学实验是高等院校的化学、化工、制药、生工、材料、轻化、食品和环境工程等专业必修的一门基础实验课程,其与理论并重。通过有机化学实验课程的教学要达到以下目的:

　　(1)树立安全意识,掌握实验室安全常识,学会一般事故的预防和处置办法,学会化学危险品的使用与管理办法。

（2）认识有机化学实验所需的常用仪器设备，熟练装配常用装置，明确其应用规范。

（3）掌握熔点和沸点测定、常压蒸馏、分馏、水蒸气蒸馏、回流、萃取、重结晶等基本操作技能，并能根据实验要求，设计合理的分离提纯方法，及时发现并解决实验中出现的问题。

（4）逐步熟悉和掌握化合物的制备、分离和表征方法，加深对化学基本理论和基本知识的理解和掌握，提高对化学反应单元的感性认识，使抽象的理性知识由于感性认识的融入，而上升到更高的理性认识水平，培养学生通过实验获得新知识的能力。

（5）培养学生细致观察现象、准确记录实验、正确处理数据、综合分析实验过程、文字表达实验结果的能力；培养学生认真求实的科学态度、团结协作的精神，良好的实验习惯和绿色化学意识，形成良好的实验室工作作风。

（6）通过有机化学实验的学习，学生的观察能力、思维能力、应变能力、综合能力、创造能力都有一定程度的提高，为从事化学、化工以及相关领域的科学研究和技术开发工作打下扎实的基础。

1.3　有机化学实验室规则

为了确保有机化学实验课正常、有效、安全地进行，保证实验课的教学质量，培养严谨的科学态度，必须遵守下列规则：

（1）熟悉有机实验室安全用具。如灭火器材、沙箱以及急救药箱的放置地点和使用方法，并妥善保管。安全用具和急救药品不准移作他用。

（2）在进入有机实验室之前，了解进入实验室后应注意的事项及有关规定。做实验前，必须做好预习，明确实验目的，熟悉仪器药品的性质和使用规范，掌握实验原理和实验步骤，并写好实验预习报告。没有达到预习要求者不得进行实验。

（3）实验开始前，首先检查仪器是否完好无损，如仪器有缺损，应及时登记补领；再检查仪器是否干净（或干燥），如有污物，应洗净（或干燥）后方可使用，否则会给实验带来不良影响。

（4）操作前，想好每一步操作的目的、意义，注意实验中的关键步骤及难点，了解所用药品的性质及应注意的安全问题。

（5）实验时，严格按规程操作，如要改变，必须经指导老师同意；实验仪器装置安装完毕，要请教师检查合格后方能开始实验；实验中要仔细观察现象，积极思考问题，实事求是地做好记录；实验完成后，由指导老师登记实验结果，并将产品回收统一保管。

（6）实验室内应保持安静，不得谈笑、大声喧哗，不得擅自离开实验室，不能穿拖鞋、背心等暴露过多的服装进入实验室；不许将与实验无关的书报等物品带入实验室，严禁在实验室吸烟、饮食。

（7）实验时，要保持台面和地面整洁，实验中暂时不用的仪器不要摆放在台面上，以免碰倒损坏；公用仪器用完后放回原处，并保持原样；药品取完后及时将盖子盖好，保持药品台清洁；液体样品一般在通风橱中量取，固体样品一般在称量台上称取；若仪器损坏，应如实填写破损单；废液应倒在废液桶内；固体废物（如沸石、棉花等）应倒在垃圾桶内，千万不要倒在水池中，以免堵塞；废酸、酸性反应残液应倒入指定容器中，严禁倒入水槽；实验完毕，应及时将仪器洗净，并放入指定的位置。

（8）要爱护公物，节约药品，养成良好的实验习惯。要爱护和保管好发给的实验仪器，如有损坏，要填写破损单，经指导教师签署意见后，凭原物领取新仪器；要节约用水、电及消耗性药品；要严格按照规定称量或量取药品。

（9）实验时，要严格遵守安全守则与每个实验的安全注意事项。一旦发生意外事故，应立即报告教师，采取有效措施，迅速排除事故。

（10）实验室所有仪器和药品（包括制备的产品）不得带出室外，用毕应放回原处或指定位置。

（11）实验结束后，将个人实验台面打扫干净，仪器洗、挂、放好，拔掉电源插头；请指导老师检查、签字后方可离开实验室；值日生应负责打扫卫生，整理试剂架上的药品（试剂）与公共器材，倒净废物桶，并检查水、电、窗是否关闭。

（12）实验完毕，及时整理实验记录，写出符合要求的实验报告，按时交教师审阅。

1.4 实验室的安全，事故的预防、处理与急救

有机化学实验所用的化学药品大多为有毒、易挥发、易燃、易爆或腐蚀性的物质，所用仪器大部分是玻璃制品，虽然我们在选择实验时，尽量选用的是低毒性的溶剂和试剂，但是大量使用时也会对人体造成一定伤害。此外，玻璃器皿、煤气、电器设备等使用或处理不当也会产生事故。有机化学实验室工作中若粗心大意，极易发生割伤、烧伤、灼伤、火灾、中毒、爆炸等事故，因此，防火、防爆、防中毒是有机实验中的重要问题，必须认真对待。预习时要了解所做实验中用到的物品和仪器的性能、用途，了解可能出现的问题及预防措施，注意安全用电，严格执行操作规程，在思想上提高警惕，加强安全措施，避免事故的发生，确保实验的顺利进行，有效维护人身和实验室的安全。

1.4.1 火灾的预防及处理

1. 火灾的分类

依据物质燃烧的特性，可将火灾划分为 A、B、C、D、E 五类。

A 类：指由固体物质引起的火灾，这类物质往往具有有机物的性质，一般在燃烧时产生灼热的余烬。

B 类：指由液体和可熔化的固体物质引起的火灾，如汽油、煤油、柴油、原油、甲醇、乙醇、沥青、石蜡等。

C类：指由气体引起的火灾，如煤气、天然气、甲烷、乙烷、丙烷、氢气等。

D类：指由金属引起的火灾，如钾、钠、镁、铝镁合金等。

E类：指由带电物体和精密仪器等引起的火灾。

2. 火灾的预防

引起着火的原因很多，如用敞口容器、加热低沸点的溶剂、加热方法不正确等。为防止着火，实验中应注意以下几点：

（1）数量较多的易燃有机溶剂应放在危险药品橱内。实验室不得存放大量易燃、易挥发性物质。

（2）切勿用敞口容器存放、加热或蒸除有机溶剂。应根据实验要求和物质的特性，选择正确的加热方法，如对沸点低于80℃的液体，在蒸馏时应采用水浴加热，不能用明火直接加热；盛有易燃有机溶剂的容器不得靠近火源等。

（3）尽量防止或减少易燃气体的外逸。处理和使用易燃物时，应远离明火，注意室内通风，及时将蒸气排出；易燃、易挥发的废物，不得倒入废液缸和垃圾桶中，量大时应专门回收处理，量小时可倒入水池用水冲走，但与水发生强烈反应者除外。

（4）有煤气的实验室，应经常检查管道和阀门是否漏气。

（5）回流或蒸馏液体时应加沸石，以防溶液因过热暴沸而冲出，若在加热后发现未放沸石，则应停止加热，待稍冷后再加，如果在过热溶液中加入沸石，会导致液体突然沸腾，冲出瓶外而引起火灾。不要用火焰直接加热烧瓶，而应根据液体沸点高低使用石棉网、油浴、水浴或电热帽（套）。冷凝水要保持畅通，若冷凝管忘记通水，大量蒸汽来不及冷凝而逸出，也易造成火灾。蒸馏易燃溶剂（特别是低沸点易燃溶剂）的装置，要防止漏气，接受器支管应与橡皮管相连，使余气通往水槽或室外。

（6）在反应中添加或转移易燃有机溶剂时，应暂时熄火或远离火源。

（7）因故离开实验室时，一定要关闭自来水和热源。

3. 火灾的处理

一旦发生火灾，应沉着镇静地及时采取正确措施控制事故的扩大。首先，立即切断电源，移走易燃物；然后根据易燃物的性质和火势采取适当的方法进行扑救。

（1）有机物着火通常不用水进行扑救，因为一般有机物不溶于水或遇水可能发生更强烈的反应，从而引起更大的事故。金属钠、钾、铝、电石、过氧化钠着火，应用干沙灭火；比水轻的易燃液体，如汽油、苯、丙酮等着火，可用泡沫灭火器灭火；有灼烧熔融物的地方着火时，应用干沙或干粉灭火器灭火；电气设备或带电系统着火，可用二氧化碳灭火器灭火。

（2）小火可用湿布或石棉布盖熄，火势较大时应用灭火器扑救。

（3）地面或桌面着火时，可用沙子扑救，但容器内着火不易使用沙子扑救。

（4）身上着火时，应就近在地上打滚（速度不要太快）将火焰扑灭，千万不要在实验室内乱跑，以免造成更大的火灾。

（5）灭火器按所充装的灭火剂可分为泡沫、干粉、卤代烷、二氧化碳、酸碱、清水等。目前实验室中常用的是干粉灭火器和二氧化碳灭火器，适用于油脂、电器及较贵重的仪器着火。虽然四氯化碳灭火器和泡沫灭火器都具有较好的灭火性能，但四氯化碳在高温下能生成剧毒的光气，而且与金属钠接触会发生爆炸，泡沫灭火器会喷出大量的泡沫而造成严重污染，给后期处理带来麻烦，因此这两种灭火器一般不用。不管采用哪一种灭火器，都是从火的周围开始向中心扑灭。油浴和有机溶剂着火时，绝对不能用水浇，否则会使火焰蔓延。火情无法控制时，应及时拨打 119 火警电话。

表 1.1　　　　　　　　　　　　实验室常用的灭火器及使用范围

灭火器种类	药液成分	适用范围	使用方法
酸碱式灭火器	H_2SO_4 和 $NaHCO_3$	适用于扑救 A 类物质燃烧的初起火灾，如木、织物、纸张等火灾，但不能用于扑救 B 类物质燃烧的火灾，也不能用于扑救 C 类可燃性气体或 D 类轻金属火灾，也不能用于带电物体火灾的扑救	用手指压紧喷嘴，将灭火器颠倒过来，摇动几下后松开手指，对准燃烧最猛烈处喷射。随着灭火器喷射距离的缩短，应逐渐向燃烧物靠近，始终使水流喷射在燃烧物上，直至把火扑灭
泡沫灭火器	$Al_2(SO_4)_3$ 和 $NaHCO_3$	适用于扑救一般 B 类火灾，如油制品、油脂等火灾，也可适用于 A 类火灾，但不能扑救 B 类火灾中的水溶性可燃、易燃液体的火灾，如醇、酯、醚、酮等物质火灾，也不能扑救带电设备及 C 类和 D 类火灾	使用时，先打开保险销，一手握住喷管，对准火源，另一手拉动拉环，即可向火源喷出泡沫。使用时手必须握在喷筒后的木把上，再启动开关，不要直接触及喷筒，因喷筒温度低，手触及会冻伤
二氧化碳灭火器	液态 CO_2	适用于扑灭电器设备、小范围油类及忌水的化学物品的失火	拔出保险销，一手握住喇叭筒根部的手柄，另一只手紧握启闭阀的压把。对没有喷射软管的二氧化碳灭火器，应把喇叭筒往上板 70°～90°。灭火时，当可燃液体呈流淌状燃烧时，将二氧化碳灭火剂的喷流由近而远向火焰喷射
四氯化碳灭火器	液态 CCl_4	适用于扑灭电器设备、小范围的汽油丙酮等失火，不能用于扑灭活泼金属钾、钠的失火。电石、CS_2 的失火，也不能使用它，因为会产生光气一类的毒气	由于四氯化碳有毒，遇高温可形成剧毒的光气，操作时应防中毒。在室内使用时，应注意通风。在室外使用时，操作者应站在上风向，并应注意因风吹减效。使用手轮式四氯化碳灭火器时，将喷嘴对向火焰，向开字方向旋松手轮，药液即可喷出。灭火器在使用、运输、贮存过程中，均应垂直放置

续表

灭火器种类	药液成分	适用范围	使用方法
干粉灭火器	碳酸氢钠等盐类物质与适量的润滑剂和防潮剂	适用于扑灭油类、可燃性气体、电器设备、精密仪器、图书和遇水易燃烧物品的初起火灾	使用时，拔出销钉，将出口对准着火点，将上手柄压下，干粉即可喷出
1211 手提式灭火器	CF_2ClBr 液化气	油类、有机溶剂、仪器、高压电器设备等	使用时不能颠倒，也不能横卧，否则灭火剂不会喷出。在室外使用时，应选择在上风向喷射；在窄小的室内灭火时，灭火后操作者应迅速撤离，因灭火剂有一定的毒性

1.4.2 爆炸的预防及处理

在有机化学实验室中，发生爆炸事故一般有两种情况：一是由某些化合物引起的爆炸，如过氧化物、多硝基化合物、含过氧化物的乙醚、乙醇和浓硝酸混合物、叠氮化物、干燥的重氮盐、硝酸酯等；二是仪器安装不正确或操作不当引起的爆炸，如蒸馏或反应时实验装置被堵塞，减压蒸馏时使用不耐压的仪器等。

为了防止爆炸事故的发生，应注意以下几点：

（1）空气中混杂易燃有机溶剂的蒸汽达到某一极限时，遇明火即发生燃烧爆炸，如乙醚和汽油。有些有机化合物遇氧化剂时会发生猛烈爆炸或燃烧，操作时应特别小心。存放药品时，应将氯酸钾、过氧化物、浓硝酸等强氧化剂和有机药品分开。

表 1.2   **常用易燃溶剂蒸汽爆炸极限**

名称	沸点/℃	闪燃点/℃	爆炸范围（体积/%）
甲醇	64.96	11	6.72～36.50
乙醇	78.5	12	3.28～18.96
乙醚	34.51	−46	1.85～36.5
丙酮	56.2	−17.5	2.55～12.80
苯	80.1	−11	1.41～7.10

（2）使用易燃、易爆气体，如氢气、乙炔等时要保持室内空气畅通，严禁明火，并应防止一切火星的发生，如由于敲击、鞋钉摩擦、电器开关等所产生的火花。

表 1.3   **易燃气体爆炸极限**

气体	空气中的含量（体积/%）
氢气	4～74
一氧化碳	12.50～74.20

续表

气体	空气中的含量（体积/%）
氨	15～27
甲烷	4.6～13.1
乙炔	2.5～30

（3）开启贮有挥发性液体的瓶塞和安瓿时，必须先充分冷却，开启时瓶口必须指向无人处，以免由于液体喷溅而招致伤害；如遇瓶塞不易开启，必须注意瓶内贮物的性质，切不可贸然用火加热或乱敲瓶塞等。

（4）有些实验可能生成有危险性的化合物，操作时须特别小心。有些化合物具有爆炸性，如叠氮化物、重金属炔化物、苦味酸金属盐、干燥的重氮盐、硝酸酯、多硝基化合物等，使用时须严格遵守操作规程，防止蒸干溶剂或震动；有些有机化合物，如醚或共轭烯烃，久置后会生成易爆炸的过氧化合物，须特殊处理后才能使用。

（5）反应过于猛烈时，应适当控制加料速度和反应温度，必要时采取冷却措施。

（6）在用玻璃仪器组装实验装置之前，要先检查玻璃仪器是否有破损。

（7）常压操作时，应使全套装置有一定的地方通向大气，切勿造成密闭体系，要经常检查反应装置是否被堵塞，如发现堵塞应停止加热或反应，将堵塞排除后再继续加热或反应。

（8）减压蒸馏时，不能用平底烧瓶、锥形瓶、薄壁试管等不耐压容器作为接收瓶或反应瓶。加压操作时（如高压釜、封管等），要有一定的防护措施，并应经常注意压力有无超过安全负荷，选用封管的玻璃厚度是否适当、管壁是否均匀等。

（9）无论是常压蒸馏还是减压蒸馏，均不能将液体蒸干，以免局部过热或产生过氧化物而发生爆炸。

（10）煤气开关及其橡皮管应经常仔细用肥皂水检查是否漏气，发现漏气应立即熄灭火源，打开窗户，若不能自行解决应及时抢修。

1.4.3　中毒的预防及处理

大多数化学药品都具有一定的毒性。有机化学实验室内有种类繁多的挥发性试剂，比其他实验室更易引起中毒。中毒主要是通过呼吸道和皮肤接触有毒物品而对人体造成危害。

联合国将化学品安全管理提升到战略高度，欧盟、美国与日本等发达国家也在法律和机制上日益完善，确保化学品安全管理国家战略目标的实现。我国高度重视化学品安全检验、检测方法标准体系的建设与完善，出台了《危险化学品安全管理条例》《新化学物质环境保护管理办法》等相关条例。

在毒理学中，半数致死量（median lethal dose）简称 LD_{50}（即 Lethal Dose, 50'），是描述有毒物质或辐射的常用毒性指标。根据物质的 LD_{50} 值，美国科学院把毒性物质危险划分为五个等级："0"级，无毒性，$LD_{50} > 15g \cdot kg^{-1}$；"1"级，实际无毒性，$5g \cdot kg^{-1} < LD_{50} < 15g \cdot kg^{-1}$；"2"级，轻度毒性，$0.5g \cdot kg^{-1} < LD_{50} < 5g \cdot kg^{-1}$；"3"级，中度

毒性，$50mg \cdot kg^{-1} < LD_{50} < 500mg \cdot kg^{-1}$；"4"级，高度毒性，$LD_{50} < 50mg \cdot kg^{-1}$。

常见危险品警示图标

1. 化学中毒的预防

（1）了解化学物质的性质，包括物理性质、化学性质、活性、着火点、爆炸性、毒性、对健康的危害、撒落和废水的处理方法等信息。

（2）实验中所用的剧毒物质应有专人负责收发，并向使用毒物者提出必须遵守的操作规程，实验后的有毒残液必须作妥善而有效的处理，不准乱丢。

（3）称量任何药品时都应使用工具，不得直接用手接触，有些剧毒物质会渗入皮肤，接触时必须戴橡皮手套。一旦接触化学药品后立即用清水洗手，不能用有机溶剂洗手；切勿让毒品沾及五官或伤口。做完实验后，应洗手后再离开实验室。任何药品不能用嘴尝。

（4）使用和处理有毒物质，或在反应过程中可能生成有毒或有腐蚀性气体的实验，应在通风橱内进行，或加气体吸收装置，并戴好防护用品，尽可能避免蒸汽外逸，使用通风橱时不要把头部伸入橱内。

（5）使用后的仪器和器皿应及时清洗，实验完毕后应及时处理有毒物质，采取适当方法消除或破坏其毒性。

2. 化学中毒的处理

（1）吸入有毒物后若发生中毒现象，应让中毒者及时离开现场，到通风好、空气新鲜的地方，解开衣领及纽扣，严重者应及时送往医院。

（2）若化学药品溅入或误入口腔，应立即用大量的水冲洗，如已进入胃中，应根据毒物的性质服用解毒药，并立即送往医院急救。

（3）若误吞强酸，先饮用大量的水，再服氢氧化铝膏、鸡蛋蛋白等；若误吞强碱，先饮用大量的水，再服醋、酸果汁、鸡蛋蛋白等。不论酸还是碱中毒都不要吃催吐剂。

（4）如果发生刺激性及神经性中毒，先服牛奶或鸡蛋蛋白使之冲淡和缓解，再服用硫酸镁溶液（约10g溶于100mL）催吐，并送往医院就诊。

（5）不慎吸入溴、氯等有毒气体时，可吸入少量酒精和乙醚的混合蒸汽解毒，同时到室外呼吸新鲜空气。吸入硫化氢气体或者煤气者要及时通风换气，严重者去医院急救。误服氨中毒者可先饮牛奶，后送医院治疗。

1.4.4 灼伤的预防及处理

皮肤接触了高温（火焰、蒸汽）、低温（固体 CO_2、液态氮）或腐蚀性物质（强酸、强碱）后均可能被灼伤。在接触这些物质时，最好戴橡胶手套和防护眼镜。发生灼伤时应按下列要求处理：

1. 酸灼伤

皮肤被酸灼伤时，立即先用大量的水冲洗，用5％的碳酸氢钠溶液清洗后，再将伤处浸泡在冷的饱和硫酸镁溶液中半小时以上，用甘油和氧化铁悬浮剂涂抹，或涂上烫伤膏，并将伤口扎好。眼睛被酸灼伤时，立即抹去溅在眼睛外面的酸，用洗眼杯或将橡皮管套上水龙头用慢水对准眼睛冲洗，再用稀碳酸氢钠溶液冲洗，最后滴入少许蓖麻油，必要时医院就诊。若衣服沾上强酸，可依次用水、稀氨水和水冲洗。若地板上撒上了强酸，应倒上石灰粉，再用水冲洗。

2. 碱灼伤

皮肤被碱灼伤时，先用大量的水冲洗，然后用1％硼酸溶液或1％醋酸溶液洗涤。眼睛被碱灼伤时，应先抹去溅在眼睛外面的碱，用大量水冲洗，再用饱和硼酸溶液洗涤后，滴入蓖麻油。若衣服沾上碱，先用水洗，然后用10％醋酸溶液洗涤，再用稀氨水中和多余的醋酸，最后用水冲洗。

3. 溴灼伤

溴引起的灼伤一般都特别严重，应立即用石油醚洗去溴，再用10％的硫代硫酸钠溶液洗至灼伤处呈白色，然后涂上甘油或鱼肝油软膏加以按摩。如眼睛受到溴蒸汽的刺激，暂时不能睁开时，可对着盛有酒精的瓶口注视片刻，再处理。

4. 氨灼伤

皮肤污染时立即脱掉污染的衣着，用流动清水冲洗皮肤至少30分钟。眼污染后立即用流动清水或凉开水冲洗至少10分钟。

5. 磷烧伤

用1％硫酸铜溶液或1％硝酸银溶液或浓高锰酸钾溶液处理伤口后，送医院治疗。

6. 被热水或热物体烫伤

在患处涂上红花油，然后擦烫伤膏，重伤者涂以烫伤油膏后即送医院诊治。

1.4.5　割伤的预防及处理

有机实验中主要使用玻璃仪器，使用时最基本的原则是不能对玻璃仪器的任何部位施加过度的压力；需要用玻璃管和塞子连接装置时，用力处不要离塞子太远；新割断的玻璃管断口处特别锋利，使用时要将断口处用火烧至熔化，使其呈圆滑状。

如玻璃仪器破损割伤皮肤，应先把碎玻璃（或其他异物）从伤处清理干净，如伤势较轻可用生理盐水或饱和硼酸溶液擦洗伤处，涂上紫药水，必要时撒些消炎粉，用绷带包扎；伤势较重时，则先用医用酒精在伤口周围清洗消毒，再用纱布按住伤口压迫止血，立即送医院处理。若割破静（动）脉血管流血不止时，应先止血，具体方法是：在伤口上方 $5\sim10cm$ 处用绷带扎紧或用双手掐住，再进行处理或送往医院。

1.4.6　触电事故的预防及处理

进入实验室后，首先应了解水、电、气的开关位置，并掌握它们的使用方法。实验中，应先将电器设备上的插头与插座连接好后，再打开电源开关；实验室使用电器前，应检查线路连接是否正确，电器内外要保持干燥，不能有水或其他溶剂；使用电器时，应防止人体与电器导电部分直接接触，不能用湿手接触电插座或手握潮湿的物体接触电插座；实验设备金属线先应接地；实验室电路要定期检修，如发现老化应及时更换，避免触电和电着火；实验做完后，应先关掉电源，再拔插头。

如果发生触电事故，应立即切断电源，用绝缘物（干木棒、竹棍等）将触电者与电源隔离，然后根据伤情实施救治。

实验室应备的急救物品：生理盐水、医用酒精、红药水、烫伤膏、$1\%\sim2\%$ 的乙酸－硼酸溶液、1% 的碳酸氢钠溶液、2% 的硫代硫酸钠溶液、甘油、止血粉、龙胆紫、凡士林等，还应有镊子、剪刀、纱布、药棉、洗眼杯、胶布、绷带、橡皮管等急救用具。

1.5　有机化学实验课程的学习方法

为了更好地完成实验，除了需要积极的学习态度，还需要有正确的学习方法。学生需要在各个环节严格要求自己。

1.5.1　认真预习、明确目的、有备而做

1. 课前预习的必要性

实验课前必须认真预习，阅读和理解实验教材，并辅以一定的参考资料，明确实验目的与要求，了解所用药品的性质、所用实验仪器设备的使用方法、实验原理、操作步骤、实验内容、实验注意事项以及数据的处理方法等，做到心中有数。在预习的基础上写出预习报告，写好预习报告是保证实验安全顺利完成、提高实验技能的前提，未预习或未达到要求的学生都必须重新预习，经指导教师检查认可后，方可参加实验。

2　如何撰写有机化学实验的预习报告

实验预习的内容包括：

（1）实验目的。写出本次实验要达到的主要目的和要求。

（2）实验原理。用反应式写出主反应及副反应，并写出反应机理，简单叙述操作原理。

（3）实验试剂。通过查询手册或文献等，将原料、产物、副产物和试剂的用量、规格、物理常数、化学性质等以表格形式列出，必要时计算理论产率。

（4）实验装置。清楚地画出主要反应装置图。

（5）实验步骤。用自己的语言写出实验简单步骤（不是照抄教材实验内容），或用框图、箭头、表格等形式将反应、产品纯化等实验过程简化成流程图；简要说明每一步操作的目的是什么，为什么这么做。步骤中的文字可用符号简化，如克＝g，毫升＝mL，加热＝△，气体＝↑，沉淀＝↓；仪器可以示性图表示。

（6）实验关键和注意事项。

【例】　　　　预习报告：1-溴丁烷的制备

［实验目的］

（1）掌握用醇和氢卤酸反应制取卤代烷的原理和基本操作。

（2）掌握回流、气体吸收装置的安装和操作技术。

（3）掌握分液漏斗和液体蒸馏等的正确操作。

［实验原理］

主反应：$NaBr + H_2SO_4 \Longrightarrow HBr + NaHSO_4$

$\quad\quad\quad CH_3CH_2CH_2CH_2OH + HBr \Longrightarrow CH_3CH_2CH_2CH_2Br + H_2O$

副反应：$H_2SO_4 + HBr \Longrightarrow SO_2 + H_2O + Br_2$

$\quad\quad\quad 2CH_3CH_2CH_2CH_2OH \Longrightarrow CH_3CH_2CH_2CH_2OCH_2CH_2CH_2CH_3 + H_2O$

$\quad\quad\quad CH_3CH_2CH_2CH_2OH \Longrightarrow CH_3CH_2CH=CH_2 + H_2O$

［实验试剂］

试剂规格及用量

名称	规格	用量
正丁醇	化学纯	7.5g、9.3mL、0.10mol
浓硫酸	工业品	26.7g、14.5mL、0.27mol
溴化钠	化学纯	12.5g、0.12mol
饱和碳酸氢钠溶液		
无水氯化钙	化学纯	

物性参数

名称	分子量	性状	折光率 (n_n^m)	密度	熔点 (℃)	沸点 (℃)	溶解度		
							水	乙醇	乙醚
正丁醇	74.12	无色液体	1.3990	0.810	−90	117.7	可溶	∞	∞
正溴丁烷	137.03	无色液体	1.4390	1.276	−112	101.6	不溶	∞	∞

[仪器装置]

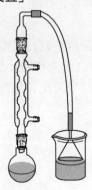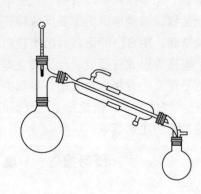

[实验流程]

（1）粗产品的制备：

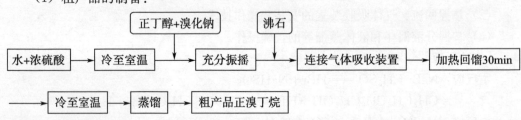

（2）粗产品的精制：

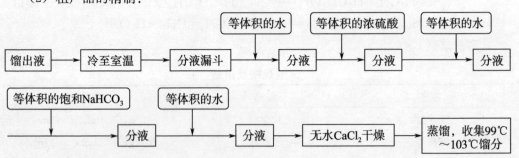

（3）理论产量的计算：因其他试剂过量，理论产率应按正丁醇计算，0.1mol 正丁醇能产生 0.1mol 正溴丁烷，0.1mol×137g·mol⁻¹＝13.7g。

[注意事项]

（1）加料顺序不要颠倒，加料和回流过程中要不断振摇，以免影响产率。

（2）浓硫酸具有强腐蚀性，操作时要小心，若不慎溅及皮肤，应立即用水冲洗。

（3）尽量将生成的1－溴丁烷全部蒸出，注意判断是否蒸完。

（4）在洗涤精制分液过程中，要仔细判断产物所在的分离层，防止误判而损失产品。

1.5.2　独立操作、仔细观察、完整记录

1. 如何独立完成实验操作

在教师指导下独立地进行实验是实验课程的主要环节，也是训练学生正确掌握实验技术、实现化学实验目的的重要手段。实验中必须按步骤及规程进行，切忌盲目操作，必要时须经实验指导教师检查装置后方可进行实验。设计性实验或对实验提出新的实验方案，必须与指导教师讨论、修改和定稿后方可进行实验。要求做到以下几点：

（1）良好的实验习惯的养成，合理地布置仪器设备，认真记录实验的时间、地点和实验环境（温度、湿度、气压等），注意基本的操作技术的规范训练，做到单项操作熟练、综合技术会用。

（2）认真操作、细心观察，如实详细地将实验现象和实验数据记录在实验记录本上，不得随意涂改实验数据。

（3）实验中有意识地培养发现问题、分析问题和解决问题的能力。如果发现实验现象与理论不相符合，应首先尊重实验事实，并认真分析和检查原因，通过必要手段重做实验；有疑问时力争自己解决问题，也可与同学讨论或询问指导教师。

（4）数据处理要科学严谨，产品的后处理和分析检测要仔细认真，养成实事求是和严谨的科学态度，否则，一步失误就会使实验失败甚至出现安全事故。

（5）实验过程中应保持肃静，严格遵守实验室工作规则，注意安全和节约。

（6）实验结束后，洗净仪器，整理好药品和实验台，并将实验预习与记录本交指导教师签字认可后，方可离开实验室。

2. 如何进行实验记录

实验记录是实验条件、实验结果的信息贮存，是科学研究的第一手资料，是撰写实验报告、进行科学思维的依据。实验记录的好坏直接影响对实验结果的分析，因此学会做好实验记录是培养学生科学作风及实事求是精神的重要环节。

（1）实验记录的原则：做实验记录必须遵守下列"五性"原则。

①记录的原始性。首先必须有一个记录本，而不是将实验的情况记录在一张很随意的纸上。记录本由以下几部分组成：姓名、目录、实验项目、日期与时间、操作步骤、现象与结果。实验内容一旦如实记录后，不允许再作改动。重复实验而获得的新数据应重新记录，不能修改上次实验的结果，若有笔误用单画线划去，并附以说明。

②实验记录的及时性。实验过程中，现象一旦发生，数据一旦测出，就应立即进行记录，不可等几天之后凭回忆作记录，以免发生错记。

③实验记录的完整性。不少同学在做实验时，只注意记录测量的数据，忘记了记录现象、实验条件和过程等内容，以至到最后进行实验分析时发生困难。

④实验记录的系统性。这是从时间的角度对实验记录的要求。时间较长的实验，要坚持连续观察和连续记录；有的问题，仅从一两次实验记录还看不出其结论，经过长时间进行连续观察和记录则可以获得新的结论。

⑤实验记录的客观性。实验中观察和测量的结果是什么就记录什么，不作任何评论和解释。评论和解释是实验报告的任务。

实验记录的这五性是科学史上无数科学家们辛勤劳动的结晶，事实证明坚持"五性"才能完整系统地完成实验的全过程，培养学生的科学素养。

（2）实验记录的内容：

①实验标题与日期。

②实验的条件，包括温度、湿度、大气压等；实验的特殊条件，如无水、无氧、避光、干燥等。

③反应方程式、试剂用量（质量或体积、密度）、摩尔数、试剂来源、纯度、物性参数（熔点、沸点、溶解度、密度、旋光度等）

④操作细节，如加热时间、温度、加料方式等。

⑤所用仪器设备的型号、厂家、精密度等。

⑥观察到的现象，如颜色、溶解性、沉淀、气体等。

⑦各种可能的干扰、相互因素的影响等。

⑧实验后处理工序，如萃取洗涤所用溶剂，干燥剂，蒸馏的温度、压力、真空度、馏出温度及质量，重结晶所用溶剂、溶剂体积、温度，柱层析的展开剂、固定相、各组分含量、R_f 值等。

⑨测量到的数据、计算产率。

⑩结语，实验结果、可能改进的建议等。

1.5.3 理性分析、及时总结、撰写报告

1. 实验报告的要求

实验报告是实验的回顾、反思、总结和拓展的过程，是知识与技能的升华，应足够重视。要求文字清楚、整齐、简明扼要，每次实验完毕后，要独立写出实验报告。撰写实验报告首先要仔细观察实验现象，认真分析其原理及原因，把感性认识提升到理性认识上。

实验报告应针对实验中遇到的疑难问题、实验过程中发现的异常现象、数据处理时出现的异常结果展开讨论，提出自己的见解，分析实验误差产生的原因，把实验的感受、收获、教训都写下来，再进一步思考如何避免失败，实验是否可以进一步改进，也可对实验方法、实验教学和实验内容等提出自己的意见和建议，并回答思考题。这不仅反映学生实验知识掌握的情况和技能熟练程度，还能培养学生分析和解决问题的能力，更重要的是培养敢于思考、敢于质疑、敢于创新的精神。此项内容是实验报告的重点和难点，对提高有机化学实验的学习效果极为有利。

2. 实验产率的计算

有机化学反应中，理论产量是指根据反应方程式计算得到的产物的数量，即原料全部转化成产物，同时在分离和纯化过程中没有损失的产物的数量；实际产量是指实

验中分离获得的纯粹产物的数量；百分产率是指实际得到的纯粹产物的质量和计算的理论产量的比值。例：用 5g 环己醇和催化量的硫酸一起加热时，可得到 3g 环己烯，试计算它的百分产率。

$$\underset{100}{\overset{OH}{\bigcirc}} \xrightarrow[\triangle]{H_2SO_4} \underset{82}{\bigcirc} + H_2O$$

根据化学反应式：1mol 环己醇能生成 1mol 环己烯，今用 5g 即 5/100＝0.05mol 环己醇，理论上应得 0.05mol 环己烯，理论产量为 82g×0.05＝4.1g，但实际产量为 3g，所以百分产率为 3/4.1×100%＝73%。

在有机化学实验中，通常产率不可能达到理论值，这是由于下面一些因素影响所致：可逆反应，即在一定的实验条件下，反应物不可能完全转化成产物；有机化学反应比较复杂，一部分原料消耗在副反应中；分离和精制纯化过程中会损失部分产品。为了提高产率，常常增加其中某一反应物的用量。究竟选择哪一个物料过量，要根据反应的特点、物料相对价格、产物是否易于提纯、减少副反应是否有利等因素来决定。例如：用 6.1g 苯甲酸、17.5mL 乙醇和 2mL 浓硫酸回流，制得苯甲酸乙酯 6g。

$$\underset{\substack{122 \\ 6.1g\,(0.05mol)}}{\overset{COOH}{\bigcirc}} + \underset{46}{C_2H_5OH} \xrightarrow[\triangle]{H_2SO_4} \underset{\substack{150 \\ 13.3g\,(0.29mol)}}{\overset{COOC_2H_5}{\bigcirc}} + H_2O$$

从反应方程式中各物料的摩尔比很容易看出乙醇过量，故理论产量应根据苯甲酸来计算。0.05mol 苯甲酸理论上应产生 0.05mol 即 0.05×150＝7.5g 苯甲酸乙酯，百分产率为 6/7.5×100%＝80%。

3. 实验报告的撰写

（1）写出本次实验要达到的主要目的。

（2）用反应式写出主反应及副反应，并写出反应机理，简单叙述操作原理。

（3）填写物理常数表。分别填上产物的文献值和实测值，并注明测试条件，如温度、压力等。

（4）画出主要反应装置图，并标明重要仪器名称。

（5）实验步骤。对实验现象逐一作出正确的解释。注意：有多种原料参加反应时，以摩尔数最小的原料的量为准；不能用催化剂或引发剂的量来计算；有异构体存在时，以各种异构体理论产量之和进行计算，实际产量也是异构体实际产量之和。

（6）结果与讨论。对实验结果和产品进行分析，写出做实验的体会，分析实验中出现的问题和解决的办法，对实验提出建设性的建议。通过讨论来总结、提高和巩固实验中所学到的理论知识和实验技术。

（7）写出实验的关键和应注意的问题。

（8）完成课后思考题。一份完整的实验报告可以充分体现学生对实验理解的深度、综合解决问题的能力及文字表达的能力。

【例】 **有机化学实验报告**

姓名 ×××   院系 化学化工学院   专业班级 2009 级化学专业

实验日期 2010.10.11   实验地点 生化楼 307   室温 20℃

实验名称： 1-溴丁烷的制备

[实验目的]

（1）掌握用醇和氢卤酸反应制取卤代烷的原理和基本操作。

（2）掌握回流、气体吸收装置的安装和操作技术。

（3）掌握分液漏斗和液体蒸馏等的正确操作。

[实验原理]

主反应：$NaBr + H_2SO_4 \Longrightarrow HBr + NaHSO_4$

$CH_3CH_2CH_2CH_2OH + HBr \Longrightarrow CH_3CH_2CH_2CH_2Br + H_2O$

副反应：$H_2SO_4 + HBr \Longrightarrow SO_2 + H_2O + Br_2$

$2CH_3CH_2CH_2CH_2OH \Longrightarrow CH_3CH_2CH_2CH_2OCH_2CH_2CH_2CH_3 + H_2O$

$CH_3CH_2CH_2CH_2OH \Longrightarrow CH_3CH_2CH_2=CH_2 + H_2O$

[实验试剂与装置]

试剂用量：正丁醇 7.5g（9.3mL、0.10mol）、浓硫酸 26.7g（14.5mL、0.27mol）、溴化钠 12.5g（0.12mol）、饱和碳酸氢钠溶液 8mL、无水氯化钙少量。

物性参数

名称	分子量	性状	折光率 (n_n^m)	密度	熔点（℃）	沸点（℃）	溶解度		
							水	乙醇	乙醚
正丁醇	74.12	无色液体	1.3990	0.810	−90	117.7	可溶	∞	∞
正溴丁烷	137.03	无色液体	1.4390	1.276	−112	101.6	不溶	∞	∞

[仪器装置]

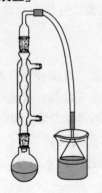
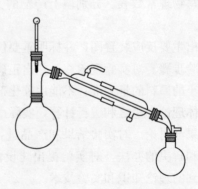

[实验记录]

实验步骤	实验现象
①100mL 圆底烧瓶＋10mL 水＋14.5mL 浓硫酸，混合均匀，冷至室温。	①放热，烧瓶发烫。
②＋10mL 正丁醇＋13g NaBr，充分摇振。	②NaBr 未溶解，不分层。
③安装吸收装置，用 5％的 NaOH 做吸收剂，加热，保持沸腾、平稳回流 0.5h。	③沸腾，瓶中出现白雾，不断被吸收。瓶中液体分三层，中层为黄色、较厚；上层由薄到厚，中层逐渐消失；上层颜色由淡黄色变为橙黄色。
④冷却反应液，移去冷凝管，改为蒸馏装置，蒸出粗产物正溴丁烷。	④馏出液浑浊，分层。反应液上层全部蒸出。烧瓶冷却后析出无色结晶。
⑤粗产品移至分液漏斗； 依次用等体积的 H₂O 洗涤； 浓 H₂SO₄ 洗涤； H₂O 洗涤； 饱和 NaHCO₃ 洗涤； H₂O 洗涤。	⑤产物在下层； 产物在下层； 产物在上层； 产物在下层； 产物在下层，二层交界处有絮状物； 产物在下层。
⑥粗产品置于干燥的三角烧瓶中，加 1g CaCl 干燥。	⑥液体浑浊，摇振片刻后逐渐清亮。
⑦产物滤入蒸馏烧瓶中，蒸馏，收集 99℃～103℃。	⑦99℃以前馏出物较少，温度在 101℃～103℃持续较长时间，升到 103℃后温度下降，瓶中液体量很少，停止蒸馏。
⑧称量。	⑧产品外观为无色透明液体，产物重 8 克。

[产率计算]

因其他试剂过量，理论产量应按正丁醇计算。百分产率为 $8/13.7×100％＝58％$。

[结果与讨论]

醇能与硫酸生成盐，而卤代烷不溶于硫酸，故随着正丁醇转化为正溴丁烷，烧瓶中分成三层。上层为正溴丁烷，中层可能为硫酸氢正丁酯，中层消失即表示大部分正丁醇已转化为正溴丁烷。上、中两层液体呈橙黄色，可能是副反应产生的溴所致。从实验可知溴在正溴丁烷中的溶解度较硫酸中的溶解度大。

蒸去正溴丁烷后，烧瓶冷却析出的结晶是硫酸氢钠。

由于加热操作时温度上升太快，副产物多，加之分液洗涤时手工分液不完全，所以导致产率偏低。

>>> **思考题**

（略）

1.6　手册的查阅和有机化学文献简介

化学文献是前人有关化学方面的科学研究、生产实践等的记录和总结，是人类科学和文明的宝贵财富。查阅化学文献是科学研究的一个重要组成部分，也是学生获取知识、培养能力和提高素质的重要途径，是每个化学工作者应具备的基本功之一。在有机化学实验时，反应物和产物的物理常数、化学性质和波谱特征，所用溶剂的性质及处理方法，化合物的合成方案、提纯方法等的选择和设计等等，都需要通过查阅化学手册和相关文献来获得和完成，因此学习查阅词典、手册、期刊、文摘等各种有机化学文献具有重要的意义。

有机化学文献的出版形式主要有印刷版、光盘版、网络版、联机数据库等，一般采用编（著）者、刊名、结构式等进行检索。现按照常用工具书、参考书、期刊和网络资源四个方面对有机化学文献简单介绍。

1.6.1　工具书 (手册、辞典)

（1）王箴. 化工辞典（第四版）[M]. 北京：化学工业出版社出版, 2000.

这是一本综合性化学化工工具书，它收集了有关化学、化工名词 16000 余条，并列出了有关物质的分子式、结构式、相对密度、沸点、溶解度等基本的物理和化学性质数据，并对其制法和用途作了简要说明。本书侧重从化工原料的角度阐述，全书按汉字笔画排列，并附汉语拼音检字索引。

（2）章思规，辛忠. 精细化学品制备手册 [M]. 北京：科学技术文献出版, 1994.

本书单元反应部分共 12 章，分章介绍磺化、卤化、硝化、烷基化、胺化、还原、氧化、羟基化、酰化、成环缩合、酯化、重氮化与偶合，并且从工业实用角度介绍这些单元反应的一般规律和工业应用。实例部分收入大约 1200 个条目，大体上按上述单元反应的顺序编排。实例条目以产品为中心，每一条目按条目标题（中文名称、英文名称）、结构式、分子式和相对分子质量、性状、生产方法、规格、用途、国内生产厂和参考文献等顺序作介绍，便于读者查阅。

（3）樊能廷. 有机合成事典 [M]. 北京：北京理工大学出版社, 1992.

本书收入常用有机化合物 1700 余种，按反应类型编录，对每种有机化合物的品名、化学文摘登录号、英文名、别名、分子式、相对分子质量、物理性质、合成反应、操作步骤及参考文献均有介绍，并附有分子式索引。

（4）David R. Lide. CRC Handbook of Chemistry and Physics(89th Edition)[M]. Florida：The ChemicalRubber Co. ,2008.

这是美国化学橡胶公司出版的一本化学与物理手册。它初版于 1913 年，每隔 1~2

年再版一次。前 50 版每版都是分上、下两册，从第 51 版开始变为每版一册。该书内容分六个方面：数学用表、元素和无机化合物、有机化合物、普通化学、普通物理常数和其他。在"有机化合物"部分，按照 1979 年国际纯粹和应用化学联合会对化合物命名的原则，列出了 1.5 万余条常见有机化合物的物理常数，并按照有机化合物英文名称的字母顺序排列，查阅时若知道化合物的英文名称，便可很快查出所需要的化合物分子式及其物理常数。若不知该化合物的英文名称，也可在分子式索引（50mula index）中查取（第 61 版无分子式索引）。

（5）Maryadele J. O NEIL，The Merck Index(14th Edition)[M]. Whitehouse Station N J：Merck & Co. Inc. published in 2006.

这是美国 Merck 公司出版的一部有机化合物、药物大辞典，特点类似于《化工辞典》。它收集了一万多种化合物的性质、结构、组成元素百分比、毒性数据、标题化合物的衍生物、制法和用途以及参考文献等。在"Organic Name Reaction"部分中，对在国外文献资料中以人名来称呼的反应作以简单的介绍。一般是用方程式来表明反应的原料、产物及主要反应条件，并指出最初发表论文的作者和出处，同时将有关这个反应的综述性文献资料的出处一并列出，便于进一步查阅。卷末有分子式和主题索引。该书从第 12 版开始已有光盘问世。

（6）Cadogan J. I. G.，Ley S. V.. Pattenden，Dictionary of Organic Compounds (6th Edition)[M]. London ：Chapmann & Hall，1996.

本书收集常见的有机化合物近 3 万条，连同衍生物在内共 6 万余条，包括有机化合物的组成、分子式、结构式、来源、物理常数、化学性质及其衍生物等，并给出了制备化合物的主要文献资料。各化合物按名称的英文字母顺序排列。该书已有中文译本名为《汉译海氏有机化合物辞典》，中文译本仍按化合物英文名称的字母顺序排列，在英文名称后面附有中文名称，因此在使用中文译本时，仍然需要知道化合物的英文名称。

1.6.2　参考书

（1）丁新滕译．现代有机化学实验技术导论．北京：科学出版社，1985.

该书内容分两大部分：第一部分收集成熟的实验 56 个，主要是有机合成实验；第二部分由 17 项基本操作技术及其理论基础组成。该书的主要特点在于所选实验与人们的日常生活及现代科学技术领域密切相关，增加了实验的趣味性。

（2）Furniss B. S. et al. *Vogel's Textbook of Practical Organic Chemistry* (9th Edition). England：Longman Scientific & Technical，1989.

这是一本经典的有机化学实验教科书，初版于 1948 年。内容主要分三个方面，即实验操作、基本原理及实验步骤、有机分析，叙述十分详尽。很多常用的有机化合物的制备方法大都可以找到，而且实验步骤比较成熟，可以参考书中介绍的许多类似的有机反应来设计新反应的实验条件。国外许多有机化学研究组都备有此教科书。

（3）Roger Adams. *Organic Syntheses*. new York：John Wiley & Sons，Inc.，1932.

本书自 1932 年开始出版，到 2007 年已经出版了 84 卷。从 1~59 卷，每 10 卷合订成一册（Ⅰ～Ⅶ），如 40～49 卷合订本为 Organic Syntheses Collective Volume 5，从Ⅷ册开始每 5 年汇编成一册。每卷约提供 30 个化合物的合成方法，步骤详尽，而且每个编入的实验都经专人复核，十分可靠。尤其突出的是编写在实验后面的注释，详细说明了操作时应关注的细节，并解释如何这样设计，可作为类似物合成方法的参考。

（4）Theilheimer W. ，Finch A. . Synthetic Methodes of Organic Chemistry. Interscience，1948.

此书着重于描述用于构建碳－碳键和碳－杂原子键的化学反应和一般反应官能团之间的相互转化，反应按照系统排列的符号进行分类，书中还附有积累索引。

1.6.3　常用期刊

（1）《中国科学》化学专辑，中国科学院主办，1950 年创刊，最初为季刊，1974年改为双月刊，1979 年改为月刊。原为英文版，自 1972 年开始出中文和英文两种文字版本。刊登我国各个自然科学领域中较高水平的研究成果。《中国科学》分为 A、B 两辑，B 辑主要包括化学、生命科学、地学方面的学术论文。从 1997 起，《中国科学》分成 6 个专辑，化学专辑主要反映我国化学学科各领域重要的基础理论方面的创新性的研究成果。目前为 Science Citation Index（SCI）收录期刊。

（2）《化学学报》，中国化学会主办，1933 年创刊，月刊。原名为《中国化学会会志》，1952 年改为现名。编辑部设在中国科学院上海有机化学研究所。主要刊登化学学科基础和应用基础研究方面有创造性的、高水平的学术论文、简报和快报。目前为 Science Citation Index（SCI）收录期刊。

（3）《高等学校化学学报》，我国教育部主办，1964 年创刊，两年后停刊，1980 年复刊，月刊。是化学学科综合性学术期刊，除重点报道我国高校师生创造性的研究成果外，还反映我国化学学科其他各方面研究人员的最新研究论文的全文、研究简报和研究快报。有机化学方面的论文由南开大学分编辑部负责审理，其他学科的论文由吉林大学负责审理。目前为 Science Citation Index（SCI）收录期刊。

（4）《化学通报》，中国化学会主办，1952 年创刊，月刊，以报道知识介绍、专论、教学经验交流等为主，也有研究工作报道。

（5）《有机化学》，中国化学会主办，1981 年创刊，双月刊，编辑部设在中国科学院上海有机化学研究所。刊登我国有机化学领域的创造性的研究综述、论文、简报和快报。

（6）*Journal of the American Chemical Society*（缩写为 J. Am. Chem. Soc. ），即《美国化学会会志》，美国化学会主办，1879 年创刊，双周期刊，主要刊载化学方面的研究论文，内容涉及无机化学、有机化学、生物化学、物理化学、高分子化学等领域，并有书刊介绍。目前每年刊登化学各方面的研究论文 2000 余篇，它是世界上最具影响的综合性化学期刊之一。

（7）*Journal of Chemical Society*（缩写为 J. Chem. Soc.），即《化学会志》，英国皇家化学会主办，1841 年创刊，月刊。为综合性化学期刊。1972 年起分六辑出版，其中 Perkin Transactions 的Ⅰ和Ⅱ分别刊登有机化学、生物有机化学和物理有机化学方面的全文。研究简报则发表在另一辑上，刊名为 Chemical Communications（化学通讯，缩写为 Chem. Commun.）。

（8）*Journal of Organic Chemistry*，（缩写为 J. Org. Chem.），即《有机化学杂志》，美国化学会主办，创刊于 1936 年，月刊，1971 年改为双周刊。主要刊载有机化学学科领域高水平的研究论文的全文、短文和简报。全文中有比较详细的实验步骤和结果。

（9）*Angewandte Chemie*，*International Edition*（缩写为 Angew. Chem.），即《应用化学》，国际版，德国化学会主办，1888 年创刊（德文），从 1962 年起出版英文国际版。主要刊登覆盖整个化学学科研究领域的高水平研究论文和综述文章，是目前化学学科期刊中影响因子最高的期刊之一。

（10）*Synthesis*，即《合成》，德国斯图加特 Thieme 出版的有机合成方法学研究方面的国际性刊物，1969 年创刊，月刊。主要刊载有机化学合成方面的论文。

（11）*Tetrahedron*，即《四面体》，英国牛津 Pergamon 出版，创刊于 1957 年，初期不定期出版，1968 年改为半月刊。它主要是为了迅速发表有机化学方面的最新研究工作和权威评论性综述文章。大部分论文是用英文写的，也有用德文或法文写的论文。

（12）*Tetrahedron Letters*（简称为 TL），即《四面体快报》，英国牛津 Pergamon 出版，创刊于 1959 年，初期不定期出版，1964 年改为周刊。它主要是为了迅速发表有机化学方面的初步研究工作，一般每篇文章仅 2～4 页的篇幅，主要刊登有机化学家感兴趣的通讯报道，包括新概念、新技术、新结构、新试剂和新方法的简要报道。

（13）*Synthetic Communications*（缩写为 Syn. Commun.），即《合成通讯》，美国 Dekker 出版的国际有机合成快报刊物，1971 年创刊，原名为 Organic Preparations and Procedures，双月刊。1972 年改为现名，每年出版 18 期。主要刊登有机合成化学方面的新方法、试剂的制备与使用方面的研究简报。

（14）*Chemical Abstracts*（简称为 CA），即《美国化学文摘》，是化学化工方面最主要的二次文献，创刊于 1907 年。每年发表 50 多万条包括了 9000 多种期刊、综述、专利、会议和著作中原始论文的简明摘要，提供了最全面的化学文献摘要。CA 每周出版一期，每 6 个月汇集成一卷。自 67 卷开始，每逢单期号刊载生化类和有机化学类内容，逢双期号刊载大分子类、应化、化工、物化和分析化学类内容。有关有机化学方面的内容几乎都在单期号内。1940 年以来，其索引包括了作者、一般主体、化学物质、专利号、环系索引和分子式索引。1956 年以前，每 10 年还出版一套 10 年累积索引，目前每 5 年还出版一套 5 年累积索引。

要有效地使用 CA，特别是化学物质索引，需要了解化学物质的系统命名法。如今的 CA 命名方法已总结在 1987 年和 1991 年出版的索引指南中，该指南中也介绍了索引规律和目前 CA 的使用步骤。例如在 CA 中对每一个文献中提到的物质都给予一个唯一的登录号，这些登录号已广泛在整个化学文献中使用。阐述一种特定化合物的制备和反应的文献可以方便地通过查阅该化合物的登录号来找到原始文献的出处。当然也可以通过分子式索引弄清楚某化合物在 CA 中的命名，然后通过化学物质索引查到该物质中所需要的条目，从而找到关于该物质的文摘。

在 CA 的文摘中一般可以看到以下几个内容：①文题；②作者姓名；③作者单位和通讯地址；④原始文献的来源（期刊、著作、专利或会议等）；⑤文摘内容；⑥文摘摘录人姓名。

目前 CA 可通过国际科技联机系统 STN 或基于 Internet 的 SciFinder 进行检索，CA 检索为收费服务。

还可以利用光盘来检索 CA，只要键入作者的姓名、关键词、文章题目、登录号、特定物质的分子式或化学结构，就能迅速检索到包含上述项目的文摘。在 CA 光盘版的文摘中，除了包含有文摘的卷号、顺序号和与印刷版相同的内容外，还包括了一些与所查项目相关的文摘。

1.6.4 网络资源

1. 英国皇家化学学会 (RSC) 数据库 (http://www.rsc.org)

英国皇家化学学会（Royal Society of Chemistry）出版的期刊及数据库是化学领域的核心期刊和权威性数据库。数据库 Methods in Organic Synthesis（MOS）提供有机合成方面最重要进展的通告服务，提供反应图解，涵盖新反应、新方法，包括新反应和试剂、官能团转化、酶和生物转化等内容。只收录在有机合成方法上具新颖性特征的条目。数据库 Natural Product Updates（NPU）是有关天然产物化学方面最新发展的文摘，内容选自 100 多种主要期刊，包括分离研究、生物合成、新天然产物以及新来源的已知化合物、结构测定、新特性和生物活性等。

2. 美国化学学会 (ACS) 电子期刊数据库 (http://pubs.acs.org)

美国化学学会（American Chemical Society）成立于 1876 年，现已成为世界上最大的科技协会之一，其会员数超过 16 万。多年以来，ACS 一直致力于为全球化学研究机构、企业及个人提供高品质的文献资讯及服务，在科学、教育、政策等领域提供了多方位的专业支持，成为享誉全球的科技出版机构。ACS 的期刊被 SCI 的 Journal Citation Report（JCR）评为化学领域中被引用次数最多的化学期刊。

ACS 出版 34 种期刊，内容涵盖普通化学、分析化学、有机化学、物理化学、应用化学、药物化学、分子生物化学、无机与原子能化学、工程化学、聚合物、环境科学、材料学、植物学、毒物学、食品科学、资料系统计算机科学、燃料与能源、药理与制药学、微生物应用生物科技、农业学等领域。

网站除具有一般的检索、浏览等功能外，还可在第一时间内查阅到被作者授权发布、尚未正式出版的最新文章（Articles ASAPsm）；用户也可以定制 E-mail 通知服务，以了解最新的文章收录情况；ACS 的 Article References 可直接连接到 Chemical Abstracts Services（CAS）的资料记录。

3. SDOS (Science Direct On Site) 期刊全文数据库 (http://www.sciencedirect.com)

荷兰 Elsevier science 公司出版的期刊是世界上公认的高品位学术期刊。SDOS 数据库是最全面的全文文献数据库，收录了 1995 年以来 Elsevier、Academic press 等著名出版社的 1800 种全文期刊 440 多万篇在线文章，几乎涉及所有的研究领域。

清华大学与荷兰 Elsevier science 公司合作在清华图书馆已设立镜像服务器，访问网址为 http://elsevier.lib.tsinghua.edu.cn。

4. Springer Link 全文期刊数据库 (清华国内镜像 http://spriner.lib.tsinghua.edu.cn)

德国 Springerverlag 是世界上著名的科技出版集团，通过 Springer Link 系统提供学术期刊及电子图书的在线服务，是科研工作者的重要信息来源。目前该数据库包含了 1200 多种全文学术期刊，包括的学科有数学、化学、物理学、环境科学、生命科学、医学、地理学、天文学、计算机科学、工程学、法学、经济学等。

5. EI Compendex 数据库 (国内检索镜像 http://www.engineeringvillage2.org.cn)

EI 公司始建于 1884 年，作为世界领先的应用科学和工程学在线服务提供者，一直致力于为科研人员提供专业化、实用化的在线数据信息服务。EI Compendex 是目前全球最全面的工程领域的二次文献数据库，主要提供应用科学和工程领域的文摘索引信息，涉及核技术、生物工程、交通运输、化学和工业工程、农业工程、食品技术、应用物理、材料工程、汽车工程等领域及这些领域的子学科。可在网上检索 1969 年至今的文献。数据来源于 5100 种工程类期刊、会议论文集和技术报告，含 700 多万条记录，每年新增 25 万条记录，且数据每周更新。

6. John wiley 数据库 (http://www.interscience.wiley.com)

约翰威利父子出版公司（wiley Interscience-John wiley &Sons Inc.）创立于 1807 年，是全球历史悠久、知名的学术出版商之一。目前 John wiley 出版的电子期刊有 363 种，其学科范围以科学、技术与医学为主。该出版社期刊的学术质量很高，是相关学科的核心资料，其中被 SCI 收录的核心期刊近 200 种。学科范围包括生命科学与医学、数学统计学、物理、化学、地球科学、计算机科学、工程学等，其中化学类期刊 110 种。

7. 中国期刊全文数据库 (http://www.cnki.net)

该数据库收录 1984 年至今的 5300 余种核心与专业特色期刊全文，累计全文 600 多万篇，题录 600 多万条。分为理工 A（数理科学）、理工 B（化学化工能源与材料）、理工 C（工业技术）及其他学科等 10 大专辑 126 个专题数据库，网上数据每日更新。

知识拓展：做好实验的秘诀——一位学长的肺腑之言

当你开始了读研，一有时间就该泡在实验室，观察你的师兄、师姐们如何做实验，每一个细节都不要放过。要勤于思考，不耻下问：这个实验为什么这样操作？在搞清楚个中缘由后，还应该主动与师兄、师姐们交换意见，听听别人的想法，拓宽自己的思路。当然，刚进实验室，你肯定应该当当下手多跑腿，这样师兄们更乐意和你交流。

当你进入实验室，遭遇失败乃兵家常事。但是你一定要弄清楚失败的原因，不要在没有弄清楚原因的情况下，盲目地再进行相同的实验操作。记住，分析出原因后再做试验，做一次试验就应该排除一个可能的影响因素。也不要因为怕导师说你反应做得少，就做一大堆实验，这样不加思考地做实验，其结果就是让自己陷入大量盲目的毫无成效的体力劳动之中。

在做每一个实验之前，应该做好充分的文献检索工作。但是，切忌一查到文献就立刻照方配药去做。首先应该仔细研究文献，看有哪些方法可以制得同一目标产物，每种方法各有什么利弊，经过反复比较再拟定出最合理的实验方案。对于拟采用的文献方法，还有仔细琢磨其中实验步骤的每一个细节：为什么要这么做？如果不这样做其后果是什么？能不能用其他方法代替？参考其他合成方法，别人的实验步骤又是如何进行的？有哪些改动？为什么要这样改？因为实验原理是相同的，一旦搞清楚这些问题，就可以举一反三、触类旁通。这样做不仅有利于提高工作效率，而且更有利于培养自己的科研能力。毫无疑问，这是一条不断积累实践经验的有效途径。试想，一个实验做下来你就可以获取一些经验，一个学期的科研实践，你将会积累多少经验？当然，这种方法最初也许会使你觉得很繁琐、很辛苦，但对于扎扎实实地提高科研能力却是非常有效的。

相信自己，只要坚持不懈，努力实践，待到毕业之时，你定会体会到一种脱胎换骨的全新感觉！

CHAPTER 2 | 第二章

有机化学实验基本操作技术

2.1 有机化学实验常用仪器

现介绍有机化学实验中所用的玻璃仪器、金属用具、电学仪器及一些其他设备。

2.1.1 有机化学实验常用普通玻璃仪器

有机实验玻璃仪器，按其口塞是否标准及磨口，分为标准磨口仪器及普通仪器两类。标准磨口仪器可以相互连接，使用时既省时方便又严密安全，逐渐代替同类普通仪器。

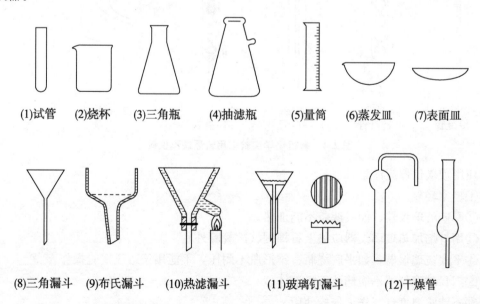

(1)试管　(2)烧杯　(3)三角瓶　(4)抽滤瓶　(5)量筒　(6)蒸发皿　(7)表面皿

(8)三角漏斗　(9)布氏漏斗　(10)热滤漏斗　(11)玻璃钉漏斗　(12)干燥管

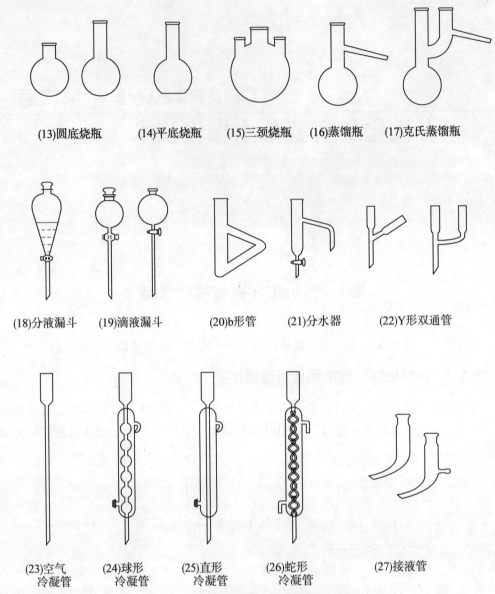

(13)圆底烧瓶　　(14)平底烧瓶　　(15)三颈烧瓶　　(16)蒸馏瓶　　(17)克氏蒸馏瓶

(18)分液漏斗　　(19)滴液漏斗　　(20)b形管　　(21)分水器　　(22)Y形双通管

(23)空气　　　　(24)球形　　　　(25)直形　　　　(26)蛇形　　　　(27)接液管
冷凝管　　　　　冷凝管　　　　　冷凝管　　　　　冷凝管

图2.1　有机化学实验常用普通玻璃仪器

使用玻璃仪器应注意：

①轻拿轻放。

②厚壁玻璃仪器，如吸滤瓶不能加热。

③用灯焰加热玻璃仪器应垫上石棉网（试管除外）。

④平底玻璃仪器，如平底烧瓶、锥形瓶不耐压，不能用于减压实验操作。

⑤广口玻璃仪器不能储放有机液体。

⑥不能将温度计当作玻璃棒使用。

2.1.2 有机化学实验常用标准接口玻璃仪器

标准接口玻璃仪器是具有标准磨口或磨塞的玻璃仪器，由于口塞尺寸的标准化、系列化、磨砂密合，凡属于同类型规格的接口均可任意互换，各部件能组合成各种配套仪器，当不同类型规格的部件无法直接组装时，可使用变径接头使之相互连接；使用标准接口玻璃仪器既可免去配塞子的麻烦，又能避免反应物或产物被塞子沾污；口塞磨砂性能良好，使密合性达到较高的真空度，对蒸馏尤其减压蒸馏有利，对于毒物或挥发性液体的实验较为安全。

标准接口玻璃仪器，均按国际通用的技术标准制造，每个部件在其口塞的上下显著部位均具白色烙印标志表明规格。常用的规格有 10、12、14、16、19、24、29、34、40 等。

表 2.1　　　　　　　　　　标准接口玻璃仪器的编号与大端直径

编号	10	12	14	16	19	24	29	34	40
大端直径/mm	10	12.5	14.5	16	18.8	24	29.2	34.5	40

有的标准接口玻璃仪器有两个数字，如 10/30，表示磨口大端的直径为 10mm、磨口高度为 30mm。

使用标准接口玻璃仪器应注意：

①标准口塞应保持清洁，不得沾有固体物质，使用前用软布或卫生纸揩拭干净，否则会使磨口对接不密合，甚至损坏磨口。

②一般使用时，磨口无需涂润滑剂，以免沾污反应物或产物；若反应物中有强碱，则应涂凡士林，以免磨口连接处因碱腐蚀粘牢而无法拆开；在进行减压蒸馏时，标准磨口仪器必须涂真空脂；从内磨口涂有润滑剂的仪器中倾出物料前，应先将磨口表面的润滑剂用有机溶剂擦拭干净（用脱脂棉或滤纸蘸石油醚、乙醚、丙酮等易挥发的有机溶剂），以免物料受到污染。

③装配时，把磨口和磨塞轻微地对旋连接，不宜用力过猛，不能装得太紧，达到润滑密闭要求即可。

④仪器用后应立即拆卸洗净，散件存放，否则，对接处常会粘牢，以致拆卸困难。如果磨口黏结而无法拆卸，可用热水煮黏结处或用热风吹，使其膨胀而脱落，也可用木棍轻轻敲打黏结处使其脱落。

⑤安装磨口仪器时注意相对角度，不能在角度有偏差时硬性装拆，不能使磨口连接处受到歪斜的应力，否则仪器易破裂。

⑥洗涤磨口仪器时，应避免用含硬质磨料的去污粉擦洗，以免损坏磨口。带旋塞或具塞的仪器清洗后，应在塞子和磨口接触处夹放纸片或涂抹凡士林，以防久置后黏结。

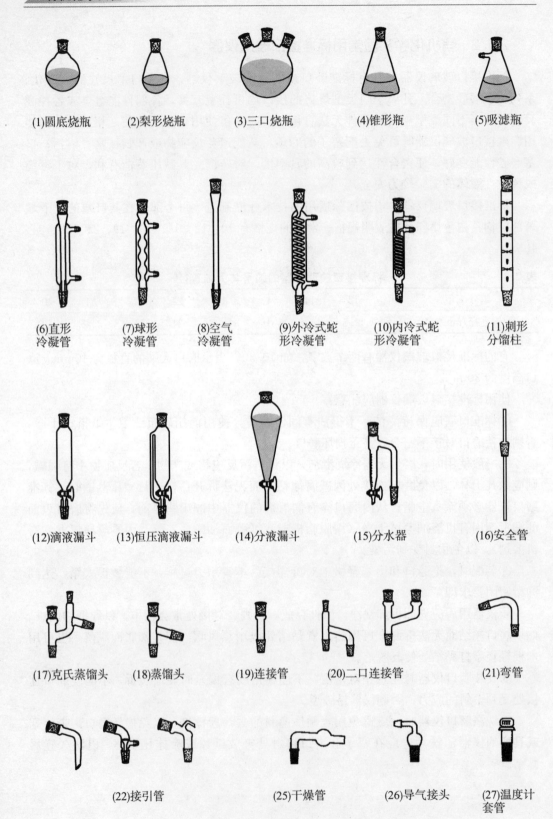

(1)圆底烧瓶　(2)梨形烧瓶　(3)三口烧瓶　(4)锥形瓶　(5)吸滤瓶

(6)直形冷凝管　(7)球形冷凝管　(8)空气冷凝管　(9)外冷式蛇形冷凝管　(10)内冷式蛇形冷凝管　(11)刺形分馏柱

(12)滴液漏斗　(13)恒压滴液漏斗　(14)分液漏斗　(15)分水器　(16)安全管

(17)克氏蒸馏头　(18)蒸馏头　(19)连接管　(20)二口连接管　(21)弯管

(22)接引管　(25)干燥管　(26)导气接头　(27)温度计套管

图 2.2　有机化学实验制备用标准接口玻璃仪器

2.1.3　有机化学实验常用的金属器与电器

1. 有机化学实验常用的金属器

(1)水浴锅　(2)铁架台、铁圈　(3)铁三角架　(4)打孔器　　　(5)烧瓶夹

(6)万能夹　　　　　(7)双顶丝　　(8)螺旋夹　　(9)弹簧夹

图 2.3　有机化学实验常用铁器

2. 有机化学实验常用的电器

（1）电加热套

图 2.4　电加热套

电加热套是改装的电炉，在玻璃纤维的半球形下面绕着电热丝，是一种简便、安全、热效率高的非明火加热装置，常用的规格为 100mL、250mL、500mL 等，并配有调压变压器。进行蒸馏或减压蒸馏时，随着瓶内物质的减小，会使瓶壁过热，有造成蒸馏物被烧焦的危险。实验过程中，特别是在蒸馏的后期，应不断降低支撑电加热套的升降台的高度。

（2）电动搅拌器

搅拌可使互不相溶的反应物增加接触面，以加速反应的进行。电动搅拌器在有机实验中主要起搅拌作用，特别适合于油、水等溶液或固液反应体系。

电动搅拌器由机座、微型电动机、调速器等部分组成，电动机主轴配有搅拌轧头，通常搅拌轧头将搅拌棒轧牢。开动电动搅拌器时，拧动调速器旋钮，逐渐加快搅拌速度，起动时不要太快，以防发生事故；关闭时，应将旋钮拨到零再断电。电动搅拌器的旋转轴承应经常保持润滑。

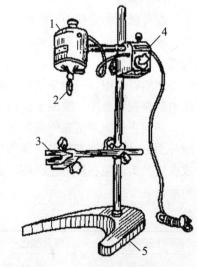

1. 微型电动机　2. 搅拌轧头　3. 烧瓶夹
4. 调速器　5. 机座
图 2.5　电动搅拌器

（3）磁力搅拌器

磁力搅拌器由一个聚四氟乙烯等材料包裹的磁棒（搅拌子）和一个可旋转的磁铁组成，一般都有控制磁棒转速和可控制温度的旋钮，是非均相反应体系的理想搅拌与加热装置。

（4）烘箱

一般的烘箱用以干燥玻璃仪器或无腐蚀性、加热时不分解的样品。挥发性易燃物或刚用酒精、丙酮洗涤过的玻璃仪器切勿放入烘箱内，以免发生爆炸。若烘干加热易分解的样品，可使用减压烘干器。

图 2.6　磁力搅拌器

图 2.7　真空干燥箱

（5）气流烘干器

气流烘干器是一种快速烘干玻璃仪器的小型干燥设备。使用时，将仪器洗净后，甩掉壁上的水分，套在烘干器的多孔金属管上，注意随时调节热空气的温度。气流烘干器不宜长时间加热，以免烧坏电机和电热丝。

（6）钢瓶

在有机化学实验中，有时会用到气体来作为反应物，如氢气、氧气等，也会用到气体作为保护气，如氮气、氩气等，有的气体用作燃料，如煤气、液化气等。所有这些气体都需要装在特制的容器中，

图 2.8　气流烘干器

一般都使用压缩气体钢瓶，即将气体以较高压力贮存在钢瓶中，既便于运输又可以在一般实验室里随时用到非常纯净的气体。

如何正确识别钢瓶所装的气体种类，是一件相当重要的事情，虽然所有的气体钢瓶外面都会贴有标签来说明瓶内所装气体的种类及纯度，但是这些标签往往会被损坏或腐烂。为避免各种钢瓶混用，我国规定了统一的瓶身、横条及标字的颜色，如表 2.2 所示。

表 2.2　　　　　　　　　　常用钢瓶的颜色标记

气瓶名称	瓶身颜色	横标颜色	标字	标字颜色
空气瓶	黑		压缩空气	白
氧气瓶	天蓝		氧	黑
氢气瓶	深绿	红	氢	红

续表

气瓶名称	瓶身颜色	横标颜色	标字	标字颜色
氯气瓶	草绿	白	氯	白
氮气瓶	黑	棕	氮	黄
液氨瓶	浅黄		氨	黑
二氧化碳瓶	灰	黄	二氧化碳	黑
乙炔气体瓶	白		乙炔	红
其他可燃气体瓶	红			
其他不可燃气体瓶	黑			

钢瓶里装的是压缩气体，因此在使用时必须严格注意安全，否则会十分危险。使用应注意：

①有机化学实验室里常用的压缩气体压强一般接近200个大气压，整个钢瓶的瓶体是非常坚实的，而最易损坏的应是安装在钢瓶出气口的排气阀，一旦排气阀被损坏，后果则不堪设想，为确保安全，都要在排气阀上装一个罩子。

②实验室里用的压缩气体钢瓶，一般高度约160cm，毛重70～80kg，对于如此庞大的物体，如果不加以固定，一旦倒下来肯定会砸坏东西或砸伤人，还可能会有高压气体本身带来的危险。因此，应当将钢瓶固定在桌边或墙角等。

③钢瓶应放置在阴凉、干燥、远离热源、远离腐蚀性物质、避免日光直晒、隔离的气瓶房内，实验室尽量少放钢瓶。

④搬运钢瓶时应防止摔碰或剧烈震动，存放和使用时应放稳，防止滚动，并避免油和其他有机物污染钢瓶。

⑤钢瓶中的气体不可用完，应留有0.5%表压以上的气体，以防止重新灌气时发生危险。

⑥钢瓶使用时要用减压表，各种减压表不能混用；开启气门时应站在减压表的另一侧，以防减压表脱出而被击伤。

⑦定期试压检验（一般三年检查一次），逾期未检验或锈蚀严重时不得使用，漏气的钢瓶不得使用。

⑧装有可燃性气体的钢瓶一定要有防止回火的装置（有的减压表带有此装置），可在管路中加液封，以起到保护作用。

（7）电子天平

电子天平是有机实验室常用的称量设备，尤其在微量、半微量的有机合成实验中经常使用。它不需要使用砝码，将被称量物品放在秤盘上，电子显示器会显示质量。根据用途的不同，其精度有0.1g、0.01g、0.001g、0.0001g几种规格。

图2.9 电子天平

电子天平是一种比较精密的仪器，采用前凹板控制，具有简单菜单，称量迅速、准确、方便等优点。使用时应注意维护和保养。

①应放在清洁、稳定的环境中，以保证测量的准确性，勿放在通风、有磁场或产生磁场的设备附近，勿在温度变化大、有振动或存在腐蚀性气体的环境中使用。校准砝码应存放在安全干燥的地方。

②机壳和称量台要保持清洁，以保证其准确性。可用蘸有柔性洗涤剂的湿布擦拭灰尘。

③使用时，不要超过天平的最大量程。

④不用时应关闭开关，拔掉变压器。

2.1.4 有机化学实验常用装置

有机化学反应的完成常常需要特定的实验装置和条件，设计科学合理的实验装置可以克服有机反应中的不利因素、加快反应速率、提高反应产率。了解并掌握常用有机实验装置和使用方法是对实验者的基本要求。

有机实验中常用的基本实验装置有蒸馏、回流、搅拌、气体吸收等。

1. 蒸馏装置

蒸馏是分离两种以上沸点相差较大（30℃以上）的液体的常用方法，还经常用于常量法测定沸点和回收反应体系中的有机溶剂。

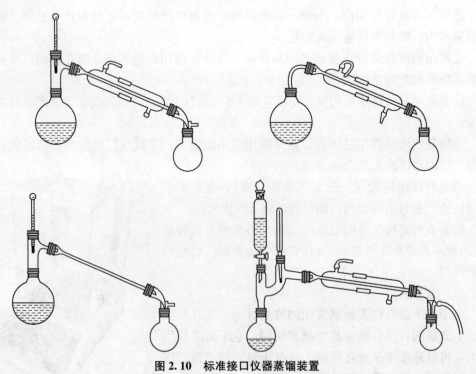

图 2.10 标准接口仪器蒸馏装置

蒸馏装置由加热、冷凝、接受三部分组成。图 2.10 是最常用的蒸馏装置。如果蒸馏易挥发的低沸点液体，可将接液管的支管连上橡皮管，通向水槽；如果蒸馏过程中需要防潮，可在接液管支管处安装干燥管。若溶剂的蒸除量较大，可采用滴加蒸馏，由于液体自滴液漏斗中不断加入，既可调节滴入和蒸出的速率，又可避免使用较大的蒸馏瓶。

蒸馏所使用的冷凝管分为直形冷凝管、空气冷凝管，蒸馏沸点在 140℃ 以下液体时用直形冷凝管；若需要蒸馏沸点在 140℃ 以上的液体，则应用空气冷凝管，如使用水冷凝管冷却，可能会由于温差过大而使冷凝管炸裂；球形冷凝管常用于有机制备的回流。

蒸馏加热前，应先在烧瓶中放入沸石。根据瓶内液体的沸腾温度，可选用电热套、水浴、油浴或石棉网直接加热等方式，在条件允许的情况下，一般不采用明火加热的方式。

2. 回流装置

很多有机化学反应需要在反应体系的溶剂或液体反应物的沸点附近进行，这时就要用回流装置。采用回流装置的目的是为了保持一个固定的反应温度。反应物或溶剂的蒸汽不断地在冷凝管内冷凝而返回反应器，防止反应瓶中的物质逸出。回流温度的高低主要由所用溶剂的沸点所决定。

回流包括普通加热回流、防潮加热回流、带有吸收反应中生成气体的回流、除去反应过程中产生的水的回流、滴加液体回流、滴加液体并测量反应温度的回流等。在回流装置中，一般多采用球形冷凝管，因为蒸汽与冷凝管接触面积较大，冷凝效果较好，尤其适合于低沸点溶剂的回流操作。如果回流温度较高，也可采用直形冷凝管；当回流温度高于 140℃ 时就要选用空气冷凝管。回流的速率应控制在液体蒸汽浸润不超过两个球为宜。

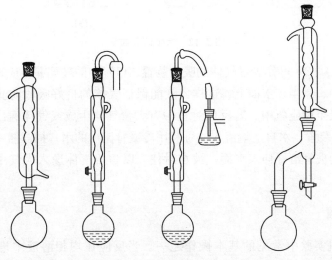

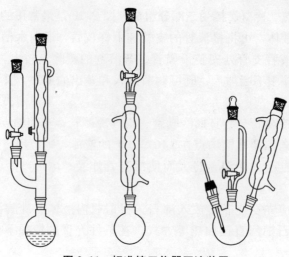

图 2.11　标准接口仪器回流装置

3. 气体吸收装置

气体吸收装置用于吸收反应过程中生成的刺激性和水溶性气体，如 HCl、SO_2 等。

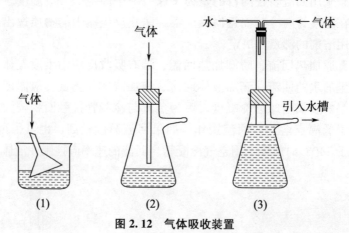

图 2.12　气体吸收装置

图 2.12（1）（2）可作少量气体的吸收装置。（1）中的玻璃漏斗应略微倾斜，使漏斗口一半在水中、一半在水面上，这样，既能保证气体的良好吸收防止气体逸出，也可防止水被倒吸至反应瓶中。若反应过程中有大量气体生成或气体逸出很快，可使用图 2.13（3）的装置，水自上端流入（可利用冷凝管流出的水）抽滤瓶中，在恒定的平面上溢出，粗的玻管恰好伸入水面，被水封住，以防止气体逸入大气中，粗玻管也可用 Y 形管代替。

4. 搅拌装置

搅拌是有机实验中常见的基本操作之一。当反应在均相溶液中进行时，一般不需搅拌，因为加热时溶液存在一定程度的对流，从而保持液体各部分均匀受热。若在非均相反应或某些反应物需不断加入时，为了尽可能使其迅速均匀地混合，以避免因局部过浓过热而导致其他副反应发生或有机物的分解，则需进行搅拌；当反应物是固体时，有时不搅拌可能会影响反应的顺利进行，也需要进行搅拌；在许多合成实验中，使用搅拌装置，不但可以较好地控制反应温度，也能缩短反应时间和提高产率。

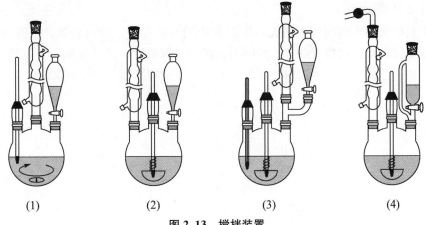

图 2.13　搅拌装置

当反应混合物固体量少，且反应混合物不是很黏稠时，可采用电磁搅拌。电磁搅拌是利用电动机来变换磁体的磁极力向，以遥控磁性转子旋转达到搅拌目的的方式。使用时，将转子放入反应物中，通电后转子转动起到搅拌作用，转子的转速可通过调速器来调节。如图 2.13（1）是可同时进行回流和滴加液体并且测量反应温度的电磁搅拌装置。

当反应混合物固体量很大或反应混合物很黏稠，利用电磁搅拌不能获得理想搅拌效果时，就需要采用电动机械搅拌。电动机械搅拌是利用电机带动搅拌棒进行搅拌的装置。图 2.13（2）是可同时进行回流和滴加液体的电动机械搅拌装置，图 2.13（3)装置还可同时测量反应温度，图 2.13（4）是带干燥管的电动机械搅拌装置。

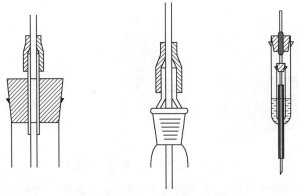

图 2.14　电动搅拌的密封装置

在装配机械搅拌装置时，可采用简单的橡皮管密封或液封管密封。用液封管密封时，搅拌棒与玻璃管或液封管应配合合适，不要太紧或太松，搅拌棒能在中间自由转动；封管中装液体石蜡、甘油、汞或浓硫酸。对没有特别要求的反应装置，选用橡皮管密封更为方便、简捷，操作容易；用橡皮管密封时，在搅拌棒和橡皮管之间用少量的凡士林或甘油润滑。

鉴于有机化学实验的实际情况，搅拌所使用的搅拌棒需要耐酸碱、耐腐蚀和耐高温，一般采用玻璃或包覆聚四氟乙烯的不锈钢等材料制成，式样很多。图 2.15（5）为筒形搅拌棒，适用于两相不混溶的体系，其优点是搅拌平稳，搅拌效果好。

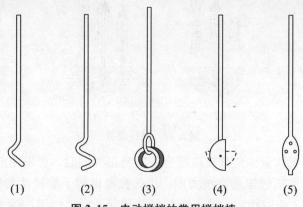

| (1) | (2) | (3) | (4) | (5) |

图 2.15　电动搅拌的常用搅拌棒

5. 抽真空装置

（1）真空泵的种类

根据使用的范围和抽气效能可将真空泵分为三类：

①一般水泵，压强为 1.333～100kPa（10～760mmHg），为"粗"真空。

②油泵，压强为 0.133～133.3Pa（0.001～1mmHg），为"次高"真空。

③扩散泵，压强为 0.133Pa 以下（10～3mmHg），为"高"真空。

图 2.16　常用水泵、油泵、扩散泵

在有机化学实验室里常用的减压泵有水泵和油泵两种。若不要求很低的压力可用水泵，如果水泵的构造好且水压又高，抽空效率为 1067～3333Pa（8～25mmHg）。水泵所能抽到的最低压力理论上相当于当时水温下的水蒸气压力。例如，水温 25℃、20℃、10℃时，水蒸气的压力分别为 3192Pa、2394Pa、1197Pa。用水泵抽气时，应在水泵前装上安全瓶，以防水压下降，水流倒吸；停止抽气前，应先放气，然后关水泵。

若需要较低的压力，应用油泵。好的油泵能抽到 133.3Pa（1mmHg）以下，油泵的好坏决定于其机械结构和油的质量，使用油泵时必须把它保护好，如果蒸馏挥发性较强的有机溶剂，有机溶剂会被油吸收，结果增加了蒸汽压，从而降低了抽空效能；如果是酸性气体，会腐蚀油泵；如果是水蒸气，就会使油成乳浊液而抽坏真空泵。

（2）使用注意事项

①在蒸馏系统和油泵之间，必须装有吸收装置。

②蒸馏前必须用水泵彻底抽去系统中有机溶剂的蒸汽。如能用水泵抽气的，则尽量用水泵；如蒸馏物质中含有挥发性物质，可先用水泵减压，然后改用油泵。

③减压系统必须保持密不漏气，所有橡皮塞的大小和孔道要合适，橡皮管要用真空用的橡皮管，磨口玻璃涂上真空油脂。

④如果容器处于低真空状态下，不能立即打开闸板阀，以免引起真空油的回流。正确的操作步骤是先打开水龙头，然后打开机械泵，同时打开 ZDF—IV 真空计电源，观察真空计示数到 30Pa 左右时，再打开分子泵，看到分子泵的工作频率到 50Hz 左右时方可打开闸板阀。如果容器处于大气下，首先要查漏，即关闭容器大门和放气阀，依次打开水龙头、闸板阀、机械泵、ZDF—IV 真空计电源，观察真空计示数到 30Pa 左右时，再打开分子泵。

⑤分子泵正常工作后（工作频率稳定在 450Hz），按下真空计中电离计单元的启动键对真空度进行观测。在真空达到 $10^{-4}\sim10^{-5}$ Pa 时可以打开离子泵，此时先关闭分子泵处的闸板阀，但不要关闭分子泵，等到离子泵的电压达到 4000V 时（离子泵稳定工作后）再关掉分子泵、机械泵。

⑥如果不需要维持真空，先关掉真空计电源，后只需要把离子泵的闸板阀关闭即可，不关闭离子泵，而是让离子泵处于工作状态保持其内部环境。烘烤与离子泵不能同时打开，烘烤的目的是为了让离子泵更好地工作，需要时可先烘烤，关闭烘烤后再打开离子泵开关，一般情况下不需要打开烘烤。

6. 旋转蒸发装置

主要用于在减压条件下连续蒸馏大量易挥发性溶剂，尤其对萃取液的浓缩和色谱分离时接收液的蒸馏，可以分离和纯化反应产物。

旋转蒸发仪由一台电机带动可旋转的蒸发器（一般是带有标准磨口接口的梨形或圆底烧瓶），通过一高度回流蛇形冷凝管与减压泵相连，回流冷凝管另一开口与带有磨口的接收烧瓶相连，用于接收被蒸发的有机溶剂。作为蒸馏的热源，常配有相应的恒温水槽，在冷凝管与减压泵之间有一三通活塞，当体系与大气相通时，可以将蒸馏烧瓶、接液烧瓶取下，转移溶剂；当体系与减压泵相通时，则体系应处于减压状态，其基本原理就是减压蒸馏。此装置可一次进料，也可分批进料，由于蒸发器在不断旋转，可免加沸石而不会暴沸，同时，液体附于壁上形成了一层液膜，加大了蒸发面积，使蒸发速率加快。

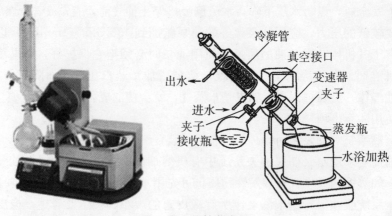

图 2.17　旋转蒸发仪

使用旋转蒸发仪时应注意：

①减压蒸馏时，当温度高、真空度高时，瓶内液体可能会暴沸，此时，及时转动插管开关，通入冷空气降低真空度即可。对于不同的物料，应找出合适的温度与真空度，以平稳蒸馏。

②使用时应先减压，再开动电动机转动蒸馏烧瓶；停止蒸发时，先停止加热，再切断电源，最后停止抽真空，以防蒸馏烧瓶在转动中脱落。若烧瓶取不下来，可趁热用木槌轻轻敲打，以便取下。

2.2　仪器装配方法

仪器装配得正确与否，对于实验的成败有很大关系。有机化学实验常用的玻璃仪器装置，一般用铁夹将仪器依次固定于铁架台上。在装配装置时应注意以下几点：

①所选用的玻璃仪器和配件都要求干净，否则会影响产物的产量和质量。

②所选用的器材要恰当。例如，在需要加热的实验中，如需选用圆底烧瓶，其容积大小应使所盛的反应物占其容积的 1/2 左右，最多也不超过 2/3。

③铁夹的双钳应贴有橡皮、绒布等软性物质，或缠上石棉绳、布条等。若铁钳直接夹住玻璃仪器，则容易将仪器夹坏。

④铁架应正对实验台外面，不要歪斜，若铁架歪斜，重心不一致，装置不稳。固定铁夹的双顶螺丝的开口应朝上；用铁夹夹玻璃器皿时，先用左手手指将双钳夹紧，再用右手拧紧铁夹螺丝，待夹钳手指感到螺丝触到双钳时，即可停止旋动，做到夹物不松不紧。

⑤在进行有机制备和纯化实验时，一般用标准磨口仪器组装成各种实验装置。安装时的基本要领是从下至上、自左至右，做到正确、整齐、稳妥、端正，连接仪器时应注意保证磨口连接处严密，尽量使各处不产生应力。在常压下进行反应的装置，应与大气相通不能密闭。装配完毕的实验装置从正面看，烧瓶等主要加热仪器与桌面垂直；从侧面看，所有仪器应在同一平面上，横平竖直，其轴线应与实验台

边沿平行。

⑥拆卸仪器装置时，应注意首先关电源，关闭水阀门，按与安装的顺序相反的方向，即从右到左、从上到下逐个拆卸仪器。

2.3　常用玻璃仪器的清洗、干燥和保养

2.3.1　实验室常用玻璃仪器的洗涤

实验所用的玻璃仪器必须是洁净的，否则，会影响实验结果和产品纯度。每个实验工作者都要养成实验完毕立即洗净仪器的良好习惯，特别是有些有机合成实验，如果实验残渣冷却或久留则难以洗净，必须趁热才较易洗去。在实验室工作中，玻璃仪器的洗涤是一项技术性工作。

1. 洗涤玻璃仪器的步骤与要求

①洗刷仪器时，应首先将手用肥皂洗净，免得手上的油污附在仪器上，增加洗刷的困难。

②洗涤玻璃仪器的一般方法是用水、洗衣粉或去污粉刷洗湿润的器壁，直至玻璃表面的污物除去为止，然后用自来水清洗，这样即可供一般实验用。

③若用于精制或有机分析等，对仪器的洁净程度要求较高时，除用上述方法处理外，还须用蒸馏水冲洗2～3遍，冲洗时要用顺壁冲洗方法并充分振荡。经蒸馏水冲洗后的仪器，用试纸检查应为中性。

④若污垢难于洗涤，则可根据污垢的性质选用适当的洗液进行洗涤。如酸性（或碱性）污垢可用碱性（或酸性）洗液洗涤，有机污垢用碱液或有机溶剂洗涤，用腐蚀性洗液时不能用刷子。

⑤对一些形状特殊、容积精确的容量仪器，例如滴定管、移液管、容量瓶等的洗涤，不能用毛刷沾洗涤剂洗涤，只能用铬酸洗液洗涤。焦油状物质和炭化残渣用去污粉、洗衣液、强酸或强碱常常洗刷不掉，也可用铬酸洗液洗涤。

⑥有机实验室中常用超声波清洗器洗涤玻璃仪器，既省时又方便。将玻璃仪器放入盛有洗涤剂的清洗槽中，接通电源，利用超声波的振动和能量，达到清洗玻璃仪器的目的，清洗过的玻璃仪器再用自来水清洗。

器皿清洁的标志是将容器加水倒置时，水随着器壁流下，内壁被水均匀浸润，有一层薄而均匀的水膜，不挂水珠。玻璃仪器洗净后不能用抹布、纸擦拭。

2. 洁净液及使用范围

最常用的洁净剂是肥皂、肥皂液、洗衣粉、去污粉、洗液、有机溶剂等。肥皂、肥皂液、洗衣粉、去污粉，用于可以用刷子直接刷洗的仪器，如烧杯、三角瓶、试剂瓶等；洗液多用于不便于用刷子洗刷的仪器，如滴定管、移液管、容量瓶、蒸馏

器等特殊形状的仪器，也用于洗涤长久不用的器皿和刷子刷不掉的污垢。用洗液洗涤仪器，是利用洗液本身与污物起化学反应将污物去除，因此需要浸泡一定的时间。

有机溶剂是针对污物属于某种类型的油腻性，而借助有机溶剂能溶解油脂的作用洗除之，或借助某些有机溶剂能与水混合而又挥发快的特殊性，如甲苯、二甲苯、汽油等可以洗油垢，酒精、乙醚、丙酮可以冲洗刚洗净而带水的仪器。

表 2.3   常见污垢的洗涤

污垢的种类	处理方法
碘迹	用 KI 溶液浸泡；温热的 NaOH 或用 NaS_2O_3 溶液处理
瓷研钵内的污迹	用少量食盐在研钵内研磨，然后用水洗
碳酸盐、氢氧化物等碱性物质	用稀盐酸洗涤
二氧化锰沉结	用 5％草酸（加少量盐酸）洗涤
硫磺	煮沸的石灰水
沉积的金属铜、银等	用硝酸处理，难溶的银盐用硫代硫酸钠溶液处理
少量炭化残渣、树脂状物质	铬酸洗液浸泡后在小火上加热
油脂和有机酸等	碱液和合成洗涤剂配成浓溶液
胶状或焦油状的有机污垢	丙酮、乙醚、四氯化碳、苯等有机溶剂浸泡，或用 NaOH/乙醇浸泡洗涤
煤焦油污渣	浓碱浸泡后用水洗涤

3. 洗涤液的制备及使用注意事项

洗涤液简称洗液，根据不同的要求有各种不同的洗液。

（1）铬酸洗液

用重铬酸钾和浓硫酸配成。$K_2Cr_2O_7$ 在酸性溶液中有很强的氧化能力，对玻璃仪器几乎没有侵蚀作用，所以在实验室内使用最广泛。

配制方法：取一定量的工业 $K_2Cr_2O_7$，用 1～2 倍的水加热溶解，稍冷，将所需体积的浓 H_2SO_4 边搅拌边徐徐加入到 $K_2Cr_2O_7$ 水溶液中（千万不能将水或溶液加入 H_2SO_4 中），注意不要溅出，混合均匀，冷却，装入洗液瓶备用。新配制的洗液氧化能力很强，为红褐色（用久后变为黑绿色时，说明洗液无氧化洗涤力）。

倾去器皿内的水，慢慢倒入洗液，转动器皿，使洗液充分浸润仪器内壁，数分钟后把洗液倒回洗液瓶中，再用自来水冲洗。若壁上粘有少量炭化残渣，可加入少量洗液，浸泡一段时间后在小火上加热，直至冒出气泡，炭化残渣可被除去。第一次用少量水冲洗刚浸洗过的仪器后，废水倒在废液缸中，不要倒在水池里和下水道里，仪器用大量的水冲洗。使用铬酸洗液时切不能溅到身上，以防损伤皮肤。

（2）碱性高锰酸钾洗液

碱性高锰酸钾溶液适合用于洗涤有油污的器皿。配法：取高锰酸钾 4g，加少量水溶解后，再加入 10％氢氧化钠 100mL。

（3）碱性洗液

碱性洗液用于洗涤有油污的仪器，且采用长时间（24h以上）浸泡或浸煮法。常用的碱洗液有碳酸钠液、碳酸氢钠液、磷酸钠液、磷酸氢二钠液等。

（4）纯酸纯碱洗液

根据器皿污垢的性质，直接用纯酸洗液（浓盐酸、浓硫酸、浓硝酸）或纯碱洗液（10％以上的浓烧碱 NaOH、KOH 或 Na_2CO_3 液）浸泡或浸煮器皿（温度不宜太高，防止浓酸挥发，产生刺激气味），从酸碱洗液中捞取仪器时，要用工具或戴乳胶手套，以免烧伤皮肤。

（5）有机溶剂

带有脂肪性污物的器皿，可以用汽油、甲苯、二甲苯、丙酮、酒精、三氯甲烷、乙醚等有机溶剂擦洗或浸泡。用有机溶剂作为洗液浪费较大，能用刷子洗刷的大件仪器尽量采用碱性洗液，只有无法使用刷子的小件或特殊形状的仪器，如活塞内孔、移液管尖头、滴定管尖头、滴定管活塞孔、滴管、小瓶等才使用有机溶剂洗涤。

（6）洗消液

检验致癌性化学物质的器皿，为了防止对人体的侵害，在洗刷之前应使用对这些致癌性物质有破坏分解作用的洗消液进行浸泡，然后再进行洗涤。

在食品检验中经常使用的洗消液有1％或5％次氯酸钠溶液、20％硝酸和2％高锰酸钾溶液。1％或5％次氯酸钠溶液对黄曲霉素有破坏作用，用 NaOCl 溶液对污染的玻璃仪器浸泡24h后，可达到破坏黄曲霉毒素的作用。20％HNO_3溶液和2％$KMnO_4$溶液对苯并芘有破坏作用。被苯并芘污染的玻璃仪器可用20％HNO_3浸泡24h，取出后用自来水冲去残存酸液，再进行洗涤；被苯并芘污染的乳胶手套及微量注射器等，可用2％$KMnO_4$溶液浸泡2h后，再进行洗涤。

2.3.2 常用玻璃仪器的干燥

有机化学实验室经常需要使用干燥的玻璃仪器，要养成在每次实验后马上把玻璃仪器洗净并倒置，使之晾干的习惯，以便下次实验时再使用。干燥玻璃仪器的方法有下列几种：

1. 自然风干

把已洗净的玻璃仪器放在干燥架上自然风干，这是有机实验常用且简单的方法。必须注意，若玻璃仪器洗得不够干净，水珠不易流下，干燥则较为缓慢。

2. 烘箱烘干

要求玻璃仪器绝对干燥时，可将玻璃仪器放入烘箱，在100℃～120℃之间加热烘干半小时。放入烘箱中的玻璃仪器一般要求不带水珠，器皿口侧放；将干燥的仪器放在上边，湿仪器放在下边，以防湿仪器上的水滴到热仪器上造成仪器炸裂；带有磨砂口玻璃塞的仪器，必须取出活塞才能烘干，玻璃仪器上附带的橡胶制品在放入烘箱前也应取下；厚壁玻璃仪器和有刻度的仪器，如吸滤瓶、量筒等，不宜在烘箱中烘干，一般采用晾干或有机溶剂干燥的方法，吹风时宜使用冷风。

烘箱停止工作后，待箱内的温度降至室温时才能取出，切不可把很热的玻璃仪器取出，以免骤冷使之破裂。

3. 热空气吹干

有时仪器洗涤后需要立即使用，如冷凝管等，可用气流干燥器或电吹风机吹干：首先将水尽量晾干，加入少量丙酮或乙醇摇洗并倾出，然后先用冷风吹 1～2min，使大部分溶剂挥发，再吹入热风至完全干燥，最后吹入冷风使仪器逐渐冷却。

仪器决不能直接用火焰烤干或放在直接和火焰接触的石棉网上加热烘干，否则仪器易破裂；试管可直接用小火烤，试管略为倾斜，试管口向下，先加热试管底部，逐渐向管口移动。

2.3.3 常用玻璃仪器的保养

有机化学实验的各种玻璃仪器的性能不同，必须掌握它们的性能、保养方法，才能正确使用。

1. 蒸馏烧瓶

蒸馏烧瓶的支管容易被碰断，无论在使用时还是放置时都要特别注意保护蒸馏烧瓶的支管，支管的熔接处不能直接加热。

2. 冷凝管

冷凝管通水后重量很大，所以安装冷凝管时应将夹子夹在冷凝管的重心位置，以免翻倒。洗刷冷凝管时要用特制的长毛刷，不用时应直立放置，使之快速干燥。

3. 分液漏斗

使用分液漏斗前必须先查漏，检查分液漏斗的玻璃塞和活塞接口是否紧密。如有漏水，应及时处理：应脱下活塞，用纸擦净活塞及活塞孔道的内壁，用少量凡士林在活塞两边涂上一圈，注意不要抹在活塞的孔中；插上活塞，反时针旋转至透明时，即可使用。用完后一定要在活塞和盖子的磨门间垫上纸片，否则时间一长，磨口玻璃粘在一起，难以打开。不能把活塞上涂有凡士林的分液漏斗放在烘箱内烘干。分液漏斗的活塞和盖子都是磨砂口的，非原配活塞即使大小合适，也会因不严密而漏液。所以，保管时需一套一套分别保管，若随意堆放，会造成大量分液漏斗的活塞和盖子无法匹配而不能使用。

4. 温度计

温度计水银球部分玻璃较薄，容易打碎，造成水银洒漏，使用时应十分小心。不能用温度计做搅拌棒使用；不能测定超过温度计最高刻度的温度；不能把温度计长时间放在高温的溶液中，否则，会使水银球变形，读数不准；温度计用后慢慢冷却至室温，在测量高温之后，不能立即用水冲洗，应悬挂在铁座架上，冷却后洗净擦干、放回温度计盒内，并将盒底垫上一小块棉花。

5. 砂芯漏斗

砂芯漏斗一般用于抽滤酸性介质中的固体，使用后应立即用水冲洗，否则难于洗净；滤板不太稠密的砂芯漏斗可用较激烈的水流冲洗，滤板较稠密的可用抽滤的方法冲洗；难以洗净的污垢可用酸性洗液浸泡后，再用水抽滤冲洗，必要时可用有机溶剂洗涤。

2.4　塞子的钻孔和简单玻璃工操作

为使各种不同的仪器连接装配成套，在没有标准磨口仪器时，就要借助于塞子。塞子选配是否得当，对实验影响很大。实验室常用的塞子有玻璃塞、橡胶塞、软木塞、塑料塞。玻璃塞一股是磨口的，与瓶配合紧密，但带有磨口塞的玻璃瓶不适合于装碱性物质；软木塞不易被有机溶剂溶胀，但易漏气和易被酸碱腐蚀；橡胶塞密封性好、耐酸碱，但易受有机物质侵蚀而溶胀，且价格也稍贵；在要求密封的实验中，例如抽气过滤和减压蒸馏等，必须使用橡皮塞，以防漏气。

2.4.1　塞子的钻孔

为了在烧瓶上装冷凝管、温度计或滴液漏斗等，常需在塞子上钻孔，实验室经常用的钻孔工具是钻孔器，它是一组粗细不同的金属管，前端锋利，后端有手柄。打孔的具体步骤如下：

1. 塞子的选择

塞子的大小应与所用玻璃仪器的瓶口大小相适应，塞子进入瓶颈部分不少于塞子本身的1/3，也不多于2/3［如图2.18（a）］，一般以1/2为宜［如图2.18（b）］。软木塞在钻孔前须在压塞机内辗压紧密，以免在钻孔时塞子裂开，或留有缝隙。

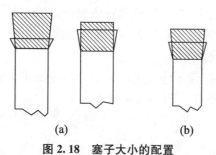

(a)　　　　　　　　(b)

图 2.18　塞子大小的配置

2. 钻孔器的选择

所钻孔径大小既要使玻璃管或温度计等能较顺利插入，又要保持插入后不会漏气，因此须选择大小合适的打孔器。因为橡皮塞有弹性，钻好后会收缩使孔径变小，所以，通常选用比欲插入玻璃管的外径稍大的钻孔器；若在软木塞上钻孔，钻孔器孔径应比要插入的物体口径略小一点。

3. 钻孔

钻孔时，将塞子的小端向上放在木板上（不要直接放在实验台上，以免损坏台面），最好在钻嘴的刀口处涂一些甘油或水润滑以减小摩擦，用一只手按住塞子，另一只手握钻孔器柄，从塞子小端选择钻孔的位置，垂直用力向下压，同时均匀以顺时针方向旋转钻孔器，不要倾斜，也不要晃动，以免使塞子的孔道偏斜。当钻孔器进入塞子深度大于塞子厚度的一半时，将钻孔器逆时针旋转拔出，把塞子翻过来，从大端向下垂直钻孔，把孔钻通。从两头钻孔时要保证孔道的轴心重叠，否则玻璃管和温度计不能插入。

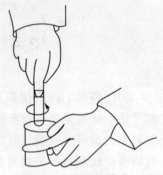

图 2.19 塞子的钻孔

为了避免大小端钻孔的轴心不重合，可从胶塞小面一直打穿为止，通出钻嘴内的塞芯。

4. 检查孔道是否合用

如果玻璃管很容易插入，说明塞子的孔道过大，会发生漏气，不能使用；若孔道略小或不光滑，可用圆锉修整。

2.4.2 简单的玻璃工操作

在进行化学实验时，经常需要各种形状的玻璃管、滴管、玻璃棒和不同内径的毛细管，要求对玻璃管进行加工，以满足实验的需要。

1. 玻璃管的洗净

玻璃管内的灰尘可用水冲洗，若玻璃管较粗，可以用两端缚有线绳的布条通过玻璃管，来回拉动，以拭去管内污物；若管内附着油污，可把玻璃管适当地割短，浸在铬酸洗液里，然后取出用水冲洗。

洗净的玻璃管必须干燥后才能加工，可在空气中晾干、用热空气吹干或在烘箱中烘干，但不宜用灯火直接烤干，以免炸裂。

2. 玻璃管的截断

截断玻璃管可用扁锉、三角锉或小砂轮片。方法步骤如下：

（1）锉痕

把玻璃管平放在桌子边缘，将三角锉刀（或砂轮片）的锋棱垂直压在玻璃管要截断处，用力把锉刀向前推或向后拉，同时把玻璃管略微朝相反的反向转动，在玻璃管上锉出一条清晰、细直的凹痕，凹痕约占管周的 1/6。切忌来回拉锉，否则会使锉痕加粗，断口不整齐，也损伤锉刀的锋棱。

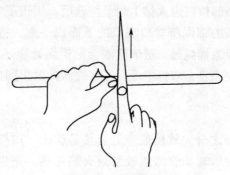

图 2.20　玻璃管锉痕

（2）折断

用两手握住玻璃管，大拇指抵住凹痕的背面向前推，同时双手朝两端拉，可使玻璃管断开。为了安全，折断时应尽可能远离眼睛，或在锉痕两边包上布后再折。如果在锉痕上用水沾一下，则玻璃管更易断开，且断口处更整齐。

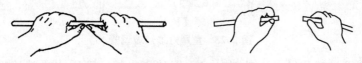

图 2.21　玻璃管折断

若需在玻璃管的近管端处截断，可先用锉刀锉痕，再将一根末端拉细的玻璃棒在煤气灯的氧化焰上加热到红热（截断软玻璃管时）或白炽（截断硬质玻璃管时），使成珠状，然后把它压触到锉痕的端点处，锉痕会因骤然受强热而发生裂痕；有时裂痕迅速扩展成整圈，玻璃管即自行断开。若裂痕未扩展成一圈，可以逐次用烧热的玻璃棒的末端压触在裂痕的稍前处引导，直至玻璃管完全断开，实际上，只要待裂痕扩大至玻璃管周长的 90% 时，即可用两手稍用力将玻璃管向里挤压，玻璃管就会整齐地断开。

（3）熔光

玻璃管和玻璃棒的断面很锋利，难于插入塞子的圆孔内，必须进行熔光。操作时，把截面斜插入煤气灯氧化焰中，缓慢转动玻璃管使熔烧均匀，直到圆滑为止。

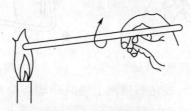

图 2.22　玻璃管熔光

实验室中有些简单玻璃仪器的口径常会出现破裂，可将其部分管口切割去掉。方法一：在裂口下用三角锉绕一圈锉一深痕，再用一根直径为 2mm 左右的细玻棒，在煤气灯的强火焰上烧红软，取出立即紧压在锉痕处，玻璃管即沿锉痕方向裂开（若裂痕未扩展成一整圈，可重复上述步骤数次，直至玻璃管完全断开），再将管口熔光。若是处理量筒，可在管口适当部位以强火焰上烧至红软后，用镊子向外压成流嘴即可。

方法二：将浸有酒精的棉绳绕管口裂口的下面成一圈，将棉绳点火，待火刚熄灭时，趁热用玻璃管蘸水冷激棉绳处，玻璃管则会沿棉绳处裂开。也可用导线代替棉绳，用通电来加热导线处的玻璃管，取掉电源，用水冷激，效果同样。

3. 玻璃管的弯曲

玻璃管的质地有软硬之分。软质玻璃管受热易软化，加热不宜过度，否则在弯管时易发生歪曲和瘪陷；硬质玻璃管需用较强的火焰加热。先将玻璃管用小火预热，然后两手持玻璃管，将需要弯曲处斜插入氧化焰中，以增大玻璃管的受热面积（也可在酒精喷灯上罩以鱼尾灯头），同时两手等速缓慢而均匀地旋转玻璃管，以使玻璃管受热均匀，避免在火焰中扭曲。

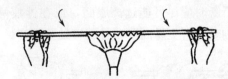

图 2.23　鱼尾灯加热玻璃管

当玻璃管受热部分发黄变软时，应立即移离火焰，两手水平持着玻璃管轻轻着力，顺势弯曲至所需的角度（见图 2.23）。如果玻璃管要弯成较小的角度，则需要分几次弯曲，用逐步积累的方法弯曲到所需要的角度。每次弯曲一定的角度，重复操作，若一次弯得过多会使弯曲部分发生瘪陷或纠结。分次弯管时，各次的加热部位应稍有偏移，并且要等弯过的玻璃管稍冷后再重新加热，还要注意每次弯曲均应在同一平面上，不要使玻璃管变得歪曲。为了使玻璃管的弯曲部分保持原来粗细，也可在玻璃管离开火焰弯曲的同时，在玻璃管一端用棉团封闭，在另一端吹气，即吹气弯曲。

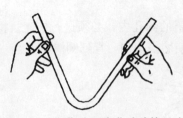

图 2.24　"V"字形弯曲玻璃管手法

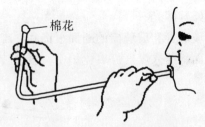

棉花

图 2.25　吹气弯曲

弯好后，待其冷却变硬后放在石棉网上继续冷却，检查其角度是否准确，整个玻璃管是否在同一平面上。

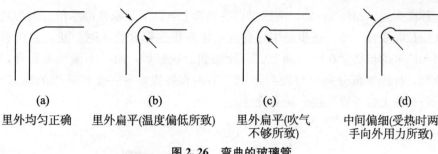

(a)	(b)	(c)	(d)
里外均匀正确	里外扁平(温度偏低所致)	里外扁平(吹气不够所致)	中间偏细(受热时两手向外用力所致)

图 2.26 弯曲的玻璃管

在弯曲操作时，要注意以下几点：

①两手旋转玻璃管的速度应一致，否则玻璃管会发生歪曲。

②不要在火焰中弯玻璃管。

③玻璃管受热时的热度要适中。如受热不够，则不易弯曲，且易出现纠结和瘪陷；如果受热过度，玻璃管的弯曲处管壁常常厚薄不均和出现瘪陷。

④玻璃管在火焰中加热时，双手不要向外拉或向里推，否则管径变得不均；弯好的玻璃管用小火烘烤 1～2min（退火处理）后，放在石棉网上冷却，不可将热的玻璃管直接放在桌面上或冷的金属台上。

4. 玻璃管插入橡皮塞

先用水或甘油润湿玻璃管的一端，左手拿住塞子，右手握住玻璃管距插入端 2～3cm 处，稍稍用力、慢慢转动（可用转动塞子的方式）逐渐插入到塞孔中合适的位置。注意手握管的位置不应离塞子太远，也不要用力过猛，以免折断玻璃管把手扎伤；绝对不能采用"使劲顶入"的方式插入塞子；插入或拔出弯曲玻璃管时，手指不能捏住弯曲处，以防玻璃管折断伤手。

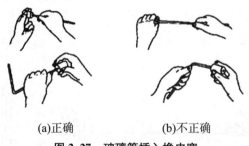

(a)正确　　　　(b)不正确

图 2.27 玻璃管插入橡皮塞

5. 玻璃管的拉制

选取粗细、长度适当且内外壁均洁净、干燥的玻璃管，两手持玻璃管的两端，将中间部位放入喷灯火焰中加热，先用小火烘，再加大火焰（防止发生爆裂）并不停向同方向转动转动（一般习惯用右手托住玻璃管，左手握住玻璃管转动），避免玻璃管熔化后由于重力作用而造成下垂，转动时玻璃管不要上下移动，以免玻璃管绞曲。当玻璃管开始变软时，两手轻轻地稍向内挤，以加厚烧软处的管壁；当玻璃管烧成暗红色变软时，移离火焰，稍停1~2s，两肘仍搁在桌面上，两手平稳地沿水平方向边转动边拉伸，开始拉时要慢一些，逐步加快，直到其粗细程度符合要求时为止。拉出来的细管子要求和原来的玻璃管在同一轴上，不能歪曲。拉好后，两手不能马上松开，要继续匀速转动，待拉伸部分完全变硬后，用一手垂直提置，另一手在适当的地方折断，粗端置于石棉网上，不要直接放在实验台上。

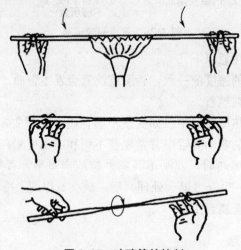

图2.28　玻璃管的拉制

（1）熔点管和沸点管的拉制

取一直径约为1cm、壁厚约为1mm的干净薄壁玻璃管，按上述方法拉制。注意开始拉时稍慢，然后较快地拉长，直到拉成直径约为1mm的毛细管，把拉好的毛细管截成15cm长，将毛细管两端在小火边沿，以45°角处一边转动一边加热封闭，以免灰尘和湿气的进入。使用时从中间截断，即可得到2根熔点管或沸点管的内管。若拉成直径为4~5mm的小玻璃管，截成7~8cm长，将一端封闭，可作为沸点管的外管。

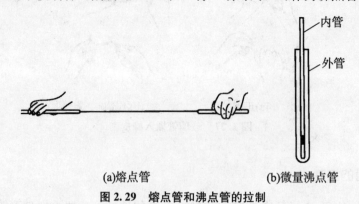

(a)熔点管　　　　　　　(b)微量沸点管

图2.29　熔点管和沸点管的拉制

（2）滴管的拉制

玻璃管经拉细、冷却后，从拉细部分中间切断，把尖嘴在弱火焰中烧平滑（圆口），粗的一端在慢慢转动下在氧化焰上烧成暗红色，移离火焰，管口烧熔，在石棉网上垂直下压，使端头直径稍微变大（或用镊子向外翻口），放在石棉网上冷却，配上橡皮乳头，即得两根滴管。

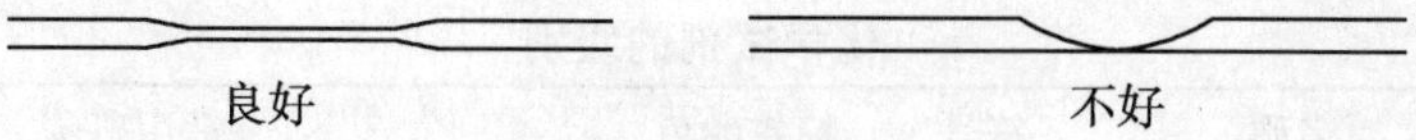

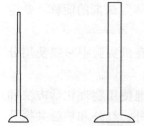

良好　　　　　　　　　　　不好

图 2.30　滴管的拉制

（3）拉制减压蒸馏用毛细管

选用厚壁玻璃管，拉制方法与拉制熔点管相似，其要点在于拉伸时，动作要迅速。欲拉制细孔且不易断的毛细管，可用两次拉制法，先按拉制滴管的方法拉成管径为 1.5～2mm 的细管，稍冷后截断，将细管部分用小火焰烧软，移离火焰并快速拉伸。为检验毛细管是否合用，可向管内吹气，毛细管的管端在乙醚或丙酮溶液中会冒出一连串小气泡。

将不合格的毛细管（或玻璃管、玻璃棒）在火焰中反复熔拉（拉长后再对叠在一起，造成空隙，保留空气）几十次后，再熔拉成 1～2mm 粗细，冷却后截成长约 1cm 的小段，蒸馏时作沸石用。

6. 玻璃钉的制作

取一段合适长短的玻璃棒在煤气灯焰上加热，火焰由小到大，同时，不断均匀转动玻璃棒，到发黄变软时按上述方法拉成 2～3mm 粗细，截取约 6cm（自较粗的一端）的长短，将粗端在氧化焰的边沿烧红软化后，在石棉网上垂直用力向下压，迅速使软化部分呈圆饼状，即得玻璃钉，供玻璃钉漏斗过滤时用。

图 2.31　玻璃钉的制作

若经几次按压制成直径约为 1.5cm 的玻璃钉（长约 6cm），在火焰上熔光后，可供研磨样品和抽滤时挤压产品之用。

7. 弯制电动搅拌棒

选取粗细合适的玻璃棒，在煤气灯的强火焰处边不断转动边灼烧，当烧到刚刚变软时（不能太软，易变形），从火焰中取出，用镊子弯成所需要的形状，在弱火焰上烘烤退火（避免搅拌器易碎裂），冷却。

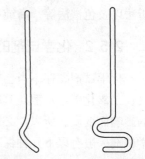

图 2.32　实验室自制搅拌棒

2.5　化学试剂的规格、存放及取用

2.5.1　化学试剂的规格

化学工作者必须对化学试剂标准有明确的认识，做到合理使用化学试剂，既不超规格引起浪费，又不随意降低规格影响实验结果。根据国标（GB）及部颁标准，将化学试剂按纯度和杂质含量分为四个等级。

表 2.4 化学试剂的级别

等级	名称	符号	标签颜色	适用范围
一级品	优级纯（保证试剂）	GR	绿色	适用于精密的分析和科学研究
二级品	分析纯（分析试剂）	AR	红色	适用于重要分析和一般性研究工作
三级品	化学纯	CP	蓝色	适用于工厂、学校一般性的分析工作
四级品	实验试剂	LR	棕黄色	主要用于一般化学实验，不能用于分析工作

化学试剂除上述几个等级外，还有一些特殊用途的"高纯"试剂，如基准试剂、光谱纯试剂、超纯试剂、色谱纯试剂、MOS 试剂等。基准试剂相当或高于优级纯试剂，专作滴定分析的基准物质，用以确定未知溶液的准确浓度或直接配制标准溶液，其主成分含量一般为 99.95%～100%，杂质总量不超过 0.05%；光谱纯试剂，符号 SP，主要用于光谱分析中做标准物质，其杂质用光谱分析法测不出或杂质低于某一限度，纯度在 99.99% 以上；超纯试剂又称高纯试剂，是用一些特殊设备如石英、铂器皿生产的；色谱纯试剂，是指在色谱条件下只出现指定化合物的峰，不出现杂质峰；MOS 试剂，是"金属－氧化物－硅"或"金属－氧化物－半导体"试剂的简称，是电子工业专用的化学试剂。

一般分析工作中，通常要求使用 AR 级（分析纯）试剂。有机实验中一般使用分析纯或化学纯试剂。

对化学试剂的检验，除经典的化学方法之外，已愈来愈多地使用物理化学方法和物理方法，如原子吸收光度法、发射光谱法、电化学方法、紫外、红外和核磁共振分析法以及色谱法等。高纯试剂的检验，只能选用比较灵敏的痕量分析方法。

2.5.2 化学试剂的存放

化学试剂贮存不当会变质，如有些试剂易潮解或水解，有些试剂易与空气中的氧气、二氧化碳或扩散在其中的其他气体发生反应，还有一些试剂会受光照和环境温度的影响而变质。所以，必须根据试剂的不同性质，分别采取相应的措施妥善保存。化学试剂一般有以下几种保存方法：

1. 密封保存

市售的固体化学试剂装在大口玻璃瓶或塑料瓶中，液体试剂装在细口瓶或塑料瓶中。

试剂取用后应立即用瓶塞盖紧，特别是挥发性、刺激性的物质（如硝酸、盐酸、氨水）以及低沸点有机物（如乙醚、丙酮、甲醛、乙醛、氯仿、苯等）必须严密盖紧（加内封盖）。有些吸湿性极强、遇水发生强烈水解或易氧化、还原的试剂，如五氧化二磷、无水三氯化铝、硫化钠等，不仅要装在密封瓶中，还应蜡封；在空气中能自燃的试剂如白磷应保存在水中；活泼的金属钾、钠等要保存在煤油中。

2. 用棕色瓶盛放

光照或受热容易分解变质的试剂，如浓硝酸、硝酸银、高锰酸钾、氯化汞、碘化钾以及溴水等，要存放在棕色瓶里，并放在阴凉避光处，防止试剂分解变质。

3. 用塑料瓶保存

光照或受热容易分解产生气体的试剂，如过氧化氢、次氯酸钠等溶液，要存放在塑料瓶里，并放在阴凉避光处，防止因试剂分解产生气体而使玻璃瓶破裂。容易侵蚀玻璃而影响试剂纯度的试剂，如氢氟酸、含氟盐（氟化钾、氟化钠、氟化铵等）和苛性碱等（氢氧化钾、氢氧化钠），应保存在聚乙烯塑料瓶或涂有石蜡的玻璃瓶中。

4. 危险药品分开存放

化学试剂有化学危险品与非危险品之分，很多有机化合物都属于化学危险品。根据《危险货物品名表》（GB12268—2005）规定，化学危险品可分为 9 大类：①爆炸物；②可压缩的、液化的，在压力下溶解的气体；③可燃性气体；④可燃性固体，能自燃物质，能与水反应的物质；⑤氧化剂，有机过氧化物；⑥毒物；⑦放射性物质；⑧腐蚀性物质；⑨其他危险性物质。

化学工作者应具备化学危险品的储藏、使用、运输等方面的知识。易发生爆炸、燃烧、毒害、腐蚀和放射性等危险性物质，以及受到外界因素影响能引起灾害性事故的化学危险品，一定要单独存放，例如高氯酸不能与有机物接触，否则易发生爆炸；强氧化性物质和有机溶剂能腐蚀橡皮，不能盛放在带橡皮塞的玻璃瓶中。腐蚀性强的试剂要设专门的存放橱。剧毒品必须存放在保险柜中，加锁保管。取用时要有两人以上共同操作，并记录用途、用量等信息，随用随取，严格管理。

2.5.3　化学试剂的取用

试剂取用原则是既要计量准确又必须保证试剂的纯度（不受污染）。取用试剂时，一般是用多少取多少；取好后立即把瓶盖盖严，需要蜡封的，必须立即重新蜡封，并随手将试剂瓶放回原处，以免放错位置被误用。

1. 固体试剂的取用

化学试剂一般可分为固体试剂和液体试剂。固体试剂用广口玻璃瓶或塑料瓶盛装，盛装化学试剂的试剂瓶要贴有耐久的自粘性标签纸，以标明物质名称、试剂等级、质量、含量及主要杂质等。

（1）取用固体有机试剂

一般用牛角匙、塑料药匙或不锈钢药匙。角匙两端分别为大小两个匙，取用大量固体时用大匙，取少量固体时用小匙。牛角匙必须干净，一支药匙不能同时取用两种或两种以上的试剂；药匙每取完一种试剂后都必须洗净、晾干，下次再用；共用的牛角匙用完后应立即放回原处。

（2）取用固体粉末状药品

往容器中放入固体粉末状药品时，为了避免药品沾在容器口部和管壁上，先倾斜容器，取较硬且干燥的白纸折成一小三角，其大小以能放入容器为准，用牛角匙将固体试剂放入三角纸内，然后小心送入容器的底部，直立容器，用手轻轻抽出纸带，使纸上试剂全部落入容器，也可用配套的加料漏斗往容器中添加，如果容器的口径足够大，可用牛角勺将固体直接送入容器中。往试管里装入固体粉末时，先将试管倾斜，把盛有药品的药匙小心地送入试管底部，直立试管，让药品全部落在底部；或将试管水平放置，把固体粉末放在折叠成槽状的纸条上送入试管管底，直立试管，取出纸条，用液体反应原料或相应溶剂冲洗。

（3）取用块状固体药品（如钾、钠、白磷、大理石、石灰石、锌粒等）或密度较大的金属颗粒

需先用镊子或药匙将块状药品取出，横放容器，将药品送入容器口，把容器慢慢竖起，使药品缓缓地滑到容器底部，以免打破容器。镊子使用完以后要立刻用干净的纸擦拭干净，放回原处。

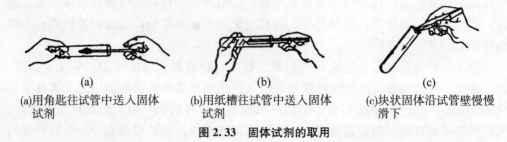

(a)用角匙往试管中送入固体试剂　(b)用纸槽往试管中送入固体试剂　(c)块状固体沿试管壁慢慢滑下

图 2.33　固体试剂的取用

（4）称取一定量的固体试剂

将固体试剂放在纸上、表面皿上、玻璃容器或称量瓶内，根据称量精确度的要求，分别选择托盘天平或分析天平，用直接法或差减法称量。有腐蚀性、强氧化性、易潮解的固体试剂，必须用小烧杯、称量瓶、表面皿等玻璃器皿装载后称量，不能放在纸上称量，更不能直接放在天平盘上称取；易受潮的固体试剂，只能放在称量瓶中用差减法称取。

（5）取用易结块固体试剂

固体试剂常会有结块成团的现象，若用塑料药匙或牛角药匙不好取用，则可用不锈钢药匙挖取，切不可用玻璃棒挖取，以免玻璃棒折断伤及手掌。药品取用完毕，应立即盖上瓶盖，用蜡、封口胶等加以密封保存，防止药品挥发或因潮解、氧化而变质。

（6）取用低熔点固体试剂

对冰醋酸（熔点 16.6℃）、苯酚（凝固点 40.85℃）等低熔点固体试剂，在室温低于熔点（或凝固点）时，瓶内试剂已成固体状，不便量取，可在实验前，将试剂瓶敞口并放在温水中缓缓升温，使瓶内固体受热，慢慢地熔化为液体，再按液体试剂的量取方法取用。注意，切忌将试剂瓶放入沸水中或加热时忘记取下瓶塞，以免导致瓶裂、毁药或伤人事故。

2. 液体试剂的取用

液体试剂一般装在细口瓶或滴瓶内，试剂瓶上的标签要写清名称、浓度。

（1）倾注法

从细口瓶中取用试剂时，要用倾注法。

①向试管中倾注液体试剂时，先取下瓶塞仰放在实验台上（以免瓶塞沾污造成试剂级别下降），用右手手掌对着标签握住试剂瓶（以免瓶口残留的少量液体顺瓶壁流下而腐蚀标签），左手拿试管，倒出所需量的试剂，将瓶口在容器内壁上靠一下，缓慢竖起试剂瓶。试剂瓶切勿竖得太快，否则，易造成液体试剂沿瓶外壁流下或冲到桌上，造成浪费，甚至造成危险。一旦有试剂流到瓶外，要立即擦净。不允许试剂沾染标签。

②往烧杯等容器中倾注液体试剂时，用右手手掌对着标签握住试剂瓶，左手拿玻璃棒，玻璃棒的下端倾斜并紧靠容器内壁，将试剂瓶口靠在玻璃棒上，使液体成细流沿着玻璃棒缓慢地流入容器内，倒出需要量后，慢慢竖起试剂瓶，使流出的试剂都流入容器中。

③如果需要定量量取液体试剂，可根据需要和量度分别选用量筒或移液管等。用量筒量取液体时，应左手持量筒，用拇指指示所需体积的刻度处，右手持试剂瓶（标签向手心），瓶口紧靠量筒口缘，慢慢注入液体至所指刻度。读取刻度时，视线应与液面在同一水平面上。

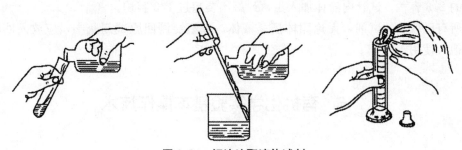

图 2.34　倾注法取液体试剂

④取用易挥发、刺激性的液体试剂（如浓盐酸、浓硝酸、液溴等）时，应在通风橱内进行；取用易燃、易爆、易挥发的液体有机物（如乙醚、苯等）时，应在周围无火种的地方进行。

（2）少量液体取用

取用少量液体时，首先用倾注法将试剂转入滴瓶中，然后以滴管滴加。

①滴瓶中取用液体试剂时，要用滴瓶中的滴管，不允许用别的滴管。应先提起滴管离开液面，捏瘪胶帽赶出空气后，再插入溶液中吸取试剂。滴加时，滴管口应距接收容器口（如试管口）上方半厘米左右，禁止将滴管伸入试管内或与器壁接触，使其沾染其他试剂，以至污染滴瓶内试剂。

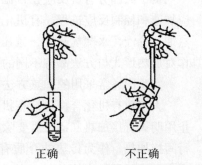

正确　　　不正确

图 2.35　用滴管取用少量液体试剂

②要从滴瓶取出较多溶液时，可直接倾倒。先排除滴管内的液体，然后把滴管夹在食指和中指间倒出所需量的试剂。

③滴管不能倒持，以防试剂腐蚀胶帽使试剂变质；不能用自己的滴管取公用试剂，如试剂瓶不带滴管又需取少量试剂，则可把试剂按需要量倒入小试管中，再用自己的滴管取用。

④对于易氧化的化学试剂，例如苯胺、苯甲醛、乙醚等，久储后会发生氧化，在使用前先经过蒸馏操作提纯，以获得纯品。

3. 取试剂的量

要严格按量取用药品，多取试剂不仅浪费，有时还影响实验效果。常用的"少量"是一种估计，取用"少量"固体试剂时，对一般常量实验指半个黄豆粒大小的体积，对微型实验约为常量的 1/5～1/10 体积；取"少量"溶液时，对常量实验是指 0.5～1.0mL，对微型实验一般指 3～5 滴。

要会估计 1mL 溶液在试管中占的体积和由滴管加的滴数相当的毫升数。一般滴管每滴约 0.05mL。若要精确数，可先将滴管每滴体积加以校正，用滴管滴 20 滴于量筒中，读出体积，算出每滴体积数。

当实验无须准确量取液体试剂时，可根据反应容器的容积来估计；若实验要求精确加量，必须用量筒或移液管进行。对实验的器皿，一般液体试剂的加入量不得超过容器的 2/3 容积；试管内液体加入量，最好不要超过 1/2 容积。

所有已取出的试剂，无论固体还是液体，都不要倒回原试剂瓶中，应放入回收瓶或给他人使用。

2.6 有机化学实验基本操作技术

2.6.1 加热与冷却

1. 加热

由于大部分有机反应在常温下很难进行或反应速率很慢，因此常需要加热来使反应加速和控制反应进程。有机化学实验的基本操作，例如干燥、重结晶、升华、回流、蒸馏、分馏、水蒸气蒸馏、减压蒸馏、玻璃加工等，都离不开加热操作，这些加热操作对加热形式与方法都有不同的要求。

实验中通常采用的加热方法有直接加热和热浴加热。

大多数有机化合物包括有机溶剂都是易燃易爆物，在实验室安全规则中就规定禁止用明火直接加热（特殊需要除外），为了保证加热均匀和安全考虑，一般使用热浴进行间接加热。作为传热的介质有空气、水、有机液体、熔融的盐和金属等。根据加热温度、升温的速度等需要，实验室常用一些间接加热手段。

（1）直接加热

用酒精灯、煤气灯、电炉加热属于直接加热，又称明火加热。在玻璃仪器下垫石棉网进行加热时，火焰要对着石棉块，不要偏向铁丝网，否则造成局部受热，仪器受热不均匀，甚至发生仪器破损。这种加热方式只适用于沸点高而且不易燃烧的物质。

（2）水浴和蒸汽浴加热

使用较为方便的水浴加热器是电热多孔恒温水浴锅。当加热的温度不超过80℃时，常用水浴加热。将容器下部浸入热水中，使热浴的液面略高于容器中的液面，小心加热以保持所需的温度。

用水浴加热必须注意以下几点：用到金属钾、钠的操作以及无水操作，绝不能在水浴上进行，否则会引起火灾或使实验失败；使用水浴时勿使容器触及水浴器壁及其底部；若需要加热到接近100℃，可用沸水浴或水蒸气浴；由于水会不断蒸发，应注意及时补加热水，使水浴中的水面经常保持稍高于容器内的液面。

（3）油浴加热

如果加热温度在100℃～250℃之间，宜使用油浴加热。油浴的优点是反应物受热均匀，温度容易控制在一定范围内、反应物的温度一般低于油浴温度20℃左右。常用的油浴见表2.5。

表2.5　　　　　　　　　　　　　常用油浴

油类	甘油	植物油	硅油	液状石蜡
可加热的最高温度/℃	140	200	350	220
特点	温度过高时则会炭化	常加入1%的对苯二酚等抗氧化剂；温度过高时易分解，达闪点时可燃烧	稳定，透明度好，安全，是目前实验室里较为常用的油浴之一，但其价格较贵	温度稍高不分解，但较易燃烧

油浴加热要注意以下几点：

①要竭力避免产生可能引起油浴燃烧的因素，严格控制油浴温度，使其不要超过所能达到的最高温度，否则受热后有溢出的危险。一般情况下，油浴中应挂一温度计，以便随时观察油浴的温度和有无过热现象；实验中经常在油浴中安置一根电热棒，电热棒通过电热丝与调压变压器相连，可以方便控制油浴的温度。

②油浴受热冒烟时，应立即停止加热。

③不要让水溅入油中，否则在油浴温度升高时会产生泡沫或飞溅。

④避免直接用明火加热油浴，否则容易导致油燃烧。

⑤加热完毕取出反应容器时，仍用铁夹夹住反应器离开油浴液面，悬置片刻，待容器壁上附着的油滴完后，再用纸片或干布擦干器壁。

（4）酸浴加热

常用酸液为浓硫酸，一般可加热到250℃～270℃，若加热至300℃左右浓硫酸会分解，生成白烟，若酌情加入硫酸钾，加热温度可升到350℃。不同组成的硫酸酸液可加热的温度见表2.6。

表2.6　　　　　　　　　　　　不同组成的酸液的加热温度

浓硫酸质量分数（%）	硫酸钾质量分数（%）	加热温度（℃）
70	30	325
60	40	365

（5）空气浴加热

空气浴就是让热源把局部空气加热，空气再把热能传导给反应容器，电热套加热就是简单的空气浴加热。安装电热套时，要使反应瓶外壁与电热套内壁保持2cm左右的距离，以便利用热空气传热和防止局部过热。此设备不用明火加热，使用较安全。

（6）砂浴加热

加热温度在250℃～350℃之间可用砂浴加热。一般用铁盘装砂，将容器下部埋在砂中，并保持底部有薄砂层，四周的砂稍厚些。因为砂的导热效果较差，温度分布不均匀，温度计水银球要紧靠容器。由于砂浴温度上升较慢，且不易控制，因而使用不广泛。

除了以上几种加热方法外，还可用熔盐浴、金属浴（合金浴）、电热法等加热方法，满足不同实验的需要。不论用何种方法加热，都要求加热均匀而稳定，尽量减少热损失。

（7）微波加热

近年来，在有机化学反应中，使用了微波技术。微波是一种新型的加热源，属于非明火型热源。微波加热技术与传统加热方式不同，它是通过被加热体内部偶极分子高频往复运动，产生"内摩擦热"而使被加热物料温度升高，不须任何热传导过程，就能使物料内外部同时加热、同时升温，加热速度快且均匀，仅需传统加热方式的能耗的几分之一或几十分之一就可达到加热目的。

2　冷却

在有机化学实验中，有时要求低温条件下进行反应、分离、提纯等，在操作中必须使用冷却剂进行冷却操作。某些反应在特定的低温下进行，重氮化反应一般在0℃～5℃下进行；收集沸点很低的有机化合物，冷却可减少损失；可以加速晶体的析出或减少溶解损失。

冷却剂的选择是根据冷却温度和带走的热量来决定的。对于一些放热反应，由于在反应过程中，温度会不断升高，为了避免反应过于剧烈，可以将反应容器浸没在冷水中或冰水中。如果水对反应无影响，还可以将冰块直接投入到反应容器中进行冷却。常用的冷却剂有：

水：水因其廉价和高的热容量成为常用的冷却剂，但随着季节的变化，其冷却效率变化很大。

冰－水混合物：常用易得的冷却剂，可冷到5℃～0℃，使用碎冰效果更佳。

冰－盐混合物：如果需要更低的温度（低于0℃），可以用冰－盐混合物做冷却剂。使用的冰－盐混合物是在碎冰中加入食盐，质量比为3∶1，可冷至−5℃～−18℃。实际操作是将上述质量比的食盐撒到碎冰上。

不同的盐和冰按一定比例可制成致冷温度范围不同的冷却剂，见表2.7。

表 2.7　　　　　　　　　　　常用冷却剂组成及最低冷却温度

冷却剂组成	最低冷却温度（℃）
冰水	0
氯化铵＋碎冰（1∶4）	−15
氯化钠＋碎冰（1∶3）	−21
六水合氯化钙＋碎冰（1∶1）	−29
六水合氯化钙＋碎冰（1.4∶1）	−55
干冰＋乙醇	−72
干冰＋丙酮	−78
干冰＋乙醚	−100
液氨	−196

若无冰，可将某些盐溶于水吸热作为冷却剂使用，如3份NH_4Cl溶于10份水，可从15℃冷至−18℃。注意：如果致冷温度低于−38℃，测温应采用内装有机液体的低温温度计，不能用水银温度计（水银的凝固点为−38.9℃）。

2.6.2　过滤与结晶

1. 过滤

过滤是分离液固混合物的常用方法。液固体系的性质不同，采用不同的过滤方法。

（1）常压过滤

这是在大气压下使用普通玻璃漏斗过滤的固液分离法，也称普通过滤。当沉淀物为胶体或微细晶体时，用此法过滤较好。通常用60°角的圆锥形玻璃漏斗，将圆形滤纸对折两次成扇形，展开成圆锥形，一边为三层，一边为一层（图2.36），其边缘应该比漏斗的边缘略低，用溶剂润湿滤纸，使滤纸与漏斗内壁紧贴，倾入漏斗的液体的液面应比滤纸的边缘低1cm。

过滤有机液体中的大颗粒干燥剂时，可在漏斗颈部的上口轻轻地放少量疏松的棉花或玻璃毛，以代替滤纸。如果过滤的沉淀物颗粒细小或有黏性，为加快过滤速度，应首先静置沉淀，然后先过滤上层的澄清部分，最后把沉淀移到滤纸上，而不是一开始过滤就将沉淀和溶液搅混后过滤。沉淀全部转移到滤纸上后，需对沉淀进行洗涤，以除去沉淀表面吸附的杂质和母液，洗涤时要用洗瓶由滤纸边缘稍下一些地方，边螺旋边向下移动着冲洗沉淀，将沉淀集中到滤纸锥体的底部，不可将洗涤液直接冲到滤纸中央沉淀上，以免沉淀外溅。洗涤沉淀采用"少量多次"的方法，以提高洗涤效率，每次使用少量洗涤液，尽量滤干后再进行下一次洗涤。

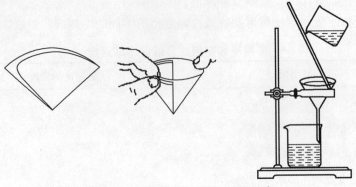

图2.36　普通滤纸的折叠与常压过滤

（2）减压过滤（抽气过滤）

减压能加快过滤速度，可将沉淀抽吸得比较干净。胶体或细颗粒沉淀会透过滤纸或使滤纸堵塞，不能用减压过滤的办法分离沉淀。

减压过滤装置包括布氏漏斗、抽滤瓶、安全瓶和减压泵。布氏漏斗为瓷质，漏斗颈配以橡皮塞，装在玻璃的吸滤瓶上。在成套的玻璃仪器中，漏斗与吸滤瓶间的连接是靠磨口，吸滤瓶的支管则用橡皮管与抽气装置连接，若用

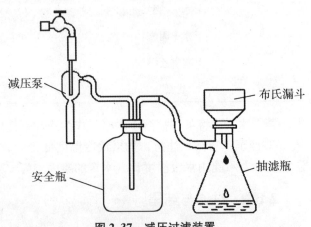

图2.37　减压过滤装置

水泵，吸滤瓶与水泵之间宜连接一个缓冲瓶（配有二通旋塞的吸滤瓶，调节旋塞可以防止水的倒吸）（图2.37）；使用移动式或手提式的水循环真空泵最为方便。最好不要用油泵，若用油泵，吸滤瓶与油泵之间应连接吸收水气的干燥装置和缓冲瓶。

注意漏斗下端斜口应对着支管口；滤纸应剪成比漏斗的内径略小，但能完全盖住所有的小孔；不要让滤纸的边缘翘起，以保证抽滤时密封，微量物质的减压过滤是用带玻璃钉的小漏斗组成的过滤装置。

过滤时，应先用溶剂把平铺在漏斗上的滤纸润湿，然后开动泵，使滤纸紧贴在漏斗上。小心地把要过滤的混合物倒入漏斗中，为了加快过滤速度，可先倒入清液，后倒入固体，使固体均匀地分布在整个滤纸面上。一直抽气到几乎没有液体滤出时为止，把滤饼尽量地抽干、压实、压平，拔掉抽气的橡皮管，使恢复常压，洗涤滤饼，把少量溶剂均匀地洒在滤饼

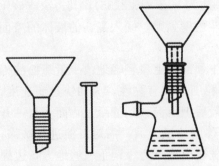

图2.38　微量抽滤装置

上，使溶剂恰能盖住滤饼，静置片刻，使溶剂渗透滤饼，待有滤液从漏斗下端滴下时，重新抽气，再把滤饼尽量抽干、压实。这样反复几次，就可把滤饼洗净。停止抽滤时，应先拔去橡皮管（或将安全瓶上的玻璃阀打开）通大气，然后关闭水泵。取下漏斗，左手把握漏斗管，倒置使漏斗口向下，用右手"拍击"左手，使固体连同滤纸一起落入洁净的纸片或表面皿上，揭去滤纸。

性质特殊的固液分离，需选用一些特殊的过滤器和材料，如过滤强酸性或强碱性溶液时，应在布氏漏斗上铺上玻璃布或涤纶布、氯纶布等代替滤纸。玻璃砂芯漏斗使用前应先用强酸（HCl 或 HNO$_3$）处理，再进行抽滤；玻璃砂芯漏斗不耐强碱，因漏斗的滤板是用玻璃粉末在高温熔结而成的，强碱会损坏漏斗的微孔，因此不可用强碱处理，也不适于过滤强碱溶液。

（3）加热过滤

用锥形的玻璃漏斗过滤热的饱和溶液时，常在漏斗中或其颈部析出晶体，使过滤发生困难，这时可以用保温漏斗进行热过滤，即在普通玻璃漏斗外套上一个有夹层和侧管的铜制漏斗，夹层内盛水，漏斗上有一注水口，侧管处可加热。保温漏斗内的玻璃漏斗的大小应与保温漏斗相匹配，且为短颈。

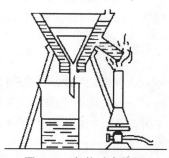

图 2.39　加热过滤装置

为了尽量利用滤纸的有效面积以加快过滤速度，过滤热的饱和溶液时，常使用菊花滤纸。

菊花滤纸的叠法：先把滤纸折成半圆形，再对折成圆形的四分之一，展开如图 2.40（a）；再以 1 对 4 折出 5，3 对 4 折出 6，1 对 6 折出 7，3 对 5 折出 8，如图 2.40（b）；以 3 对 6 折出 9，1 对 5 折出 10，如图 2.40（c）；然后在 1 和 10，10 和 5，5 和 7……9 和 3 间各反向折叠，如图 2.40（d）；把滤纸打开，在 1 和 3 的地方各向内折叠一个小叠面，最后做成如图 2.40（e）的折叠滤纸。在每次折叠时，在折纹近集中点处切勿对折纹重压，否则在过滤时滤纸的中央易破裂。

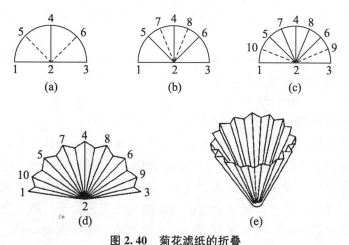

图 2.40　菊花滤纸的折叠

过滤时，先将夹套内的水加热，当到达所需温度时，将热的饱和溶液逐渐地倒入漏斗中。漏斗中的液体不宜太多，以免析出晶体而堵塞漏斗，最好在漏斗上盖上一表面皿。

也可用布氏漏斗趁热进行减压过滤，为了避免漏斗破裂和在漏斗中析出晶体，最好先用热水浴或水蒸气浴，或在电烘箱中把漏斗预热，然后再用来进行减压过滤。

（4）离心过滤

离心过滤适用于少量、微量物质的过滤，把盛混合物的离心试管放入离心机中进行离心沉淀，固体沉降于离心试管底部，用滴管小心地吸去上层清液。

（5）助滤剂

被过滤的固体颗粒非常小，如高锰酸钾还原成二氧化锰后，不论使用哪种方法过滤都很困难，很快就把滤纸、滤布的微孔堵塞，这时可以使用颗粒大的多孔性物质如硅藻土做助滤剂，把助滤剂铺在滤纸上面或直接放到玻璃钉上，形成一薄层，再进行过滤。使用助滤剂时，固体滤渣往往都是准备废弃的。

2 结晶

从有机化学反应中制得的固体产物，常含有少量杂质，除去这些杂质最有效的方法之一就是用适当的溶剂来进行重结晶，其原理是利用混合物中各成分在某种溶剂或某种混合溶剂中溶解度不同，而使它们互相分离。

结晶包括下列几个主要步骤：

①正确地选择溶剂，这对结晶操作有很重要的意义。在选择溶剂时，必须考虑被溶解物质的成分和结构，相似的物质相溶。例如，含羟基的物质一般都能或多或少地溶解在水里，高级醇（由于碳链的增长）在水中的溶解度就显著地减小，而在乙醇和碳氢化合物中的溶解度就相应地增大。

溶剂必须符合下列条件：不与重结晶的物质发生化学反应；在高温时，结晶物在溶剂中的溶解度较大，而在低温时则很小；杂质的溶解度或是很大（待结晶物质析出时，杂质仍留在母液内），或是很小（待结晶物质溶解在溶剂里，借过滤除去杂质）；容易和结晶物质分离。此外，也需适当地考虑溶剂的毒性、易燃性、价格和溶剂回收等因素。

②将需要纯化的物质溶解于沸腾或近于沸腾的溶剂中，制成热的饱和溶液。

③将溶液趁热过滤以除去不溶物。

④将过滤液冷却，析出结晶。

⑤滤集、干燥结晶。

⑥通过熔点的测定来确定其纯粹与否。如发觉其纯度不符合要求，则再用溶剂重复上述操作直至熔点不再改变。把使用过的溶剂倒入指定的溶剂回收瓶里。

必须注意的是，杂质的溶解度大于欲纯化的物质，则纯化容易，损失也较小；欲纯化的物质若只含少量杂质，无论杂质的溶解度比欲纯化物质的溶解度大还是小，经过结晶的精制物内杂质的相对含量减低，而在母液内的杂质含量增高。另外，杂质过多会影响结晶速度，甚至妨碍结晶的生成，致使产量降低。所以，结晶前一定要先提纯，提纯的方法有减压蒸馏、水蒸气蒸馏、萃取以及色谱分离等，达到一定纯度再用结晶法精制。

2.6.3　萃取与洗涤

萃取是利用同一种物质在两种互不相溶（或微溶）的溶剂中有不同溶解度或分配比的性质，将其从一种溶剂转移到另一种溶剂，从而达到分离目的的一种操作，亦称"抽提"，是有机化学实验中用来提取或纯化有机化合物的常用操作。萃取也可以用来洗去混合物中少量杂质，称为"洗涤"。

1. 液—液萃取

可用与水不互溶（或微溶）的有机溶剂从水溶剂中萃取有机化合物来说明。将含有机化合物的水溶液用有机溶剂萃取时，有机化合物就在两液相间进行分配。在一定温度下，此有机化合物在有机相中和在水相中的浓度之比为一常数，此即所谓"分配定律"。假如一物质在两液相 A、B 中浓度分别为 C_A、C_B，则在一定温度下，$C_A/C_B = K$，K 是一常数，称为"分配系数"，它可以近似地看作此物质在两溶剂中溶解度之比。

有机物质在有机溶剂中的溶解度，一般比在水中的溶解度大，可以将它们从水溶液中萃取出来，但是除非分配系数极大，否则用一次萃取是不可能将全部物质移入新的有机相中的。设在 V mL 的水中溶解 W_0 g 的物质，每次用 S mL 与水不互溶的有机溶剂重复萃取。假如 W_1 为萃取一次后剩留在水溶液中的物质量，则在水中的浓度和在有机相中的浓度就分别为 W_1/V 和 $(W_0 - W_1)/S$，两者之比等于 K，即

$$\frac{W_1/V}{(W_0 - W_1)/S} = K \quad \text{或} \quad W_1 = \frac{KV}{KV + S} \cdot W_0$$

令 W_2 为萃取两次后在水中的剩留量，则有

$$\frac{W_2/V}{(W_1 - W_2)/S} = K \quad \text{或} \quad W_2 = W_1 \frac{KV}{KV + S} = W_0 \left(\frac{KV}{KV + S}\right)^2$$

显然，在萃取 n 次后的剩留量应为

$$W_n = W_0 \left(\frac{KV}{KV + S}\right)^n$$

当用一定量的溶剂萃取时，总是希望在水中的剩余量越少越好。因为上式中 $\frac{KV}{KV + S}$ 恒小于 1，所以 n 越大，W_n 就越小，也就是说把溶剂分成几份作多次萃取，比用全部量的溶剂作一次萃取效果好。但必须注意，上面的式子只适用于几乎与水不相互溶的溶剂，例如苯、四氯化碳或氯仿等。对于与水能少量互溶的溶剂，如乙醚等，上面的式子只是近似，但也可以定性地说明预期结果。

（1）萃取操作

溶液中物质的萃取在实验中用得最多的是水溶液中物质的萃取，最常使用的萃取器皿为分液漏斗。其操作应注意以下几点：

①查漏。选择容积较液体体积大一倍以上的分液漏斗，使用前应于漏斗中放入水摇荡，检查塞子与活塞是否渗漏，若发现漏液或旋塞不灵活，应拆下活塞、擦干，在离活塞孔稍远处薄薄地涂上一层润滑脂（注意切勿涂得太多或使润滑脂进入活塞孔中，

以免玷污萃取液），将旋塞插入槽内，向同一方向转动旋塞，直至旋转自如，旋塞部位呈现透明，再用小橡皮圈套住旋塞尾部的小槽，防止旋塞滑脱，再确认不漏水方可使用。

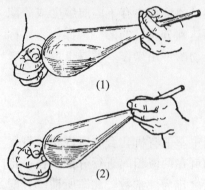

图 2.41　液-液萃取操作

②摇振、放气。将漏斗固定在铁架铁圈中，关好活塞，将要萃取的水溶液和萃取剂依次自上口倒入漏斗中，塞紧塞子（注意塞子不能涂润滑脂），取下分液漏斗，用右手手掌顶住漏斗顶塞并握住漏斗，左手握住漏斗活塞处，大拇指压紧活塞，把漏斗放平前后摇振，如图 2.41 所示。

开始摇振要慢，摇振几次后，将漏斗的上口向下倾斜，下部支管指向斜上方（朝向无人处），左手仍握在活塞支管处，用拇指和食指旋开活塞，从斜上方的支管口释放出漏斗内的压力，也称"放气"。以乙醚萃取水溶液中的物质为例，在振摇后乙醚可产生的蒸汽压，加上原来空气和水蒸气压，漏斗中的压力就大大超过了大气压，如果不及时放气，塞子就可能被顶开而出现喷液。待漏斗中过量的气体逸出后，将活塞关闭再行振摇，如此重复至放气时只有很小压力，再剧烈振 2～3 分钟，然后将漏斗放回铁圈中静置分层。

③分液。待两层液体完全分开后，先打开上面的玻璃塞，再将下面活塞缓缓旋开，将下层液体自活塞放出。分液时一定要尽可能分离干净，有时在两相间可能出现一些絮状物也应同时放去。上层液体从分液漏斗的上口倒出，切不可也从下面活塞放出，以免被残留在漏斗颈上的第一种液体所玷污。

为了弄清分液漏斗中哪一层是水溶液，可任取其中一层的小量液体，置于试管中，滴加少量自来水，若分为两层，说明该液体为有机相；若加水后不分层，则是水溶液。萃取次数取决于分配系数，一般为三次。将所有的萃取液合并，加入过量的干燥剂干燥，蒸去溶剂，萃取所得的有机物视其性质可利用蒸馏、重结晶等方法纯化。

④"盐析效应"。在水溶液中先加入一定量的电解质（如氯化钠），以降低有机物在水中的溶解度，提高萃取效果。

上述操作中的萃取剂是有机溶剂，它是根据"分配定律"使有机化合物从水溶液中被萃取出来。另外一类萃取原理是利用它能与被萃取物质起化学反应，这种萃取通常用于从化合物中移去少量杂质或分离混合物，操作方法与上述相同，常用的萃取剂有氢氧化钠溶液、碳酸钠溶液、碳酸氢钠溶液、稀盐酸、稀硫酸、浓硫酸等。碱性的萃取剂可以从有机相中移出有机酸，或从溶于有机溶剂的有机化合物中除去酸性杂质，如：稀盐酸及稀硫酸可从混合物中萃取出有机碱性物质或用于除去碱性杂质；浓硫酸可应用于从饱和烃中除去不饱和烃，从卤代烷中除去醇及醚等。

⑤乳化现象。萃取中，特别是当溶液呈碱性时，常常会产生乳化现象，有时由于存在少量轻质的沉淀、溶剂互溶、两液相的相对密度相差较小等原因，也可能使两液相不能很清晰地分开，这样很难将它们完全分离。常用破乳的方法有：较长时间静置，加入少量氯化钠、稀硫酸、乙醇、磺化蓖麻油等。

（2）萃取溶剂的选择与用量

萃取效率还与溶剂的选择密切相关。一般来讲，选择溶剂的基本原则是，对被提取物质溶解度较大，与原溶剂不相混溶；沸点低、毒性小。例如，从水中萃取有机物时常用氯仿、石油醚、乙醚、乙酸乙酯等溶剂；若从有机物中洗除酸、碱或其他水溶性杂质，可分别用稀碱、稀酸或直接用水洗涤。

第一次萃取时使用溶剂的量，常要较以后几次多一些，这主要是为了补足由于它稍溶于水而引起的损失，当有机化合物在原溶剂中比在萃取剂中更易溶解时，就必须使用大量溶剂并多次萃取。

（3）连续萃取

为了减少萃取溶剂的量，最好采用连续萃取，其装置有两种：一种适用于从较重的溶液中用较轻溶剂进行萃取（如用乙醚萃取水溶液）、另一种适用于从较轻的溶液中用较重溶剂进行萃取（如氯仿萃取水溶液）。

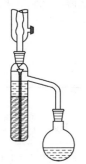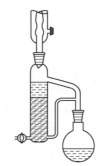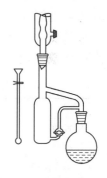

(1)较轻溶液剂萃取较重溶液中物质的装置　　(2)较重溶剂萃取较轻溶液中物质的装置　　(3兼具(1)(2)功能的装置

图 2.42　连续萃取

2　液—固萃取

固体物质的萃取是利用样品中被提取组分和杂质在同一溶剂中具有不同溶解度的性质进行提取和分离的，通常是用长期浸出法或采用脂肪提取器（索氏提取器）。前者是靠溶剂长期的浸润溶解，而将固体中的需要物质浸出来。这种方法虽不需要任何特殊器皿，但效率不高，而且溶剂的需要量较大。

脂肪提取器是利用溶剂回流及虹吸原理，使固体物质连续不断地为纯的溶剂所萃取，因而效率较高。萃取前应先将固体物质研细，以增加溶剂浸润的面积，然后将固体物质放在滤纸套内，置于提取器中，提取器的下端与盛有溶剂的烧瓶连接，上端接冷凝管，当溶剂沸腾时，蒸汽通过玻璃管上升，被冷凝管中的水冷凝成为液体，滴入提取器中，当溶剂液面超过虹吸管的最高处时，即虹吸流回烧瓶，因而萃取出溶于溶剂的部分物质，并富集到烧瓶中，再用其他方法将萃取到的物质从溶液

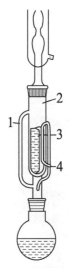

图 2.43　索氏提取器

中分离出来。

2.6.4 升华

固态物质受热后不经熔融就直接汽化转变为蒸气,该蒸气经冷凝又直接凝固转变为固态,这个过程称为升华。升华是纯化固态有机物的重要方法之一,利用升华不仅可以分离具有不同挥发度的固体混合物,还能除去难挥发的杂质。一般由升华提纯得到的固体有机物纯度都较高,但是该操作较费时,损失也较大,因而升华操作通常只限于实验室少量物质的精制。

并不是所有的固态有机化合物都能用升华来纯化,升华只能适用于那些在熔点温度以下具有较高蒸气压的固态物质。这类物质具有三相点,即固、液、气三相达到平衡时的温度和压力,在三相点温度以下,物质只有固、气两相,这时,蒸气可不经液态直接转变为固态;若将温度升高,则固态又会直接转变为气态,由此可见,升华操作应该在三相点温度以下进行。例如,六氯乙烷的三相点温度是 186℃,压力为104.0kPa(780mmHg),当升温至 185℃时,其蒸气已达 101.3kPa(760mmHg),六氯乙烷即可由固相常压下直接挥发为蒸气。

表 2.8   **某些化合物的熔点、沸点和升华温度**

化合物	分子量	熔点(℃)	沸点(℃)			在 0.001 mmHg 升华最初温度(℃)
			760mmHg	15mmHg	0.001mmHg	
菲	178	101	340		95.5	20
月桂酸	200	43.7		176	101	22
肉豆蔻酸	228	53.8		196.5	121	27
棕榈酸	256	62.6	339~356	215	138	32
	178	217	342		103.5	35
甲基异丙基菲	234	98.5	390	216(12mm)	135	36
蒽醌	208	285	380			36
菲醌	208	207	>360			36
茜素	240	289	430		153	38
硬脂酸	284	71.5	371	232	154.5	38
月桂酮	338	70.3				40
肉豆蔻酮	394	76.5				46
棕榈酮	451	82.8				53
硬脂酮	506	88.4		345(12mm)		58
蒽	228	252.5	448		169	60
三十二烷	450	70.5			202	63

1. 普通升华

把待升华的物质放入蒸发皿中，用一张穿有若干小孔的圆滤纸把锥形漏斗的口包起来，或在蒸发皿上覆盖一层布满小孔的滤纸，使蒸发皿上方形成一温差层，逸出的蒸气容易凝结在玻璃漏斗壁上，也可在玻璃漏斗外壁上敷上冷湿布，以助冷凝。把此漏斗倒盖在蒸发皿上，漏斗颈部塞一团疏松的棉花，如图 2.44（a）所示，加热蒸发皿，逐渐地升高温度，使待升华物质汽化，蒸气通过滤纸孔，遇到冷的漏斗内壁，又凝结为晶体，附在漏斗的内壁和滤纸上。穿小孔的滤纸可防止升华后形成的晶体落回到下面的蒸发皿中。

较大量物质的升华，可在烧杯中进行。烧杯上放置一个通冷水的烧瓶，使蒸气在烧瓶底部凝结成晶体并附着在瓶底上，如图 2.44（b）所示。

待升华的物质要经充分干燥，否则在升华操作时部分有机物会与水蒸气一起挥发出来影响分离效果。为了达到良好的升华分离效果，最好采取砂浴或油浴而避免用明火直接加热，使加热温度控制在待纯化物质的三相点温度以下，如果加热温度高于三相点温度就会使不同挥发性的物质一同蒸发，从而降低分离效果。

2. 减压升华

有些物质在三相点时的平衡蒸气压比较低，在常压下进行升华时效果较差，这时可在减压条件下进行升华操作。减压下的升华可用图 2.44（c）、（d）、（e）所示的装置进行。依据升华物质的量，选择适当的减压升华装置，首先将待升华物质置放在吸滤管内，然后在吸滤管上配置指形冷凝管，内通冷凝水，用油浴加热，被升华的固体凝结在冷凝指的外体壳上。

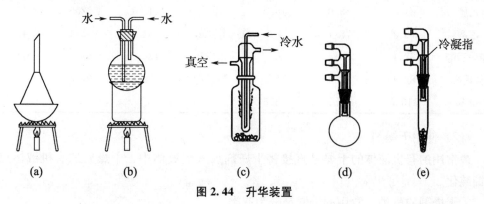

图 2.44 升华装置

2.6.5 干燥

干燥指除去附在固体、气体或混在液体内的少量水分或溶剂。在有机化学实验室中，干燥是最普通而又很重要的一项操作。在合成实验中，要求非常干燥的情况很多，例如制备格氏试剂时，不仅所用的原料和溶剂需要干燥，而且在反应的全过程中都要防止空气中水分的侵入；在分析表征化合物时必须完全干燥，有时还要除去其所含的结晶水或结晶醇，否则将影响结果。

干燥方法通常可分为物理方法与化学方法两种。物理方法有吸附、共沸蒸馏、分馏、冷冻干燥、加热、真空干燥、重结晶等；化学方法按去水的方式又可分为两类，一类与水能可逆地结合生成水合物，如氯化钙、硫酸钠等，另一类与水会发生剧烈的化学反应，如金属钠、五氧化二磷等。

1. 液体的干燥

从水溶液中分离出的液体有机物常含有许多水分，如不干燥直接蒸馏，会增加前馏分，造成损失，也可引起某些物质分解或与水形成共沸混合物而无法提纯。

（1）利用生成二元共沸混合物除去水分或少量溶剂

许多与水不相溶的溶剂（除乙醚外）可与水形成二元共沸混合物，其共沸点均低于该溶剂本身的沸点（见表 2.9），当混合物蒸馏完毕即剩下无水溶剂。此法还可应用于除去反应过程中生成的水分或醇（如酯化反应），以达到提高产率的目的。

最常用的溶剂是苯或甲苯，操作时，一般蒸馏至馏出液不呈混浊即可；或装上高效分馏柱，当温度升至该溶剂的沸点，即可收集到无水溶剂。

表 2.9   与水形成二元共沸物的物质（水沸点 100℃）

溶剂	沸点(℃)	共沸点(℃)	含水量(%)	溶剂	沸点(℃)	共沸点(℃)	含水量(%)
氯仿	61.2	56.1	2.5	正丙醇	97.2	87.7	28.3
苯	80.4	69.2	8.8	异丁醇	108.4	89.9	99.2
丙烯腈	78	70.0	13.0	二甲苯	137~140.5	92.0	35.0
二氯乙烷	83.7	72.0	19.5	正丁醇	117.7	92.2	37.5
乙腈	82.0	76.0	16.0	吡啶	115.1	92.5	40.6
乙醇	78.3	78.1	4.4	异戊醇	131.0	95.1	49.6
醋酸乙酯	77.1	70.4	6.1	正戊醇	138.3	95.4	44.7
异丙醇	82.4	80.4	12.1	氯乙醇	129.0	97.8	59.0
甲苯	110.5	84.1	13.5				

（2）使用干燥剂

最常用的有机液体的干燥是直接将干燥剂加入到液体中，干燥后的有机液体仍需蒸馏纯化。

①干燥剂的种类：常用的干燥剂分为三类。

A. 硅胶、分子筛等物理吸附干燥剂。

B. 与水可逆地结合生成水合物而达到干燥目的的物质，如硫酸、无水氯化钙、无水硫酸钠、无水硫酸镁、无水硫酸铜、无水硫酸钙、固体氢氧化钾（钠）、无水碳酸钾等。

C. 与水发生化学反应生成新化合物，从而起到干燥除水目的的物质，如五氧化二磷、氧化钙、金属钠等。

$$CaO+H_2O \longrightarrow Ca(OH)_2 \downarrow$$
$$Na+H_2O \longrightarrow NaOH+H_2 \uparrow$$

A、B 两类干燥剂的作用是可逆的，干燥后的有机液体在蒸馏前须滤除干燥剂，否则吸附或结合的水又会放出。C 类干燥剂的作用是不可逆的，在蒸馏时不用滤除。

②选择干燥剂的原则：

A. 不与被干燥的有机物发生任何化学反应。若引起水解、分解、变色、酸碱中和、生成分子化合物等均不能用，如氯化钙不能用来干燥醇类和胺类、碱性干燥剂不能用来干燥酸性有机物等。

B. 干燥剂不溶于待干燥的液体有机物。

C. 对被干燥的有机物无催化作用。

D. 干燥能力强、价格低。干燥剂的干燥能力包括吸水容量、干燥效能和干燥速度。吸水容量指单位质量干燥剂所吸收的水量，干燥效能指达到平衡时仍旧留在溶液中的水量。一般先用吸水容量大的干燥剂除去大部分水分，再用干燥效能强的干燥剂。

③常用的干燥剂：

A. 无水氯化钙。价廉、吸水能力较大、在 30℃ 以下能形成六结晶水氯化钙（$CaCl_2 \cdot 6H_2O$），是最常用的液体和气体干燥剂，但干燥速度慢，吸水后表面为薄层液体所覆盖，需放置一段时间，并间歇振摇。工业制得的无水氯化钙含有一些氢氧化钙和碱性氯化物，不适用于酸性液体的干燥。氯化钙能与醇、酚、酸、胺、氨基酸、酰胺、酮、醛和酯形成分子络合物，不能作为此类物质的干燥剂。

B. 无水硫酸镁。中性干燥剂、效力中等、作用快，吸水量较大，能形成七结晶水硫酸镁（$MgSO_4 \cdot 7H_2O$），与有机物不起化学反应，可干燥许多不能用氯化钙干燥的醇、酯、醛、酮、酰胺等有机物。

C. 无水硫酸钠。中性干燥剂。价廉，吸水量较大，应用较广，但其作用慢、干燥效率差，与水形成十结晶水的硫酸钠（$Na_2SO_4 \cdot 10H_2O$）。当有机物夹杂着大量水分时，常先用作初步干燥以除去大量水分，再用效率高的干燥剂干燥。

D. 无水硫酸钙。作用快，效率高，应用较广，与有机物不起化学反应，且不溶于有机溶剂，与水形成相当稳定的水合物（$2CaSO_4 \cdot H_2O$），缺点是吸水量小（吸水量为其重量的 6.6%），一般应用于第二次干燥（即在无水硫酸钠、无水硫酸镁或碳酸钾干燥后使用）。如所干燥的溶剂沸点低于 100℃，蒸馏前可不必滤除，用其干燥甲醇、乙醇、丙酮、乙醚、乙酸等，效果良好。

E. 无水硫酸铜。干燥效率相当弱，在 260℃ 以下能形成五结晶水硫酸铜（$CuSO_4 \cdot 5H_2O$），制备无水酒精时可用以鉴定是否含水，可再生，加热至 100℃ 时即可除去四个结晶水。

F. 无水碳酸钾。干燥效率中等，能形成二结晶水碳酸钾（$K_2CO_3 \cdot 2H_2O$），通常应用于水溶性醇和酮的初步干燥，有时可代替金属钠或氢氧化钠干燥胺类，或代替无水硫酸镁使用，不能用于干燥酸类、酚类或酰胺类物质。

G. 固体氢氧化钠或氢氧化钾。强碱，只能干燥氨气和胺类物质（也可用石灰、碱石灰和氢氧化钡进行干燥），不能用于干燥酸类、酚类和酰胺类。氢氧化钾吸水能力较氢氧化钠大 60～80 倍,如被干燥的物质含水量大或某些有机碱在无水状态下吸湿性很强,可先用作初步干燥,再用更有效的干燥剂干燥。

H. 浓硫酸。可干燥溴、烷烃和卤代烷,干燥时置分液漏斗中振摇后分离。硫酸具有氧化性,限制了其应用。

I. 五氧化二磷。是所有干燥剂中干燥效力最高的干燥剂,作用非常快,价格昂贵,吸水后表面为黏浆液覆盖,操作不便。用时应先用无水硫酸镁或无水硫酸钠去水,可用于干燥烷烃、卤代烃、醚、腈类,但不适于干燥醇、酮、有机酸、有机碱类。

J. 氧化钡或氧化钙。碱性干燥剂,与水作用后生成不溶解的氢氧化物,对热稳定、不挥发,故在蒸馏前不必滤除,用于干燥低分子的醇或吸湿性很强的有机碱(如吡啶等),但不能干燥酸性物质或酯类。实验室多用氧化钙,其价廉、来源方便,

K. 金属钠。限于惰性有机溶剂的最后干燥(如苯、烷烃、乙醚、石油醚等中痕量的水分)。若被干燥的物质含水量较多,则需先用无水氯化钙或无水硫酸镁干燥后再用。凡是能与金属钠、碱作用或能被还原者均不能用,如不能用于干燥醇、酸、酯、有机卤化物、酮、醛及某些胺。用时切成小块或压成钠丝。

表 2.10   干燥剂的一般应用范围

有机物	干燥剂
醇类	无水碳酸钾、无水硫酸镁、无水硫酸钠、生石灰
卤代烃、卤代芳烃	无水氯化钙、无水硫酸钠、无水硫酸镁、无水硫酸钙、五氧化二磷
醚、烷烃、芳香烃	无水氯化钙、无水硫酸钙、金属钠、五氧化二磷
醛	无水硫酸钠、无水硫酸镁、无水硫酸钙
酮	无水硫酸钠、无水硫酸镁、无水硫酸钙、无水碳酸钾
有机碱(胺类)	固体氢氧化钾、固体氢氧化钠、生石灰、氧化钡
有机酸	无水硫酸钠、无水硫酸镁、无水硫酸钙

④使用干燥剂时注意:

A. 用量要适当。否则不是干燥不完全就是使一部分物质吸附在干燥剂表面而造成损失,如果干燥剂互相黏结附于器壁上,说明干燥剂用量过少,干燥不充分,需补加干燥剂;若容器底部出现白色浑浊层,说明有机液体含水太多,干燥剂已大量溶于水,须将水层分出后再加入新的干燥剂。实际操作时,可先少加一些振摇、放置片刻后,如干燥剂有潮解现象可再加一些或将上清液倾入另一瓶中,再加些干燥剂,作第二次干燥。

B. 黏稠液体的干燥应先用溶剂稀释后再加干燥剂。

C. 未知物溶液的干燥,常用中性干燥剂,如硫酸钠或硫酸镁等。

2 固体的干燥

在重结晶时,若干燥不好,会使有些化合物因吸潮而得不到满意的结晶;另外,从母液中滤集结晶的固体常带有水分或挥发性的有机溶剂,会严重影响纯度检验、产

率计算、结构表征、物理鉴定，必须根据物质的性质选择适当的干燥方法。

（1）自然干燥

对于受热易分解的物质或在结晶上附有易燃和易挥发的溶剂（如乙醚、石油醚和丙酮等），应先放在空气中晾干。

方法：将待干燥的固体放在表面皿或培养皿中，尽量平铺成一薄层，再用滤纸或培养皿覆盖上，在室温下放置到干燥为止，适用于除去低沸点溶剂。

（2）烘箱干燥

必须了解化合物的性质，特别是热稳定性，否则会造成有机化合物分解、氧化、转化等严重问题。对热稳定、无腐蚀、无挥发性、加热不分解的物质，可直接放在烘箱中烘干，根据被干燥固体的物理性质加热到适当的温度，加热温度切忌超过被干燥固体的熔点，以免固体分解和变色；严禁将易燃、易爆物放在烘箱内烘烤，以免发生危险。

（3）红外线干燥

红外线干燥的特点是穿透性很强，能使溶剂从固体内部的各个部分蒸发出来，因此干燥样品比普通加热要快。热稳定性好又不易升华的固体如果含有不易挥发的溶剂，为了加速干燥，常用红外灯干燥。

（4）冰冻干燥

冰冻干燥是利用特殊的真空冷冻干燥设备，在水的三相点以下，即在低温低压条件下，使物质中的水分冻结后升华而脱去，冰冻干燥多用于对受热不稳定或易吸潮物质的干燥。

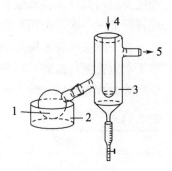

1.待干燥溶液 2.盛放干冰/乙醇的器皿 3.冷凝阱 4.加入干冰/乙醇 5.接真空泵

图 2.45　实验室冰冻干燥装置

实验室冰冻干燥装置如图 2.45 所示。将被干燥的溶液或混悬液放在大口径的磨口圆底烧瓶中，外用干冰－乙醇浴冷却，并旋转烧瓶，使内容物在瓶壁上冻成一面层，然后移走干冰－乙醇浴，迅速将烧瓶接到特制的冷凝阱上，用于冰－乙醇作冷却剂，以控制冷却温度，立即将冷凝阱与高真空泵相连，进行减压，此时，烧瓶中已冻结的水分便慢慢升华至冷凝阱上结成冰块，被干燥物质即成固体或粉末。

冰冻干燥的速度主要取决于真空度和支管内径，一般真空度高、支管内径粗、减压过程中适当加温可以加快蒸发速度，但所加温度以不使被干燥溶液解冻为宜，该方法设备昂贵，运行成本高，普通实验室较少采用。

（5）干燥器干燥

凡易吸湿或在较高温度干燥时会分解或变色者可用干燥器进行干燥，干燥器分为普通干燥器、真空干燥器和干燥枪三类。

①普通干燥器。干燥样品所费的时间较长、效率不高，一般适用于干燥无机物或保存易吸潮的药品。

②真空干燥器。可提高干燥效率。使用时真空度不宜过高，以防炸碎，一般在水泵上抽至盖子推不动即可。抽真空时，外面套以铁丝网罩或以布包裹，以备万一炸碎

时玻璃不致四溅。新的干燥器应先试其是否耐压，抽气时要注意不出现水压突然下降的情况，以免水倒流入干燥器内；取样时，开启干燥器，放入空气不宜太快，最好在抽气口上放一小片滤纸，以免将样品冲散。

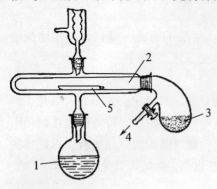

1. 盛溶剂的烧瓶 2. 夹层 3. 曲颈瓶中的干燥剂(P₂O₅) 4. 接水泵 5. 放样品的玻璃(瓷)船

图 2.46 真空恒温干燥器（干燥枪）

③真空恒温干燥器（干燥枪）。干燥效率高，如在烘箱或普通真空干燥器中干燥都不行，则可使用干燥枪，尤其是除去结晶水或结晶醇此法更好，但仅适用于小量样品的干燥。使用时，将装有样品的船放入夹层内，连接盛有五氧化二磷的曲颈瓶，然后在水泵上减压，抽至可能的最高真空度时，即停止抽气并将活塞关闭。若不关闭活塞再连续抽真空，则干燥枪内的空气不再流入水泵，反而有可能使水蒸气扩散到干燥枪内得到相反的效果。然后根据所干燥样品的性质，选用适当的溶剂进行加热（溶剂沸点切勿超过样品的熔点），当加热回流时，溶剂蒸汽则充满夹层外面，而使夹层内的样品在减压和一定温度下进行干燥。在整个干燥过程中，每隔一定时间应再行抽气一次。使用真空干燥器时，一般不用浓硫酸做干燥剂。

为了除去两种不同的溶剂，真空干燥器中可同时放两种干燥剂，以提高干燥效力，如无水氯化钙与硅胶、石灰与五氧化二磷、石蜡与氢氧化钠等，但切勿同时使用两种干燥效力相差悬殊而除去同一种溶剂的干燥剂。

表 2.11　　　　　　　　　　　干燥器内常用的干燥剂

干燥剂	可除去的溶剂和其他杂质
CaO	水、醋酸、氯化氢
CaCl₂	水、醇
NaOH	水、醋酸、氯化氢、酚、醇等
H₂SO₄	水、醋酸、醇
P₂O₅	水、醇
石蜡刨片或橄榄油	醇、醚、石油醚、苯、甲苯、氯仿、四氯化碳
硅胶	水

3. 气体的干燥

（1）冷冻法

用冷凝阱，外用冷却剂（冰盐或干冰）进行降温，气体的饱和湿度随之变小，使空气脱水而达干燥的目的。

（2）吸附法

吸附剂对水有相当大的亲和力，但不与水作用，且加热后易再生。如氧化铝和硅胶的干燥效力较好，介于五氧化二磷与硫酸之间，氧化铝的吸水量能达到其重量的

15％～20％，硅胶的吸水量更大，能达到其重量的 20％～30％。含有少量钴盐的硅胶应用方便，干燥时为蓝色，经水饱和后则变为玫瑰色，用于鉴别。

根据被干燥气体的性质、用量、潮湿程度以及反应条件，选择不同的仪器，常用的仪器有干燥管、U 形管、长而粗的玻璃管和不同形式的洗气瓶。干燥剂选择的首要条件是不与被干燥的气体作用，如浓硫酸不能用来干燥氢气和硫化氢气体；碱性干燥剂不能用于干燥酸性气体。其次，按干燥程度选用合适的干燥剂。

表 2.12　　　　　　　　　　　　　　干燥气体常用的干燥剂

干燥剂	可干燥的气体
石灰、碱石灰、固体氢氧化钠（钾）	NH_3、胺类
无水氯化钙	H_2、HCl、CO_2、CO、N_2、O_2、低级烷烃、醚、烯烃、卤代烷
五氧化二磷	H_2、CO_2、CO、N_2、O_2、SO_2、烷烃、乙烯
浓硫酸	H_2、CO_2、CO、N_2、Cl_2、HCl、烷烃
溴化钙、溴化锌	HBr

2.6.6　无水无氧操作技术

在化学实验中，经常会遇到一些对空气中的氧气和水敏感的化合物，需要在无水无氧条件下进行实验。无水无氧操作有以下几种：

（1）直接向反应体系中通入惰性气体保护

对于要求不是很高的体系，可采用直接将惰性气体通入反应体系置换出空气的方法，这种方法简便易行，广泛用于各种常规有机合成，是最常见的保护方式。惰性气体可以是普通氮气，也可以是高纯氮气或氩气，使用普通氮气时最好让气体通过浓硫酸洗气瓶或装有合适干燥剂的干燥塔，效果会更好。

（2）手套箱

对于需要称量、研磨、转移、过滤等较复杂操作的体系，一般采用在一充满惰性气体的手套箱中操作。常用的手套箱是用有机玻璃板制作的，在其中放入干燥剂即可进行无水操作，通入惰性气体置换其中的空气后则可进行无氧操作。有机玻璃手套箱不耐压，不能通过抽气置换其中的空气，空气不易置换完全。使用手套箱也会造成惰性气体的大量浪费。

严格无水无氧操作的手套箱是用金属制成的，操作室带有惰性气体进出口、氯丁橡胶手套及密封很好的玻璃窗，通过反复三次抽真空和充惰性气体，可保证操作箱中的空气完全置换为惰性气体。

（3）Schlenk 技术

对于无水无氧条件下的回流、蒸馏和过滤等操作，应用 Schlenk 仪器比较方便。所谓 Schlenk 仪器是为便于抽真空、充惰性气体而设计的带活塞支管的普通玻璃仪器或装置。活塞支管用来抽真空或充放惰性气体，保证反应体系能达到无水无氧状态。

知识拓展：怎样做实验记录——一位留美博士的手记

我在国内高校读研究生做了三年合成实验，在美国高校研究生院做了五年合成实验，后来在药厂又做了三年合成实验。

我那时在国内高校做实验，实验记录本是从仓库领的，和街上买的普通笔记本并无不同，对如何记录实验也并无统一详尽规定，我的记忆中导师只说了一句话，实验要如实记录，其他的细节就留给我自己掌握了。当进了美国研究生院时，情景可大不一样，记得专门有一堂课，详细讲述科研工作中应遵循的道德规范以及严格禁止抄袭作假的不端行为。当进了科研组，导师郑重其事地亲手交给我两本厚厚手册，一本是他自己当年的实验记录本，另一本是科研组里前辈论文的支持数据材料，并指着这些数据说，"... respect these is more important than（respect）me..."后来进了公司，关于如何记录实验就有更专门的规定，而且每年有小测试，确保每个做实验的人明了各个细节。现将有关实验记录本的部分规定翻译出来，供大家借鉴。

1. 为何要有实验记录本

记录原始研究数据，反应客观真相。

2. 记录实验的原则

实验记录的主要目的是为其他的科研人员，而不是单为做实验的本人，其他人应能凭借实验记录重复实验，观测到同样现象，得到同样结果。

3. 记录本的组成

(1) 封皮应记有人名、序列号、研究题目。

(2) 有目录或索引。

(3) 依次记录，不可撕去任何一页。

(4) 每个实验新起一页，不可空页、跳行记录。

(5) 页底签名。

(6) 记录时用黑墨水书写，不可涂改。若有笔误，用单线划去并附注说明。

4. 记录本的内容

(1) 实验标题和日期。

(2) 实验原理，如合成反应的主要反应式。

(3) 所用仪器及药品，包括仪器的型号、药品的规格、药品的产地及用量等。

(4) 记录所有相关操作步骤（时间、温度、加料方式等）。

(5) 记录实验过程中发生的现象，如颜色、溶解性、沉淀、气体等。

(6) 记录实验后处理工序（如萃取、洗涤所用溶剂、干燥剂、蒸馏时间等）。

(7) 详尽记录纯化步骤（如重结晶，所用溶剂、溶剂体积、温度、是否活性炭处理等）。

(8) 样品产率。

(9) 结语：实验结果、相应的解释、可能改进的建议。

总之，完整而准确的实验记录是实验工作的重要组成部分，实验中要做到认真操作，仔细观察，积极思考，实事求是地记录，切忌半点的虚假与不实！

诚实做人，踏实做事，从现在做起，从记录做起。

CHAPTER 3 | 第三章

有机物的分离、提纯与表征

3.1 有机物物理常数的测定

实验一 熔点的测定及温度计的校正

一、实验目的

1. 了解熔点测定的意义。
2. 掌握毛细管法和显微熔点法测定熔点的操作方法。
3. 利用对纯粹有机化合物的熔点测定了解校正温度计的方法。
4. 掌握热浴间接加热技术。

二、实验原理

物质的熔点是指该物质的固液两态在大气压力下达到平衡时的温度。纯的固体有机化合物一般都具有固定的熔点，即在大气压力下，固液两态之间的变化非常敏锐，熔程不超过 $0.5℃\sim1℃$，但如混有杂质，则其熔点下降，且熔程也较长。

纯物质的熔点可以从蒸汽压与温度的变化曲线来理解。如图 3.1 所示，固态蒸汽压—温度曲线 SM 的变化速率，比相应的液态蒸汽压—温度曲线 ML 的变化速率大，因而两曲线相交在 M 点，这时的温度 T_M 即为该物质的熔点。只有在此温度时，固液两相的蒸汽压才相等，固液两相达到平衡，这就是纯晶体物质有固定熔点的原因。当温度超过 T_M，即使很小的变化，只要有足够的时间，固体就可以全部转变为液体。因此，为了精确测定熔点，在接近熔点时加热速度一定要缓慢（一般每分钟上升约 $1℃$），这样才能使熔化过程尽可能接近于两相平衡的条件。

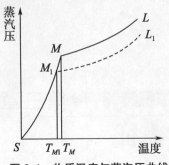

图3.1　物质温度与蒸汽压曲线

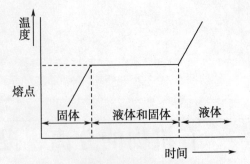

图3.2　相随着时间和温度变化而变化

若化合物含有杂质，并假定两者不生成固溶体，则根据拉乌尔定律，在一定压力和温度下，在溶剂中增加溶质的量，将导致溶剂蒸汽分压的降低，所以出现新的液态曲线 M_1L_1，在 M_1 点建立新的平衡，相应的温度为 T_{M1}，即发生熔点下降。应当指出，如有杂质存在，熔化过程中固相和液相平衡时的相对量在不断改变，因此两相平衡时不是一个温度点 T_{M1}，而是从最低共熔点（与杂质能共同结晶成共熔混合物，其熔化的温度称为最低共熔点）到 T_{M1} 一段。这说明杂质的存在不但使初熔温度降低，而且还会使熔程变长。所以，在测熔点时一定要记录初熔和全熔的温度。

将杂质加入纯化合物中导致熔点下降，也可用于化合物的鉴定。通常把熔点相同的两个化合物混合后测定的熔点称为混合熔点。如混合熔点仍为原来的熔点，一般可认为两个化合物相同；如混合熔点下降，且熔程也长，则可确定这两种物质不是相同的物质，测定时一般将两个样品以 1∶9、1∶1、9∶1 三种不同比例的混合样品，与原来未混合的两试样分别装入 5 支熔点管中同时测定熔点，比较测得的结果，两种熔点相同的不同化合物混合后熔点并不降低反而升高的情况很少出现。混合熔点的测定虽然也有少数例外，但对于鉴定有机化合物，验证两化合物是否是同一物质仍有很大的实用价值。

物质熔点测定是有机化学工作者常用的一种技术，所得的数据可用来鉴定晶体有机化合物，并作为该化合物纯度的一种指标，对有机化合物的性质研究具有很大实用价值。

三、仪器及试剂

仪器：铁架台（带铁夹）、Thiele 管、毛细管、缺口橡皮塞、200℃温度计、橡皮圈、研钵、长玻璃管、锉刀、切口软木塞、酒精灯、工业酒精、火柴、数字熔点仪、镊子等。

试剂：尿素（AR）、苯甲酸（AR）、甘油。

四、实验步骤

目前测定熔点的方法，以毛细管法较为简便，应用也较广泛。放大镜式的微量熔点测定在加热过程中可观察到晶形变化的情况，且适用于测定高熔点微量化合物。

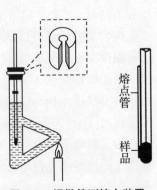

图3.3　提勒管测熔点装置

1. 毛细管法测定熔点。

该法操作简便，样品用量少。虽然测得的熔点往往略高于标准熔点，但已能满足一般要求，是常用的测定方法。具体操作如下：

（1）熔点管的制备，见前面"简单玻璃工操作"一节。

（2）装入样品。

将少许待测的干燥样品研成细粉末，置于干净的表面皿上，并集成小堆，将熔点管开口端向下插入粉末中，反复几次。取一根长 30～40cm 的干净玻璃管，垂直于另一表面皿上，将熔点管开口端朝上，从玻璃管上端自由落下，上下弹跳，使晶体振落于熔点管底部，如此重复数次，能使样品填装紧密，样品高度为 2～3mm。装入样品要结实，如有空隙，将导致传热不均匀，影响测定结果；黏附于管外的粉末必须拭去，以免污染浴液。

（3）装配仪器。

将 Thiele 管夹在铁架台上，倒入甘油至高出上侧管约 0.5 厘米，管口配一单孔缺口塞，将温度计插入孔中，刻度应向塞子缺口，并都对着观察者，以便读数，用橡皮圈把毛细管附着在温度计旁，样品高度与温度计水银球高度重合，温度计放在 Thiele 管中的位置，以水银球中心恰在两侧管连接部分的中部为准。

这种装置测定熔点的优点是管内液体因温度差而发生对流作用，省去人工搅拌的麻烦，缺点是温度计的位置和加热的部位都会影响测定的准确度。

所用的浴液通常有水、浓硫酸、石蜡、甘油、硅油等。甘油适用于测定 140℃ 以下的熔点。硫酸适用于测定 220℃ 以下的熔点，它价格便宜，使用普遍，但腐蚀性强，高温时会分解放出三氧化硫，故加热不宜过快，使用时要倍加小心，并戴上防护眼镜。有机物和其他杂质触及硫酸会使硫酸变黑，有碍熔点的观察，可加入几颗硝酸钾晶体加热后即可褪色。若样品熔点在 250℃ 以上，可用硫酸和硫酸钾（7：3）混合液作为浴液，但此类加热液体不适用于测定低熔点的化合物，因为它们在室温下呈半固态或固态。石蜡比较安全，但容易变黄，分解温度为 220℃，一般在 170℃ 以下使用。硅油不易燃，在相当宽的温度范围内黏度变化不大，温度可达 250℃，是较理想的浴液。

（4）加热。

先用小火缓缓预热，再使火焰固定在 b 形管的侧管尖端部分加热。开始时升温速度可以快些，以每分钟上升 3℃～4℃ 为宜，至比所预料的熔点低 10℃～15℃ 时，减弱加热火焰（方法是使用间断热源，即时而撤去酒精灯，时而加热），使温度上升速度每分钟约 1℃ 为宜，此时应特别注意温度的上升和毛细管中样品的情况，愈接近熔点，升温速度应愈缓慢，至比所预料的熔点低 2℃～3℃ 时，控制温度每分钟约上升 0.2℃～0.3℃。

（5）数据记录。

当毛细管中样品开始塌落和有湿润现象时，记下塌落温度；随后很快就会出现小滴液体，表示样品开始熔化，记下始熔温度；继续微热至样品微量的固体消失成为透明液体时，记下全熔温度，此即为样品的熔点；始熔和全熔的温度读数范围，即为该化合物的熔程。例如：某一化合物在 112℃ 时开始萎缩塌落，113℃ 时有液滴出现，在 114℃ 时全部成为透明液体，应记录为：熔点 113℃～114℃，112℃ 塌落[1]。

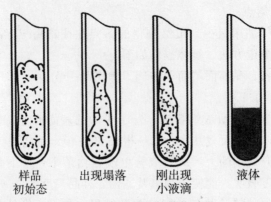

样品   出现塌落   刚出现   液体
初始态   小液滴

图3.4 固体样品的熔化过程

熔点测定至少要有两次平行测定。每一次测定必须用新的毛细管另装试样，不能将已经测过熔点的毛细管冷却，使其中试样固化后再做第二次测定，因为加热过程中样品可能会部分分解、吸收杂质，甚至有些经加热、冷却后会转变为具有不同熔点的其他结晶形式，从而导致熔点发生改变。

若测定未知物的熔点，应先对试样粗测一次，加热可以稍快，知道大致的熔点和熔程，待浴温冷至熔点以下30℃后，另取一根熔点管做准确的测定。

（6）后处理。

将温度计从浴液中拿出，冷却至接近室温后，用纸擦去溶液，用水冲洗；待浴液冷却后，倒回瓶中回收；拆除实验装置。

2. 显微熔点测定法。

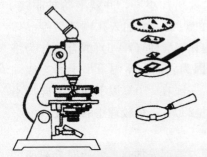

图3.5 显微熔点仪的示意图

用毛细管测定熔点的优点是仪器简单、方法简便，缺点是不能准确细致地观察晶体在加热过程中的具体变化。为了克服这一缺点，可用显微熔点测定装置，如图3.5所示。这种熔点测定装置的优点是可以测量高熔点（室温至350℃）试样的熔点，用量少，通过显微镜可以观察试样在整个加热中变化的具体过程，例如失去结晶水、多晶的变化及分解等。

记录相关数据后停止加热，待冷却后用镊子拿走载玻片，将一厚铝片放在电热板上以加快其冷却速度，然后清洗载玻片，以备再用。

3. 混合熔点实验。

即使将两种熔点相同的有机物（例如肉桂酸和尿素的熔点均为133℃）等量混合再测定其熔点时，测得值也要比它们各自的熔点低很多，而且熔程大，这种现象叫混合熔点下降，这种实验叫做混合熔点实验，是用来检验几种熔点相同或相近的有机物是否为同一物质的最简便的物理方法。

请按上述操作方法分别测量苯甲酸、尿素及其1∶1混合物的熔点，并将所测数据填入下表。

表 3.1   熔点测定数据记录

样品	毛细管法测定法			显微熔点仪测定法		
	萎缩温度	熔程		萎缩温度	熔程	
		第一次测定	第二次测定		第一次测定	第二次测定
苯甲酸						
尿素						
1∶1混合物						

4. 温度计刻度的校正。

用以上方法测定熔点时，温度计上的熔点示数与真实熔点之间常有一定的偏差，这可能是由于温度计的质量所引起的。例如一般温度计中的毛细孔径不一定是很均匀的，有时刻度也不很精确。其次，温度计有全浸式和半浸式两种。全浸式温度计的刻度是在温度计的汞线全部均匀受热的情况下刻出来的，而在测熔点时仅有部分汞线受热，因而露出的汞线温度当然较全部受热时为低。另外经长期使用的温度计，玻璃也可能发生体积变形而使刻度不准。因此，若要精确测定物质的熔点，就须校正温度计*。为了校正温度计，可选用一标准温度计与之比较。通常也可采用纯粹有机化合物的熔点作为校正的标准。通过此法校正的温度计，上述误差可一并除去。

校正时只要选择数种已知熔点的纯粹化合物作为标准，测定它们的熔点，以观察到的熔点做纵坐标，测得熔点与应有熔点的差数做横坐标，画成曲线。在任一温度时的校正值可直接从曲线中读出。

表 3.2   标准样品及其熔点

标准样品	熔点/℃	标准样品	熔点/℃	标准样品	熔点/℃
水—冰	0	苯甲酸	121.5～122	丁二酸	184.5～185
萘	80	肉桂酸	132.5～133	蒽	216
间苯二酚	90	水杨酸	158.5～159	酚酞	262
乙酰苯胺	113.5～114	对苯二酚	173～174	蒽醌	286

零点的测定最好用蒸馏水和纯冰的混合物。在一个 15×2.5cm 的试管中放置蒸馏水 20mL，将试管浸在冰盐浴中至蒸馏水部分结冰，用玻璃棒搅动使之成冰水混合物。将试管自冰盐浴中移出，然后将温度计插入冰—水中，轻轻搅动混合物，到温度恒定后读数。

五、注意事项

1. 样品要研细、装实，使热量传导迅速均匀。样品高度 2～3mm，黏附于管外的粉末必须擦去，以免污染加热浴液。

2. 用熔点测定仪测熔点时，取放盖玻片和隔热玻璃时，一定要用镊子夹持，严禁用手触摸，以免烫伤（熔点热台属高温部件）。

3. 在热浴中使用的浓硫酸有时由于有机物掉入酸内而变黑，妨碍对样品熔融过程的观察，在这种情况下，可以加入一些硝酸钾晶体，以除去有机物质。

六、注释

＊温度计示数的校正，除了要校正温度计刻度之外，还要将温度计外露段所引起的误差进行示数的校正，才能够得到准确的熔点。示数的校正，可按照下式求出水银线的校正值：$\Delta t = Kn \, (t_1 - t_2)$。式中 Δt 为外露段水银线的校正值；t_1 为本温度计测得的熔点；t_2 为热浴上的气温（用另一支辅助温度计测定，将这支温度计的水银球紧贴于露出液面的一段水银线的中央）；n 为温度计的水银线外露段的度数；K 为水银和玻璃膨胀系效的差。

表 3.3　　　　　　　　　　　普通玻璃在不同温度下的 K 值

温度/℃	K
0~150	0.000158
200	0.000159
250	0.000161
300	0.000164

例：浴液面在温度计的 30℃ 处测定的熔点为 190℃（t_1），则外露段为 190℃－30℃＝160℃，这样辅助温度计水银球应放在 $160℃ \times \frac{1}{2} + 30℃ = 110℃$ 处，测得 $t_2 = 65℃$，熔点为 190℃，则 $K = 0.000159$，按照上式可求出 $\Delta t = 0.000159 \times 160 \times (190 - 65) = 3.2$，所以校正后的熔点应为 190℃＋3.2℃＝193.2℃。

七、思考题

1. 测定熔点时产生误差的因素有哪些？

2. 毛细管法与数字熔点仪法测熔点的优缺点各是什么？

3. 两个样品的熔点相同，能否确定它们是同一种物质？

4. 测定熔点时，下列情况对实验结果有何影响？

（1）加热过快；　（2）样品中有杂质；　（3）熔点管太厚；　（4）熔点管不干净；（5）温度计未校正；（6）熔点管底部未完全封闭，尚有一针孔。

5. 若样品研磨得不细，对装样品有什么影响？对测定有机物的熔点数据是否可靠？

6. 加热的快慢为什么会影响熔点？在什么情况下加热可以快一些，而在什么情况下加热则要慢一些？

7. 是否可以使用第一次测定熔点时已经熔化了的有机化合物再做第二次测定呢？为什么？

实验二　蒸馏和沸点的测定

一、实验目的

1. 了解测定沸点的意义。
2. 掌握常量法（蒸馏法）测定沸点的原理和方法。

二、实验原理

由于分子运动，液体的分子有从表面逸出的倾向，这种倾向随着温度的升高而增大，进而在液面上部形成蒸汽。当分子由液体逸出的速度与分子由蒸汽中回到液体中的速度相等，液面上的蒸汽达到饱和，称为饱和蒸汽。饱和蒸汽的压力称为饱和蒸汽压。一定组成的液体，其蒸汽压只与温度有关，随温度的升高，液体的蒸汽压增大。

当液体的蒸汽压增大到与外界施于液面的总压力（通常是大气压力）相等时，就有大量气泡从液体内部逸出，即液体沸腾，这时的温度称为液体的沸点。液体化合物的蒸汽压只与体系的温度和组成有关，而与体系的总量无关。液体的沸点与外界压力有关，通常说的沸点是指标准大气

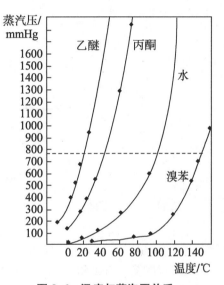

图 3.6　温度与蒸汽压关系

压 101.325kPa（760mmHg）下液体沸腾的温度，例如水的沸点为 100℃，即指大气压为 760mmHg 时，水在 100℃时沸腾，在其他压力下的沸点应注明，如水的沸点可表示为 95℃/85.3kPa。

在同一压力下，不同物质的沸点不同；同温下不同物质的蒸汽压也不相同，低沸点物质的蒸汽压大，高沸点物质的蒸汽压小。因此，当液体混合物沸腾时，蒸汽组成和原液体混合物的组成不同。低沸点组分的蒸汽压大，它在蒸汽中的摩尔组成大于其原液体混合物中的摩尔组成；反之，高沸点组分在蒸汽中的摩尔组成则小于原液体混合物中的摩尔组成。将逸出的蒸汽冷凝为液体时，冷凝液的组成与蒸汽组成相同，即冷凝液中含有较多的低沸点组分，而留在蒸馏瓶中的液体则含有较多的高沸点组分，原混合物中各组分的沸点相差越大，分离效果越好。通常两组分沸点差大于 30℃就可采用蒸馏进行分离。

蒸馏是将液体混合物加热至沸腾，使液体变为蒸汽，再冷凝蒸汽，并在另一容器收集液体的操作过程。在通常情况下，纯净的液体在一定条件下具有一定的沸点，如果在蒸馏过程中，沸点发生变动，说明物质不纯。因此，可借助蒸馏的方法来测定物

质的沸点和定性地检验物质的纯度，也可以对液体混合物进行分离。但是具有固定沸点的液体不一定都是纯化合物，因为某些化合物往往能和其他组分形成二元或三元恒沸混合物，它们也有一定的沸点。因此，不能认为沸点一定的物质都是纯物质。

三、仪器及试剂

仪器：50mL 圆底烧瓶、蒸馏头、温度计套管、温度计（100℃）、直形冷凝管、尾接管、50mL 三角瓶、100mL 烧杯、50mL 量筒、沸点管、沸石、升降台、加热套。

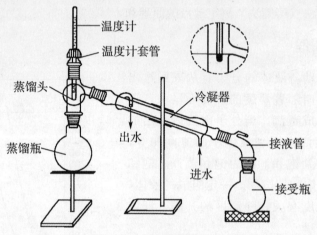

图 3.7　水冷凝蒸馏装置

试剂：95％乙醇。

四、实验步骤

沸点的测定有常量法和微量法。

1. 常量法测定物质的沸点。

（1）安装蒸馏装置。

安装仪器顺序一般都是自下而上，从左到右。蒸馏装置的装配方法如下：在铁架台上，首先根据热源高度固定好圆底烧瓶的位置，装上蒸馏头，把温度计插入温度计套管中，将温度计套管装配到蒸馏头上磨口，调整温度计的位置，务使水银球上沿与蒸馏头支管下沿平行，这样在蒸馏时它的水银球能完全为蒸汽所包围，才能正确地测量出蒸汽的温度。取另一铁架台，用铁夹夹住冷凝管的中下部，调整铁台和铁夹的位置，使冷凝管的中心线和蒸馏头支管的中心线在一条直线上，移动冷凝管，把蒸馏头的支管和冷凝管严密地连接起来，再装上接液管和接受瓶。

（2）加料。

安装好蒸馏装置后，取下温度计套管，装上长颈玻璃漏斗，将 35mL 95％乙醇通过长颈玻璃漏斗小心倒入蒸馏瓶中，注意漏斗下端须伸到蒸馏头支管下方，以防液体从支管流出。加入几粒沸石[1]，装上带有温度计的温度计套管。

（3）加热。

加热前，应缓慢地向冷凝管中通入冷水，然后加热。最初宜用小火，以免蒸馏烧瓶因局部受热而破裂；慢慢增大火力，接近沸腾时要密切注意烧瓶中所发生的现象及温度计示数的变化，液体沸腾后，调节火力使蒸馏速度以每秒钟 1～2 滴馏液为宜，在蒸馏过程中，应使温度计水银球常有被冷凝的液滴。

（4）记录沸点、收集馏液。

收集所需温度范围的馏出液[2]。蒸馏前，至少要准备两个接受瓶，其中一个接受前馏分（或称馏头），另一个（需称重）用于接受预期所需馏分，并记下该馏分的沸程，即该馏分的第一滴和最后一滴时温度计的示数。

某液体的沸程常可表明其纯度。纯粹的液体沸程范围很小（0.5℃～1℃，一般不超过 2℃）；对于合成实验的产品，因大部分是从混合物中采用蒸馏法提纯，由于蒸馏方法的分离能力有限，故在普通有机化学实验中收集的沸程稍宽。

注意蒸馏时一定不要蒸干，以免蒸馏瓶破裂及发生其他意外事故，一般烧瓶中残留下 1～2mL 液体时，即应停止蒸馏。

（5）拆卸装置。

蒸馏完毕，先停止加热（拔下电源插头，移走热源），后停止通冷却水，最后，按照装配的反顺序拆卸装置。

2. 微量法测定沸点。

取一根内径 3～4mm、长 7～8cm、一端封口的毛细管作为沸点管外管，放入欲测样品 4～5 滴（液柱高约 1cm），在此管中放入一根长 8～9cm、内径约 1mm、上端封口的毛细管，即开口处浸入样品中。将沸点管外管贴于温度计水银球旁（使待测液与温度计水银球并齐），用小橡皮圈固定。

图 3.8 微量法沸点测定装置

将上述装置浸入热浴中（用烧杯或其他透明玻璃器皿盛浴液）加热，由于气体膨胀，内管中有断断续续的小气泡冒出来，到达样品沸点时，将出现一连串的小气泡，此时应停止加热，使浴温下降，随着浴温下降，小气泡逸出速度也渐渐减慢。此时应注意观察，记下最后一个气泡出现而刚欲缩回到内管的瞬间（即表示毛细管内液体的蒸汽压与大气压平衡）的温度，即为该液体化合物的沸点。

五、注意事项

1. 蒸馏过程中应严格控制温度。若温度太高，过热蒸汽易造成温度计所显示的沸点偏高；反之，若温度太低，馏出物蒸汽不能充分浸润温度计水银球，造成温度计读得的沸点偏低或不规则。

2. 加沸石可使液体平稳沸腾，防止液体过热产生暴沸；一旦停止加热后再蒸馏，应重新补加沸石；若忘记加沸石，切忌向沸腾液体内加沸石，否则会引起事故，此时应停止加热，冷却后再补加沸石。

3. 不许蒸干，残留液至少 1mL，否则易发生事故（瓶碎裂，甚至爆炸等）。

4. 液体沸点在 80℃ 以下的液体用水浴加热蒸馏。

六、注释

[1] 沸石的作用。沸石为多孔性物质，蒸馏时受热液体会在孔径口处产生一股稳定而细小的气泡流，这一泡流以及随之而产生的湍动，能使液体中的大气泡破裂，成为液体分子的汽化中心，从而使液体平稳地沸腾，防止了液体因过热而产生暴沸。

如果加热后才发现没加沸石，应立即停止加热，待液体冷却后再补加，切忌在加热过程中补加，否则会引起暴沸，甚至使部分液体冲出瓶外，有时会引起着火。中途停止蒸馏，再重新开始蒸馏时，因液体已被吸入沸石的空隙中，再加热已不能产生细小的气流而失效，必须重新补加沸石。

[2] 影响沸点测定的主要因素是温度计的准确性以及大气压的影响。在测定未知样品的沸点时，为了得到可靠的实验结果，需用标准品做对照实验的方法进行校正。在大多数情况下，准确度为 0.5℃～0.1℃。方法：按上述方法测定未知物的沸点，再用同样方法测定一个标准品（表3.4）的沸点，此标准品的结构及沸点都应与待测样品最为接近。将实验条件下所测出的标准样品的沸点与标准样品在标准压力下的沸点之间的差值作为待测样品沸点的校正值。

表 3.4　　　　　　　　　　　测定沸点用的标准样品

化合物	沸点/℃	化合物	沸点/℃
溴乙烷	38.4	环己烷	161.1
丙酮	56.2	苯胺	184.1
氯仿	61.2	苯甲酸甲酯	199.5
四氯化碳	76.2	硝基苯	210.8
苯	80.1	水杨酸甲酯	223.3
水	100.0	对硝基甲苯	238.5
甲苯	110.8	二苯甲烷	264.4
氯苯	132.2	α—溴苯	281.2
溴苯	156.4	二苯酮	35.9

七、思考题

1. 什么叫沸点？液体的沸点和大气压有什么关系？试将文献中某物质的沸点与当地的沸值相比较。

2. 沸石（即止暴剂或助沸剂）为什么能止暴？如果蒸馏前忘记加沸石，能否立即将沸石加至将近沸腾的液体中？当重新蒸馏时，用过的沸石能否继续使用？

3. 为什么蒸馏时最好控制馏出液的速度为 1～2 滴/s 为宜？

4. 冷凝管通水方向是由下而上，反过来行吗？为什么？

5. 在蒸馏装置中，温度计水银球的位置不符合要求会带来什么结果？

实验三 液态化合物折光率的测定

一、实验目的

1. 了解阿贝折光仪测定折光率的原理。
2. 掌握阿贝折光仪测定折光率的方法和操作要领。

二、实验原理

折射率又称折光率，是透明、半透明液体有机化合物重要的物理常数。它能精确而方便地被测出来，通过折射率的测定可以确定液体有机化合物的纯度，作为液体物质纯度的标准，它比沸点更可靠，因此可利用折射率鉴定未知化合物。折射率也用于确定混合物的组成，蒸馏两种或两种以上的液体混合物且当各组分的沸点彼此接近时，可利用折射率来确定馏分的组成，因为当各组分的结构相似和极性小时混合物的折射率和组分物质量之间常呈线形关系。

1. 光的折射原理：光在两个不同介质中的传播速度是不相同的，当光线从一种介质 A 进入另一种介质 B 时，如果它的传播方向与两个介质的界面不垂直，则在界面处的传播方向发生改变，这种现象称为光的折射现象。

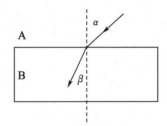

图 3.9 光的折射现象

根据折射定律，波长一定的单色光线，在确定的外界条件（如温度、压力等）下，从一种介质 A 进入另一介质 B 时，入射角 α 和折射角 β 的正弦之比与这两个介质的折光率 N（介质 A 的）与 n（介质 B 的）成反比，即

$$\frac{\sin\alpha}{\sin\beta}=\frac{n}{N}$$

若介质 A 为真空，其 $N=1$，则

$$n=\frac{\sin\alpha}{\sin\beta}$$

所以一种介质的折光率，是光线从真空进入这个介质时的入射角和折射角的正弦之比，这种折光率称为该介质的绝对折光率。由于空气的折光率（1.00027）与真空的折光率相差很小，通常测定的折光率都是以空气作为比较标准的。

物质的折光率与它的结构和光线波长有关，而且受温度、压力等因素的影响。折光率常用 n_D^t 表示。D 是以钠灯的 D 线（5893Å）作光源，t 是与折光率相对应的温度。

通常由于大气压的变化对折光率的影响不显著，所以只在很精密的工作中才考虑压力的影响。一般当温度每增高 1℃ 时，液体有机化合物的折光率会减少 $3.5 \times 10^{-4} \sim 5.5 \times 10^{-4}$，不同温度测定的折光率可换算成另一温度下的折光率。为了便于计算，一般采用 4×10^{-4} 为温度每变化 1℃ 的校正值，这个粗略计算所得的数值可能略有误差，但却有参考价值。

通常文献中列出的某物质的折光率是温度为 20℃的数值，当实际测定时的温度高于（或低于）20℃时，所测折光率值应减去（或加上）$\Delta t \times 4 \times 10^{-4}$，即

$$n_D^t = n_D^{20} \pm \Delta t \times 4 \times 10^{-4}$$

2. 阿贝折光仪：

(1) 阿贝折光仪工作原理：如果介质 A 对于介质 B 是疏物质，即 $n_A < n_B$，则折射角 β 必小于入射角 α。当入射角 α 为 90°时，$\sin\alpha = 1$，这时折射角达到最大值，称为临界角，用 β_0 表示。很明显，在一定波长与一定条件下，β_0 也是一个常数，它与折光率的关系是 $n = 1/\sin\beta_0$。可见，通过测定临界角 β_0 就可以得到折射率，这就是通常所用阿贝（Abbe）折光仪的基本光学原理。

(2) 阿贝折光仪的结构：

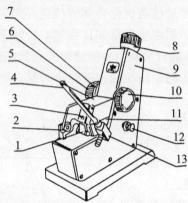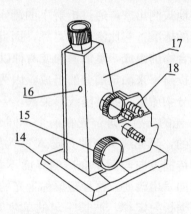

1. 反射镜；2. 转轴折光棱镜；3. 遮光板；4. 温度计；5. 进光棱镜；6. 色散调节手轮；7. 色散值刻度圈；8. 目镜；9. 盖板；10. 棱镜锁紧手轮；11. 折射棱镜座；12. 照明刻度盘聚光镜；13. 温度计座；14. 底座；15. 折射率刻度调节手轮；16. 调节物镜螺丝孔；17. 壳体；18. 恒温器接头；

图 3.10 阿贝折光仪的结构

为了测定 β_0 值，阿贝折光仪采用了"半暗半明"的方法，就是让单色光由 0°～90°的所有角度从介质 A 射入介质 B，这时介质 B 中临界角以内的整个区域均有光线通过，因此是明亮的，而临界角以外的全部区域没有光线通过，因此是暗的，明暗两区界线十分清楚。如果在介质 B 的上方用一目镜观察，就可以看见一个界线十分清楚的半明半暗视场，如图 3.11 所示。

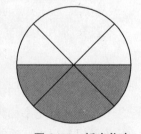

图 3.11 折光仪在临界角时的目镜视野

因各种液体的折射率不同，要调节入射角始终为 90°，在操作时只需旋转棱镜转动手轮即可，从刻度盘上可直接读出折射率。

三、仪器及试剂

仪器：阿贝折光仪、滴管、镜头纸。

试剂：丙酮、无水酒精、蒸馏水。

四、实验步骤

1. 安装仪器。

将折光仪置于靠窗的桌子或白炽灯前,但勿使仪器置于直照的日光中,以避免液体试样迅速蒸发,用橡皮管将测量棱镜和辅助棱镜上保温夹套的进水口与超级恒温槽串联起来,恒温温度以折光仪上的温度计示数为准。

2. 加样。

松开锁钮,开启辅助棱镜,使其磨砂的斜面处于水平位置,用滴管加小量丙酮清洗镜面,促使难挥发的玷污物逸走,用滴管时注意勿使管尖碰撞镜面。必要时可用擦镜纸轻轻吸干镜面,但切勿使用滤纸,待镜面干燥后,滴加数滴试样于辅助棱镜的毛镜面上,闭合辅助棱镜,旋紧锁钮。若试样易挥发,则可在两棱镜接近闭合时从加液小槽中加入,然后闭合两棱镜,锁紧锁钮。

3. 对光。

转动手柄,使刻度盘标尺上的示值为最小,于是调节反射镜,使入射光进入棱镜组,同时从测量望远镜中观察,使视场最亮。调节目镜,使视场准丝最清晰。

4. 粗调。

转动手柄,使刻度盘标尺上的示值逐渐增大,直至观察到视场中出现彩色光带或黑白临界线为止。

5. 消色散。

转动消色散手柄,使视场内呈现一个清晰的明暗临界线。

6. 精调。

转动手柄,使临界线正好处在 X 形准丝交点上。若此时又呈微色散,必须重调消色散手柄,使临界线明暗清晰。

7. 读数。

为保护刻度盘的清洁,现在的折光仪一般都将刻度盘装在罩内,读数时先打开罩壳上方的小窗,使光线射入,然后从读数望远镜中读出标尺上相应的示值。由于眼睛在判断临界线是否处于准丝点交点上时,容易疲劳,为减小偶然误差,应转动手柄,重复测定三次,三个读数相差不能大于 0.0002,然后取其平均值。试样的成分对折光率的影响是极其灵敏的,由于玷污或试样中易挥发组分的蒸发,试样组分发生微小的改变,会导致读数不准,因此测一个试样须应重复取三次样,测定数据取其平均值。

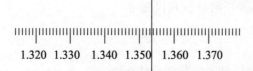

1.320 1.330 1.340 1.350 1.360 1.370

图 3.12 读数镜视场右边所指示刻度值

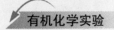

8. 校正仪器。

折光仪的刻度盘上标尺的零点有时会发生移动，须加以校正。校正的方法是用一种已知折光率的标准液体，一般用纯水按上述方法进行测定，将平均值与标准值比较，其差值即为校正值[1~2]。在 15℃～30℃ 之间的温度系数为 0.0001/℃。在精密的测定工作中，须在所测范围内用几种不同折光率的标准液体进行校正，并画成校正曲线，以供测试时对照校核。

五、注意事项

1. 在测定样品之前，应对折光仪进行校正。

2. 在测量液体时样品放得过少或分布不均，会看不清楚，此时可多加一点液体。对于易挥发的液体，应熟练而敏捷地测量。

3. 不能测定强酸、强碱及有腐蚀性的液体，也不能测定对棱镜、保温套之间的胶粘剂有溶解性的液体。

4. 要保护棱镜，不能在镜面上造成刻痕，所以在滴加液体时滴管的末端切不可触及棱镜面。

5. 仪器在使用或贮藏时均应避免日光，不用时应置于木箱内于干燥处贮藏。

六、注释

[1] 测量待测样品前，可用纯水校正仪器，不同温度下纯水的折光率见表 3.5。

表 3.5 **不同温度下纯水和乙醇的折光率**

	温度/℃	16	18	20	22	24
水	折光率/n_D	1.33333	1.33317	1.33299	1.33281	1.33262
	温度/℃	26	28	30	32	34
	折光率/n_D	1.33241	1.33219	1.33192	1.33164	1.33136
乙醇	温度/℃	16	18	20	22	24
	折光率/n_D	1.36210	1.36129	1.36048	1.35967	1.34885
	温度/℃	26	28	30	32	34
	折光率/n_D	1.35803	1.35721	1.35639	1.35557	1.35474

[2] 大多数有机物液体的折射率在 1.3000～1.7000 之间，若不在此范围内，就看不到明暗界面，所以不能用阿贝折光仪测定。

七、思考题

1. 测定有机化合物折射率的意义是什么？

2. 假定测得松节油的折射率为 $n_D^{30}=1.4710$，在 25℃ 时其折射率的近似值应是多少？

实验四 旋光度的测定

一、实验目的

1. 了解旋光仪的构造。
2. 掌握利用旋光仪测定物质旋光度的方法。
3. 掌握比旋光度的计算方法。
4. 了解测定旋光活性物质比旋光度的意义。

二、实验原理

物质能使偏振光的振动面发生旋转的性质，称为物质的旋光活性或光学活性，这些物质被称为旋光活性物质或光学活性物质，它们使偏振光的振动平面旋转的角度叫旋光度。一般来讲，物质的旋光性与其分子结构有关，手性分子的物质都具有旋光活性，不同的手性分子使偏振光的振动面旋转的方向和角度都是不一样的，它是有机化合物特征物理常数之一。可见，旋光度的测定对于研究这些有机化合物的分子结构具有重要的意义。此外，旋光度的测定对于确定某些有机反应的反应机理也是很有意义的。

测定手性化合物旋光度的仪器称为旋光仪，目前使用的旋光仪有两种类型，一种是目测的，另一种是数显的。目测的旋光仪基本结构如图 3.13 所示。

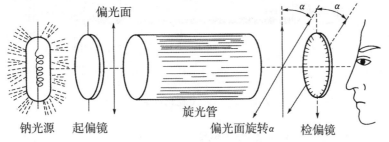

图 3.13 旋光仪结构示意图

目测旋光仪主要由光源、起偏镜、样品管（也叫旋光管）和检偏镜、目镜几部分组成。光线从光源经过起偏镜形成偏振光，此光经过盛有旋光性物质的旋光管时，因物质的旋光性致使偏振光不能通过第二个棱镜（检偏镜），必须将检偏镜扭转一定角度后才能通过，因此需调节检偏镜进行配光，由装在检偏镜上的标尺盘上转动的角度，可指示出检偏镜转动的角度，该角度即为待测物质的旋光度。使偏振光平面顺时针方向旋转的旋光性物质叫做右旋体，逆时针方向旋转的叫左旋体。

物质的旋光度大小除与物质的本性有关外，还与待测液的浓度、样品管的长度、测量时的温度、测量所用光的波长以及溶剂的极性等有关，常用比旋光度 $[\alpha]$ 来比较各种旋光性物质的旋光能力。比旋光度是物质的特征常数之一，可以在手册上查到。实测旋光度与比旋光度的关系是

$$|\alpha|_\lambda^t=\frac{\alpha}{Lc}$$

式中 α 为测得的旋光度；L 为样品管的长度（dm）；c 为溶液的浓度（g/mL）。

三、仪器及试剂

仪器：WXG—4 圆盘旋光仪、容量瓶。

图 3.14　圆盘旋光仪 WXG—4 外形

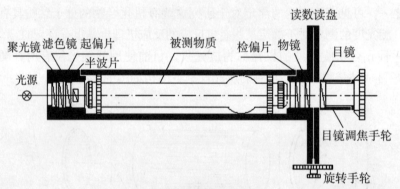

图 3.15　圆盘旋光仪结构

试剂：葡萄糖、水、甲醇、乙醇、氯仿。

四、实验步骤

1. 溶液的配制。

准确称取 $100\sim500$ mg 的样品，加入适当溶剂使之溶解，通常采用的溶剂是水、甲醇或乙醇、氯仿、乙醇与吡啶的混合物等。再定容到 25mL 容量瓶中。溶液配成后须透明、无不溶性杂质，否则需过滤。液体样品亦可直接用于旋光度的测定，如果样品旋光度太大，可用较短的旋光管或者用适当溶剂稀释后再测[1]。

2. 预热。

接通电源，打开开关，预热 5min，使钠光灯发光正常（稳定的黄光）后即可开始工作。

3. 样品管的装填。

将旋光管的一头用玻璃盖和铜帽封上，然后将管竖起，口向上，注入溶液至管中，并使溶液因表面张力而形成的凸液面中心高出管顶，然后将旋光管上的玻璃盖贴在管口边上平移过去，使旋光管中不留空气泡，旋上铜帽。

4. 旋光仪零点的校正。

将充满蒸馏水的旋光管放入旋光仪内，将刻度盘调至零点，观察零度视场三个部分亮度是否一致。若一致，说明仪器零点准确；若不一致，说明零点有偏差。有偏差时应转动刻度盘手轮，使检偏镜旋转一定角度，直至视场内三个部分亮度一致，如图3.16所示。记下刻度盘上的示数（刻度盘上顺时针旋转为"＋"、逆时针为"－"），重复此操作三次，取其平均值，作为零点。若零点相差太大，则应更新调节。

不正确　　　　　正确　　　　　不正确

图 3.16　旋光仪三个部分视场

5. 样品的测定。

每次测量前应先用少量待测液体洗涤旋光管数次，以使浓度保持不变，然后按上述步骤装入待测液体进行测量，转动刻度盘带动检偏镜，当视场亮度一致时记下示数；每个样品的测量应重复三次，取其平均值，该数值与零点值的差值即为该样品的旋光度[2]。记录所用旋光管的长度、测量时的温度，并注明所用的溶剂（用水做溶剂时可省略）。测量完毕，将旋光管中的液体倒出，洗净吹干，并在橡皮垫上加滑石粉保存。

五、注意事项

1. 仪器应放在干燥通风处，防止潮气侵蚀；尽可能在20℃左右的工作环境中使用仪器；搬动仪器应小心轻放，避免振动。

2. 折光仪的棱镜必须注意保护，不得出现被镊子、滴管等用具造成划痕。不能测定强酸、强碱等有腐蚀性的液体。

3. 旋光管的铜帽与玻璃盖之间都附有橡皮垫圈，装卸时要注意，切勿丢失。铜帽与玻璃盖之间不可旋压太紧，只要不流出液体即可，因为旋压得太紧会使玻璃盖出现张力，致使旋光管内产生空隙，影响测定结果。

六、注释

[1] 若样品的比旋光度较小，在配制待测样品溶液时，宜将浓度配得较高，并选用长的旋光管。

[2] 若样品的比旋光度较小，宜将浓度配得较高，并选用长旋光管测定。

3.2 有机化合物的分离与提纯

实验五 分馏

一、实验目的

1. 了解分馏的原理和意义、蒸馏与分馏的区别、分馏的种类及特点。
2. 掌握分馏柱的工作原理和常压下的简单分馏操作方法。

二、实验原理

1. 基本原理：

应用分馏柱将由几种沸点相近的物质组成的混合物进行分离的方法称为分馏。它在化学工业和实验室中被广泛应用。现在最精密的分馏设备已能将沸点相差仅 1℃～2℃的混合物分开。利用蒸馏或分馏来分离混合物的原理是一样的，实际上分馏就是在一个装置中实现多次蒸馏。

如果将几种具有不同沸点而又可以完全互溶的液体混合物加热，当其总蒸汽压等于外界压力时，液体开始沸腾汽化，蒸汽中易挥发液体的成分较在原混合液中多。这可从下面的分析中看出，为了简化，我们仅讨论混合物是二组分理想溶液的情况。所谓理想溶液即是指在这种溶液中，相同分子间的相互作用与不同分子间的相互作用是一样的，也就是各组分在混合时无热效应产生，体积没有改变。只有理想溶液才遵守拉乌尔定律。这时，溶液中每一组分的蒸汽压等于此纯物质的蒸汽压和它在溶液中的摩尔分数的乘积，即

$$P_A = P_A^o x_A, \quad P_B = P_B^o x_B$$

式中：P_A、P_B分别为溶液中 A 和 B 组分的分压，P_A^o、P_B^o分别为纯 A 和纯 B 的蒸汽压，x_A 和 x_B 分别为 A 和 B 在溶液中的摩尔分数。

溶液的总蒸汽压为

$$P = P_A + P_B$$

根据道尔顿分压定律，气相中每一组分的蒸汽压和它的摩尔分数成正比，因此在气相中各组分蒸汽的成分为

$$x_A^{汽} = \frac{P_A}{P_A + P_B}, \qquad x_B^{汽} = \frac{P_B}{P_A + P_B}$$

由上式推知，组分 B 在气相和溶液中的相对浓度为

$$\frac{x_B^{汽}}{x_B} = \frac{P_B}{P_A + P_B} \cdot \frac{P_B^o}{P_B} = \frac{1}{x_B + \frac{P_A^o}{P_B^o} x_A}$$

因为在溶液中 $x_A + x_B = 1$，所以若 $P_A^o = P_B^o$，则 $x_B^气/x_B = 1$，表明这时液相的成分和气相的成分完全相同，这样的 A 和 B 就不能用蒸馏（或分馏）来分离。如果 $P_B^o > P_A^o$，则 $x_B^气/x_B > 1$，表明沸点较低的 B 在气相中的浓度较在液相中大（在 $P_B^o < P_A^o$ 时，也可作类似的讨论）。在将此蒸汽冷凝后得到的液体中，B 的组分比在原来的液体中多（这种气体冷凝的过程就相当于蒸馏的过程）。如果将所得的液体再进行汽化，在它的蒸汽经冷凝后的液体中，易挥发的组分又将增加，如此多次重复，最终就能将这两个组分分开（凡形成共沸点混合物者不在此列）。分馏就是利用分馏柱来实现这一"多次重复"的蒸馏过程。

当沸腾着的混合物进入分馏柱（工业上称为精馏塔）时，因为沸点较高的组分易被冷凝，所以冷凝液中就含有较多较高沸点的物质，而蒸汽中低沸点的成分就相对地增多。冷凝液向下流动时又与上升的蒸汽接触，二者之间进行热量交换，即上升的蒸汽中高沸点的物质被冷凝下来，低沸点的物质仍呈蒸汽上升；而在下流的液体中低沸点的物质则受热汽化，高沸点的仍呈液态。如此经多次的液相与

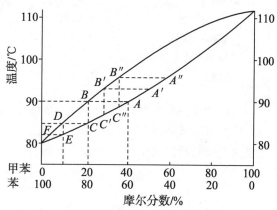

图 3.17 苯—甲苯体系的沸点—组成曲线

气相的热交换，使得低沸点的物质不断上升，最后被蒸馏出来，高沸点的物质则不断流回加热的容器中，从而将沸点不同的物质分离。所以，在分馏时，柱内不同高度的各段，其组分是不同的，相距越远，组分的差别就越大，也就是说，在柱中的动态平衡情况下，沿着分馏柱存在着组分梯度。

了解分馏原理最好是应用恒压下的沸点—组成曲线图（称为相图，表示这两组分体系中相的变化情况）。通常它是用实验测定在各温度时气液平衡状况下的气相和液相的组成，以横坐标表示组成，纵坐标表示温度而作出的（如果是理想溶液，则可直接由计算作出）。图 3.17 即是大气压下的苯—甲苯溶液的沸点—组成图。从图中可以看出，由苯 60% 和甲苯 40% 组成的液体（L_1）在 90℃ 时沸腾，和此液相平衡的蒸汽（V_1）组成约为苯 80% 和甲苯 20%，若将此组成的蒸汽冷凝成同组成的液体（L_2），则与此溶液成平衡的蒸汽（V_2）组成约为苯 90% 和甲苯 10%。显然如此继续重复，即可获得接近纯苯的气相。

在分馏过程中，有时可能得到与单纯化合物相似的混合物，它也具有固定的沸点和固定的组成，其气相和液相的组成也完全相同，因此不能用分馏法进一步分离*，这种混合物称为共沸混合物（或恒沸混合物），它的沸点（高于或低于其中的每一组分）称为共沸点（或恒沸点）。共沸混合物的沸点若低于混合物中任一组分的沸点者称为低共沸混合物，也有高共沸混合物。

表 3.6   一些常见的共沸混合物

共沸混合物	组分的沸点/℃	共沸物的组成（质量）/%	共沸物的沸点/℃
乙醇－乙酸乙酯	78.3，78.0	30∶70	72.0
乙醇－水	78.3，100	95.6∶4.4	78.17
乙醇－苯	78.3，80.6	32∶68	68.2
乙醇－氯仿	78.3，61.2	7∶93	59.4
乙醇－四氯化碳	78.3，77.0	16∶84	64.9
乙酸乙酯－四氯化碳	78.0，77.0	43∶57	75.0
甲醇－四氯化碳	64.7，77.0	21∶79	55.7
甲醇－苯	64.7，80.4	39∶61	48.3
氯仿－丙酮	61.2，56.4	80∶20	64.7
甲苯－乙酸	101.5，118.5	72∶28	105.4
乙醇－苯－水	78.3，80.6，100	19∶74∶7	64.9

    具有低共沸混合物体系如乙醇－水体系低共沸相图如图 3.18 所示。应注意到水能与多种物质形成共沸物，化合物在蒸馏前，必须仔细地用干燥剂除水。有关共沸混合物的更全面的数据可从化学手册中查到。

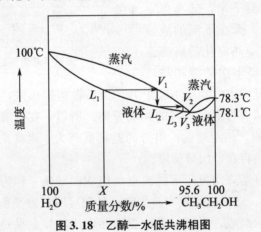

图 3.18   乙醇－水低共沸相图

    2. 分馏柱和分馏效率：

    (1) 分馏柱：分馏柱主要是一根长而直、柱身有一定形状的空管，或在管中填以特制的填料，总的目的是要增大液相和气相接触的面积，提高分离效果。分馏柱的种类很多，如图 3.19 所示，普通有机实验中常见的有球形分馏柱、填充式分馏柱和刺形分馏柱（又称韦氏 Vigreux 分馏柱）。球形分馏柱分离效率较差。填充式分馏柱是在柱内填上各种惰性材料，以增加表面积。填料包括玻璃珠、玻璃管、陶瓷，或螺旋形、马鞍形、网状等各种形状的金属片或金属丝。它效率较高，适合于分离一些沸

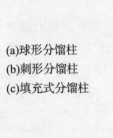

(a)球形分馏柱
(b)刺形分馏柱
(c)填充式分馏柱

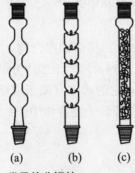

(a)   (b)   (c)

图 3.19   常见的分馏柱

点差距较小的化合物。韦氏分馏柱结构简单，且比填充式分馏柱黏附的液体少，缺点是比同样长度的填充式分馏柱分离效率低，适用于分离少量且沸点差距较大的液体。若欲分离沸点相距较近的液体混合物，则必须使用精密分馏装置。

在分馏过程中，无论用哪一种柱，都应防止回流液体在柱内聚集，否则会减少液体和上升蒸汽的接触，或者上升蒸汽把液体冲入冷凝管中造成"液泛"，达不到分馏的目的。为了避免这种情况，通常在分馏柱外包扎石棉绳、石棉布等绝热物，以保持柱内温度，提高分馏效率。

（2）影响分馏效率的因素：

①理论塔板：分馏柱效率可用理论塔板来衡量。如图 3.17 所示，分馏柱中的混合物，经过一次汽化和冷凝的热力学平衡过程，相当于一次普通蒸馏所达到的理论浓缩效率，当分馏柱达到这一浓缩效率时，那么分馏柱就具有一块理论塔板，柱的理论塔板数越多，分离效果越好。分离一个理想的二组分混合物所需的理论塔板数与该两个组分的沸点差之间的关系见表 3.7。其次还要考虑理论板层高度，在高度相同的分馏柱中，理论板层的高度越小，则柱的分离效果越高。

表 3.7　　　　　　　　　二组分的沸点差与分离所需的理论塔板数

沸点差值	108	72	54	43	36	20	10	7	4	2
分离所需的理论塔板数	1	2	3	4	5	10	20	30	50	100

②回流比：在单位时间内，由柱顶冷凝返回柱中液体的数量与蒸出物量之比称为回流比。若回流中每 10 滴收集 1 滴馏出液，则回流比为 9：1。回流比小，意味着从烧瓶中蒸发的蒸汽大部分由柱顶流出被冷凝收集，显然分离效率不高。若要提高分流效率，回流比就应控制得大一些。蒸汽全部冷凝返回柱中（无馏出物）时的回流比最大，称为全回流，此时的分离效率最高。理论塔板数就是在全回流时测得的。尽管回流比大，分离效率高，但分馏速度慢，实验室中选择的回流比为理论塔板数的 $\frac{1}{5} \sim \frac{1}{10}$。对于非常精密的分馏，使用高效率的分馏柱，回流比可达 100：1。

③柱的保温：许多分馏柱必须进行适当的保温，以便能始终维持温度平衡。不过分馏柱散热量越大，被分离出的物质越纯。

④填料及其他因素：为了提高分馏柱的分馏效率，在分馏柱内装入具有大表面积的填料，填料之间应保留一定的空隙，要遵守堆放紧密且均匀的原则，这样可以增加回流液体和上升蒸汽的接触机会。填料有玻璃（玻璃珠、短段玻璃管）或金属（不锈钢棉、金属丝绕成固定形状）。玻璃的优点是不会与有机化合物起反应，而金属则可与卤代烷之类的化合物起反应。在分馏柱底部往往放一些玻璃丝，以防止填料坠入蒸馏容器中。

三、仪器及试剂

仪器：50mL 圆底烧瓶、蒸馏头、韦氏分馏柱、温度计套管、温度计（100℃）、直形冷凝管、尾接管、50mL 三角瓶、100mL 烧杯、50mL 量筒、沸石、升降台、加热套。

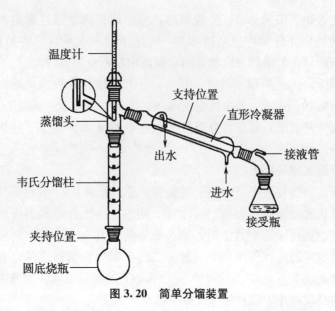

图 3.20　简单分馏装置

试剂：丙酮、蒸馏水。

四、实验步骤

1. 加热。

简单分馏操作和蒸馏大致相同。取丙酮和水各 20mL，放入圆底烧瓶中，加入沸石。柱的外围可用石棉绳包住，这样可减少柱内热量的散发，减少风和室温的影响。选用合适的热浴加热，液体沸腾后要注意调节浴温，使蒸汽慢慢升入分馏柱，10～15min 后蒸汽到达柱顶（可用手摸柱壁，若烫手表示蒸汽已达该处），有馏出液滴出现后，调节浴温使得蒸出液体的速度控制在每 2～3 秒 1 滴，保证有相当数量的液体自分馏柱流回烧瓶，即保持合适的回流比，以达到比较好的分馏效果。

2. 记录体积并绘制分馏曲线。

记录馏出液每增加 1mL 的温度的变化，待低沸点组分蒸完后，温度计示数会明显下降，此时应更换接受瓶，再渐渐升高温度；当第二个组分蒸出时温度计示数会迅速上升，至温度稳定时，再进行收集。如此便可分馏出沸点不同的各组分物质，至大部分馏液蒸出为止。

上述情况是假定分馏体系有可能将混合物的组分进行严格的分馏，如果不是这种情况，一般则有相当大的中间馏分，除非沸点相差很大。

注意不要蒸干，以免发生危险。如馏出的温度是连续的，没有明显的阶段性，可将得到的馏出液继续进行第二次分馏。停止加热后，关闭冷凝水，按相反的顺序拆卸仪器。

以温度为纵坐标、馏出液体积为横坐标作丙酮—水的分馏曲线，并与蒸馏曲线比较。

五、注意事项

简单分馏操作和蒸馏大致相同，要很好地进行分馏，必须注意下列几点：

1. 分馏一定要缓慢进行，控制好恒定的蒸馏速度（1 滴/2～3s），这样可以得到比较好的分馏效果。

2. 要使有相当量的液体沿柱流回烧瓶中，即要选择合适的回流比，使上升的气流和下降液体充分进行热交换，使易挥发组分尽量上升，难挥发组分尽量下降，分馏效果更好。

3. 必须尽量减少分馏柱的热量损失和波动。柱的外围可用石棉绳包住，这样可以减少柱内热量的散发，减少风和室温的影响，使加热均匀，分馏操作平稳地进行。

六、注释

＊共沸混合物不能用简单分馏甚至精密分馏分开，必须用其他方法破坏共沸组成后，再进行分馏才能将其分离。大部分有机溶剂和水形成的共沸混合物都可以根据情况用不同试剂或干燥剂除去水。如常压下 95.6％的乙醇和 4.4％的水组成最低共沸（恒沸）混合物，若想得到 99.5％的乙醇，则可加入氧化钙与水反应，破坏共沸（恒沸）组成后再进行分馏。

破坏共沸混合物的另一方法是加入第三种组分，进行共沸蒸馏。第三组分与原共沸物中的一种或两种组分形成沸点比原共沸物更低的共沸混合物，使组分间的相对挥发度增大，再进行蒸馏分离。第三组分常称为恒沸剂或夹带剂，常用的夹带剂有苯、甲苯、二甲苯、三氯甲烷等。如将苯作为带水剂加入到含水的共沸混合物中，加热至沸腾，水与苯形成共沸混合物而被蒸出，冷凝后的苯与水分层，水沉积于分水器的底部，苯返回烧瓶，这样不断进行可把水都带出来，达到干燥除水的目的。

在生成水的有机化学反应中，利用共沸蒸馏将反应所生成的水连续蒸出使平衡向要求的方向移动，同时可借此观察反应的进程。

七、思考题

1. 用分馏柱提纯液体时，为了取得较好的分离效果，为什么分馏柱必须保持回流液？

2. 在分离两种沸点相近的液体时，为什么装有填料的分馏柱比不装填料的效率高？

3. 什么叫共沸物？为什么不能用分馏法分离共沸混合物？

4. 在分馏时通常用水浴或油浴加热，它比直接火加热有什么优点？

5. 分馏和蒸馏在原理及装置上有哪些异同？如果是两种沸点很接近的液体组成的混合物，能否用分馏来提纯呢？

6. 若加热太快，馏出液＞1～2 滴/s（每秒钟的滴数超过要求量），用分馏分离两种液体的能力会显著下降，为什么？

实验六　减压蒸馏

一、实验目的

1. 学习减压蒸馏的基本原理。

2. 掌握减压蒸馏的实验操作和技术。

二、实验原理

液体的沸点是指它的蒸汽压等于外界压力时的温度，因此液体的沸点是随外界压力的变化而变化的，如果借助于真空泵降低系统内压力，就可以降低液体的沸点，这便是减压蒸馏操作的理论依据。在蒸馏操作中，一些有机物加热到其正常沸点附近时，会由于温度过高而发生氧化、分解或聚合等反应，使其无法在常压下蒸馏。若将蒸馏装置连接在一套减压系统上，在蒸馏开始前先使整个系统压力降低到只有常压的十几分之一至几十分之一，那么这类有机物就可以在较其正常沸点低得多的温度下进行蒸馏。因此，减压蒸馏是分离和提纯液体化合物的一种重要方法。

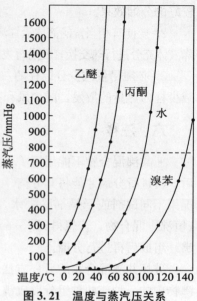

图 3.21　温度与蒸汽压关系

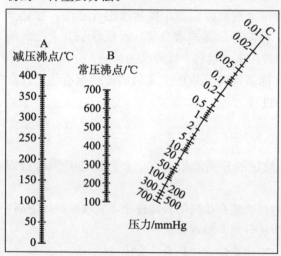

图 3.22　液体在常压、减压下的沸点近似关系

在减压蒸馏前，应先从文献中查阅该化合物在所选择压力下的相应沸点，如果文献中缺乏此数据，可用下述经验规律大致推算，以供参考。

（1）当蒸馏在 1333～1999Pa（10～15mmHg）进行时，压力每相差 133.3Pa（1mmHg），沸点相差约 1℃；

（2）用图 3.21 压力—温度关系图来查找，即从某一压力下的沸点值可以近似地推算出另一压力下的沸点。可在图 3.22 中 B 线上找到常压下的沸点，再在 C 线上找到减压后体系的压力点，然后通过两点连直线，该直线与 A 的交点为减压后的沸点。

（3）沸点与压力的关系可近似地用下式求出：

$$\lg p = A + \frac{B}{T}$$

式中：p 为蒸汽压，T 为沸点（热力学温度），A、B 为常数。

如以 $\lg p$ 为纵坐标，T 为横坐标，可以近似地得到一直线。

三、仪器及试剂

仪器：50mL 圆底烧瓶、25mL 圆底烧瓶、克氏蒸馏头、温度计套管、温度计（150℃）、毛细管、直形冷凝管、真空尾接管、50mL 量筒、升降台、加热套。

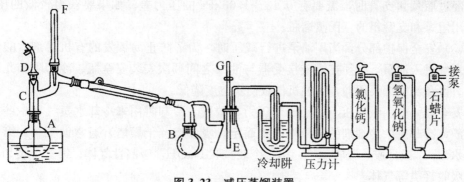

图 3.23 减压蒸馏装置

试剂：乙酰乙酸乙酯。

四、实验步骤

1. 安装装置。

减压蒸馏装置主要由蒸馏、抽气（减压）、安全保护和测压四部分组成。

（1）蒸馏部分：由蒸馏瓶、克氏蒸馏头、毛细管*、温度计及冷凝管、接受器等组成。图 3.23 中，A 为减压蒸馏烧瓶，又称克氏（Claisen）蒸馏瓶，两个瓶颈的目的是为了避免减压蒸馏时瓶内液体由于沸腾而冲入冷凝管，瓶的一颈中插入温度计，另一颈中插入毛细管 C，其长度恰好使其下端距瓶底 1～2mm。毛细管上端连有一段夹螺旋夹 D 的橡皮管，螺旋夹用以调节进入空气的量，使有极少量的空气进入液体，呈微小气泡冒出，作为液体沸腾的气化中心，使蒸馏平稳进

图 3.24 多尾接液管

行。也可用磁力搅拌代替毛细管形成气化中心。接收器切不可用平底烧瓶或锥形瓶。蒸馏时若要收集不同的馏分而又不能中断蒸馏，可用多尾接液管（图 3.24），其几个分支管直接连接磨口圆底烧瓶，转动多尾接液管就可使不同的馏分进入指定的接收器中。

根据蒸出液体的沸点不同，选用合适的热浴和冷凝管。如果蒸馏的液体量不多而且沸点甚高，或是低熔点的固体，也可不用冷凝管，而将克氏瓶的支管通过接液管直接连接接受瓶。蒸馏沸点较高的物质时，最好用石棉绳或石棉布包裹蒸馏瓶的两颈，以减少散热。控制热浴的温度，使它比液体的沸点高 20℃～30℃。

（2）抽气部分：实验室通常用水泵、循环水泵或油泵进行减压。

水泵：其效能与其结构、水压及水温有关，水泵所能达到的最低压力为当时室温下的水蒸气压。例如水温为 6℃～8℃，水蒸气压为 0.93～1.07kPa；夏天水温为 30℃，则水蒸气压为 4.2kPa 左右。可用循环水泵代替普通水泵，其还带测压装置。

油泵：油泵的效能决定于油泵的机械结构以及真空泵油的好坏，好的油泵能抽至 13.3Pa。油泵结构较精密，工作要求条件较严，如果有挥发性的有机溶剂、水或酸的蒸气，都会损坏油泵。一般使用油泵时，系统的压力控制在 0.67～1.33kPa 之间，要在沸腾液体表面获得 0.67kPa 以下的压力比较困难，这是由于蒸汽从瓶内的蒸发面逸

出而经过瓶颈和支管时，需要有 $0.13\sim1.06\text{kPa}$ 的压力差。如果要获得较低的压力，可选用短颈和支管粗的克氏蒸馏瓶。

（3）安全保护部分：当用油泵进行减压时，为了防止易挥发的有机溶剂、酸性物质和水气进入油泵，必须在馏液接受器与油泵之间顺次安装安全瓶、冷却阱和几种吸收塔，以免污染油泵用油，腐蚀机件致使真空度降低。

安全瓶一般用吸滤瓶，用于调节压力与放气。冷却阱用来冷却水蒸气和一些易挥发物质，冷却阱中冷却剂的选择随需要而定。吸收塔（干燥塔）通常设三个，第一个装无水 $CaCl_2$ 或硅胶，吸收水汽；第二个装粒状 NaOH，吸酸性气体；第三个装切片石蜡，吸收烃类等气体。

（4）测压部分：实验室通常利用水银压力计来测量减压系统的压力。水银压力计又分开口式水银压力计、封闭式水银压力计。

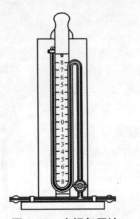

图 3.25　水银气压计

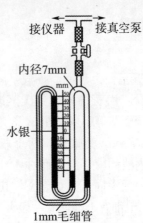

图 3.26　改进的水银气压计

实验室通常采用循环水泵来进行减压，其装置还自带测压表，不需要如油泵上述复杂装备。

仪器安装好后，先检查系统是否漏气，方法是：关闭毛细管，减压至压力稳定后，夹住连接系统的橡皮管，观察压力计水银柱有否变化，无变化说明不漏气，有变化即表示漏气。为使系统密闭性好，磨口仪器的所有接口部分都必须用真空油脂润涂。

2. 抽气加热。

检查仪器不漏气后，加入不超过蒸馏瓶一半体积的待蒸液体，关好安全瓶活塞，开动抽气泵，调节毛细管导入的空气量，以能冒出一连串小气泡为宜。当达到所要求的低压，且压力稳定后，开启冷凝水，开始加热，使热浴温度比液体的沸点高 $20\text{℃}\sim30\text{℃}$。液体沸腾后，应注意控制温度，注意压力计上所示的压力，如果不符则应进行调节，保持蒸馏速度为 $0.5\sim1$ 滴/s，并观察沸点变化情况，待沸点稳定时，转动多尾接液管接受所需馏分。

蒸馏完毕，除去热源，待稍冷后先缓缓旋开夹在连接毛细管的橡皮管上的螺旋夹 D，再慢慢打开安全瓶上的活塞 G，平衡内外压力，使压力计的水银柱缓慢地恢复原状，然后关闭抽气泵，否则，由于系统中压力较低，循环水泵中的水会倒吸（或油泵中油倒吸入干燥塔）。如果先打开安全瓶上的活塞 G，而控制毛细管的螺旋夹却仍旧关闭着，那么液体就可能倒灌而在毛细管中上升。

五、注意事项

1. 减压蒸馏的整个系统必须保持密封不漏气，所以选用橡皮塞的大小及钻孔都要十分合适，所有橡皮管最好用真空橡皮管，各磨口玻塞部分都应仔细涂好真空脂。仪器安装好后，先检查系统是否漏气。

2. 蒸馏完毕，除去热源，旋开螺旋夹和打开安全瓶均不能太快，否则水银柱会很快上升，有冲破压力计的可能。

3. 必须待内外压力平衡后，才可关闭抽气泵，以免倒吸。

4. 当被蒸馏物中含有低沸点的物质时，应先进行普通蒸馏，然后用循环水泵减压蒸去低沸点物质，最后用减压蒸馏。

5. 在减压蒸馏过程中务必戴上护眼镜。

六、注释

＊毛细管的制备方法有两种。可选长度较克氏蒸馏瓶高度略长的厚壁毛细管，在其一端用火焰加热软化后抽细，拉细的程度视需要的毛细管孔而定。另外，可用一玻璃管，先将其一端用火焰加热软化后拉成直径约 2mm 的毛细管，再用小火将毛细管烧软，迅速地向两面拉伸，使成细发状，截下所需的长度即可。检查毛细管是否合适，可用小试管盛取少许丙酮或乙醇，将毛细管插入其中，吹入空气，若毛细管连续冒出微小的气泡即为合适。

七、思考题

1. 具有什么性质的化合物需用减压蒸馏进行提纯？
2. 使用水泵减压蒸馏时，应采取什么预防措施？
3. 使用油泵减压时，要有哪些吸收和保护装置？其作用是什么？
4. 当减压蒸完所要的化合物后，应如何停止减压蒸馏？为什么？

实验七　水蒸气蒸馏

一、实验目的

1. 学习水蒸气蒸馏的原理及其应用。
2. 认识水蒸气蒸馏的主要仪器，掌握水蒸气蒸馏的装置及其操作方法。

二、实验原理

将水蒸气通入不溶于水的有机物中或使有机物与水经过共沸而蒸出的操作过程称水蒸气蒸馏。它是分离和纯化与水不相混溶的挥发性有机物常用的方法，尤其是在反应产物中存在大量树脂状或焦油状杂质时，效果比一般蒸馏或重结晶好。

水蒸气蒸馏的作用：从大量树脂状杂质或不挥发性杂质中分离有机物，除去不挥发性的有机杂质，从固体多的反应混合物中分离被吸附的液体产物。

其基本原理如下：根据道尔顿分压定律，当与水不相混溶的物质与水共存时，整个体系的蒸汽压应为各组分蒸汽压之和，即

$$p = p_A + p_B$$

式中：p 代表总的蒸汽压，p_A 为水的蒸汽压，p_B 为与水不相混溶有机物的蒸汽压。

当混合物中各组分蒸汽压总和等于外界大气压时，此混合物即可被蒸出，这时的温度即为混合物的沸点。此沸点比任一组分的沸点都低。因此，在常压下应用水蒸气蒸馏，就能在低于 100℃ 的情况下将高沸点组分与水一起蒸出来。由于总的蒸汽压与混合物中二者间的相对量无关，所以直到高沸点组分完全蒸出，温度才上升至水的沸点。混合物蒸汽中各个气体分压之比等于它们的物质的量之比，即

$$\frac{n_A}{n_B} = \frac{p_A}{p_B}$$

式中：$n_A = m_A/M_A$，$n_B = m_B/M_B$，m_A、m_B 分别为蒸汽中物质 A 和 B 质量，M_A、M_B 为物质 A 和 B 的相对分子质量。因此

$$\frac{m_A}{m_B} = \frac{M_A n_A}{M_B n_B} = \frac{M_A p_A}{M_B p_B}$$

可见，这两种物质在馏液中的相对质量（就是它们在蒸汽中的相对质量）与它们的蒸汽压和相对分子质量成正比。

以苯胺为例，苯胺沸点为 184.4℃，且和水不相混溶。当和水一起加热至 98.4℃ 时，水的蒸汽压为 95.4kPa，苯胺的蒸汽压为 5.6kPa，它们的总压力接近大气压力，于是液体就开始沸腾，苯胺就随水蒸气一起被蒸馏出来。水和苯胺的相对分子质量分别为 18 和 93，代入上式得

$$m_A/m_B = \frac{95.4 \times 18}{5.6 \times 93} = \frac{33}{10}$$

即蒸出 3.3g 水能够带出 1g 苯胺，苯胺的质量在馏出液中占 23.3%。一般在实验中蒸出的水量往往超过计算值，因为苯胺微溶于水，实验中尚有一部分水蒸气来不及与苯胺充分接触便离开蒸馏烧瓶了。

利用水蒸气蒸馏来分离提纯物质时，要求此物质在 100℃ 左右时的蒸汽压至少在 1.33kPa 左右，如果蒸汽压在 0.13～0.67kPa，则其在馏出液中的含量仅占 1%，甚至更低，为了使馏出液中的含量增高，要想办法提高此物质的蒸汽压，也就是提高温度，使蒸汽的温度超过 100℃，即要用过热水蒸气蒸馏。例如苯甲醛（沸点 178℃），进行水蒸气蒸馏时，在 97.9℃ 沸腾，这时 $p_A = 93.8$kPa，$p_B = 7.5$kPa，则

$$m_A/m_B = \frac{93.8 \times 18}{7.5 \times 106} = \frac{21.2}{10}$$

馏出液中苯甲醛占 32.1%，假如导入 133℃ 过热蒸汽，苯甲醛的蒸汽压可达 29.3kPa，因而只要有 72kPa 的水蒸气压，就可使体系沸腾，则

$$m_A/m_B = \frac{72 \times 18}{29.3 \times 106} = \frac{4.17}{10}$$

这样馏出液中苯甲醛的含量就提高到了 70.6％。

应用过热水蒸气还具有使水蒸气冷凝少的优点，为了防止过热蒸汽冷凝，可在蒸馏瓶下保温，甚至加热。

从上面的分析可以看出，使用水蒸气蒸馏这种分离方法是有条件限制的，被提纯物质必须具备以下几个条件：不溶或难溶于水，与沸水长时间共存而不发生化学反应，在 100℃左右必须具有一定的蒸汽压（一般不小于 1.33kPa）。

三、仪器及试剂

仪器：250mL 三颈瓶、50mL 圆底烧瓶、T 形管、螺旋夹、蒸馏头、直形冷凝管、尾接管、空心塞、50mL 三角瓶、玻璃管、升降台、加热套。

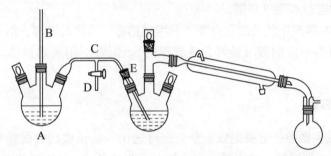

图 3.27 水蒸气蒸馏装置

试剂：溴苯、沸石。

四、实验步骤

水蒸气蒸馏的方法分为直接法和间接法两种*。

间接法是常量实验中经常使用的方法，其操作比较复杂，需要安装水蒸气发生器，常用水蒸气蒸馏的简单装置如图 3.27 所示。A 是水蒸气发生器，可使用三颈瓶，也可使用金属制成的水蒸气发生器，通常盛水量以其容积的 3/4 为宜，如果太满，沸腾时水会冲至烧瓶；B 为安全玻璃管，尽量插到发生器 A 的底部，当容器内气压太大时，水可沿着玻璃管上升，以调节内压，如果系统发生阻塞，水便会上升，甚至从管的上口喷出，起到防止压力过高的作用。

蒸馏部分可用三颈瓶，瓶内液体不宜超过其容积的 1/3。蒸气导入管 E 的末端正对瓶底中央并伸到接近瓶底 2～3mm 处。馏液通过接液管进入接收器，接收器外围可用冷水浴冷却。

水蒸气发生器与盛被蒸物的三颈瓶之间应装上一个 T 形管 C，在 T 形管下端连一个带螺旋夹的胶管或两通活塞 D，以便处理体系压力过大事故及除去冷凝下来的水滴，应尽量缩短水蒸气发生器与三颈瓶之间距离，以减少水气的冷凝。

进行水蒸气蒸馏时，先将被蒸溶液置于三颈瓶中，加热水蒸气发生器 A，直至接近沸腾后再关闭三通活塞，使水蒸气均匀地进入三颈瓶。为了使蒸汽不致在三颈瓶中冷凝而积聚过多，必要时可在三颈瓶下置一石棉网，用小火加热。必须控制加热速度，使蒸汽能全部在冷凝管中冷凝下来，如果随水蒸气挥发的物质具有较高的熔点，在冷凝后易析出固体，则应调小冷凝水的流速，使它冷凝后仍然保持液态。假如已有固体析出，并且接近阻塞时，可暂时停止冷凝水或将冷凝水暂时放出，以使物质熔融后随水流入接收器中。当冷凝管夹套中要重新通入冷却水时，要小心而缓慢，以免冷凝管因骤冷而破裂。万一冷凝管已被阻塞，应立即停止蒸馏，并设法疏通（可用玻棒将阻塞的晶体捅出或用电吹风吹化结晶，也可在冷凝管夹套中灌以热水使之熔化后流出来）。

在蒸馏需要中断或蒸馏完毕后，一定要先打开螺旋夹使通大气，然后方可停止加热，否则蒸馏瓶中的液体将会倒吸到 A 中。在蒸馏过程中，如发现安全管 B 中的水位迅速上升，则表示系统中发生了堵塞，此时应立即打开活塞，然后移去热源，待排除了堵塞后再继续进行水蒸气蒸馏。

在 100℃ 左右蒸汽压较低的化合物可利用过热蒸汽来进行蒸馏。例如可在 T 形管 C 和蒸馏瓶之间串连一段铜管（最好是螺旋形的），铜管下用火焰加热，以提高蒸汽的温度。

五、注意事项

1. 水蒸气发生器中一定要配置安全管。可选用一根长玻璃管做安全管，管子下端要接近水蒸气发生器底部。使用时，注入的水不要过多，一般不要超出其容积的 2/3。

2. 水蒸气发生器与三颈瓶之间的连接管路应尽可能短，以减少水蒸气在导入过程中的热损耗。

3. 导入水蒸气的玻璃管应尽量接近三颈瓶底部，以提高蒸馏效率。

4. 在蒸馏过程中，如果有较多的水蒸气因冷凝而积聚在三颈瓶中，可以用小火隔着石棉网在三颈瓶底部加热。

5. 实验中，应经常注意观察安全管，如果其中的水位出现不正常上升，应立即打开 T 形管，停止加热，找出原因，排除故障后再重新蒸馏。

6. 停止蒸馏时，一定要先打开 T 形管，然后停止加热。如果先停止加热，水蒸气发生器因冷却而产生负压，会使三颈瓶内的混合液发生倒吸。

六、注释

* 如仅需 5mL 以下水量就可以完成的水蒸气蒸馏，则可用简易水蒸气蒸馏装置，即直接法。操作时将盛有被蒸馏物的烧瓶中加入 5mL 蒸馏水，加热至沸以便产生蒸气，水蒸气与被蒸馏物一起蒸出，对于挥发性液体和数量较少的物料，此法非常适用；当烧瓶内的水经连续不断地蒸馏而减少时，可通过蒸馏头上配置的滴液漏斗补加水。简易的水蒸气蒸馏的缺点是容易使混合物溅入冷凝管，可采用克氏蒸馏头，但缺点是克氏蒸馏头弯管段较长，蒸汽易冷凝，此时，可以用玻璃棉等绝热材料缠绕，避免热量散失，提高蒸馏效率。

七、思考题

1. 水蒸气蒸馏用于分离和纯化有机物时，被提纯物质应该具备什么条件？水蒸气发生器的通常盛水量为多少？

2. 蒸馏瓶所装液体体积应为瓶容积的多少？蒸馏中需停止蒸馏或蒸馏完毕后的操作步骤是什么？

3. 计算溴苯在94℃下进行水蒸气（83KPa）蒸馏时的理论馏出百分率。

实验八　工业苯甲酸粗品的重结晶

一、实验目的

1. 学习重结晶提纯固态有机化合物的原理，初步学会用重结晶提纯固体有机化合物的方法。

2. 掌握抽滤、热滤操作。

3. 了解活性炭脱色原理及操作方法。

二、实验原理

固体有机物在溶剂中的溶解度与温度有密切关系。一般是温度升高，溶解度增大。若把要分离提纯的固体溶解在热的溶剂中达到饱和，趁热过滤可除去不溶性杂质，冷却此热滤液，由于溶解度降低溶液变成过饱和而析出晶体，再进行过滤即得到要被提纯物质，溶解度大的杂质仍留在母液中。由此可见，如果杂质在冷时的溶解度大而产物在冷时的溶解度小，或溶剂对产物的溶解性能随温度的变化大，这两方面都有利于提高回收率。所以，重结晶就是利用溶剂对被提纯物质及杂质的溶解度不同而进行分离提纯的方法。

在任何情况下，杂质的含量过多都是不利的（杂质太多还会影响结晶速度，甚至妨碍结晶的生成）。一般重结晶只适用于纯化杂质含量在5％以下的固体有机混合物。重结晶一般包括选择溶剂、溶解制备饱和溶液、活性炭脱色、趁热过滤、析晶、过滤、干燥七个步骤。

工业苯甲酸一般由甲苯氧化所得，其粗品中常含有未反应的原料、中间体、催化剂、不溶性杂质和有色杂质等，因而常为黄色块状并带有难闻的气味，可以水为溶剂用重结晶法纯化。

三、仪器及试剂

仪器：循环水真空泵、恒温水浴锅、热水保温漏斗、玻璃漏斗、玻璃棒、表面皿、抽滤瓶、布氏漏斗、酒精灯、滤纸、量筒、刮刀。

试剂：粗苯甲酸、活性炭、沸石。

四、实验步骤

称取 3g 工业苯甲酸粗品，置于 250mL 烧杯中[1]，加水约 80mL，加热并用玻璃棒搅动，观察溶解情况。如至水沸腾仍有不溶性固体，可分批补加适量水直至沸腾温度下可以全溶或基本溶解，再补加 15～20mL 水，总用水量为 110mL 左右。每次加水后需再加热使溶液沸腾，直至被提取物晶体完全溶解，但应注意，在补加溶剂后，发现未溶解固体不减少，应考虑是不溶性杂质，此时就不要再补加溶剂，以免溶剂过量[2]。

停止加热，稍冷后加入适量活性炭（用量为固体 1%～5%），搅拌使之混合均匀，再煮沸约 3min。切不可在沸腾的溶液中加入活性炭，否则会有暴沸的危险。若溶液中无有色杂质，则直接转到热过滤。

预先加热保温漏斗，叠菊花滤纸，将热溶液尽快倒入保温漏斗中，趁热过滤。每次倒入漏斗的液体不要太满，也不要等溶液全部滤完再加。为了保持溶液的温度，过滤的部分继续用小火加热，以防冷却。待所有的溶液过滤完毕后，用少量热水洗涤漏斗和滤纸（这时漏斗颈部会有少量结晶，可用少量热水冲下）。

将上述热过滤后的溶液静置、自然冷却，或使用相应的冰水浴或冰盐浴，使结晶慢慢析出。若放冷后也无结晶析出，可用玻璃棒在液面下摩擦器壁以促使其结晶（摩擦器壁形成粗糙面，使溶质分子呈定向排列而形成结晶较在平滑面上迅速和容易）；或者投入晶种（同一物质的晶体，若无此物质的晶体，可用玻棒蘸一些溶液稍干后即会析出晶体），供给定型晶核，使晶体迅速形成。

安装好抽滤装置，以数滴水润湿滤纸，开泵抽气使滤纸紧贴漏斗底部，打开安全瓶上的活塞，关泵；先倒入部分滤液（不要将溶液一次倒入），启动水循环泵，通过缓冲瓶（安全瓶）上二通活塞调节真空度，开始真空度可低些，这样不致将滤纸抽破，待滤饼已结一层后，再将余下溶液倒入，此时真空度可逐渐升高些，直至抽"干"为止；打开安全瓶上的活塞，关闭水泵。加少量冷水洗涤，然后重新抽干，必要时可用玻璃塞挤压晶体，如此重复 1～2 次。

将结晶转移到表面皿上，摊开，在红外灯下烘干，测定熔点，并与粗品的熔点作比较。称重，计算回收率，产量为 1.8～2.4g（收率 60%～70%）。

五、注意事项

1. 在热过滤时，整个操作过程要迅速，否则漏斗一凉，结晶在滤纸上和漏斗颈部析出，操作将无法进行。

2. 洗涤用的溶剂量应尽量少，以避免晶体大量溶解损失。

3. 用活性炭脱色时，不要把活性炭加入正在沸腾的溶液中。

4. 停止抽滤时先将抽滤瓶与抽滤泵间连接的橡皮管拆开，或者将安全瓶上的活塞打开与大气相通，再关闭泵，防止水倒流入抽滤瓶内。

六、注释

[1] 若使用有机溶剂，为了避免溶剂挥发及可燃性溶剂着火或有毒溶剂中毒，应

在锥形瓶上装置回流冷凝管，添加溶剂可从冷凝管的上端加入。

〔2〕可以在溶剂沸点温度时溶解固体，但必须注意实际操作温度是多少，否则会因实际操作时，被提纯物晶体大量析出。但对某些晶体析出不敏感的被提纯物，可考虑在溶剂沸点时溶解成饱和溶液，故因具体情况决定，不能一概而论。例如，本次实验在 100℃时配成饱和溶液，而热过滤操作温度不可能是 100℃，可能是 80℃ 或 90℃，那么在考虑加多少溶剂时，应同时考虑热过滤的实际操作温度。

七、思考题

1. 重结晶法一般包括哪几个步骤？各步骤的主要目的如何？

2. 重结晶时，溶剂的用量为什么不能过量太多，也不能过少？正确的应该如何？

3. 用活性炭脱色为什么要待固体物质完全溶解后才加入？为什么不能在溶液沸腾时加入？

4. 使用有机溶剂重结晶时，哪些操作容易着火？怎样才能避免呢？

5. 使用布氏漏斗过滤时，如果滤纸大于漏斗瓷孔面，有什么不好？停止抽滤前，如不先拔除橡皮管就关住水阀（泵），会有什么问题产生？

3.3 色谱分离技术

色谱分析是 20 世纪初在进行植物色素分离时发现的一种物理分离分析方法，借以分离及鉴定结构和物理化学性质相近的一些有机物。经不断改进，已成功地发展为各种类型的色谱分析方法，不仅可以对一般方法难以分离的化合物进行分离提纯，还可以分离对映体。

色谱法分离的基本原理是利用混合物各组分在固定相和流动相中分配平衡常数的差异，当流动相流经固定相时，由于固定相对各组分的吸附或溶解性能的不同，吸附能力较弱或溶解度较小的组分在固定相中移动速度较快，在多次反复平衡过程中导致各组分在固定相中形成了分离的"色带"，从而得到了分离。

色谱法按其操作不同，可分为薄层色谱法、柱色谱法、纸色谱法、气相色谱法和高效液相色谱法；按其作用原理不同又可分为吸附色谱、分配色谱、离子交换色谱和凝胶色谱。

与经典的分离提纯方法相比，色谱法具有高效、灵敏、准确等特点，已广泛地应用在有机化学、生物化学的科学研究和有关的化工生产等领域。

3.3.1 薄层色谱

薄层色谱（Thin Layer Chromatography）常用 TLC 表示，又称薄层层析，属于固一液吸附色谱。由于薄层板上的吸附剂（固定相）和溶剂（移动相）对各种化合物的吸附能力各不相同，在展开剂上移时，它们进行不同程度的吸附与解吸，从而达到分离的目的。

薄层色谱是一种微量、快速和简便的分离分析方法，它可以快速分离和定性分析少量物质，也用于跟踪反应进程。

1. 薄层色谱在有机化学中的应用

（1）化合物的定性检验

在条件完全一致的情况，纯粹的化合物在薄层色谱中呈现一定的移动距离，称比移值（R_f值），所以利用薄层色谱法可以鉴定化合物的纯度或确定两种性质相似的化合物是否为同一物质，但由于影响比移值的因素很多，如薄层的厚度、吸附剂颗粒的大小、酸碱性、活性等级、外界温度和展开剂纯度、组成、挥发性等，要获得重现的比移值就比较困难，为此，在测定某一试样时，最好用已知样品进行对照。

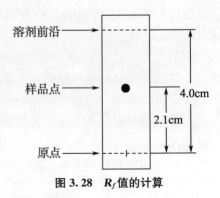

图 3.28　R_f值的计算

$$R_f = \frac{溶质最高浓度中心至原点中心的距离}{溶剂前沿至原点中心的距离}$$

（2）快速分离少量物质

一些结构类似、理化性质也相似的化合物组成的少量混合物（几到几十微克，甚至 $0.01\mu g$），一般应用化学方法分离很困难，但应用薄层色谱法分离，有时可得到满意的结果。

（3）跟踪反应进程

在进行化学反应时，常利用薄层色谱观察原料斑点的逐步消失，来判断反应是否完成。

（4）化合物纯度的检验

如果薄层色谱展开后只出现一个斑点，且无拖尾现象，为纯物质。

2 吸附剂的选择

最常用于 TLC 的吸附剂为硅胶和氧化铝。

（1）硅胶

常用的商品薄层层析用硅胶为：

硅胶 H——不含黏合剂和其他添加剂的层析用硅胶。

硅胶 G——含煅石膏（$CaSO_4 \cdot 1/2H_2O$）做黏合剂的层析用硅胶。标记 G 代表石膏（Gypsum）。

硅胶 HF_{254}——含荧光物质的层析用硅胶，可用于 254nm 的紫外光下观察荧光。

硅胶 GF_{254}——含煅烧石膏、荧光物质的层析用硅胶。

硅胶颗粒大小一般为 260 目以上。若颗粒太大，展开剂移动速度快，分离效果不好；反之，颗粒太小，溶剂移动太慢，斑点不集中，效果也不理想。

（2）氧化铝

市售氧化铝有酸性、碱性和中性之分。酸性氧化铝是用 1％盐酸浸泡后，用蒸馏水洗到其浸出液的 pH 为 4，适用于分离酸性物质；碱性氧化铝浸出液的 pH 为 9～10，用以分离胺类、生物碱及其他有机碱性化合物；中性氧化铝的相应 pH 为 7.5，适合于醛、酮、醌、酯等类化合物的分离，以及对酸、碱敏感的其他类型化合物的分离。硅胶没有酸碱性之分，可适用于各类有机物的分离。

柱层析所用氧化铝的粒度一般为 100～150 目，硅胶为 60～100 目，如果颗粒太小，淋洗剂在其中流动太慢，甚至流不出来。

氧化铝的活性分五个等级（见表 3.8）。哪个活性级别分离效果最好，要用实验方法确定，而不是盲目选择高的活性级别，最常使用的是 Ⅱ～Ⅲ 级。如果吸附剂活性太低，分离效果不好，可通过"活化"来提高其活性。所谓"活化"，就是指用加热的方法除去吸附剂所含的水分，提高其吸附活性的过程。通常是将吸附剂装在瓷盘里，放进烘箱中恒温加热。"活化"的温度和时间应根据分离需要而定。氧化铝一般在 200℃恒温 4h，硅胶在 105℃～110℃恒温 0.5～1h。有的样品在活性高的吸附剂中分离效果不好，可将吸附剂放在空气中让其吸收一些水分，分离效果反而好一些。

表 3.8　　　　　　　　　　　吸附剂活性与其含水量的关系

活性等级	Ⅰ	Ⅱ	Ⅲ	Ⅳ	Ⅴ
氧化铝含水量/％	0	3	6	10	15
硅胶含水量/％	0	5	15	25	38

3. 薄层板的制备与活化

薄层板制备得好坏直接影响色谱的结果，应尽量均匀且厚度要固定，否则，在展开时前沿不齐，色谱结果也不易重复。在烧杯中放入 2g 硅胶 GF_{254}，加入 5～6mL 0.5％的羧甲基纤维素钠水溶液，调成糊状。将配制好的浆料倾注到清洁干燥的载玻片上，拿在手中轻轻地左右摇晃，使其表面均匀平滑，在室温下晾干后进行活化。

将涂布好的薄层板置于室温晾干后，放在烘箱内加热活化，活化条件根据需要而定。硅胶板一般在烘箱中渐渐升温，维持 105℃～110℃活化 30min。氧化铝板在 200℃烘 4h 可得到活性为 Ⅱ 级的薄板，在 150℃～160℃烘 4h 可得活性为 Ⅲ～Ⅳ 级的薄板。活化后的薄层板放在干燥器内保存待用。

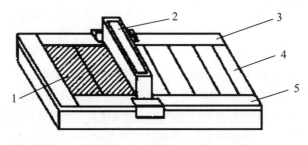

1—吸附剂薄层　2—涂布器　3—玻璃夹板　4—玻璃板　5—玻璃夹板

图 3.29　薄层板涂布器

4. 点样

先用铅笔在距薄层板一端 1cm 处轻轻画一横线作为起始线，然后用毛细管吸取样品，在起始线上小心点样，斑点直径一般不超过 2mm。若因样品溶液太稀，可重复点样，但应待前次点样的溶剂挥发后方可重新点样，以防样点过大，造成拖尾、扩散等现象，而影响分离效果。若在同一板上点几个样，样点间距离应为 1cm。点样要轻，不可刺破薄层。

5. 展开

薄层色谱的展开，需要在密闭容器中进行。为使溶剂蒸汽迅速达到平衡，可在展开槽内衬一滤纸。在层析缸中加入配好的展开溶剂，使其高度不超过 1cm。将点好的薄层板点样一端朝下，小心放入层析缸中，盖好瓶盖，当展开剂前沿上升到一定高度时取出，尽快在板上标上展开剂前沿位置，晾干，观察斑点位置，计算 R_f 值。

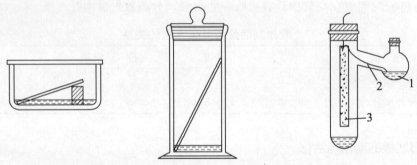

图 3.30　薄层板在不同的层析缸中展开的方式

展开剂是影响色谱分离度的重要因素。一般来说，展开剂的极性越大，对特定化合物的洗脱能力也越大。一般常用展开剂按照极性从小到大的顺序排列大概为石油醚＜己烷＜甲苯＜苯＜氯仿＜乙醚＜THF＜乙酸乙酯＜丙酮＜乙醇＜甲醇＜水＜乙酸。

当一种溶剂不能很好地展开各组分时，常选择混合溶剂作为展开剂。先用一种极性较小的溶剂为基础溶剂展开混合物，若展开不好，用极性较大的溶剂与前一溶剂混合，调整极性，再次试验，直到选出合适的展开剂组合。

理想的展开剂应能使混合物分离后各组分的 R_f 值相差尽可能大，各组分理想的比移值在 0.2~0.8 之间。

6. 显色

被分离物质如果是有色组分，展开后薄层色谱板上即呈现出有色斑点。

如果化合物本身无色，则可用碘蒸汽熏或喷显色剂（如氨基酸样品可喷水合茚三酮）的方法显色。还可使用腐蚀性的显色剂如浓硫酸、浓盐酸和浓磷酸等。

含有荧光剂的薄层板在紫外光下观察，展开后的有机化合物在亮的荧光背景上呈暗色斑点。

实验九 偶氮苯顺反异构体的检测

一、实验目的

1. 了解薄层色谱的基本原理及其用途。
2. 熟练掌握薄层色谱的操作方法。

二、实验原理

偶氮苯的常见形式是反式异构体，反式异构体在紫外光或日光照射下，有一部分转化为较不稳定的顺式异构体。

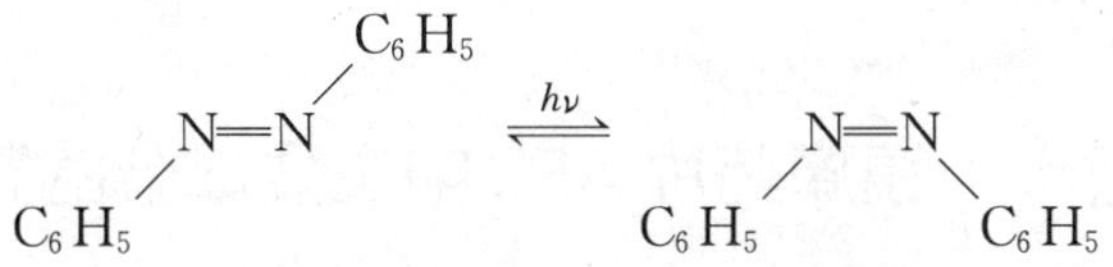

$$C_6H_5-N=N-C_6H_5 \xrightarrow{h\nu} \begin{array}{c} N=N \\ C_6H_5 \quad C_6H_5 \end{array}$$

反偶氮苯   顺偶氮苯

生成的混合物的组成与使用的光的波长有关。当波长为 315nm 的光照射偶氮苯溶液时，获得 95% 以上热力学不稳定的顺式异构体，反式偶氮苯用日光照射，也可获得稍高于 50% 的顺式偶氮苯。

顺式偶氮苯和反式偶氮苯的极性不同，在固定相上的吸附能力和在溶剂中的溶解性能（即分配）也不同，因而在薄板上上行的距离会不同，计算其 R_f 值可判断哪个是顺式、哪个是反式。

三、仪器及试剂

仪器：展开缸、硅胶 GF_{254} 薄层色谱板、镊子、直尺、铅笔、点样毛细管、玻璃刀。

试剂：未经光照的偶氮苯、经光照的偶氮苯、环己烷、乙酸乙酯。

四、实验步骤

以环己烷、乙酸乙酯按 9：1 配制展开剂。

取 0.1g 反偶氮苯溶于 5mL 无水苯中，将此溶液放于两个小试管中，其中一试管放在太阳下照射 1h 或置于紫外灯（波长为 365nm）下照射 0.5h 进行光异构化反应；另一试管用黑纸包好避免光线照射，备用。

取管口平整的毛细管吸取光照后的偶氮苯溶液，在离薄层板一端 1cm 起点处点样，再用另一毛细管吸取未经光照的偶氮苯在起点处点样，两个样品间距为 1cm。待样品干燥后放在盛有 9：1 环己烷－乙酸乙酯做展开剂的棕色广口瓶中展开（点样一端应浸入展开剂 0.5cm），待展开剂上行至距板上沿约 1cm 处取出薄层板，立即记下展开剂前沿位置。晾干，观察，经光照和未经光照的偶氮苯在薄层色谱板上的黄色斑点位置及数量，并计算其 R_f 值，判断哪个是顺式、哪个是反式。

五、注意事项

1. 载玻片应干净且不被手污染，吸附剂在玻片上应均匀平整。
2. 点样不能戳破薄层板面，各样点间距 1～1.5cm，样点直径应不超过 2mm。
3. 展开时，不要让展开剂前沿上升至底线，否则，无法确定展开剂上升高度，即无法求得 R_f 值和准确判断粗产物中各组分在薄层板上的相对位置。

六、思考题

1. 如何利用 R_f 值来鉴定化合物？
2. 薄层色谱法点样应注意些什么？
3. 展开剂的高度若超过了点样线，对薄层色谱有何影响？

实验十　镇痛药片 APC 中主要成分的鉴定

一、实验目的

1. 了解薄层色谱分离鉴定化合物的基本原理。
2. 熟练掌握薄层色谱的操作方法。

二、实验原理

普通的镇痛药如 APC 通常是几种药物的混合物，大多含有阿司匹林、非那西汀、咖啡因和其他成分。用有机溶剂（95％乙醇）可将主要成分提取出来，并进行薄层层析。通过与纯组分的 R_f 比较，可定性鉴定各成分。由于组分本身无色，显色时，需要通过紫外灯显色或碘显色。

下面给出镇痛药常见组分在给定条件下的 R_f 值，供参考比较。

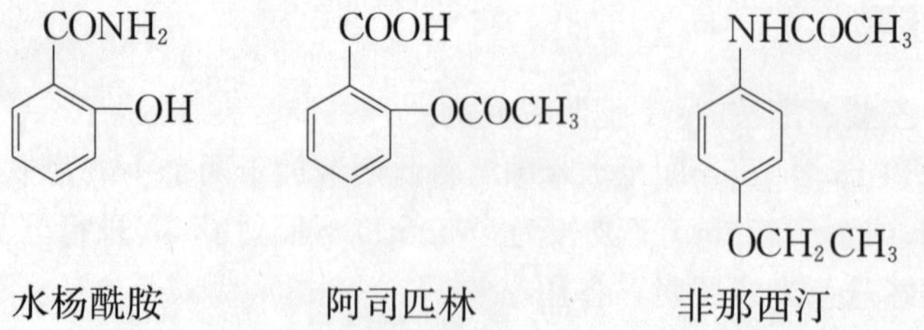

水杨酰胺　　　　阿司匹林　　　　非那西汀
$R_f=0.46$　　　　$R_f=0.36$　　　　$R_f=0.25$

咖啡因
$R_f = 0.17$

扑热息痛
$R_f = 0.06$

三、仪器及试剂

仪器：展开缸、硅胶 GF$_{254}$薄层色谱板、镊子、直尺、铅笔、点样毛细管、玻璃刀。

试剂：镇痛药 APC 片、2％阿司匹林的 95％乙醇溶液、2％咖啡因的 95％乙醇溶液，95％乙醇，12：1 的 1,2-二氯乙烷-乙酸溶液。

四、实验步骤

1. 制备样品液。

领取镇痛药 APC 一片，用不锈钢勺研成粉状。用一小团玻璃丝或棉球塞住一支滴管的细口，将药粉转入其中堆成柱状，用另一支滴管从上口加入 5mL 95％乙醇萃取液收集于小试管中。

2. 点样。

取两块薄板，分别距离 1cm 处用铅笔轻轻画一横线为起始线，用毛细管在一块板的起始线上点药品萃取液和 2％的阿司匹林乙醇溶液两个样点。在第二块板的起始线上点药品萃取液和 2％的咖啡因乙醇溶液两个样点，样点间相距 1～1.5cm，点样原点直径在 2mm 以内。

3. 展开。

用 12：1 的 1,2-二氯乙烷与乙酸做展开剂。待样点干燥后，小心地放入已加入展开剂的 250mL 层析缸中进行展开，层析缸的内壁贴一张高 5cm、环绕周长约 4/5 的滤纸，下端浸入展开剂内 0.5cm，盖好塞子，观察展开剂前沿上升至薄板的上端约 1cm 时取出，尽快用铅笔在展开剂上升的前沿画一记号。

4. 鉴定。

将烘干的薄层板放入 254nm 紫外分析仪中照射显色，可清晰地看到展开得到的粉红色亮点，说明药片中三种主要成分都是荧光物质。用铅笔绕亮点作出记号，求出每个点的 R_f 值，并将未知物与标准样品比较：如测定值和参考值误差在 ±20％以下，即可肯定为同一化合物；如误差超过 20％，则需重新点样，并适当增加展开剂中醋酸的比例。

在完成薄层板的分析之后，将层析板置于放有几粒碘结晶的广口瓶内，盖上瓶盖，直至暗棕色的斑点明显时取出，并与先前在紫外分析仪中用铅笔作出的记号进行比较。

五、注意事项

1. 制板时要求薄层平滑均匀。为此，宜将吸附剂调得稍稀些，尤其是制硅胶板时，如果吸附剂调得很稠，就很难做到均匀。载玻片应干净且不被手污染，吸附剂在玻片上应均匀平整。

2. 点样用的毛细管必须专用，不得弄混。点样不能戳破薄层板面，各样点间距 1～1.5cm，样点直径应不超过 2mm。

3. 展开时，不要让展开剂前沿上升至底线，否则，无法确定展开剂上升高度，即无法求得 R_f 值和准确判断粗产物中各组分在薄层板上的相对位置。

六、思考题

1. 在一定的操作条件下为什么可利用 R_f 值来鉴定化合物？
2. 在混合物薄层谱中，如何判定各组分在薄层上的位置？

实验十一 偶氮苯和苏丹Ⅲ的分离

一、实验目的

1. 了解薄层色谱分离鉴定化合物的基本原理。
2. 熟练掌握薄层色谱的操作方法。

二、实验原理

由于偶氮苯和苏丹Ⅲ的极性不同，利用薄层色谱可以将二者分离。

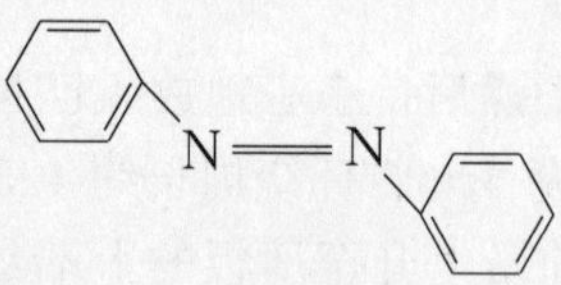

偶氮苯 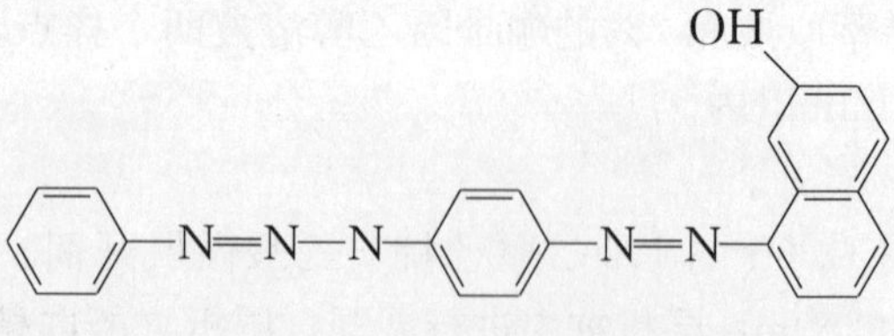　　　　　　　　　　　　　　　苏丹Ⅲ

三、仪器及试剂

仪器：展开缸、载玻片、镊子、直尺、铅笔、点样毛细管、玻璃刀。

试剂：1％偶氮苯的苯溶液、1％苏丹Ⅲ的苯溶液、1％的羧甲基纤维素钠（CMC）水溶液、硅胶 G、9：1 的无水苯－乙酸乙酯溶液。

四、实验步骤

1. 制备薄层板。

取 7.5cm×2.5cm 左右的载玻片 5 片，洗净晾干。在 50mL 烧杯中，放置 3g 硅胶 G，逐渐加入 0.5％羧甲基纤维素钠（CMC）水溶液 8mL，调成均匀的糊状，用滴管吸取此糊状物，涂于上述洁净的载玻片上，用手将带浆的玻片在玻璃板或水平的桌面上做上下轻微的颠动，并不时转动方向，制成薄厚均匀、表面光洁平整的薄层板*，涂好硅胶 G 的薄层板置于水平的玻璃板上，在室温放置 0.5h 后，放入烘箱中，缓慢升温至 110℃，恒温 0.5h，取出，稍冷后置于干燥器中备用。

2. 点样。

取 2 块用上述方法制好的薄层板，分别在距一端 1cm 处用铅笔轻轻画一横线作为起始线。

取管口平整的毛细管插入样品溶液中，在一块板的起点线上点 1% 的偶氮苯的苯溶液和混合液两个样点，在第二块板的起点线上点 1% 苏丹Ⅲ的苯溶液和混合溶液两个样点，样点间距 1～1.5cm，样点直径不应超过 2mm。

3. 展开。

用 9∶1 的无水苯－乙酸乙酯溶液做展开剂，待样点干燥后，小心放入已加入展开剂的 250mL 层析缸中进行展开，层析缸的内壁贴一张高 5cm、环绕周长约 4/5 的滤纸，以使容器内被展开剂蒸汽饱和。点样下端应浸入展开剂内 0.5cm。

盖好塞子，观察展开剂前沿上升至薄板的上端约 1cm 时取出，尽快用铅笔在展开剂上升的前沿处画一记号。晾干后观察分离的情况，比较二者 R_f 值的大小。

五、注意事项

1. 制板时要求薄层平滑均匀。为此，宜将吸附剂调得稍稀些，尤其是制硅胶板时，如果吸附剂调得很稠，就很难做到均匀。

2. 载玻片应干净且不被手污染，吸附剂在玻片上应均匀平整。

2. 点样用的毛细管必须专用，不得弄混。点样不能戳破薄层板面，各样点间距 1～1.5cm，样点直径应不超过 2mm。

3. 展开时，不要让展开剂前沿上升至底线，否则，无法确定展开剂上升高度，即无法求得 R_f 值和准确判断粗产物中各组分在薄层板上的相对位置。

六、注释

*另一个制板的方法是：在一块较大的玻璃板上，放置两块 3mm 厚的薄层用载玻片，中间夹一块 2mm 厚的薄层用载玻片，倒上调好的吸附剂，用宽于载玻片的刀片或油灰刮刀顺一个方向刮去，倒料多少要合适，以便一次刮成。

3.3.2　柱层析

柱色谱又称柱层析，当进行较大量的固体或液体混合物的分离和提纯时，柱层析是非常有效的一种方法，当反应进行得不完全时，就可以应用柱层析法对原料、产物以及副产物进行分离。但是当要纯化的物质超过 10g 重时，这种方法就既费时又不经济了。

1. 柱色谱分离的基本原理

常用的柱色谱有吸附柱色谱、分配柱色谱和离子交换色谱三类。

吸附柱色谱的原理与薄层色谱相类似，通常在玻璃管中填入表面积很大、经过活化的多孔性或粉状固体吸附剂，最常用的吸附剂是硅胶和氧化铝，当待分离的混合物溶液流过吸附柱时，吸附剂将混合物中的各组分先从溶剂中吸附至柱的上端，然后用溶剂洗脱。溶剂流经吸附剂时发生无数次吸附和洗脱过程，由于各组分吸附能力不同，往下洗脱的速度也不同，于是形成了不同层次，即溶质在柱中自上而下按对吸附剂亲和力大小分别形成若干色带，再用溶剂洗脱时，已经分开的溶质可以从柱上分别洗出收集；或者将柱吸干，挤出后按色带分割开，再用溶剂将各色带中的溶质萃取出来。对于柱上不显色的化合物分离时，可用紫外光照射后所呈现的荧光来检验，或在用溶剂洗脱时，分别收集洗脱液，逐个加以检定。

分配柱色谱与液-液连续萃取相似，以硅胶、硅藻土和纤维素作为支持剂，以吸收较大量的液体作为固定相，是利用混合物中各组分在两种互不相溶的液相间的分配系数不同而进行分离的过程。

离子交换色谱是基于溶液中的离子与离子交换树脂表面的离子之间的相互作用，使有机酸、碱、盐得到分离的。

在柱层析中必须考虑三种相互作用：样品的极性、淋洗剂的极性以及吸附剂的活性。

2. 吸附剂

对于吸附剂，应综合考虑其种类、酸碱性、粒度及活性等因素，最后用实验方法选择和确定。常用的吸附剂有氧化铝、硅胶、氧化镁、碳酸钙和活性炭等。其用量为被分离样品的30～50倍，对于难以分离的混合物，吸附剂的用量可达100倍或更高。吸附剂一般要经过纯化和活性处理，颗粒大小应当均匀。粒子小、表面积大，吸附能力就高，但是颗粒小时，溶剂的流速就太慢，因此应根据实际分离需要而定。供柱色谱使用的氧化铝有酸性、中性和碱性三种（见薄层色谱）。

氧化铝吸附剂按其表面含水量的不同分成五个活性等级。最活泼的Ⅰ级吸附剂含水量最少，吸附能力太强，分离作用太慢；Ⅴ级吸附剂含水量最多，吸附能力太弱，分离作用不好；一般采用Ⅱ级或Ⅲ。大多数吸附剂都能强烈地吸水，而且水分易被其他化合物置换，因此使吸附剂的活性降低，通常用加热方法使吸附剂活化（见表3.8）。

3. 溶质

溶质的吸附性取决于结构，吸附能力与其极性成正比，当化合物分子中含有极性较大的基团时，吸附性较强。氧化铝对各种化合物的吸附性按以下次序递减：酸和碱＞醇、胺、硫醇＞酯、醛、酮＞芳香族化合物＞卤代烃、醚＞烯＞饱和烃。

极性物质与吸附剂之间的作用主要靠偶极-偶极作用力、氢键作用、配位作用、盐的形成等；而非极性的溶质与吸附剂之间的作用主要靠诱导力，因而吸附性较弱。其作用力强弱次序：盐的形成＞配位作用＞氢键作用＞偶极-偶极作用＞诱导力。

4. 溶剂

溶剂的选择是重要的一环，通常根据被分离物中各种成分的极性、溶解度和吸附剂的活性等来考虑。对溶剂的一般要求有：①纯度高、干燥，否则会影响吸附剂的活性和分离效果；②与吸附剂不发生化学反应；③极性较样品小，否则样品不易被吸附；④沸点一般在 40℃～80℃，不能太高；⑤样品在溶剂中的溶解度应适宜，太大影响吸附，太小溶液体积增加时易使色谱分散。常用的溶剂有石油醚、甲苯、乙醇、四氯化碳、乙醚、氯仿等。也可以通过试验，选用混合溶剂。先将要分离的样品溶于一定体积的溶剂中，选用的溶剂极性应低，体积要小。如有的样品含有较多的极性基团，在极性低的溶剂中溶解度很小，则可加入少量极性较大的溶剂如氯仿，再加入一定量的甲苯，这样既降低了溶液的极性，又使溶液体积不致太大。

5. 淋洗剂

淋洗剂是将被分离物从吸附剂上洗脱下来所用的溶剂，所以也称为洗脱剂。其极性大小和对被分离物各组分的溶解度大小，对于分离效果非常重要。如果淋洗剂的极性远大于被分离物的极性，则淋洗剂将受到吸附剂的强烈吸附，从而将原来被吸附的待分离物"顶替"下来，随多余的淋洗剂冲下而起不到分离作用；如果淋洗剂的极性远小于各组分的极性，则各组分被吸附剂强烈吸附而留在固定相中，不能随流动相向下移动，也不能达到分离的目的。

如果淋洗剂对于被分离物各组分溶解度太大，被分离物将会过多、过快地溶解于其中，并被迅速洗脱而不能很好地分离；如果溶解度太小，则会造成谱带分散，甚至完全不能分开。

常用溶剂的极性大小次序也因所用吸附剂的种类不同而不尽相同。首先在薄层层析板上试选，初步确定后再上柱分离。如果所有色带都行进甚慢则应改用极性较大、溶解性能也较好的溶剂，反之则改用极性和溶解性都较小的溶剂，直至获得满意的分离效果。

除了分离效果外，还应当考虑：①在常温至沸点的温度范围内可与被分离物长期共存不发生任何化学反应，也不被吸附剂或被分离物催化而发生自身的化学反应；②沸点较低，以利于回收；③毒性较小，操作安全；④价格合算，来源方便；⑤回收溶剂一般不应作为最终纯化产物的淋洗剂。

淋洗剂的用量往往较大，故最好使用单一溶剂以利回收。只有在选不出合适的单一溶剂时才使用混合溶剂。混合溶剂一般由两种可以无限混溶的溶剂组成，先以不同的配比在薄层板上试验，选出最佳配比，再按该比例配制好，像单一溶剂一样使用。如果必须在层析过程中改变淋洗剂的极性，不能把一种溶剂迅速换成另一种溶剂，而应当将极性稍大的溶剂按一定的百分率逐渐加到正在使用的溶剂中去，逐步提高其比例，直至所需要的配比。一条经验规律称为"幂指数增加"，例如，原淋洗剂为环己烷，欲加入二氯甲烷以增加其极性，则不应立即换为二氯甲烷，而应使用这两种溶剂的混合液，其中二氯甲烷的比例依次为 5％、15％、45％，最后换为纯净的二氯甲烷。每次加大比例后，须待流出液量为吸附剂装载体积的 3 倍时再进一步加大比例。这只是一般方法，其目的在于避免后面的色带行进过快，追上前面的色带，造成交叉带。但如果两色带间有很宽阔的空白带，不会造成交叉，则亦可直接换成后一种溶剂，所以应根据具体情况灵活运用。

常用洗脱剂的极性和洗脱能力：吡啶＞乙酸＞水＞甲醇＞乙醇＞丙醇＞丙酮＞乙酸乙酯＞乙醚＞氯仿＞三氯甲烷＞苯＞甲苯＞二硫化碳＞三氯乙烯＞四氯化碳＞环己烷＞己烷和石油醚。

总之，影响柱色谱分离的因素包括吸附剂、溶剂的极性、柱子的长度和直径、洗脱速率等。选择适当的条件，几乎任何混合物均可被分离，甚至是光学活性的一对对映体。

6. 装柱

装柱的方法分湿法和干法两种。

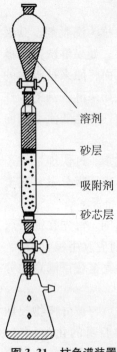

图 3.31　柱色谱装置

溶剂
砂层
吸附剂
砂芯层

湿法装柱时，将柱竖直固定在铁支架上，关闭活塞。加入选定的淋洗剂至柱容积的 1/4，用一支干净的玻璃棒将少量玻璃丝（或脱脂棉）轻轻推入柱底狭窄部位，小心挤出其中的气泡，但不要压得太紧密，否则淋洗剂将流出太慢或根本流不出来。将准备好的石英砂加入柱中，使在玻璃丝上均匀沉积成约 5mm 厚的一层。将需要量的吸附剂置烧杯中，加淋洗剂浸润，溶胀并调成糊状。打开柱下活塞调节流出速度为每秒钟 1 滴，将调好的吸附剂在搅拌下自柱顶缓缓注入柱中，同时用套有橡皮管的玻璃棒轻轻敲击柱身，使吸附剂在淋洗剂中均匀沉降，形成均匀紧密的吸附剂柱。吸附剂最好一次加完。若分数次加，则会沉积为数层，各层交接处的吸附剂颗粒甚细，在分离时易被误认为是一个色层。全部吸附剂加完后，在吸附剂沉积面上盖一层石英砂（如柱很小，也可不用石英砂而盖上一张直径与柱内径相当的滤纸片），关闭活塞。在整个装柱过程及装完柱后，都需始终保持吸附剂上面有一段液柱，否则将会有空气进入吸附剂，在其中形成气泡而影响分离效果。如果发现柱中已经形成了气泡，应设法排除，若不能排除，则应倒出重装。

干法装柱时，先将柱竖直固定在铁支架上，关闭活塞。加入溶剂至柱容积的 3/4，打开活塞控制溶剂流速为每秒钟 1 滴，然后将所需量的吸附剂通过一支短颈玻璃漏斗慢慢加入柱中，同时，轻轻敲打柱身使柱填充紧密。干法装柱的缺点是容易使柱中混有气泡。特别是使用硅胶为吸附剂时，最好不用干法装柱，因为硅胶在溶剂中有一溶胀过程，若采用干法装柱，硅胶会在柱中溶胀，往往会留下缝隙和气泡，影响分离效果，甚至需要重新装柱。

7. 加样

加样亦有干法、湿法两种。

湿法加样是将待分离物溶于尽可能少的溶剂中，如有不溶性杂质应当滤去。打开柱下活塞，小心放出柱中液体至液面下降到滤纸片处，关闭活塞，将配好的溶液沿着柱内壁缓缓加入，切记勿冲动吸附剂，否则将造成吸附剂表面不平而影响分离效果。

溶液加完后，小心开启柱下活塞，放出液体至溶液液面降至滤纸片时，关闭活塞，用少许溶剂冲洗柱内壁（同样不可冲动吸附剂），再放出液体至液面降到滤纸处，再次冲洗柱内壁，直至柱壁和柱顶溶剂没有颜色。加样操作的关键是要避免样品溶液被冲稀。在技术熟练的情况下，也可以不关下部活塞，在每秒钟 1 滴的恒定流速下连贯地完成上述操作。

干法加样是将待分离样品加少量低沸点溶剂溶解，再加入约 5 倍量吸附剂，搅拌均匀后在旋转蒸发仪中旋干，将吸附了样品的吸附剂平摊在柱内吸附剂的顶端，加盖一层石英砂。干法加样易于掌握，不会造成样品溶液的冲稀，但不适合对热敏感的化合物。

8. 淋洗和接收

样品加入后即可用大量淋洗剂淋洗，随着流动相向下移动，混合物逐渐分成若干个不同的色带，继续淋洗，各色带间距离拉开，最终被一个个淋洗下来。当第一色带开始流出时，更换接受瓶，接收完毕再更换接受瓶，接受两色带间的空白带，并依此法分别接受各个色带。若后面的色带下行太慢，可依次使用几种极性逐渐增大的淋洗剂来淋洗。为了减少添加淋洗剂的次数，可用分液漏斗在柱顶"自动"添加。分液漏斗的活塞打开，顶端用塞子密封，尾部插进柱上部的淋洗剂液面以下，当液面下降后，漏斗尾部露出，即有空气泡自尾部进入分液漏斗，这就加大了漏斗内液面上的压力，漏斗内的淋洗剂就自动流入柱内，使柱内液面上升，当液面淹没漏斗尾部时，就不再有空气进入漏斗，漏斗内的淋洗剂就不再流出。

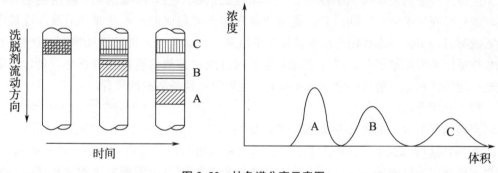

图 3.32　柱色谱分离示意图

9. 显色

分离无色物质时需要显色。如果使用带荧光的吸附剂，可在黑暗的环境中用紫外光照射以显出各色带的位置，以便按色带分别接收。但柱上显色远不如在薄层板上显色方便，所以常用的办法是等分接收，即事先准备十几个甚至几十个接受瓶，依次编出号码，各接受相同体积的流出液，并各自在薄层板上点样展开，然后在薄层板上显色（相关的显色操作见薄层层析部分）。具有相同 R_f 值的为同一组分，可以合并处理，也可能出现交叉带，若交叉带很少可以弃之，若交叉带较多或样品很贵重，可以将交叉部分再次作柱层析分离，直至完全分开。例如，某一样品经等分接受和薄层层析并显色处理后如图 3.33 所示，1、7、8 号接受液都是空白，没有任何组分，可以合并。

2～6号为第一组分，可以合并处理，9～13号为第二组分，14～16号为第三组分，17～20号为第四组分。其中第14号实际是一个交叉带，以第三组分为主，也含有少量第二组分。如果对第三组分的纯度要求不高，可以并入第三组分；如果对第三组分的纯度要求甚高，可将第14号接收液浓缩后再做一次柱层析分离。

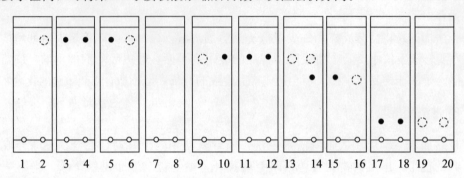

1～20为接受液编号，○表示接样液点样处，●表示展开后的样点位置，◌表示模糊的样点。

图3.33　一个四组分样品经柱层析分离后用薄层色谱检测的情况

10. 影响柱色谱分离效果的因素

以下现象会严重影响分离效果，必须尽力避免。

（1）色带过宽，界限不清

造成此现象的原因可能是柱的直径与高度比选择不当，或吸附剂、淋洗剂选择不当，或样品在柱中停留时间过长，更可能是在加样时造成的。若在样品溶液加进柱中后，没有打开下部活塞放出淋洗剂使样品溶液降至滤纸片处，即急于加溶剂冲洗柱壁，造成样品溶液大幅度稀释，或过早加大量溶剂淋洗，必然会造成色带过宽。所以，溶样时一定要使用尽可能少的溶剂，加样时一定要避免样品溶液的稀释。

（2）色带倾斜

正常情况下柱中的色带应是水平的，如图3.34（a）所示。倾斜的色带如图3.34（b）所示，这种情况下，在前一个色带尚未完全流出时，后面色带的前沿已开始流出，所以不能接收到纯粹的单一组分。造成色带倾斜的原因是吸附剂的顶面装得倾斜，或柱身安装得不垂直。

（3）气泡

造成气泡的原因可能是玻璃毛或脱脂棉中的空气未挤净，其后升入吸附剂中形成气泡，也可能是吸附剂未充分浸润溶胀，在柱中与淋洗剂作用发热而形成，但更多的是在装柱或淋洗过程中淋洗剂放出过快，液面下降到吸附剂沉积面之下，使空气进入吸附剂内部滞留而成。当柱内有气泡时，大量淋洗剂顺气泡外壁流下，在气泡下方形成沟流，使后一色带前沿的一部分突出伸入前一色带［见图3.34（c）］，从而使两色带难于分离。所以，在装柱及淋洗过程中应始终保持吸附剂上面有一段液体。

（4）柱顶面填装不平

这时色带前沿将沿低凹处向下延伸进入前面的色带［见图3.33（d）］，这也是一种沟流。

（5）断层和裂缝

当柱内某一区域内积有较多气泡时，这些气泡会合并起来在柱内形成断层或裂缝。图 3.34（e）表示了裂缝造成的沟流，而断层相当于一个不平整的装载面，它造成沟流的情况与图 3.34（d）相似。

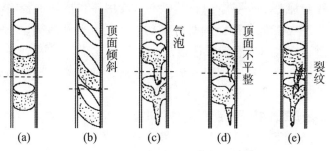

（a）　　　　（b）　　　　（c）　　　　（d）　　　　（e）

图 3.34　层析柱中出现的各种色带

实验十二　荧光黄和碱性湖蓝 BB 的分离

一、实验目的

1. 了解柱层析的原理。
2. 学习柱层析分离混合物的操作方法。

二、实验原理

荧光黄为橙红色，商品一般为二钠盐，稀的水溶液带有荧光黄色。碱性湖蓝 BB 又称为亚甲基蓝，深绿色、有铜光的结晶，其稀的水溶液为蓝色。其结构式如下：

荧光黄　　　　　　　　　　　　　碱性湖蓝 BB

三、仪器及试剂

仪器：色谱柱、试管、试管架、TLC 板和玻璃刀、紫外灯、毛细管、展开缸。

试剂：荧光黄、碱性湖蓝、95％乙醇均为分析纯，脱脂棉、中性氧化铝（100～200 目）。

四、实验步骤

1. 取 15cm×1.5cm 色谱柱一根或用 25mL 酸式滴定管一支做色谱柱，垂直固定在铁架台上，以 25mL 锥形瓶做洗脱液的接收器。

2. 装柱、加洗脱剂。用镊子将少许脱脂棉（或玻璃毛）放于干净的色谱柱底部[1]，轻轻塞紧，再在脱脂棉上盖一层厚的石英砂[2]（或用一张比柱内径略小的滤纸代替），关闭活塞，向柱中倒入 95％乙醇至约为柱高的 3/4 处，打开活塞，控制流出速度为每秒钟 1 滴[3]，通过一干燥的滴液漏斗慢慢加入中性氧化铝，或将 95％乙醇与中性氧化铝先调成糊状，再徐徐倒入柱中。用木棒或带橡皮管的玻璃棒轻轻敲打柱身下部，使填装紧密，再在上面加一层 0.5cm 厚的石英砂。

3. 加样。当溶剂液面刚好流至石英砂面时，立即沿柱壁加入 1mL 已配好的含有 1mg 荧光黄与 1mg 碱性湖蓝 BB 的 95％乙醇溶液样品。

4. 淋洗和接收。当此溶液流至接近石英砂面时，立即用 0.5mL 95％的乙醇溶液洗下管壁的有色物质，连续 2～3 次，直至洗净为止；然后在色谱柱上装置滴液漏斗，用 95％乙醇洗脱，控制流出速度。

蓝色的碱性湖蓝 BB 因极性小，首先向柱下移动，极性较大的荧光黄则留在柱的上端。当蓝色的色带快洗出时，更换另一接收器，继续洗脱，至滴出液近无色为止，再换一接收器。改用水做洗脱剂至黄绿色的荧光黄开始滴出，用另一接收器收集至绿色全部洗出为止，分别得到两种染料的溶液。

五、注意事项

1. 色谱柱填装要紧密，若柱中留有气泡或各部分松紧不匀（更不能有断层或暗沟），会影响渗滤速度和显色的均匀。但如果填装时过分敲击，又会因太紧密而流速太慢。

2. 控制淋洗剂流出的速度，为 1 滴/s。若流速太快，样品在柱中的吸附和溶解过程来不及达到平衡，影响分离效果；若流速太慢，分离时间会拖得太长。有时，样品在柱中停留时间过长，可能促成某些成分发生变化。或流动相在柱中下行速度小于样品的扩散速度，会造成色带加宽、交合甚至不能分离。

3. 色谱柱或酸滴定管的活塞不应涂润滑脂。

六、注释

[1] 色谱柱的大小，取决于被分离物的量和吸附性。一般的规格是柱的直径为其长度的 1/10～1/4，实验室中常用的色谱柱其直径在 0.5～10cm 之间。当吸附物的色带占吸附剂高度的 1/10～1/4 时，此色谱柱已经可作色谱分离了。

[2] 加入砂子的目的是在加料时不致把吸附剂冲起，影响分离效果。若无砂子也可用玻璃毛或剪成比柱子内径略小的滤纸压在吸附剂上面。

[3] 若流速太慢，可将接收器改成小吸滤瓶，用水泵减压保持适当的流速。也可在柱子上端安导气管，后者与气袋或双链球相连，中间加一螺旋夹。利用气袋或双链

球的气压对柱子施加压力，螺旋夹调节气流的大小，可加快洗脱的速度。

七、思考题

1. 柱色谱中为什么极性大的组分要用极性较大的溶剂洗脱？
2. 柱中若有空气或者填装不均匀，对分离效果有何影响？如何避免？
3. 试解释苯甲醇和二苯甲酮中，哪一种物质在色谱柱上吸附得更牢固？为什么？

实验十三　邻硝基苯胺和对硝基苯胺的分离

一、实验目的

1. 了解柱层析的原理。
2. 学习柱层析分离混合物的操作方法。

二、实验原理

邻硝基苯胺由于形成分子内氢键，极性小于对硝基苯胺，对硝基苯胺可与吸附剂形成氢键，利用柱色谱可将二者分离。

三、仪器及试剂

仪器：色谱柱、试管、试管架、TLC 板和玻璃刀、紫外灯、毛细管、展开缸。
试剂：中性氧化铝、3mL 邻硝基苯胺和对硝基苯胺的苯溶液。

四、实验步骤

取 25mL 酸式滴定管一支作为色谱柱，用中性氧化铝和适量的无水苯按照 3.3.2 所述方法装好色谱柱。当苯的液面恰好降至氧化铝上端的表面上时，立即用滴管沿柱壁加入 3mL 邻硝基苯胺和对硝基苯胺混合液。当溶液液面降至氧化铝上端表面时，用滴管滴入苯，洗去黏附在柱壁上的混合物。然后在色谱柱上装置滴液漏斗，用苯淋洗，控制滴加速度为 1d/s，直至观察到色层带的形成和分离。当黄色邻硝基苯胺色层带到达柱底时，立即更换另一接收器，收集全部此色层带。然后改用苯－乙醚（体积比 1∶1）为洗脱剂，并收集淡黄色对硝基苯胺色层带。

将收集的邻硝基苯胺的苯溶液和对硝基苯胺的苯－乙醚溶液分别用水泵减压蒸去溶剂，冷却结晶，干燥，测定熔点。

五、注意事项

1. 色谱柱填装要紧密。
2. 要控制淋洗剂流出的速度。
3. 如不装置滴液漏斗，也可用每次倒入洗脱剂的方法进行洗脱。

4. 色谱柱或酸滴定管的活塞不应涂润滑脂。

3.3.3 纸色谱

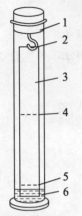

1. 瓶塞 2. 玻璃钩 3. 纸条 4. 溶剂前沿 5. 起始线 6. 溶剂

图 3.35 纸色谱装置

纸色谱（纸上层析）属于分配色谱的一种。滤纸是惰性载体，吸附在滤纸上的水作为固定相，而含有一定比例水的有机溶剂（通常称为展开剂）为流动相。样品溶液点在滤纸上，通过层析而相互分开，展开时，被层析样品内的各组分由于它们在两相中的分配系数不同而可达到分离的目的，所以纸色谱是液—液分配色谱。

纸色谱主要用于多功能团或高极性化合物如糖、氨基酸等的分析分离。其优点是操作简便、便宜，所得色谱图可以长期保存。其缺点是展开时间较长，一般需要几小时，因为溶剂上升的速度随着高度增加而减慢。

纸色谱所用的滤纸与普通滤纸不同，两面要比较均匀，不含杂质。通常做定性实验时可采用国产特制滤纸，如新华 1 号滤纸，大小可根据需要自由选择，一般上行法所用滤纸的长度为 10～20cm，宽度视样品个数而定。

纸色谱的操作是先将色谱滤纸在展开溶剂的蒸汽中放置过夜。纸色谱的点样、展开及显色，与薄层色谱类似。

当温度、滤纸等实验条件固定时，比移值就是一个特有的常数，因而可作定性分析的依据。纸色谱的 R_f 值的影响因素较多，有被分离化合物的结构、固定相与流动相的性质、温度以及纸的质量等，实验数据往往与文献记载不完全相同，因此在鉴定时常常采用与已知标准样品作对比的方法进行未知物的鉴定。此法一般适用于微量有机物质（5～500mg）的定性分析，分离出来的色点也能用比色方法定量。

色谱展开的方法除上述介绍的上升法外，还有下降法，如圆形纸色谱法和双向纸色谱法等。

实验十四 氨基酸的分离与纸上层析

一、实验目的

了解纸色谱的分离原理及操作方法。

二、基本原理

利用氨基酸在特定展开剂中分配系数的不同，采用标准样品和试样在同一张纸上进行层析，在相同条件下，经展开剂展开，比较它们的 R_f 值，达到分离和鉴定氨基酸的目。比较复杂的氨基酸混合物，必须采用双向层析才能将其分开。

三、仪器及试剂

仪器：层析缸。

试剂：甘氨酸、胱氨酸、谷氨酸和酪氨酸四种的 0.5% 的水溶液，四种氨基酸各取等体积氨基酸组成混合液；正丁醇：醋酸：水＝4：1：1（体积比）（展开剂）；0.2% 茚三酮乙醇溶液（显色剂）；新华 1 号滤纸。

四、实验步骤

取少量展开剂，小心地放入干燥的层析缸中。或用大试管代替层析缸，将 2mL 展开剂加入试管中，用软木塞塞好试管，置于锥形瓶中，使之略微倾斜。

用干净的剪刀将滤纸剪成 10cm×3cm 的长方形，并用铅笔轻轻画上起始线和终点线。整个过程中手指不要触到起始线和终点线内的任何滤纸部分，以免手上的油脂沾污滤纸。

用毛细管吸取氨基酸混合样品，小心地在滤纸"起始线"右侧点样。再用另一根毛细管取单一已知氨基酸样品在滤纸"起始线"的左侧点样。样点直径不得超过 2mm。待样点干后，用镊子夹住"终点线"上方，小心地置于事先盛有展开剂的大试管中或挂在层析缸玻璃钩上，纸条的边沿不得靠在缸边，盖上层析缸盖子，进行展开。

溶剂到达"终点线"时，用镊子取出纸条，置于 100℃ 的烘箱中或放在红外灯下烘干，将茚三酮乙醇溶液均匀地喷在滤纸上，干燥，出现紫红色的斑点，测量起始线至斑点间的距离值，求出 R_f 值。

在四张滤纸上进行以上操作，并将四张滤纸同时放入四个层析缸中，对照标准样品和混合样 R_f 值，鉴定混合样品中的氨基酸。

五、注意事项

用显色剂喷雾或浸润后，需先在红外灯下烘烤（或用其他方法稍稍加热），然后才能显色。如果仅仅晾干，则不易看到色点。

实验十五　间苯二酚及 β-萘酚的分析

一、实验目的

了解纸色谱的分离原理及操作方法。

二、基本原理

利用多酚在特定展开剂中分配系数的不同，将标准样品和试样在同一张纸上进行层析，在相同条件下，经展开剂展开，比较它们的 R_f 值，达到分离和鉴定间苯二酚及

β-萘酚的目的。

三、仪器及试剂

仪器：层析缸

试剂：间苯二酚 0.5% 的水溶液；β-萘酚 0.5% 的水溶液；间苯二酚、β-萘酚混合溶液；正丁醇:苯:水=1:19:20（体积比）；1% 三氯化铁乙醇溶液；新华 1 号滤纸

四、实验步骤

取少量展开剂，小心地放入干燥的层析缸中。或用大试管代替层析缸，将 2mL 展开剂加入试管中，用软木塞塞好试管，置于锥形瓶中，使之略微倾斜。

用干净的剪刀将滤纸剪成 10×3cm 的长方形，并用铅笔轻轻画上起始线和终点线。整个过程中手指不要触到起始线和终点线内的任何滤纸部分，以免手上的油脂沾污滤纸。

用毛细管吸取混合样品，小心地在滤纸"起始线"右侧点样；再用另一根毛细管取单一已知样品在滤纸"起始线"左侧点样，样点直径不得超过 2mm。待样点干后，用镊子夹住"终点线"上方，小心地置于事先盛有展开剂的大试管中或挂在层析缸玻璃勾上，纸条的边沿不得靠在边，盖上盖子，进行展开。

溶剂到达"终点线"时，用镊子取出纸条，置于 100℃ 的烘箱中或放在红外灯下烘干，将显色剂均匀地喷在滤纸上，干燥，间苯二酚出现紫色斑点，β-萘酚出现蓝色斑点，测量起始线至斑点间的距离值，求出 R_f 值。

五、注意事项

1. 用显色剂喷雾或浸润后，需先在红外灯下烘烤（或用其他方法稍稍加热），然后才能显色。如果仅仅晾干，则不易看到色点。

2. 整个过程中手指线和线不要触到起始线和终点线内的任何滤纸部分，以免手上的油脂玷污滤纸。

3.4 红外光谱

1. 基本原理

红外光谱可以定性地推断分子中所含有的官能团，如与标准谱图对照，还可鉴定分子的真实结构。

有机物的分子处于不停顿的振动之中，其振频可以一组以弹簧连接的小球作为模型进行讨论。对于双原子的分子，量子力学的计算表明，振动的能级是量子化的：

$$Ev=\left(v+\frac{1}{2}\right)\frac{h}{2\pi}\sqrt{\frac{K}{\mu}}\quad(v=0,1,2,3,\cdots)$$

$$v=\frac{1}{2\pi}\sqrt{\frac{K}{\mu}};\quad\bar{v}=\frac{1}{2\pi c}\sqrt{\frac{K}{\mu}};\quad\mu=\frac{m_1mm_2}{m_1+m_2}$$

式中：h 是普朗克常数；K 为力常数，化学键越强则 K 越大。

分子吸收红外光的跃迁受到选律的控制。选律许可的跃迁其跃迁概率高，吸收强度大；选律不许可的"禁阻跃迁"跃迁概率低，吸收强度低。红外光谱的选律为 $\Delta v=\pm1$。室温下，绝大多数分子处于 $v=0$ 的基态，因此最重要的跃迁是分子某一基本振动形式 $v=0$ 到 $v=1$ 的跃迁，称为本征跃迁。基态分子 $v=0$，当其跃迁到 $v=1$ 的第一激发态时，需要吸收 $\Delta E=\frac{h}{2\pi}\sqrt{\frac{K}{\mu}}$ 的能量，对应的电磁波波长为 $\Delta E/h=\frac{1}{2\pi}\sqrt{\frac{K}{\mu}}$，如果以 cm^{-1} 作为振频单位，有机分子各种谐振的本征跃迁基本发生于 $4000\sim500cm^{-1}$ 俗称为中红外的频段。由于分子并非是理想状态的谐振模型，$\Delta v=\pm2$ 的跃迁也会在谱图中出现，因为是禁阻跃迁，其吸收强度很弱，其吸收峰叫做倍频峰。

由于组建官能团的原子的质量及化学键的强弱不同，所以其吸收红外光的频率也不同。常见官能团的振频可参见表 3.9：

表 3.9　　　　　　　　　　化合物类型及其特征吸收峰位置对应表

化合物类型	振动形式	波数大致范围/cm^{-1}
烷烃	C—H 伸缩	2975～2800
	亚甲基剪式振动	约 1465
	甲基对称弯曲	1385～1370
	连续四个亚甲基以上变形振动	约 720
烯烃	=CH 伸缩	3100～3010
	C=C 伸缩 孤立	1690～1630
	C=C 伸缩 共轭	1640～1610
	=CH 面外弯曲 乙烯基	990、910
	=CH 面外弯曲 亚乙烯基	890
	反式=CH	970
	顺式=CH	700
	三取代=CH	815
端炔	≡CH 伸缩	3300
	C≡C 伸缩	2150
	≡CH 面外弯曲	650～610
芳烃	=CH 伸缩	3020～3000
	C=C 骨架伸缩	1600 和 1500
	=CH 面外弯曲及苯环骨架扭曲	
醇	O—H 伸缩	3650、有氢键时 3400～3300
	C—O 伸缩	1260～1000

续表

化合物类型	振动形式	波数大致范围/cm^{-1}
醚	C—O—C 伸缩 脂肪族 C—O—C 伸缩 芳香族	1300～1000 1250、1120
醛	O=C—H 碳氢伸缩（费米振动） C=O 伸缩	2820、2720 1725
酮	C=O 伸缩 C—C=O 骨架伸缩	1715 1300～1100
酸	O—H 伸缩 C=O 伸缩 C—O 伸缩 O—H 面内弯曲 O—H 面外弯曲	3400～2400 1760、有氢键时 1710 1320～1210 1440～1400 950～900
酯	C=O 伸缩 C—O—C 伸缩（乙酸酯） C—O—C 伸缩	1750～1735 1260～1230 1210～1160
酰氯	C=O 伸缩 C—Cl 伸缩	1810～1775 730～550
酸酐	C=O 伸缩 C—O 伸缩	1830～1800、1775～1740 1300～900
胺	N—H 伸缩 N—H 面内弯曲 C—N 伸缩 脂肪 C—N 伸缩 芳香 N—H 面外	3500～3300 1640～1500 1200～1025 1360～1250 800
酰胺	N—H 伸缩 C=O 伸缩 N—H 面内弯曲　伯酰胺 N—H 面内弯曲　仲酰胺 N—H 面外弯曲	3500～3180 1680～1630 1640～1550 1570～1515 700
卤代烃	C—F 伸缩 C—Cl 伸缩 C—Br 伸缩 C—I 伸缩	1400～1000 785～540 650～510 600～485
腈	C≡N 伸缩	2260～2610
硝基化合物	N=O 不对称伸缩　脂肪 N=O 对称伸缩　脂肪 N=O 不对称伸缩　芳香 N=O 对称伸缩　芳香	1600～1530 1390～1300 1550～1490 1355～1315

红外光谱的测定需要使用红外光谱仪，其工作原理如图 3.36 所示：

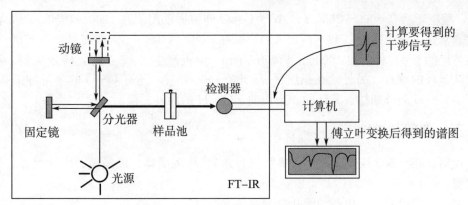

图 3.36　红外光谱仪的原理示意图

由于玻璃和石英均能吸收红外光，因此不能用来制作样品池，制作样品池的材料一般为氯化钠、溴化钾等无机盐，这类无机盐晶体由单个原子的离子架构的晶格形成，晶格的振频出现在 400cm^{-1} 以下，在常用的红外区无干扰。

2. 样品的制备

（1）液体样品

一般液体样品的红外光谱采用液膜法获得。将一滴干燥后的样品滴在溴化钾盐窗上，然后用另一溴化钾盐窗盖上，在两片溴化钾间形成一层液膜，将两片盐窗置于光路即可测定。

（2）固体样品

对于固体样品，可以采取如下几种方法制备：

①溴化钾压片法：把固体样品 2～3mg 与 100～200mg 溴化钾粉末一起研磨细致，然后在压片机中制成透明或半透明的薄片，然后置于光路中测定。

② Nujol（石蜡油）研糊法：取 3～5mg 样品粉末与数滴液状石蜡一起研成糊状，然后涂于盐窗上，放于光路中进行测定。

③溶液法：四氯化碳只存在 C—Cl 键，且结构对称，红外谱图简单，因此也可把样品制成其四氯化碳溶液后测定。

实验十六　红外光谱法测定苯甲醛和苯甲酸的结构

一、实验目的

1. 掌握液体、固体试样的制备方法。
2. 掌握红外分光光度计的使用方法。

二、实验原理

苯甲醛、苯甲酸中存在羰基和苯环，酸分子中还有羟基。酸单体 3560～3500

（m），酸氢键缔合 3000～2500（s，b）。C＝O 伸缩振动出现在 1900～1650cm^{-1}，而且强度非常强，基中醛在 1740～1720（s），酮在 1720～1705（s），酸在 1725～1700（s）。单核芳烃的 C＝C 伸缩在 1600cm^{-1} 和 1500cm^{-1} 附近产生 2～3 个峰，峰形尖锐，可用于确认苯环的存在。另外，在指纹区（1300～400cm^{-1}）还有 C—O 的单键伸缩振动、苯环的 C—H 面外摇摆、苯环的骨架扭曲、O—H 的面外摇摆。

三、仪器及试剂

仪器：IR－200 红外光谱仪（赛默飞世尔）、玛瑙研钵、液压机、压片模具、溴化钾盐窗。

试剂：苯甲醛、苯甲酸、溴化钾碎晶（光谱纯）。

四、实验步骤

1. 按仪器使用方法启动仪器，并使之运行正常后预热 20～30min。
2. 测定苯甲醛红外谱图。

从干燥器中取出液体吸收池架和两片溴化钾盐窗，用滴管滴加一滴苯甲醛于一块盐窗上，再将另一片平压其上，小心将两片窗片置于吸收池架中，将此吸收池架置于光路的插槽中进行光谱测量。测量完毕后，用少许无水乙醇清洗窗片并用擦镜纸擦净晾干，收存于干燥器中。

3. 测定苯甲酸红外谱图。

取约 100mg 在红外灯下干燥的溴化钾碎晶，置于玛瑙研钵中，再取约 2mg 苯甲酸混入其中，用研钵磨细后，置于红外灯下烤数分钟。取少许均匀填入压片模具中，在液压机下加压至约 20kg 压力，保压约 30s 后取出压好的晶片，放入相应晶片架中，置于光路的插槽中进行光谱测量。测完后，将压片模具及晶片架擦净收好。

五、注意事项

1. 盐窗必须保持干燥、干净，使用完毕后及时清洗，但清洗时一定不能用水。
2. 固体试样研磨过程中会吸收水分，压片时会粘在模具上不易取下，因此磨细后要在红外灯下烘干水分。

六、思考题

1. 如需配制试样的溶液，应如何选取溶剂？
2. 压片法对所使用的溴化钾有何要求？
3. 试样含有水分对红外谱图有何影响？
4. 试对所获得的苯甲醛、苯甲酸的主要吸收峰进行归属。

3.5 核磁共振谱

核磁共振谱的形成也是基于分子对电磁波的吸收完成从低能级向高能级的跃迁。

与核磁共振谱相对应的这种运动状态是原子核的自旋。

并非所有的原子核都具有自旋运动。是否具有自旋运动与原子核的自旋量子数 I 有关，I 的取值为 $\frac{1}{2}n$，$n=0$，1，2，3，…。$I=0$ 的原子核没有自旋运动，I 值大于零的原子核具有自旋运动，可以拥有的自旋状态的数目为 $2I+1$。目前核磁共振技术主要用于 I 值等于 1/2 的原子核，这类磁核在自旋过程中荷电荷呈均匀球状分布，核磁共振谱线窄，适于核磁共振检测。C、H 是构成有机化合物最重要的两种元素，其中的 ^1H 和 ^{13}C 两种同位素的 I 值均为 1/2，能够用于核磁共振检测，在有机化学结构鉴定中，^1HNMR 和 $^{13}CNMR$ 发挥着极重要的作用。

旋转的原子核拥有角动量 P，由于原子核带有正电荷，这种旋转使其变成磁核，磁性大小用磁矩 μ 来衡量，其大小与 P 成正比，方向与 P 一致。在没有外加磁场的情况下，磁矩的指向无序，在外加磁场 B_0 作用下，I 值为 1/2 的磁核呈现两种排列：顺磁、逆磁排列。两种状态能量不同，其能量差距与外加磁场 B_0 成正比。

磁旋比（magnetogyric ratio），是原子核的特征常数，激发自旋状态的跃迁需要吸收的电磁波频率。当外加磁场强度为 4.69T（特斯拉），1H 振频为 200MHz。

由于分子中各种 H 核所处化学环境不同，氢核周围实际围绕的电子云密度差异及分子中化学键磁各向异性等因素的影响，实际作用在 H 核上的磁场强度并不相同，导致不同 H 核有不同的共振频率，这是使用核磁共振分析分子结构的基础。为了计数的方便和统一不同外加磁场强度下测得的数据，选用化学位移而不是 Hz 作为横坐标，以 TMS（四甲基硅烷）的共振位置作为坐标的零点。

核的自旋不仅造成了核磁共振现象，在外加磁场的作用下，核的顺磁、逆磁状态会对与之邻近的磁核施加不同的影响，从而导致信号峰的裂分，这称为自旋偶合现象。在结构简单的有机化合物的氢谱中，通常只观察到相邻碳上 H 的偶合，而且邻位碳上有 n 个氢，谱峰将被裂分成 $n+1$ 个峰。

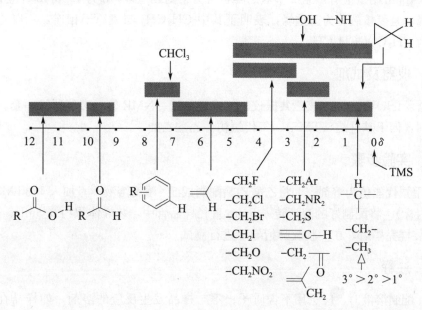

除此以外，核磁共振氢谱的吸收峰的积分面积与造成该吸收峰的氢核数目成正比。分析 H 谱所提供的化学位移、耦合裂分、积分线高度等数据，可对化合物的结构提供重要的线索。

对核磁共振氢谱进行解析时，可遵循如下步骤：

（1）首先区分有几组峰，确认未知物中有几种化学不等价的质子。

（2）根据积分线的高度，确定化学不等价质子的相对数目。

（3）根据各组峰的化学位移值，推测化合物中可能的官能团。

（4）根据各组峰的裂分情况及偶合常数，确定各组质子邻近碳原子上氢的分布。

（5）总结以上信息，提出未知物的一个或几个可能结构，再经与标准谱图比对，确认未知化合物结构。

实验十七　核磁共振法测定乙酸乙酯结构

一、实验目的

1. 了解核磁共振波谱法的原理和波谱仪的基本结构。
2. 学习核磁共振谱图的解析方法。

二、实验原理

乙酸乙酯分子的不饱和度为 1，分子中有三种类型的氢，δ 为 2ppm 附近应有一个 3 个氢的单峰，为一个孤立甲基，且根据其化学位移，该甲基与一个吸电子的羰基相连；分子结构中存在一个 $-CH_2CH_3$ 结构单元，且 CH_2 与强吸电子基团直接相连，所以，δ 为 4ppm 附近应有一组 2 个氢的峰，且分裂为四重峰；δ 为 1.2ppm 处应有一组 3 个氢的峰，且氢核裂分为三重峰，表明了其中 $-CH_2CH_3$ 与氧原子相连，所以乙酸乙酯的结构为 $CH_3COOCH_2CH_3$。

三、仪器及试剂

仪器：INOVA－400 核磁共振仪、标准样品管、NMR 管、玻璃器皿一套。

试剂：四甲基硅烷（TMS）、氘代氯仿、乙酸乙酯。

四、实验步骤

1. 用氘代氯仿为溶剂[1]，将乙酸乙酯配制成 5％浓度溶液[2]，加入 1％TMS[3] 为基准物（内标）。将配制好的溶液转入 5mm 直径样品管中，装样体积约 0.5mL。

2. 装样完毕后，在实验教师指导下进行测试。

五、注释

[1] 配制溶液时，应选用不含质子、不与样品发生反应的溶剂。如样品在氘代氯

仿中不溶，可选用重水。要注意，选用重水为溶剂时，样品中的活泼氢会与重氢发生交换，从而使活泼氢的信号消失。

〔2〕如样品呈液态，可直接测试；如为固态或黏性较大的液态，就需配成溶液进行测试。

〔3〕如用重水做溶剂，TMS不溶于其中，可选用4,4-二甲基-4-硅代戊磺酸钠为基准物。

六、思考题

1. 产生核磁共振（NMR）的必要条件是什么？简述自旋裂分的规律。
2. 化学位移是否随外加磁场及仪器的主频变化而变化？为什么？
3. 试对乙酸乙酯的氢谱进行解析。

知识拓展：现代化学实验方法

现代化学实验方法是在满足现代化工业生产和化学科学技术对化学试样中微量乃至痕量组分如何进行快速、灵敏、准确检测的要求基础上建立和发展起来的。这些方法从原理上看，都超越了经典方法的局限性，几乎都不再是通过定量化学反应的化学计量，而是根据被检测组分的某种物理或化学特性（如光学、电学和放射性等），因而具有很高的灵敏度和准确性。

1. 光学分析法

光学分析法是利用光谱学的研究成果而建立起来的一类方法，它包括光度法和光谱法等。

光度法的前身是比色法，盛行于19世纪中期，所采用的实验手段主要是一些目视比色计，如"Nessler比色管""目视分光光度计"等。但使用这些仪器容易引起观测上的主观误差，并易使测试人员眼睛疲劳，分辨能力降低。为此，在19世纪末，人们将光电测量器利用到比色计上，设计和发明了光电比色计。20世纪30年代以后，人们利用棱镜和能发射紫外与可见连续光谱的汞灯、氢灯制造了可见光紫外光分光光度计。这种分光光度计扩展了测定组分吸收光谱的利用范围，取代了光电比色计。

20世纪40年代红外技术开始在化学实验研究中加以运用并得到较快的发展，人们可以根据红外光谱来推断分子中某些基团的存在。50年代初又发展了原子吸收光度法，由于它具有灵敏、快速、简便、准确、经济和适用广泛诸多优点，所以发展极快，十几年内就得到了普及。

20世纪60年代，利用光电倍增管为接收器的多道光谱仪问世，使光谱定量分析的速度和自动化程度大为提高。在此期间，人们又将ICP（电感耦合等离子距）作为光谱分析光源，极大地提高了光谱分析的灵敏度、准确度和工作效率。

2. 极谱法

极谱法是电化学分析法中最重要和最成功的一种方法。其创始人是捷克斯洛伐克的化学家海洛夫斯基（J. Heyrovsky, 1890~1967），1925年，他与日本化学家志方益三合作，发明了世界上第一台能自动记录电流、电压曲线的极谱仪。1946年，他发明了示波极谱法，在痕量分析中发挥了极为重要的作用，海洛夫斯基因此获得了1959年诺贝尔化学奖。

3. 色谱法

色谱法的创始人是俄国化学家米哈依尔·茨卫特（M. Tsvett, 1872~1920）。这种方法最初是作为一种分离手段而在实验中被加以研究和运用的。德籍奥地利化学家 R. 库恩（R. Kuhn, 1900~1967）就曾运用层析法在维生素和胡萝卜素的离析与结构分析中取得了重大研究成果，并于1938年获得了诺贝尔化学奖。英国化学家 A. 马丁（A. Martin, 1910~   ）对层析法的发展贡献卓著，他因此于1952年获得了诺贝尔化学奖。

20世纪50年代以后，人们将这种分离手段与检测系统连接起来成为一种独特的分析方法，包括气相色谱和液相色谱等，目前是应用最广泛、最具特色的分析方法之一，而且表现出广阔的发展前景。

4. 质谱法

质谱法的基本原理是使化学试样中的各种组分在离子源中发生电离，生成不同荷质比的带正电荷的离子，经过加速电场的作用形成离子束进入质量分析器。在质量分析器中，再利用电场和磁场，使其发生相反的速度色散，将它们分别聚焦得到质谱图，从而确定其质量。这种方法在同位素质量的测定中被广泛应用。最早的质谱仪的雏形，是1910年 J. J. 汤姆生设计的一种没有聚焦的抛物线质谱装置，他利用这台仪器第一次发现了稳定同位素；1918年美国科学家丹普斯特（A. J. Dempster, 1886~1950）研制了第一台单聚焦质谱仪，并利用该仪器发现了锂、钙、锌和镁的同位素。此后，人们又相继发明了速度聚焦质谱仪、双聚焦质谱仪和离子源质谱仪，使这种方法的适用性更加广阔。

60年代出现的二次离子质谱法，显示了更巨大的魅力。此外，放射化学分析法也是现代化学实验方法中的一种比较重要的方法。

CHAPTER 4 | 第四章

有机化合物的制备

4.1 烯烃的制备

现介绍实验室制备烯烃一般采用的方法。

1. 醇脱水

醇在酸存在下，加热至一定温度，分子内脱去一分子水而生成烯烃。如：乙醇在浓硫酸存在下，170℃反应生成乙烯。

$$\underset{\underset{H}{|}}{CH_2}-\underset{\underset{OH}{|}}{CH_2} \xrightarrow[170℃]{H_2SO_4} CH_2=CH_2 + H_2O$$

$$\underset{\underset{H}{|}}{CH_2}-\underset{\underset{OH}{|}}{CH}-CH_3 \xrightarrow[100℃]{H_2SO_4} CH_2=CH-CH_3 + H_2O$$

2. 卤代烃脱卤化氢

一卤代烷在碱性试剂存在下，经 1,2-消除反应失去一分子卤化氢生成烯烃。

若卤代烷上有两个以上不同的 β-氢原子，则可以生成几种不同的烯烃同分异构体，何种烯烃为主要产物与原料的结构和反应条件有关。

$$\underset{\underset{H}{|}}{CH_3}-\underset{\underset{X}{|}}{CH}-\underset{\underset{H}{|}}{CH}-CH_2 \xrightarrow{KOH/醇} \underset{81\%}{CH_3-CH=CH-CH_3} + \underset{19\%}{CH_3-CH_2-CH=CH_2}$$

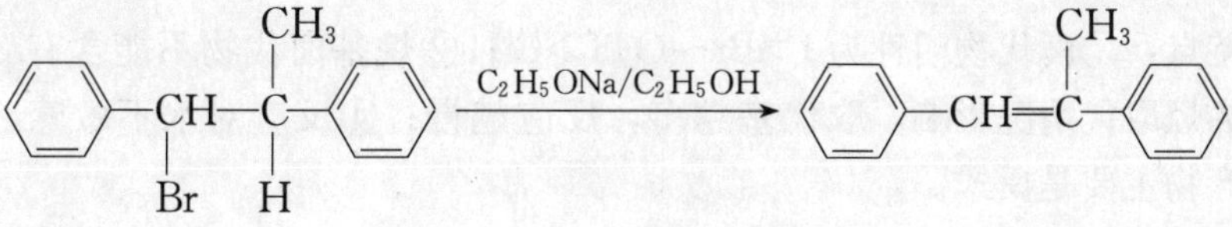

133

3. 邻二卤代烷脱卤

邻二卤代烷在金属锌、镁等作用下，失去两个卤原子而生成烯烃。金属为碳卤键的断键和双键的形成提供一对电子，金属首先夺走一个卤原子生成碳负离子，碳负离子再失去 β-卤原子生成烯。

$$CH_3-\underset{\underset{Br}{|}}{CH}-\underset{\underset{Br}{|}}{CH}-CH_3 \xrightarrow{Zn} H_3C-CH=CH-CH_3+ZnBr_2$$

4. Wittig 反应

羰基化合物用磷叶立德变为烯烃，称 Wittig 反应（叶立德反应、维蒂希反应）。这是一个非常有价值的合成方法，用于由醛、酮直接合成烯烃。本反应由烃基溴与三苯膦作用生成季鏻盐后，再用碱处理生成叶立德（Ylides，分子内两性离子），叶立德与醛或酮反应，给出烯烃和氧化三苯膦，反应式为

$$\underset{R^2}{\overset{R^1}{>}}C=O \; + \; \underset{R^4}{\overset{Ph_3-P^+}{\underset{|}{C}-R^3}} \longrightarrow \underset{R^2}{\overset{R^1}{>}}C=C\underset{R^4}{\overset{R^3}{<}} \; +Ph_3P=O$$

Wittig 反应根据中间体叶立德的稳定性可分为不稳定的叶立德的反应和稳定的叶立德的反应。当 RR′CHBr 中，R 和 R′是氢原子或简单烷基，则烃基三苯基鏻盐的 α-H 酸性较弱，需较强的碱（常用丁基锂或苯基锂）才能生成叶立德，刚生成的叶立德活性很高，是类似格氏试剂那样强的亲核试剂，能迅速地在温和条件下与醛或酮起反应给出加成物，反应不可逆。加成物可自发分解给出烯烃。产物如有立体异构，则一般得到 E 和 Z 的混合物。如用苯基锂制备叶立德，并且使反应在较低温度下进行，则产物以 E 异构体为主，此即为不稳定的叶立德的反应。当 RR′CHBr 中，R 或 R′为一个吸电子基团（如酯基），则烃基三苯基鏻盐的去质子化可以在较弱的碱性条件下实现，并且产生的叶立德较稳定，可以分离，其活性较弱，一般需与亲电性较强的羰基反应。当产物有异构存在时，E 异构体通常占优，此即为稳定的叶立德的反应。

5. Heck 反应

卤代烃与活化不饱和烃在钯催化下，生成反式产物的反应，称为 Heck 反应。

反应特点：①卤代物活性为 I>Br～OTf≫Cl；②烷基卤代物不能含有 β-氢；③反应速度受烯烃取代情况影响，取代基越多，反应越慢；④反应对水不敏感，但对氧气敏感；⑤产物主要是反式。

6. Diels-Alder 反应

又名双烯加成，由共轭双烯与烯烃或炔烃反应生成六元环的反应，是有机化学合成反应中非常重要的碳碳键形成的手段之一，也是现代有机合成里常用的反应之一。反应有丰富的立体化学呈现，兼有立体选择性、立体专一性和区域选择性等。

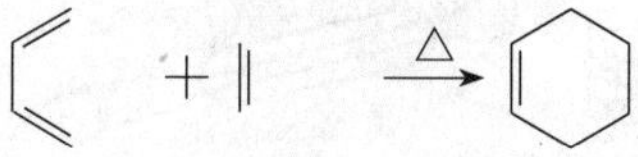

除上面几种方法外，炔烃加氢、羧酸酯和季铵碱的裂解、磺酸酯脱磺酸等也都是实验室制备烯烃的方法。

实验十八　环己烯的制备

一、实验目的

1. 熟悉环己烯的制备原理，掌握环己烯的制备方法。
2. 学习分液漏斗的使用，复习分馏、蒸馏操作。

二、实验原理

反应式：

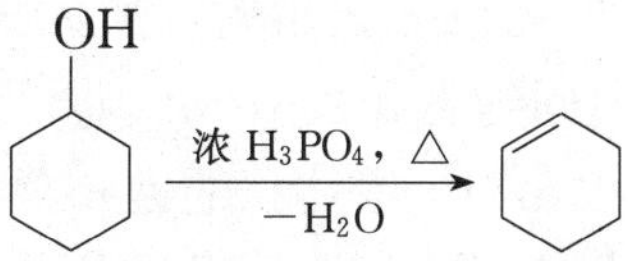

反应为可逆反应，故采用边反应边蒸出反应产物环己烯和水的措施来提高反应的转化率。环己烯和水可形成二元共沸物（沸点 70.8℃，含水 10%），同时原料环己醇也能和水形成二元共沸物（沸点 97.8℃，含水 80%），为了使产物以共沸物的形式蒸出反应体系，而又不夹带原料环己醇，本实验采用分馏装置，并控制柱顶温度不超过 90℃。

一般认为，该反应历程为 El 历程。

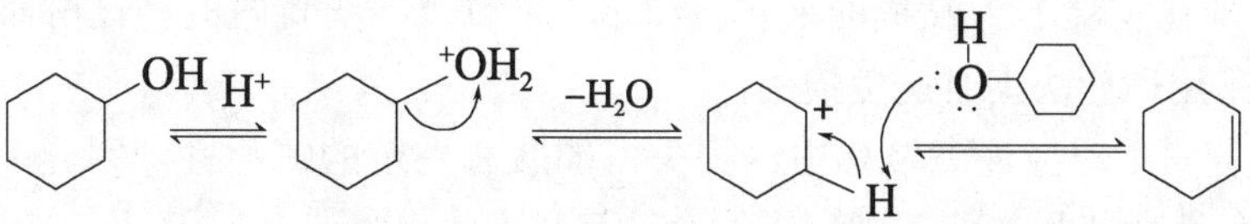

反应采用 80% 的磷酸为催化剂，而不用浓硫酸做催化剂，是因为磷酸氧化能力远较硫酸弱，可减少氧化副反应。

三、仪器及试剂

仪器：圆底烧瓶、刺形分馏柱、蒸馏头、温度计、温度计套管、直型冷凝管、尾接管、橡皮管。

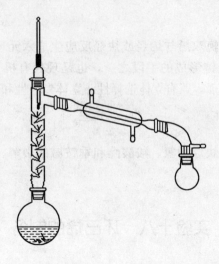

试剂：环己醇、85％磷酸、饱和食盐水、无水氯化钙。

四、实验步骤

在 50mL 干燥的圆底烧瓶中，放入 10g 环己醇（10.4mL，0.10mol）、5mL 磷酸和几粒沸石，充分振摇使混合均匀。烧瓶上装一短的分馏柱，接上冷凝管，用小锥形瓶做接受器，外用冰水冷却。

将烧瓶在石棉网上用小火慢慢加热，控制加热速度使分馏柱上端的温度不要超过 73℃，馏液为带水的混合物。当无液体蒸出时，加大火焰，继续蒸馏。当温度达到 85℃时，停止加热，全部蒸馏时间约需 1h*。

用滴管将蒸馏液中水层吸去，加入等体积的饱和食盐水，倒入分液漏斗中，振摇后静置分层。将下层水溶液自分液漏斗下端放出，上层的粗产物自分液漏斗的上口倒入干燥的小锥形瓶中，加入 1g 左右无水氯化钙干燥。

将干燥后的产物滤入干燥的蒸馏瓶中，加入沸石后用水浴加热蒸馏。收集 82℃～85℃的馏分于一已称重的干燥小锥形瓶中。产率 4～5g。

五、注意事项

1. 环己醇在室温下为黏稠的液体（m. p. 25.2℃），量筒内的环己醇难以倒净，会影响产率，采用称量法则可避免损失。

2. 用量筒量取时应注意转移中的损失，磷酸有一定的氧化性，因此磷酸和环己醇必须混合均匀后才能加热，否则反应物会被氧化。

3. 最好用油浴，使分馏时受热均匀。由于反应中环己烯与水形成共沸物，环己醇与环己烯形成共沸物（沸点 64.9℃，含环己醇 30.5％），环己醇与水形成共沸物，因此加热时温度不可过高，蒸馏速度不宜太快，以减少环己醇蒸出。

4. 小火加热至沸腾，调节加热速度，以保证反应速度大于蒸出速度，使分馏得以连续进行。控制柱顶温度不超过 73℃，反应时间约 40min。

5. 水层应尽可能分离完全，否则将增加无水氯化钙的用量，使产物更多地被干燥剂吸附而损失。这里用无水氯化钙干燥较适合，因它还可除去少量环己醇。

6. 在蒸馏已干燥的产物时，蒸馏所用仪器都应充分干燥。

六、注释

＊可以从以下三个方面判断反应的终点：①圆底烧瓶中出现白雾；②柱顶温度下降后又回升至85℃以上；③接收器中馏出物（环己烯－水的共沸物）的量达到理论计算值。

七、思考题

1. 在粗制的环己烯中，加入精盐使水层饱和的目的何在？

2. 为什么本实验中，分馏的温度不可以过高，馏出速度不可过快？

3. 本实验中，在精制产品时，如果80℃以下有较多前馏分产生，可能的原因是什么？

实验十九　顺、反-1,2-二苯乙烯的制备

一、实验目的

1. 掌握 Wittig 反应合成烯烃的原理和方法。
2. 掌握分液操作。

二、实验原理

本实验采取 Wittig 反应合成烯烃。通过苄氯与三苯基膦作用，生成氯化苄基三苯基磷，再在碱存在下与苯甲醛作用，制备 1,2-二苯乙烯。第二步是两相反应，通过季鏻盐起相转移催化剂和试剂的作用，反应可顺利进行。本方法具有操作简便、反应时间短等优点。

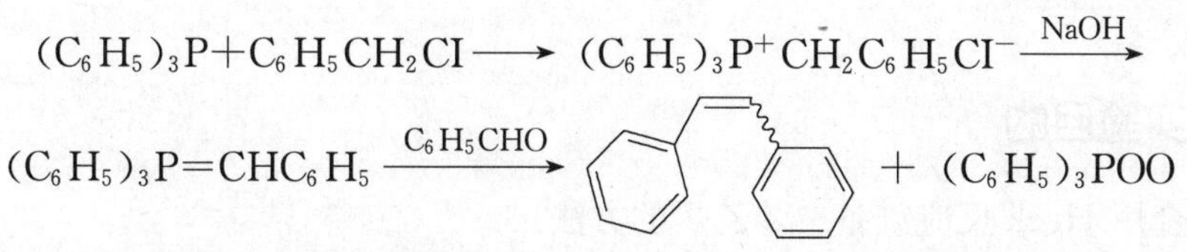

$$(C_6H_5)_3P + C_6H_5CH_2Cl \longrightarrow (C_6H_5)_3P^+CH_2C_6H_5Cl^- \xrightarrow{NaOH}$$

$$(C_6H_5)_3P=CHC_6H_5 \xrightarrow{C_6H_5CHO} \quad + \quad (C_6H_5)_3POO$$

产物中，顺式烯烃为液体，极性大；反式烯烃为固体，无极性，将产物加到极性强的无水乙醇中，会析出反式烯烃。

三、仪器及试剂

仪器：圆底烧瓶、球形冷凝管、直形冷凝管、抽滤瓶、布氏漏斗、分液漏斗。

试剂：苄氯、三苯基膦、氯仿、二甲苯、苯甲醛、二氯甲烷、NaOH、乙醇。

四、实验步骤

1. 制备苄基三苯基氯化磷。

在 50mL 圆底烧瓶中，加入 1.0mL 苄氯、2.0g 三苯基膦和 15mL 氯仿，装上带有干燥管的回流冷凝管，在水浴上回流 2h。反应完毕，蒸出氯仿，再向反应瓶中加入 5mL 二甲苯，充分摇振混合，抽滤。用少量二甲苯洗涤结晶，于 110℃烘箱中干燥 1h，备用。

2. 制备顺、反-1,2-二苯乙烯。

在 50mL 三口瓶中，加入上步得到的 0.59g 苄基三苯氯化磷、0.2mL 苯甲醛和 8mL 二氯甲烷，装上回流冷凝管。在电磁搅拌器的充分搅拌下，慢慢滴入 1.0mL 50％氢氧化钠水溶液，使其保持微沸。滴加完毕，继续搅拌 15min。

将反应混合物转入分液漏斗，摇振后分出有机层，有机相用无水硫酸镁干燥，滤去干燥剂，在水浴上蒸去有机溶剂。残余物加入无水乙醇溶解（约需 10mL），置于冰浴中冷却，析出反-1,2-二苯乙烯结晶，抽滤，干燥。

五、注意事项

1. 苄氯蒸气对眼睛有强烈的刺激作用，一定要在通风橱中取用，转移时切勿滴在瓶外。如不慎沾在手上，应用水冲洗后再用肥皂擦洗。
2. 有机磷化物有毒，与皮肤接触后应立即用肥皂擦洗。
3. NaOH 溶液的浓度很关键，一定要配好。
4. 二氯甲烷因为熔沸点比较低，在分液时要常放气减压。
5. 有机相转移到锥形瓶中时要保持干燥。

六、思考题

1. 在分层时，有没有更好的办法使有机相更好地被提纯出来？
2. 在第二步可以把二氯甲烷换成三氯甲烷吗？

实验二十　反式二苯乙烯的制备

一、实验目的

1. 学会用 Heck 反应制备二苯乙烯的方法。
2. 了解 Heck 反应机理和偶联反应。

二、实验原理

本实验以 Heck 反应制备烯烃。先用 HNO_2 把苯胺上的氨基变成重氮盐，再与吗啉作用转化为三氮化合物，接着再与 HBF_4 作用变成比较稳定的离子化合物，在 Pd $(OAc)_2$ 催化下，和三乙氧基乙烯基硅烷反应生成反式二苯乙烯。

反应式：

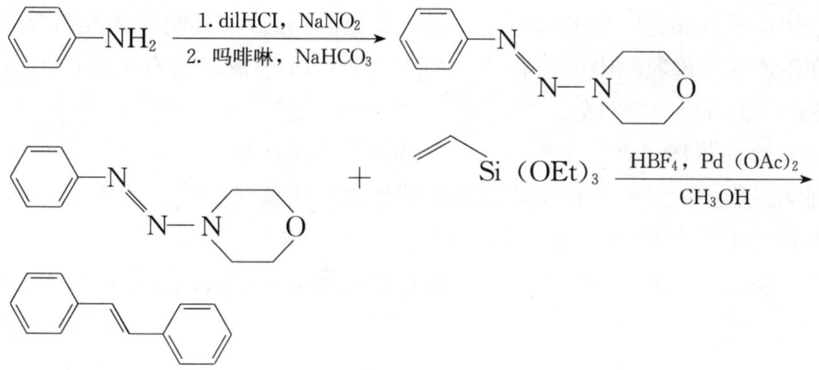

三、仪器及试剂

仪器：磁子、锥形瓶、温度计、油浴装置、旋蒸仪、圆底烧瓶、烧杯、玻璃棒、漏斗、滤纸、回流装置和试管架。

试剂：6mol/L HCl 溶液、苯胺、$NaNO_2$溶液、吗啉、$NaHCO_3$溶液、NaCl、石油醚、甲醇、无水乙醇、40％ HBF_4、Pd（OAc）$_2$、三乙氧基乙烯基硅烷、硅胶、活性炭。

四、实验步骤

1. 制备苯基偶氮吗啉。

将磁子放入 25mL 锥形瓶中，加入 1.0mL 苯胺，并在加热状态下逐滴加入 4.7mL 6mol/L HCl，于冰浴中冷却至 0℃。将 0.82g $NaNO_2$溶于 1mL H_2O 配成的溶液，在 10 分钟内滴加到苯胺盐酸溶液中，0℃下继续搅拌 20min，得到重氮苯的盐。在 10min 内将 1.2mL 吗啉逐滴加入到上述溶液中。接着加入 10mL 水，转移到 50mL 烧杯中，再逐滴加入 17mL 10％ $NaHCO_3$溶液。继续搅拌溶液 1h，将沉淀出的固体抽滤出来，用冷水洗涤，抽干。将固体溶于 10mL 热石油醚（60℃～90℃）中，加 0.1g 活性炭处理。混合物趁热过滤，浓缩至 5mL。冷却至－25℃，析出的固体尽快抽滤，空气中干燥后称重。

2. 制备反式二苯乙烯。

50mL 圆底烧瓶中配一个搅拌磁子，加入 0.5g 上步制备的三氮化合物和 6mL 甲醇。溶液冷却到 0℃，在 10min 内将 1.2mL 40％ HBF_4逐滴加入。滴加完毕后，移去冰浴，反应体系逐渐升温到室温。再搅拌 10min，加入 6mg Pd（OAc）$_2$，接着滴加三乙氧基乙烯基硅烷溶液（1.3g 溶于 0.5mL 甲醇）。再加入第二批 Pd（OAc）$_2$，并在室温下继续搅拌 30min。混合物加热到 40℃保持 20min，最后加热回流 15min。将溶液减压浓缩至干成黑色固体。然后溶于石油醚中，用硅胶辅助抽滤，得到无色液体。再浓缩成固体，用乙醇重结晶，得到反式二苯乙烯。

五、注意事项

1. 在生成苯基偶氮吗啉的最后一步，加入活性炭过滤以后若室温下有结晶析出，可以直接滤出来进行下一步。

2. 在生成苯基偶氮吗啉的过程中，加入亚硝酸钠后，0℃搅拌会得到澄清溶液。

3. 在生成苯基偶氮吗啉的过程中，加入 $NaHCO_3$ 溶液时会有大量的 CO_2 放出，应注意不要将脸正对反应器口处。

4. 所有的 1-芳基三氮化物都有毒，不要用手直接接触。

5. 在第二步中，一些产物生成后就沉淀出来，注意观察。

6. 不经过 40℃保持 20min 而直接加热到回流会降低产率。

7. 第二步反应中加入氟硼酸时要注意在瓶口涂抹真空酯，以防其腐蚀玻璃。

六、思考题

1. 在生成中间产物苯基偶氮吗啉的过程中，每一步的目的是什么？

2. 苯胺和亚硝酸生成的重氮盐与三氮化合物和氟硼酸生成的重氮盐，哪个更稳定一些？

实验二十一　反式肉桂酸甲酯的制备

一、实验目的

1. 复习微量反应的操作要领。

2. 了解超声对 Heck 反应的促进作用。

二、实验原理

在超声条件下，碘苯和丙烯酸甲酯反应生成反式肉桂酸甲酯。为增加反应产率，加入四丁基溴化铵（TBAB）作为相转移催化剂。

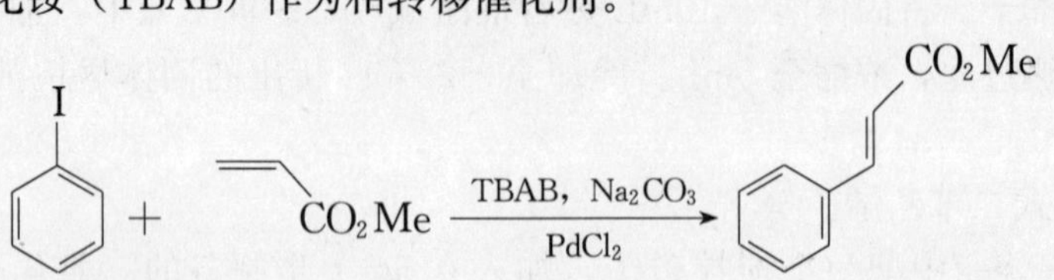

三、仪器及试剂

仪器：磁子、圆底烧瓶、温度计、超声波反应器、旋蒸仪、分液漏斗、层析柱、试管。

试剂：碘苯、丙烯酸甲酯、碳酸钠、四丁基溴化铵、饱和 NaCl 溶液、乙酸乙酯、石油醚、氯化钯。

四、实验步骤

3mL 水中加入碘苯（0.208g，1mmol）、丙烯酸甲酯（0.172g，2mmol）、TBAB

（0.322g，1mmol）、Na_2CO_3（0.318g，3mmol）和 $PdCl_2$（0.0035g，0.02mmol），使用流动的水经过超声波仪器使反应在 25℃ 条件下进行，混合物在超声条件下反应 4.5h。加入乙酸乙酯萃取三次，合并有机层用 NaCl 饱和溶液洗涤，加入无水 Na_2SO_4 干燥。最后浓缩溶液，使用层胶柱分离得到产物。

五、注意事项

1. 及时使用 TLC 跟踪反应进程，如果原料点基本消失即可停止反应。
2. 加氯化钯时要小心，不要粘在瓶口。

六、思考题

1. 反应中的 Na_2CO_3 起什么作用？可不可以用其他碱代替？
2. 试写出本实验的机理。

实验二十二　内型降冰片烯-顺-5,6-二羧酸酐的制备

一、实验目的

1. 熟悉 Diels-Alder 反应的操作方法。
2. 学习无水实验操作的要领及注意事项。

二、实验原理

共轭二烯与含活泼双键或三键的化合物的 1,4-加成反应称为 Diels-Alder 反应，在有机实验中常利用这一反应合成六元环、桥环或骈合环。Diels-Alder 反应一般具有如下特点：

（1）反应条件简单，通常在室温或在适当的溶剂中回流即可。
（2）收率高，特别是当使用高纯度的试剂和溶剂时，反应几乎是定量进行的。
（3）副反应少，产物易于分离纯化。
（4）反应具有高度的立体专一性，这种立体专一性表现为：1,4-环加成反应是立体定向的顺式加成，共轭双烯与亲双烯体的构型在反应中保持不变；环状二烯与环状亲二烯体的加成主要生成内型产物。例如，环戊二烯与顺丁烯二酸酐的加成产物中内型体占绝对优势：

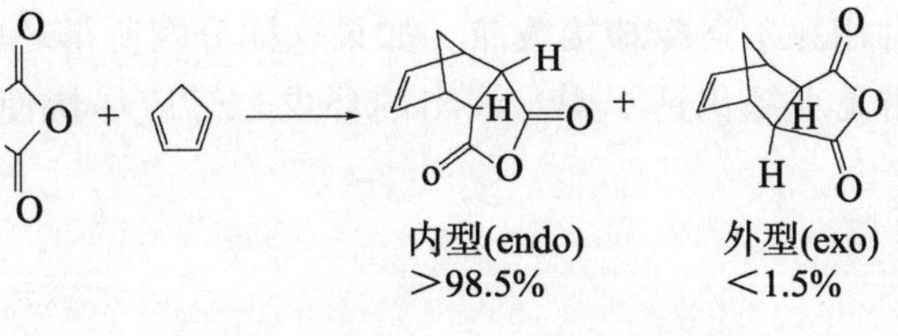

内型(endo)　　　　外型(exo)
>98.5%　　　　　<1.5%

但呋喃与顺丁烯二酸酐的加成反应却只得到外型产物：

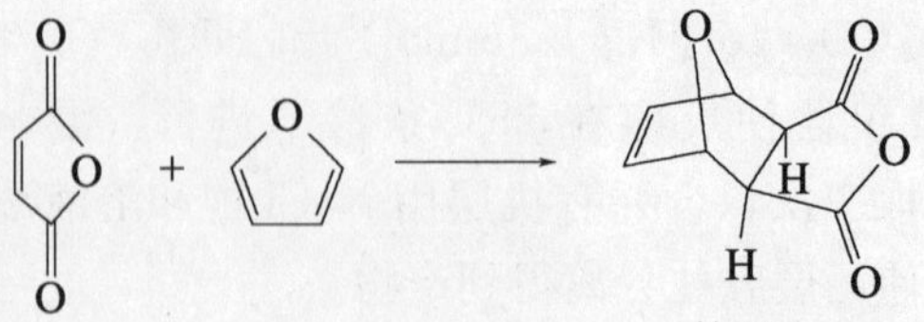

外型(exo)

研究表明，在这个反应的初期同时生成了内型和外型两种产物，但因为外型体是热力学稳定的产物，所以在室温放置一天后就都变成外型产物了。

本实验是环戊二烯与顺丁烯二酸酐的 Diels-Alder 加成，得到的是内型产物。

三、仪器及试剂

仪器：锥形瓶、水浴加热装置、布氏漏斗、抽滤瓶。

试剂：顺丁烯二酸酐、乙酸乙酯、石油醚（b. p. 60℃～90℃）、环戊二烯。

四、实验步骤

在干燥的 50mL 锥形瓶中加入 2g 顺丁烯二酸酐和 7mL 乙酸乙酯，在水浴上温热溶解加入 7mL 石油醚，摇匀后置冰浴中冷却（此时可能有少许固体析出，但不影响反应）。加入 2mL 新蒸的环戊二烯，摇振，必要时用冰浴冷却，以防止环戊二烯* 挥发损失。待反应不再放热时，瓶中已有白色晶体析出。用水浴加热使晶体溶解，再慢慢冷却，得到白色针状结晶。抽滤收集晶体，干燥，重 2.4～2.5g，收率 73％～76％，m. p. 164℃～165℃。

加成产物内型降冰片烯——顺-5,6-二羧酸酐分子中仍保留有双键，可使高锰酸钾溶液或溴的四氯化碳溶液退色。该产物遇水或吸收空气中的水汽易水解成相应的二元羧酸，故应保存在干燥器中。本实验约需 2.5h。

五、注意事项

顺丁烯二酸酐及其加成产物都易水解成相应二元羧酸，故所用全部仪器、试剂及溶剂均需干燥，并注意防止水或水汽进入反应系统。

六、注释

* 环戊二烯在室温下易聚合为二聚体，市售环戊二烯都是二聚体。在 170℃ 以上可解聚为环戊二烯，方法如下：将二聚体置于圆底烧瓶中，瓶口安装 30cm 长的韦氏分馏柱，缓缓加热解聚。产生的环戊二烯单体沸程为 40℃～42℃，因此需控制分馏柱顶的温度不超过 45℃，并用冰水浴冷却接收瓶。如果这样分馏所得环戊二烯浑浊，则是因潮气侵入所致，可用无水氯化钙干燥。馏出的环戊二烯应尽快使用。如需短期存放，可密封放置在冰箱中。

七、思考题

1. 为什么本实验要用新蒸的环戊二烯？

2. 为何本实验必须在无水条件下进行？

实验二十三 9,10-二氢蒽-9,10-α,β-马来酸酐的制备

一、实验目的

1. 掌握 Diels-Alder 反应的操作方法；
2. 熟悉微型实验的特点。

二、实验原理

蒽的中心环有双烯结构，在 9,10-位上能与亲双烯试剂——顺丁烯二酸酐发生加成反应，生成稳定的加成物，但反应是可逆的。

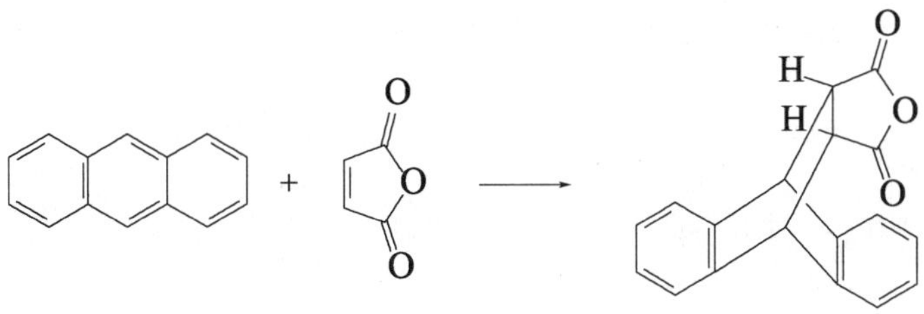

三、仪器及试剂

仪器：50mL 圆底烧瓶、电热套、冷凝管、布氏漏斗、抽滤瓶、真空干燥器。
试剂：蒽、马来酸酐、二甲苯。

四、实验步骤

将 40mg 蒽、20mg 马来酸酐和 0.5mL 干燥二甲苯加入小烧瓶中，加入毛细管，装好回流冷凝管，在 140℃下加热回流 30min，冷至室温。冰水冷却，有结晶析出。将离心试管放入离心机内离心，使沉淀沉降在试管底部*。用冷的二甲苯洗涤产物，离心后再用过滤滴管吸去液体，将离心试管放在真空干燥器内干燥。或用真空水泵抽滤，得到产物在真空干燥器内干燥。

五、注意事项

1. 微量操作实验中，固体原料蒽及马来酸酐用电子天平称量，溶剂二甲苯用移液管量取。
2. 蒽的毒性较大，操作时要注意安全。

六、注释

*离心过滤操作：此方法是将盛有混合物的离心试管放入离心机进行离心沉淀，

使固体沉降到离心试管底部，然后用滴管吸去上面清液。这种方法比较适用于保留固体的过滤操作。

七、思考题

为什么本实验需要在真空条件下干燥？

知识拓展：烯烃的复分解反应

2005 年的诺贝尔化学奖颁给了伊夫·肖万、罗伯特·格拉布和理查德·施罗克三位化学家，以表彰他们在烯烃复分解反应（Olefin metathesis）研究和应用方面所做出的卓越贡献。

烯烃在某些过渡金属（如钨、钼、铼、钌等）卡宾配合物的催化下，发生双键断裂，重新组合成新的烯烃的反应，称为烯烃复分解反应，又称烯烃易位反应。反应通式如下：

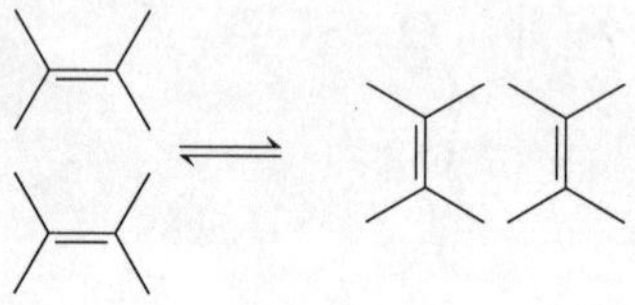

烯烃的复分解反应是 20 世纪中叶在烯烃聚合反应研究中发现的。烯烃聚合反应是一个平衡反应，产物中含有所有可能组合的烯烃。当起始原料中 2 个烯烃的 8 个取代基都各不相同时，产物中可包含 10 个不同的烯烃，其比例取决于各个烯烃的热力学稳定性。当产物中有一个是易挥发的低沸点气体时，平衡可完全移向右方，使该反应具有制备价值。当两个双键存在于同一个分子中时，即可发生闭环复分解反应，生成环烯烃，相反，环烯烃在催化剂存在下与过量的乙烯发生开环复分解反应，生成链状端基二烯。烯烃复分解反应在催化剂存在下，环烯能发生催化开环聚合，生成含不饱和双键的聚合物，它可以进一步被硫化或交联，成为分子量更高、强度更好的高分子材料。

烯烃的复分解反应广泛应用在药物研发和先进聚合物材料等方面，在化工、食品、医药和生物技术产业方面也有着巨大应用潜力。新的合成过程更简单快捷，生产效率更高，副产品更少，产生的有害废物也更少，有利于保护环境，是"绿色化学"的典范。一些科学家正在用这种方法开发治疗癌症、早期老性痴呆症和艾滋病等疾病的新药。它还拓展了科学家研究有机分子的手段，例如用于人工合成复杂的天然物质。

尽管烯烃复分解反应的研究已经取得了很大突破，但仍然存在不少挑战，例如：催化体系对于形成四取代烯烃的交叉复分解反应以及桶烯的开环聚合还不能有效地实现；钌的催化体系还不能适用于带有碱性官能团（如氨基、氰基）的底物；烯烃复分解反应中的立体化学问题，特别是有关催化不对称转化问题还没有很好地解决；交叉复分解反应中产物的顺、反异构体的选择性控制还没有普遍的规律可循。

4.2 卤代烃的制备

简单的卤代烃，如氯甲烷、二氯甲烷等，多是在高温或光照条件下由烷烃和卤素直接发生置换反应制得的；结构复杂的卤代烃则多由相应的醇或不饱和烃制得。对于一卤代烃而言，通常用醇、烃来制取。

1. 由醇制备

这是普遍采用的经典方法，常用的试剂有氢卤酸、卤化磷及氯化亚砜。

（1）醇与氢卤酸作用

$$ROH + HX \xrightarrow{\quad\quad} RX + H_2O$$

这是一个可逆反应，为了使反应完全，设法从反应体系中不断地移去水，以提高产率。例如在制备氯代烃时，采用干燥氯化氢气体在无水氯化锌存在下通入醇中；制备溴代烃时，是将溴化钠与浓硫酸的混合物与醇共热；制备碘代烃时，将醇与氢碘酸一起回流。值得一提的是，这并不是一种合成卤烃的好方法，主要是因为有些醇在反应过程中会发生重排，生成混合产物。

（2）醇与卤化磷作用

醇与卤化磷作用，可以制备氯代烃、溴代烃和碘代烃。制备溴代烃或碘代烃常用三溴化磷或碘化磷。

$$R-OH + PBr_3 \longrightarrow R-Br + H_3PO_3$$

所用的三卤化磷是将赤磷和溴或碘直接加入醇中反应。制备氯代烃一般不采用三氯化磷，因生成亚磷酸酯而使产率只能达到 50%，一般采用五氯化磷与醇反应。

（3）醇与氯化亚砜作用

$$R-OH + SOCl_2 \xrightarrow{\text{吡啶}} R-Cl + HCl + SO_2$$

这是制备氯代烃最常用的方法之一。反应生成的副产物都是气体，容易除去，产品纯度高，产率可达 90%。工业生产也多采用此法。

2. 用烃制备

（1）饱和烃的自由基取代

工业上主要是甲烷与氯在高温以及略高于常压的条件下反应，得到四种可能的氯代甲烷，再分馏出纯品。

苄基氯在工业上是通过甲苯与氯气以自由基卤代反应来获得的。

实验室中用 NBS 制备烯丙基或苄基溴，反应需在四氯化碳中进行，并要加入自由基引发剂。

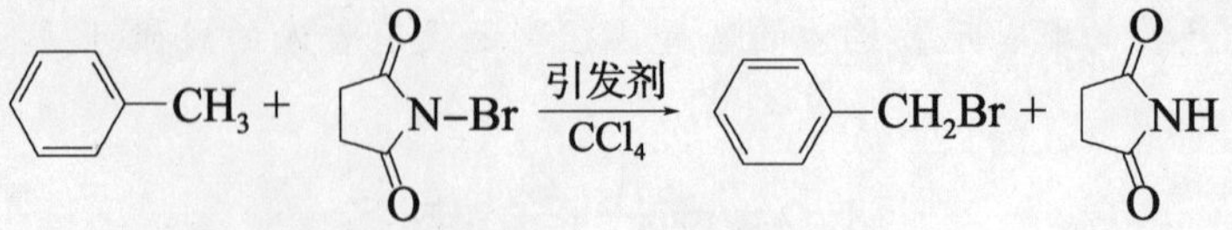

（2）芳烃的亲电取代

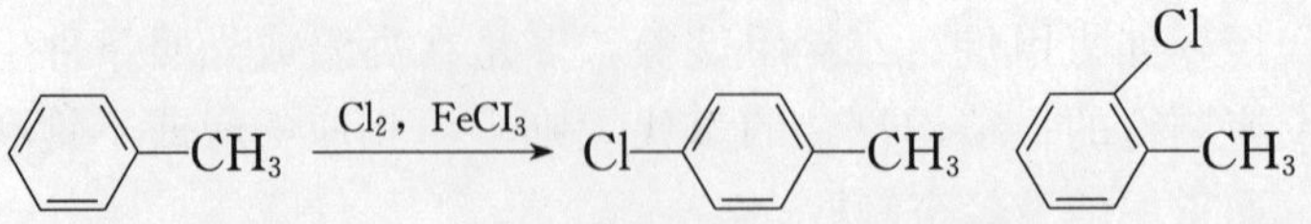

以甲醛（或多聚甲醛）和浓盐酸为试剂，氯化锌做催化剂，可以在苯环上接入氯甲基。

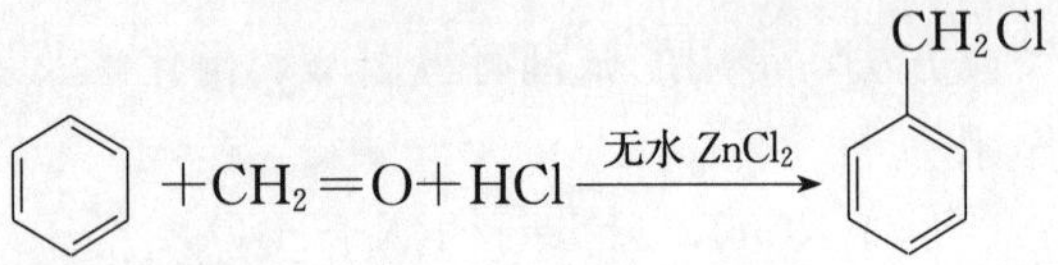

（3）不饱和烃的加成

$$CH_2{=}CH_2 + HBr \longrightarrow CH_3CH_2Br$$

$$CH_2{=}CH_2 + HCl \xrightarrow[130℃\sim250℃]{AlCl_3} CH_3CH_2Cl$$

$$H_3C{-}CH_2{=}CH_2 + Br_2 \xrightarrow{CCl_4} H_3C{-}\underset{\displaystyle Br}{\underset{|}{CH}}{-}\underset{\displaystyle Br}{\underset{|}{CH_2}}$$

3. 卤素的互换

$$RCH_2X + NaI \xrightarrow{CH_3COCH_3} RCH_2I + NaX \quad (X{=}Cl，Br)$$

4. 由重氮盐制备

在氯化重氮苯水溶液中加入碘化钾，加热则生成碘苯。

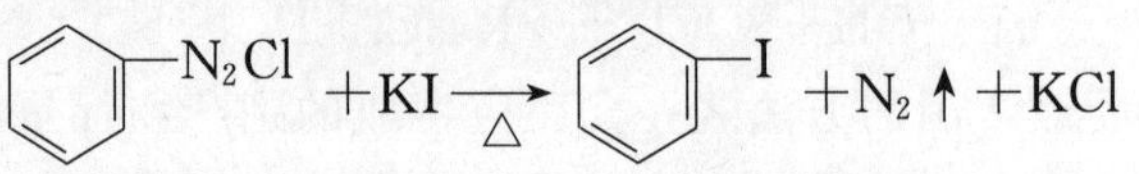

用氯化亚铜的浓盐酸溶液、溴化亚铜的浓氢溴酸溶液与重氮盐发生反应，得到相应的卤代产物。

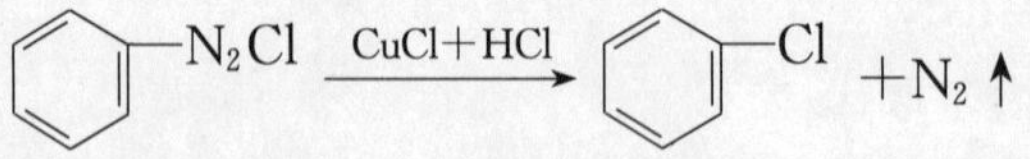

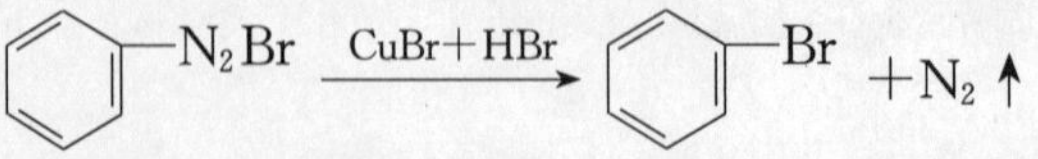

Balz-Schiemann 反应亦称 Schiemann 反应，指芳基重氮氟硼酸盐受热分解得到芳基氟的反应，是制备芳香族氟化物的经典反应。

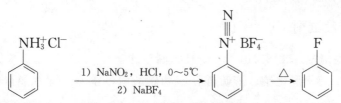

由于芳基重氮氟硼酸盐可由芳香胺经重氮化反应制得，该反应提供了一条由氨基引入氟原子的途径。芳环上没有取代基或有推电子取代基（如烷基）时，反应平稳，收率较好，通常可以达到 50％或以上。芳环上有吸电子取代基（如羧基、磺酸基、硝基）时，反应剧烈，容易失控，收率较差。

实验二十四 正溴丁烷的制备

一、实验目的

1. 学习由醇制备溴代烃的原理及方法。
2. 练习回流及有害气体吸收装置的安装与操作。
3. 进一步练习液体产品的纯化方法：洗涤、干燥、蒸馏等操作。

二、实验原理

主反应：

$$NaBr + H_2SO_4 \longrightarrow HBr + NaHSO_4$$
$$n-C_4H_9OH + HBr \longrightarrow n-C_4H_9Br + H_2O$$

副反应：

$$H_2SO_4 + HBr \longrightarrow SO_2 \uparrow + H_2O + Br_2 \uparrow$$
$$2C_2H_5OH \longrightarrow C_2H_5OC_2H_5 + H_2O$$
$$C_2H_5OH \longrightarrow CH_2{=}CH_2 + H_2O$$

本实验主反应为可逆反应，为了提高产率，一方面采用 HBr 过量，另一方面使用 NaBr 和 H_2SO_4 代替 HBr，使 HBr 边生成边参与反应，这样可提高 HBr 的利用率，同时 H_2SO_4 还起到催化脱水作用。反应中，为防止反应物正丁醇及产物 1-溴丁烷逸出反应体系，反应采用回流装置。由于 HBr 有毒且 HBr 气体难以冷凝，为防止 HBr 逸出污染环境，需安装气体吸收装置。回流后再进行粗蒸馏，一方面使生成的产品 1-溴丁烷分离出来，便于后面的分离提纯操作；另一方面，粗蒸过程可进一步使醇与 HBr 的反应趋于完全。

粗产品中含有未反应的醇和副反应生成的醚等，用浓 H_2SO_4 洗涤可将它们除去，因为二者能与浓 H_2SO_4 形成锌盐。

三、仪器及试剂

仪器：圆底烧瓶、球形冷凝管、烧杯、漏斗。

试剂：正丁醇、溴化钠、浓硫酸、饱和碳酸氢钠溶液、无水氯化钙。

四、实验步骤

1. 正溴丁烷的生成。

在 100mL 圆底烧瓶中加入 10mL 水，再慢慢加入 12mL 浓硫酸[1]，混合均匀并冷至室温后，再依次加入 7.5mL 正丁醇和 10g 溴化钠，充分振荡后加入几粒沸石。以电热套为热源，按图安装回流装置（含气体吸收）。调整加热速度，以保持沸腾而又平稳回流，并不时摇动烧瓶促使反应完成，反应 30~40min。待反应液冷却后，改为蒸馏装置，蒸出粗产物[2~3]。

2. 精制粗产品。

将馏出液移至分液漏斗中，加入 10mL 的水洗涤，静置分层后，将产物转入另一干燥的分液漏斗中，用 5mL 的浓硫酸洗涤[4~5]，尽量分去硫酸层。有机相依次用 10mL 的水、饱和碳酸氢钠溶液和水洗涤后，转入干燥的锥形瓶中，加入 1~2g 的无水氯化钙干燥，间歇摇动锥形瓶，直到液体清亮为止。将干燥好的产物移至小蒸馏瓶中，蒸馏，收集 99℃~103℃的馏分。

五、注意事项

1. 按顺序加料，边加边冷却振荡，防止醇被氧化。

2. 把粘在瓶口的溴化钠冲洗到反应瓶中，不然会使体系漏气，导致溴丁烷产率降低。

3. 如果在加热之前没有把反应混合物摇匀，反应时极易出现暴沸使反应失败。开始反应时，要低电压加热，以避免溴化氢逸出。

4. 实验过程采用多次洗涤分液，要特别注意哪层是产品，头脑要清楚。

5. 浓硫酸有腐蚀性，取用时注意安全。

六、注释

[1] 本实验中，硫酸是反应物，也是催化剂。硫酸用量和浓度过大，容易发生生成烯、醚、溴的副反应；若硫酸用量和浓度过小，起不到催化作用。

[2] 注意判断粗产物是否蒸完。方法：取一试管收集几滴馏出液，加水摇动，观察有无油珠出现。

[3] 也不要蒸馏时间太长，将水过分蒸出会造成硫酸氢钠凝固在烧瓶中难以清洗。

[4] 除去粗产物中少量未反应的正丁醇及副产物正丁醚、1-丁烯、2-丁烯。

[5] 如果 1-溴丁烷中含有正丁醇，蒸馏时会形成沸点较低的前馏分（1-溴丁烷和正丁醇的共沸混合物沸点为 98.6℃，含 1-溴丁烷 87%、正丁醇 13%），而导致精制品产率降低。

七、思考题

1. 正溴丁烷制备实验为什么用回流反应装置？
2. 溴丁烷制备实验采用 1∶1 的硫酸有什么好处？
3. 什么时候用气体吸收装置？怎样选择吸收剂？
4. 1-溴丁烷制备实验中，加入浓硫酸到粗产物中的目的是什么？

实验二十五　1,2-二溴乙烷的制备

一、实验目的

1. 学习以醇为原料通过烯烃制备邻二卤代烃的实验方法。
2. 巩固蒸馏的基本操作和分液漏斗的使用方法。

二、实验原理

反应为

$$C_2H_5OH \xrightarrow[170℃]{H_2SO_4} CH_2{=}CH_2 + H_2O$$

$$CH_2{=}CH_2 + Br_2 \longrightarrow BrCH_2CH_2Br$$

浓硫酸具有氧化性，因此反应过程中还伴有乙醇被氧化的副反应，生成二氧化碳、二氧化硫等气体，二氧化硫与溴发生反应：

$$Br_2 + 2H_2O + SO_2 \longrightarrow 2HBr + H_2SO_4$$

所以生成的乙烯先要经过氢氧化钠溶液洗涤，以除去这些酸性气体杂质。反应完毕，粗产物中杂有少量未反应的溴，可以用水和氢氧化钠溶液洗涤除去。

三、仪器及试剂

仪器：50mL 三颈瓶、微型恒压漏斗、50mL 抽滤瓶、50mL 锥形瓶、50mL 烧杯、带支管微型试管、25mL 分液漏斗、微型直型冷凝管、接液管。

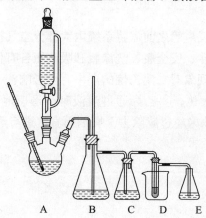

A　　B　　C　D　　E

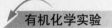

试剂：溴、乙醇、浓硫酸、5％氢氧化钠、10％氢氧化钠。

四、实验步骤

用 50mL 三口烧瓶 A 为乙烯发生器，瓶内加入 2g 干沙，以免加热产生乙烯时出现泡沫，影响反应进行。瓶的左端侧口插入温度计于反应液中，中间口装上微型恒压漏斗，另一侧口通过乙烯出口玻璃管与安全瓶 B 相连，安全瓶为 50mL 抽滤瓶，内盛少许水，一根长玻璃管插到水面以下，如发现玻管内水柱上升较高，应停止反应，检查系统是否堵塞。C 是洗气瓶，为 50mL 锥形瓶内装 16mL 5％氢氧化钠溶液，以吸收乙烯中的酸气。吸滤管 D 是反应管，内装 3.2g 溴，上面覆盖 3～5mL 水，以减少溴的挥发，管外用冷水冷却。E 为吸收瓶，内装 10mL 5％氢氧化钠溶液，以吸收被气体带出的少量溴。

在冰水浴冷却下将 8mL 浓硫酸慢慢加到 4mL 95％乙醇中，混合均匀后取出 2mL 加到三颈瓶 A 中，剩余部分倒入滴液漏斗中，关好活塞。加热前，先切断 C 与 D 的连接处，待温度上升到约 120℃时，系统内大部分空气已被排出，然后连接 C 与 D，当瓶内反应物温度升至 170℃左右，并从漏斗中慢慢滴加乙醇－硫酸混合物，产生的乙烯被溴吸收。如果滴加速度过快使产生的乙烯来不及被溴吸收而跑掉，同时带走一些溴进入瓶 E，会造成溴的损失并消耗过多的乙醇－硫酸液。当溴的颜色全部褪掉时，反应即告结束。先拆下反应管 D，然后停止加热，将产物倒入分液漏斗中，依次用等体积的水、10％氢氧化钠溶液洗涤，再用等体积的水洗两次，产品装入 10mL 锥形瓶中用少许无水氯化钙干燥，待清亮后，进行蒸馏收集 129℃～133℃馏分，产品约 1.5g。本实验约需 5h。

五、注意事项

1. 溴为剧毒、强腐蚀性药品，在取用时应特别小心。

2. 仪器连接是否紧密是本实验成败的关键，不得有漏气处，否则就无足够压力使乙烯通入反应管内，并且使给定的乙醇－硫酸混合液不足，必须补充。

3. 反应进行到后期，抽滤管的冷却温度最好不要太低，因 1,2-二溴乙烷的凝固点为 9℃。

六、思考题

1. 为什么将乙烯通入反应管之前需将系统内大部分空气排出？

2. 本实验中的恒压漏斗、安全瓶、洗涤瓶和吸收瓶各有什么作用？

3. 在本实验中，下列现象对二溴乙烷的产率有何影响？

①盛溴的抽滤管变得太热。②乙烯通过溴液时很迅速地鼓泡。③仪器装置不严密带有隙缝。④干燥后的产物未经过滤除去干燥剂而直接进行蒸馏。

实验二十六　溴苯的制备

一、实验目的

1. 掌握芳烃卤代的原理和方法。
2. 掌握电动搅拌器和气体吸收操作。

二、实验原理

芳香族卤代物是指卤素直接和苯环相连接的化合物，它的制法和卤代烷不同，一般是用卤素（氯或溴）在铁粉或三卤化铁催化下与芳香烃作用，通过芳香烃的亲电取代反应将卤原子直接引入芳环。

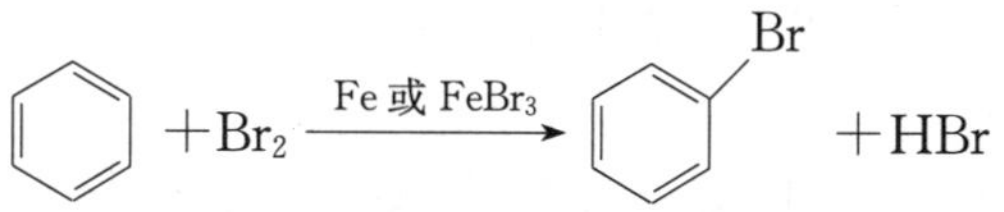

$$\text{（苯）} + Br_2 \xrightarrow{\text{Fe 或 FeBr}_3} \text{（溴苯）} + HBr$$

实际上这个芳环卤代反应的真正催化剂是三卤化铁。由于三卤化铁和卤素作用生成卤素正离子和四卤化铁复合负离子要一定的时间，因此在卤代反应开始前有一个诱导期。例如在制溴苯时，开始时反应不明显，过一段时间后反应进行很剧烈。为了避免反应过于剧烈和减少副产物二溴代苯的生成，必须将溴慢慢地滴加到过量的苯中。三卤化铁很容易水解失效，所以反应时所用的试剂和仪器都应该是干燥的。

主反应：$$\text{（苯）} + Br_2 \xrightarrow{\text{Fe}} \text{（溴苯）} + HBr$$

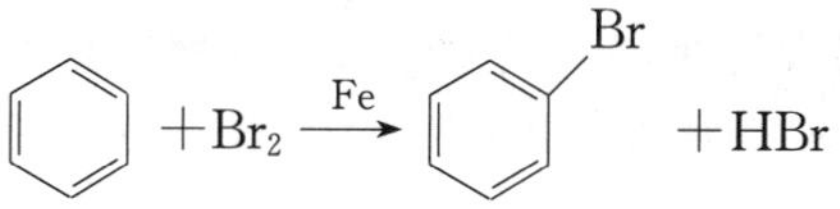

副反应：$$2\,\text{（溴苯）} + 2Br_2 \xrightarrow{\text{Fe}} \text{（对二溴苯）} + \text{（邻二溴苯）} + 2HBr$$

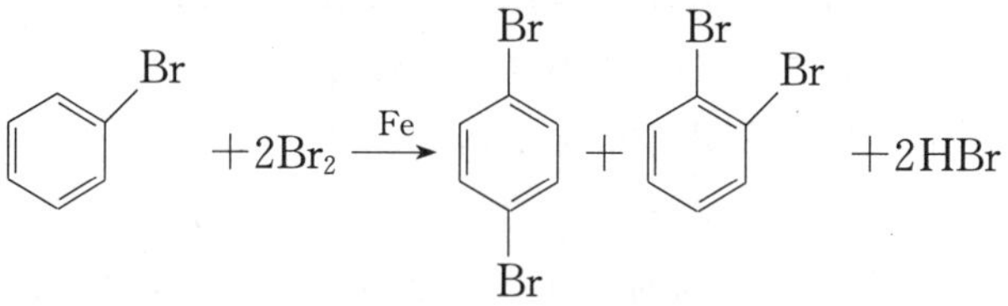

三、仪器及试剂

仪器：250mL 三颈瓶、电动搅拌器、恒压滴液漏斗、球形冷凝管、布氏漏斗、空气冷凝管、气体吸收装置、分液漏斗。

试剂：溴、铁屑、10%氢氧化钠溶液、无水氯化钙、无水苯。

四、实验步骤

在 250mL 三颈瓶上，分别装置电动搅拌器、冷凝管和恒压滴液漏斗，在冷凝管顶端连接溴化氢气体吸收装置。于三颈瓶内加入 22mL 无水苯（19.4g，0.25mol）和 0.5g 铁屑，滴液漏斗中加入 10mL 溴（31.2g，约 0.2mol）。在三颈瓶中先滴入 1mL

溴。片刻后，反应即开始（必要时可用水浴温热），可观察到有溴化氢气体逸出。然后开动搅拌器，在搅拌下慢慢滴入其余的溴，使溶液保持微沸[1]，约 45min 加完。用 60℃～70℃ 水浴加热 15min，直到无溴化氢气体逸出为止。向反应瓶内加入 30mL 水[2]，振摇后，抽滤除去少量铁屑。粗产物依次用 20mL 水[3]、10mL 10％氢氧化钠溶液[4]、20mL 水洗涤。经无水氯化钙干燥后，用水浴先蒸去苯，然后在石棉网上小火加热，当温度上升至135℃时，换成空气冷凝管，收集140℃～170℃的馏分[5]。将此馏分再蒸一次，收集 150℃～160℃的馏分，产量 18～20g（产率 59％～65％）。

五、注意事项

1. 实验开始前应检查仪器装置是否严密，滴液漏斗必须涂好凡士林。

2. 实验仪器必须干燥，否则反应开始很慢，甚至不起反应。

3. 溴是具有强烈腐蚀性和刺激性的物质，因此在量取时必须在通风橱中进行，并带上防护手套。如不慎触及皮肤，应立即用水冲洗，再用甘油涂抹后涂上油膏。量取溴的一个简便方法：先将溴加到放在铁圈上的滴液漏斗中，再根据需要的量滴到量筒中。

4. 溴加入速度要慢，过快则反应剧烈，二溴苯产量增加，同时由于较多的溴和苯随溴化氢逸出而降低溴苯产量。

六、注释

[1] 可间歇停止搅拌，以观察反应液是否微沸。

[2] 本实验也可用水蒸气蒸馏法纯化，收集最初蒸出的油状物（含苯、溴苯及水），直到冷凝管中有对二溴苯结晶出现为止，再换另一个接受器，至不再有二溴苯蒸出为止。此法的优点：①溴苯与二溴苯的分离比较彻底；②溶于溴苯的溴在水蒸气蒸馏时大部分进入水层，因此溴苯层就不必再用稀碱液洗涤。其缺点是操作时间较长。

[3] 水洗涤主要是除去三溴化铁、溴化氢及部分溴。如未洗涤完全，则用氢氧化钠溶液洗涤时，会产生胶状的氢氧化铁沉淀，难以清晰分层。

[4] 由于溴在水中溶解度不大，需用氢氧化钠溶液将其洗去。

[5] 蒸馏残液中含有邻二溴苯与对二溴苯，提纯对二溴苯的方法：将残液趁热倒在表面皿上，凝固后用滤纸吸去邻二溴苯，固体用乙醇重结晶，即将固体置于 25mL 锥形瓶中，在热水浴加热下滴入乙醇，直至固体全部溶解后，再多加乙醇 0.5～1mL，稍冷后，加少许活性炭，在水浴上微热半分钟，然后用置有折叠滤纸的小漏斗过滤，滤液冷却后即析出白色片状结晶，用玻璃钉漏斗和抽滤管抽气过滤，产物干燥后测熔点。纯粹对二溴苯的熔点为 87.33℃。

七、思考题

1. 在本实验中，如何尽量减少二溴化物的生成？在本实验中如果生成 5g 二溴化物，那么溴苯的最高产量是多少？

2. 在实验室中操作类似溴这样一些具有腐蚀和刺激性的药品时，应注意什么事项？

一旦皮肤沾到溴，应如何处理？

3. 氯、溴、碘同苯反应的速度快慢次序如何？为什么？

实验二十七　1-氟-4-硝基苯的制备

一、实验目的

1. 掌握在芳环上引入氟的方法。
2. 掌握低温反应的操作要领。

二、实验原理

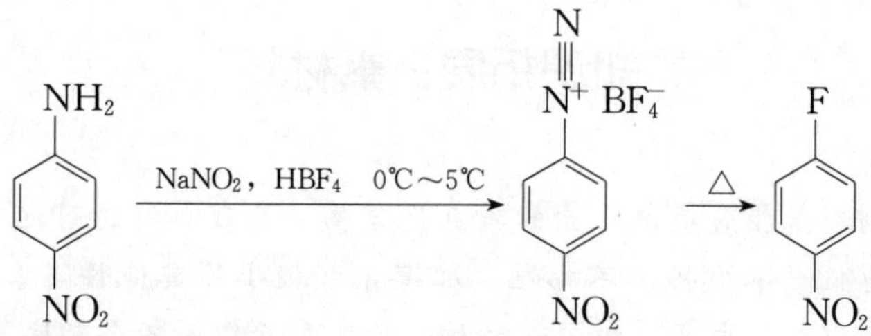

本实验通过对硝基苯胺与亚硝酸钠、氟硼酸作用，在低温下合成重氮盐，然后小心加热，分解重氮盐得产品。因为有强吸电子基团的存在，本反应的产率不是很理想。

三、仪器及试剂

仪器：小烧杯、玻璃棒、砂芯漏斗、红外灯、酒精灯、圆底烧瓶、球形冷凝管、尾气吸收装置、层析柱。

试剂：对硝基苯胺、氟硼酸、石油醚、乙酸乙酯、亚硝酸钠、硅胶（200 目）、乙醇。

四、实验步骤

在小烧杯中加入对硝基苯胺（8.70g，63mmol）和 48％的氟硼酸（27.5mL），室温下搅拌 30min，然后将反应液冷却到 0℃，滴加 $NaNO_2$（4.25g，63mmol）和 H_2O（8.5mL）配成的冷溶液，滴加过程中温度控制在 0℃～5℃范围内。滴加完毕后，再搅拌 10min，用砂心漏斗过滤，无水乙醇洗涤 2 次，乙醚洗涤 4 次，在红外灯下小心干燥，得对硝基苯胺的氟硼酸重氮盐。

在圆底烧瓶上加球形冷凝管和尾气吸收装置，在此装置中加入对硝基苯胺的氟硼酸重氮盐和硅胶*（100～200 目，20g），充分混匀后，用酒精灯小心加热，该分解反应十分剧烈，一旦开始分解，立即移开酒精灯，如此重复至分解完全。用乙酸乙酯萃取反应混合物，蒸去乙酸乙酯后的残留物经硅胶柱分离，石油醚/乙酸乙酯为洗脱液，制得 1-氟-4-硝基苯。

五、注意事项

1. 制备重氮盐时，反应温度要严格控制在 0℃～5℃ 范围内。
2. 重氮盐分解反应十分剧烈，应严格按操作步骤进行。

六、注释

＊加入硅胶的目的是防止反应过于剧烈。

七、思考题

1. 本实验可不可以通过 Sandmeyer 制备？如果不行，请说明原因。
2. 用什么办法可以降低重氮盐分解反应的剧烈程度？

知识拓展：氟材料

新型有机氟材料是指含有氟元素的碳氢化合物，具有卓越的耐化学性和热稳定性，还具有优良的介电性、不燃性、不粘性、摩擦系数极小等其他许多合成材料所不及的优点，可广泛用于军工、电子、电器、机械、化工、纺织等各个领域。

从其性能和用途来分，有机氟材料可分含氟烷烃、含氟聚合物及其加工产品和含氟精细化学品。

1. 含氟烷烃

含氟烷烃以氟利昂为代表。氟利昂主要是氟化的甲烷和乙烷，也可以含氯或溴。这类化合物多数为气体或低沸点液体，不燃，化学稳定，耐热，低毒。主要用作制冷剂、喷雾剂等，最常用的是氟利昂—11（$CFCl_3$）和氟利昂—12（CF_2Cl_2）。也是重要的含氟化工原料或溶剂，如二氟氯甲烷用于合成四氟乙烯；1,1,2-三氟三氯乙烷用于合成三氟氯乙烯，也是优良的溶剂。含氟碘代烷如三氟碘甲烷等为重要的合成中间体。一些低分子含氟烷烃和含氟醚具有麻醉作用，并有不燃、低毒的优点，可用作吸入麻醉剂，例如1,1,1-三氟-2-氯-2-溴乙烷（俗称氟烷）已广泛用于临床。

2. 含氟聚合物及其加工产品

含氟聚合物及其加工产品主要有氟塑料、氟橡胶和氟涂料。

氟塑料主要产品包括：①聚四氟乙烯［PTFE，F4］是目前耐腐蚀性能最佳材料之一，它耐强酸、强碱、强氧化剂等，有"塑料王"之称。可制成管材、板材、棒材、薄膜及轴承、垫圈等零件，广泛应用于电气/电子、化工、航空航天、机械、国防军工等方面。耐热性突出，使用温度为 －200℃～＋250℃，还具有优异的电绝缘性，以及具有不沾着、不吸水、不燃烧等特点。②全氟（乙烯—丙烯）共聚物［FEP，F46］的绝缘性能也相当优良。它具有阻燃性、低发烟性和易加工性，是局域网（LAN）电缆绝缘的理想材料。最高可以耐205℃，可作加热电缆、热电偶以及汽车高温电缆。③乙烯—四氟乙烯共聚物［E－TFE，F40］是最强韧的氟塑料，具有极好的耐擦伤性和耐磨性。主要用于那些既要阻燃、低发烟、耐化学介质，又要耐擦伤性和耐磨性的电线电缆，如汽车、航空电缆和加热电缆。④聚偏氟乙烯［PVDF，F2］是一种结晶型的高聚物，熔点较低，为160℃～170℃；机械强度高，耐磨、耐高温、耐腐蚀、电性能良好，还具有优异的耐候性、抗紫外线、抗辐射性能和加工性能；可做成管、板、棒、薄膜和纤维，主要用于化工设备防腐材料、电子/电器电线、航空电线、光导纤维的外涂层、高介电常数的电容器薄膜和电热带等。

氟橡胶具有耐高温、耐油及耐多种化学药品侵蚀，以及机械强度高、密封性能好等特点，是现代航空、导弹、火箭、宇宙航空等尖端科学技术不可缺少的材料。近年，随着汽车工业对可靠性、安全性等要求的不断提升，氟橡胶在汽车中的用量也迅速增长。

氟涂料目前仍以三氟氯乙烯共聚物［FEVE］涂料为主，是20世纪80年代出现的新型有机溶剂型氟涂料，在室温下可通过刷涂、辊涂、喷涂等普通涂装方法，涂覆在各种基材表面，不仅耐候性优异，而且耐溶剂、耐酸碱等防腐蚀性优良，还能改善颜料分散性和溶剂可溶性，具有极佳的装饰性，在飞机、跨海大桥、新干线列车、交通车辆、建筑钢结构、户外大型构筑物等领域得到了广泛的应用。随着社会环保意识增强，各国对VOC含量的限制日益严格，开发水性氟涂料已成为氟涂料发展趋势和方向。

3. 含氟精细化学品

含氟精细化学品主要有含氟中间体（芳香族氟化物和脂肪族氟化物）、含氟医药、含氟农药、含氟表面活性剂等。芳香族氟化物是合成医药、农药和染料的重要中间体，目前研制开发出来的芳香族氟化物有十几大类，近千个品种。这些氟化物绝大多数在欧、美、日工业化生产，在我国仅氟苯类、三氟甲苯类、氟氯苯类、氟苯胺类化合物等有批量生产。含氟医药的疗效比一般药物强好几倍，开发最为活跃。目前世界上已商品化和正在开发的含氟医药有近百种。含氟农药有除草剂和氟蚜螨、除虫脲、含氟拟除虫菊酯等杀虫剂。含氟表面活性剂和含氟化合物处理剂已广泛用作电子元件清洗剂、防雾剂、脱模剂和丝绸纺织工业的匀染剂、金属光泽处理添加剂等。

4.3　醇的制备

实验室制醇的途径主要可归纳为两类，一类是以烯烃为原料，碳碳双键加成反应产生羟基，另一类是以羰基化合物为原料，对碳氧双键进行加成得到产物醇。

1. 由烯烃制备

（1）烯烃硼氢化反应

$$RCH{=}CH_2 \xrightarrow{(BH_3)_2} (RCH_2CH_2)_3B \xrightarrow{H_2O,\ OH^-} RCH_2CH_2OH$$

（2）烯烃水合

直接水合：$H_2C{=}CHCH_3 + H_2O \xrightarrow[300℃,\ 10MPa]{H_3PO_4} CH_3\underset{\underset{OH}{|}}{C}HCH_3$

间接水合：

$$H_3C-\underset{CH_3}{\overset{CH_3}{C}}=CH_2 \xrightarrow{H_2SO_4} H_3C-\underset{OSO_3H}{\overset{CH_3}{\underset{|}{C}}}-CH_3 \xrightarrow{H_2O} H_3C-\underset{OH}{\overset{CH_3}{\underset{|}{C}}}-CH_3$$

（3）烯烃羟汞化—还原反应

$$\underset{羟汞化}{\xrightarrow{Hg(OAc)_2 \cdot H_2O}} \underset{OH\ HgOAc}{} \underset{脱汞}{\xrightarrow{HaBH_4,OH^-}} \underset{OH\ H}{}$$

2. 由羰基化合物制备

（1）格氏试剂与醛、酮及环氧化合物加成、水解

$$H-\underset{H}{\overset{H}{C}}=O + RMgX \longrightarrow R-\underset{H}{\overset{H}{\underset{|}{C}}}-OMgX \xrightarrow{H_3O^+} R-\underset{H}{\overset{H}{\underset{|}{C}}}-OH$$
伯醇

$$R-\underset{}{\overset{H}{C}}=O + R'MgX \longrightarrow R-\underset{R'}{\overset{H}{\underset{|}{C}}}-OMgX \xrightarrow{H_3O^+} R-\underset{R'}{\overset{H}{\underset{|}{C}}}-OH$$
仲醇

$$R-\underset{}{\overset{R}{C}}=O + R'MgX \longrightarrow R-\underset{R'}{\overset{R}{\underset{|}{C}}}-OMgX \xrightarrow{H_3O^+} R-\underset{R'}{\overset{H}{\underset{|}{C}}}-OH$$
叔醇

$$CH_3CH_2MgBr + \underset{O}{H_2C-CH_2} \xrightarrow[H^+]{H_2O} CH_3CH_2CH_2CH_2OH$$

（2）羰基化合物还原

$$R-\overset{H}{\underset{}{C}}=O + H_2 \xrightarrow{Ni} RCH_2OH$$

$$R-\overset{R'}{\underset{}{C}}=O + H_2 \xrightarrow{Ni} RCHOH$$

$$CH_2CH=CHCHO \xrightarrow[orNaBH_4]{LiAlH_4} CH_2CH=CHCH_2OH$$

3. 卤代烃水解

当卤代烃比醇容易得到时常用此法，如由烯丙基氯合成烯丙醇。

$$H_2C=CH-CH_2Cl \xrightarrow{Na_2CO_3 溶液} H_2C=CH-CH_2OH$$

4. Henry 反应

Henry 反应是一类非常重要的有机反应，产物 β-硝基醇是重要的有机合成中间体，可以进一步转化为许多重要的产物，比如还原得到 β-氨基醇、脱水得到硝基的烯烃化合物、氧化得到硝基的羰基化合物，因而被广泛地应用于各类医药中间体和天然产物的合成。由于其重要性，Henry 反应引起了国内外广大化学工作者的极大兴趣。

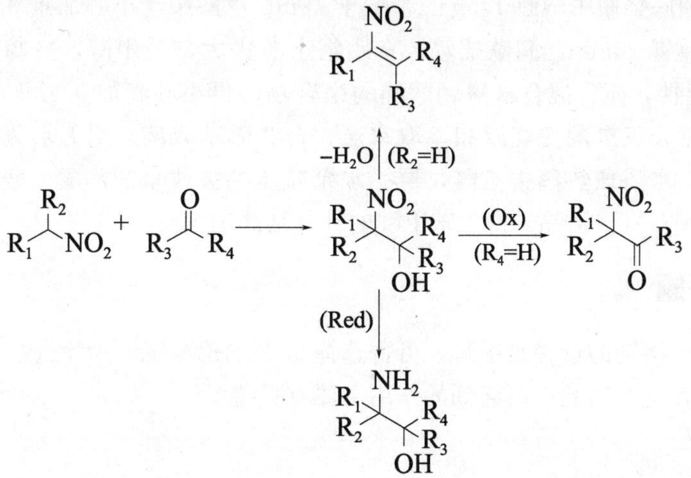

$$
R_1CH(R_2)NO_2 + R_3COR_4 \longrightarrow
$$

实验二十八 二苯甲醇的制备

一、实验目的

1. 掌握由 $NaBH_4$ 还原二苯甲酮制备二苯甲醇的方法。

2. 了解酮的还原反应机理、还原剂的种类及特点。

二、实验原理

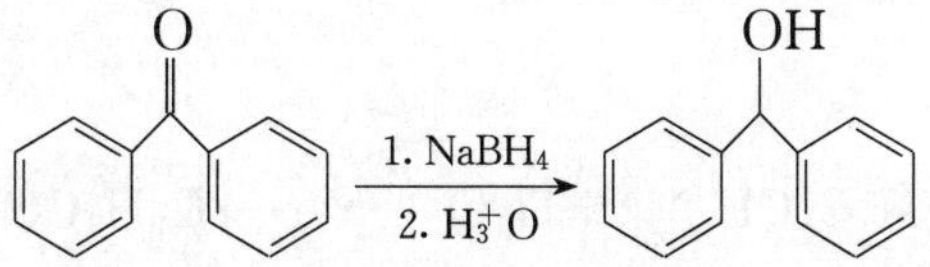

$$
Ph_2C=O \xrightarrow[\text{2. } H_3^+O]{\text{1. } NaBH_4} Ph_2CHOH
$$

该反应副反应较多，在氢氧根和乙氧负离子的亲核作用下，能生成 $Ph_2C(OH)_2Ph$ 和 $Ph_2C(OH)OC_2H_5$，也可能发生苯环上的亲核取代反应生成酚和芳醚。二苯酮可以通过多种还原剂还原，得到二苯甲醇。在碱性溶液中用锌粉还原，是制备二苯甲醇的常用方法，适用于中等规模的实验室制备；对于少量合成，硼氢化钠是更理想的试剂。硼氢化钠是一个选择性地将醛酮还原为相应醇的负氢试剂，它操作方便，反应可在醇溶液中进行，1mol 硼氢化钠理论上能还原 4mol 醛酮。

三、仪器及试剂

仪器：三颈瓶、温度计、球形冷凝管、搅拌器。

试剂：二苯酮、硼氢化钠、甲醇、乙醚、石油醚（60℃～90℃）、浓盐酸。

四、实验步骤

在 50mL 圆底烧瓶中溶解 1.5g 二苯酮于 20mL 甲醇中，小心加入 0.4g 硼氢化钠，混匀，在室温放置 20min，间歇摇动；在水浴上蒸去大部分甲醇，冷却，将残液倒入 40mL 水中，搅拌，充分混合水解硼酸酯的络合物；再小心滴加 0.5mL 浓盐酸后，每次用 10mL 乙醚分三次涮洗烧瓶和萃取水层，合并醚萃取液，用无水硫酸镁干燥。过滤除去硫酸镁，水浴加热蒸去乙醚，再用水泵减压抽去残余的乙醚，残渣用 15mL 石油醚（60℃～90℃）重结晶，得二苯甲醇的针状结晶约 1g。

五、思考题

1. 此实验中溶剂的选择是甲醇，可否选择 95％的乙醇呢？为什么？
2. 浓盐酸在这个实验中所起到的作用主要有哪些?

实验二十九　2-甲基-2-己醇的制备

一、实验目的

1. 了解格氏试剂在有机合成中的应用，掌握其制备原理和方法。
2. 学习电动搅拌机的安装和使用，巩固回流、萃取、蒸馏等操作。

二、实验原理

$$n-C_4H_9Br+Mg \xrightarrow{\text{无水乙醚}} n-C_4H_9MgBr$$

$$n-C_4H_9MgBr+CH_3COCH_3 \xrightarrow{\text{无水乙醚}} n-C_4H_9\underset{\underset{OMgBr}{|}}{C}(CH_3)_2$$

$$n-C_4H_9\underset{\underset{OMgBr}{|}}{C}(CH_3)_2 +H_2O \xrightarrow{H^+} n-C_4H_9\underset{\underset{OH}{|}}{C}(CH_3)_2$$

以 1-溴丁烷为原料、乙醚为溶剂制备 Grignard 试剂，再与丙酮发生加成后水解，制备 2-甲基-2-己醇。格氏反应必须在无水、无氧、无活泼氢条件下进行。

三、仪器及试剂

仪器：圆底烧瓶（100mL）、水银温度计（150℃）、回流管、吸滤瓶、布氏漏斗、

TLC 板。

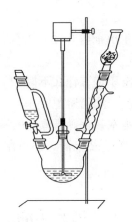

试剂：二苯甲酮、NaBH₄、环己烷、乙酸乙酯、10％HCl。

四、实验步骤

1. 制备正丁基溴化镁。

在 250mL 三颈瓶上装搅拌器、冷凝管及滴液漏斗，冷凝管上口装上氯化钙干燥管。向三颈瓶内投 3.1g 镁屑、15mL 无水乙醚及一粒碘；滴液漏斗中混合 13.5mL 正溴丁烷和 15mL 无水乙醚。向瓶内滴约 5mL 混合液，数分钟后溶液微沸，碘颜色消失。若不发生反应，可温水加热。反应开始剧烈，必要时可冷水冷却，缓和后，自冷凝管上端加 25mL 无水乙醚，搅拌，滴入剩余正溴丁烷－无水乙醚混合液，控制滴速维持反应液微沸。滴完后，在热水浴上回流 20min，使镁条几乎作用完全。

2. 制备 2-甲基-2-己醇。

将制好的 Grignard 试剂在冰水冷却和搅拌下，自恒压漏斗滴入 10mL 丙酮和 15mL 无水乙醚混合液，控制滴速，勿使反应过猛。加完后，室温下继续搅 15min，反应瓶在冰水冷却和搅拌下，自恒压漏斗中分批加入 100mL 10％的冷的硫酸溶液，分解上述加成产物。将溶液倒入分液漏斗，分出醚层，水层每次用 25mL 乙醚萃取两次，合并醚层，用 30mL 5％碳酸钠洗涤一次。以无水碳酸钾干燥，将干燥后的粗产物醚溶液滤到小烧瓶中，温水浴蒸去乙醚，再在电热套上直接加热蒸出产品，收集 137℃～141℃馏分，产量 7～8g。本实验约需 6h。

五、注意事项

1. 制备 Grignard 试剂所需的仪器、药品必须干燥。

2. 乙醚易挥发，易燃，忌用明火，注意通风。

3. 2-甲基-2-己醇与水形成共沸物，合理使用干燥剂（0.5～1g/10mL）彻底干燥，否则前馏分将增加。

4. 控制滴加速度，使反应保持微沸状态。

5. 为使开始正溴丁烷局部浓度大，易于反应，搅拌在反应开始后进行。

六、思考题

1. 将格氏试剂与丙酮加成物水解前各步中，为何用的药品仪器须干燥？采取了什么措施？

2. 反应开始前，加入大量正溴丁烷有什么不好？

3. 本实验有哪些可能的副反应？如何避免？

4. 为何得到的粗产物不能用无水氯化钙干燥？实验中用过哪几种干燥剂？

5. 用 Grignard 试剂法制备 2-甲基-2-己醇，还可用什么原料？写出反应式，并比较几种不同路线。

实验三十　三苯甲醇的制备

一、实验目的

1. 掌握制备三苯甲醇的原理和方法。
2. 熟悉恒压漏斗及磁力加热搅拌器的使用。
3. 掌握水蒸气蒸馏装置的安装和使用以及其注意事项。

二、实验原理

$$\underset{\text{（二苯甲酮）}}{\text{C}_6\text{H}_5\text{COC}_6\text{H}_5} + \underset{\text{（苯基溴化镁）}}{\text{C}_6\text{H}_5\text{MgBr}} \xrightarrow{\text{无}} (\text{C}_6\text{H}_5)_3\text{C}-\text{OMgBr}$$

$$\xrightarrow{\text{NH}_4\text{Cl，H}_2\text{O}} (\text{C}_6\text{H}_5)_3\text{C}-\text{OH}$$

三、仪器及试剂

仪器：三颈瓶、恒压漏斗、回流管、蒸馏装置、抽滤装置。

试剂：溴苯、二苯甲酮、镁、无水乙醚、冰、碘、饱和氯化铵溶液、石油醚、95％乙醇。

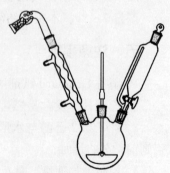

四、实验步骤

1. 合成格氏试剂。

0.75g 镁屑和 1 小粒碘加入三颈瓶，装好装置，在恒压漏斗[1]中加入 3.2mL 溴苯和 15mL 乙醚混匀，先加入 1/3 混合溶液，搅拌，看是否鼓泡，并轻微浑浊。碘颜色开始消失若不鼓泡，可用手温热，待反应开始（鼓泡），停止加热。开始缓慢滴加混合液（1 滴/2～3s，滴加过快会使副产物联苯增多，镁反应不完），滴完后，40℃左右水浴回流 30min，至镁屑基本反应完全，停止加热，冷却至常温，塞好塞子放好，待用。

2. 制备三苯甲醇。

将 5.5g 二苯酮与 15mL 乙醚在恒压漏斗中混匀，在冰水浴条件下慢慢滴加到制备的格氏试剂中，滴完后，40℃左右水浴回流 0.5h，加入 20mL 饱和氯化铵溶液，冷却，放好，待提纯。

3. 提纯。

先在 40℃左右水浴蒸馏除去大部分乙醚（接受瓶可放在水浴或冰水浴中），然后水蒸气蒸馏[2]除去溴苯、联苯等副产物，冷却，抽滤，干燥，称重。

五、注意事项

1. 格氏试剂非常活泼，操作中应严格控制水气进入反应体系，所使用的仪器均须干燥。

2. 反应不可过剧，否则乙醚会从冷凝管上口冲出。

3. 水蒸气蒸馏时调节火焰，控制蒸馏速度 2～3 滴/s，并时刻注意安全管内水柱高度。

六、注释

[1] 由于乙醚具有很强的挥发性，所以使用恒压漏斗滴加混合物。
[2] 也可采取加入 10mL 石油醚的方法代替水蒸气蒸馏。

七、思考题

1. 实验在将 Grignard 试剂加成物水解前的各步中，为什么使用的药品仪器均要绝对干燥？采取了什么措施？

2. 本实验中溴苯加入太快或一次加入，有什么不好？

3. 如二苯酮和乙醚中含有乙醇，对反应有何影响？

实验三十一　苯甲醇和苯甲酸的制备

一、实验目的

1. 掌握 Cannizzaro 反应制备苯甲酸和苯甲醇的原理与方法。

2. 通过萃取分离粗产物，熟练掌握洗涤、蒸馏及重结晶等纯化技术。

二、基本原理

无 α-H 的醛在浓碱溶液中发生歧化反应，一分子醛被氧化成羧酸，另一分子醛则被还原成醇，此反应称 Cannizzaro 反应。化学家斯塔尼斯拉奥·坎尼扎罗通过用草木灰处理苯甲醛，得到了苯甲酸和苯甲醇，首先发现了这个反应，反应名称也由此得来。

坎尼扎罗反应中常用的醛有芳香醛（如苯甲醛）和甲醛。对于有活泼氢的醛来说，碱会夺取活泼氢，从而发生羟醛缩合反应，降低坎尼扎罗反应的收率。分子内的坎尼扎罗反应也是可以发生的，有时产物羟基酸可以进一步失水环化生成内酯。

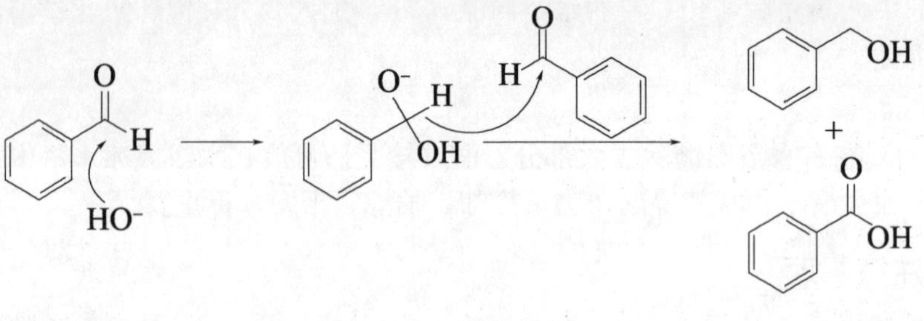

本实验采用苯甲醛在浓氢氧化钠溶液中发生坎尼扎罗反应，制备苯甲醇和苯甲酸。
反应式：

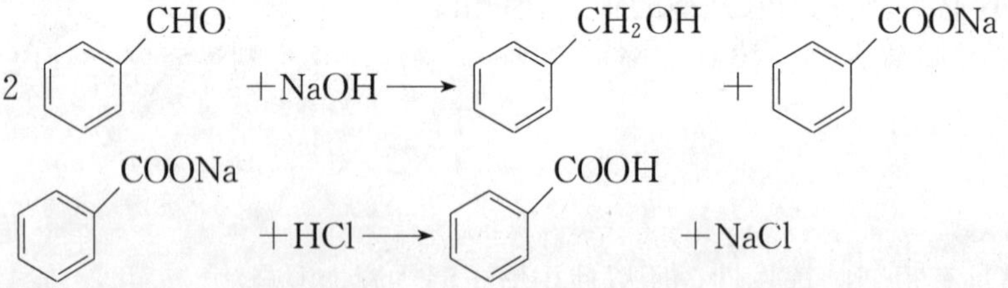

三、仪器及试剂

仪器：250mL 三颈瓶、球形冷凝管、分液漏斗、直形冷凝管、蒸馏头、温度计套管、温度计、支管接引管、锥形瓶、空心塞、量筒、烧杯、布氏漏斗、吸滤瓶、表面皿、红外灯、机械搅拌器。

试剂：苯甲醛、氢氧化钠、浓盐酸、乙醚、饱和亚硫酸氢钠溶液、10% 碳酸钠溶液、无水硫酸镁。

四、实验步骤

在 250mL 三颈瓶上安装搅拌装置和回流冷凝管。加入 8g 氢氧化钠和 30mL 水，搅拌，溶解，稍冷，加入 10mL 新蒸过的苯甲醛，加热回流约 40min。停止加热，从球形冷凝管上口缓缓加入冷水 20mL，摇动均匀，冷却至室温，用 10mL 乙醚萃取三次，水层保留待用，合并三次乙醚萃取液，依次用 5mL 饱和亚硫酸氢钠、10mL 10% 碳酸钠和 10mL 水洗涤，分出醚层，倒入干燥的锥形瓶，加无水硫酸镁干燥。

　　安装蒸馏装置，缓缓加热蒸出乙醚；当温度升到140℃时改用空气冷凝管，收集198℃～204℃的馏分，量体积，计算产率。

　　将保留的水层慢慢地加入到盛有30mL浓盐酸和30mL水的混合物中，同时用玻璃棒搅拌，析出白色固体；冷却，抽滤，得到粗苯甲酸。粗苯甲酸用水做溶剂重结晶*，产品在红外灯下干燥后称重，计算产率。

五、注意事项

　　1. 本实验需要用乙醚，而乙醚极易着火，应避免明火。

　　2. 蒸乙醚时可在接引管支管上连接一长橡皮管通入水槽的下水管内或引出室外，接受器用冷水浴冷却。

　　3. 重结晶时需加活性炭脱色。

六、注释

　　* 重结晶提纯苯甲酸可用水做溶剂，苯甲酸在水中的溶解度为：80℃时，每100mL水中可溶解苯甲酸2.2g。

七、思考题

　　1. 试比较Cannizzaro反应与羟醛缩合反应在醛的结构上有何不同。

　　2. 乙醚萃取后剩余的水溶液，用浓盐酸酸化到中性是否最恰当？为什么？

　　3. 为什么要用新蒸过的苯甲醛？长期放置的苯甲醛含有什么杂质？如不除去，对本实验有何影响？

实验三十二　呋喃甲醇和呋喃甲酸的制备

一、实验目的

　　1. 学习由呋喃甲醛制备呋喃甲醇和呋喃甲酸的原理和方法。

　　2. 进一步巩固萃取、蒸馏、重结晶等基本操作。

二、基本原理

　　在浓的强碱作用下，不含α-活泼氢的醛类可以发生分子间自身氧化还原反应，一分子醛被氧化成酸，而另一分子醛则被还原为醇，此反应称为坎尼扎罗反应。在坎尼扎罗反应中，通常使用50%的浓碱，其中碱的物质的量比醛的物质的量多一倍以上，否则反应不完全，未反应的醛与生成的醇混在一起，通过一般蒸馏很难分离。

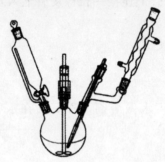

三、仪器及试剂

仪器：烧杯、滴液漏斗、分液漏斗、三角烧瓶、蒸馏烧瓶、三颈瓶、温度计、磁子、电磁加热套、温度计套管、尾接管、锥形瓶。

试剂：呋喃甲醛、氢氧化钠、乙醚、盐酸、无水硫酸镁、刚果红试纸。

四、实验步骤

在 50mL 烧杯中加入 3.28mL（3.8g，0.04mol）呋喃甲醛，并用冰水冷却；另取 1.6g 氢氧化钠溶于 2.4mL 水中，冷却，在搅拌下滴加氢氧化钠水溶液于呋喃甲醛中，滴加过程必须保持反应混合物温度在 8℃～12℃之间，加完后，保持此温度继续搅拌 40min，得黄色浆状物。

在搅拌下向反应混合物加入适量水（约 5mL），使其恰好完全溶解，得暗红色溶液，将溶液转入分液漏斗中，用乙醚萃取（3mL×4），合并萃取液，用无水硫酸镁干燥后，先在水浴中蒸去乙醚，然后在石棉网上加热蒸馏，使用空气冷凝管收集 169℃～172℃馏分[1]，产量为 1.2～1.4g。

在乙醚提取后的水溶液中慢慢滴加浓盐酸，搅拌，滴至刚果红试剂变蓝[2]（约 1mL），冷却，结晶，抽滤，产物用少量冷水洗涤，抽干后，收集粗产物，用水重结晶，得白色针状呋喃甲酸，产量约 1.5g。

五、注意事项

1. 控制反应温度在 8℃～12℃之间。若温度高于 12℃，反应难以控制，反应物易变成深红色；若温度过低，则反应过慢，氢氧化钠会剩余，影响产量及纯度。

2. 由于氧化还原是在两相间进行的，必须充分搅拌。

六、注释

[1] 呋喃甲醇也可用减压蒸馏收集 88℃/4.666kPa 的馏分。

［2］酸要加够，pH＝3 左右，使呋喃甲酸充分游离出来，以保证呋喃甲酸的收率。

七、思考题

1. 乙醚萃取后的水溶液用盐酸酸化，为什么要用刚果红试纸？如不用刚果红试纸，怎样知道酸化是否恰当？
2. 本实验根据什么原理来分离呋喃甲酸和呋喃甲醇？

实验三十三　交叉 Cannizzaro 反应制备香料洋茉莉醇

一、实验目的

1. 理解 Cannizzaro 反应制备洋茉莉醇的原理和方法。
2. 通过萃取分离粗产物，熟练掌握洗涤、蒸馏及重结晶等纯化技术。
3. 掌握低沸点、易燃有机溶剂的蒸馏操作。

二、实验原理

交叉坎尼扎罗反应是坎尼扎罗反应的一种类型：两种不同的不含 α-氢的醛，在碱性条件下发生交叉氧化还原反应。这样的反应常会产生多种产物，没有制备价值。但如果其中一个醛为甲醛，则其总是自身被氧化为甲酸（因为甲醛还原性最强），而另一个反应物被还原为醇，这样的反应有制备价值。例如，工业上制取季戊四醇就是用的这个方法：

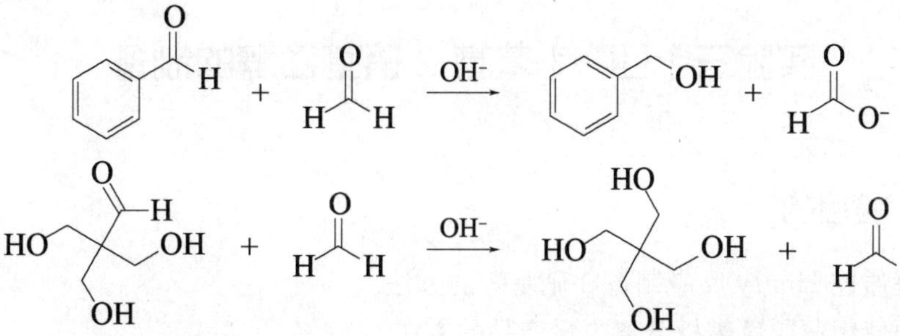

本实验以洋茉莉醛和甲醛为反应物，在浓氢氧化钠作用下生成洋茉莉醇。反应式：

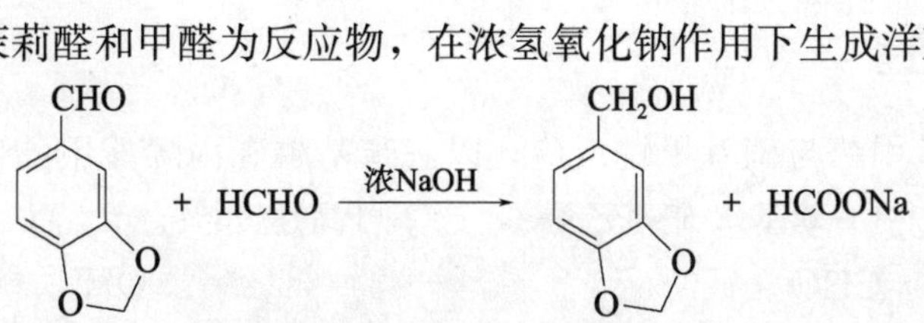

三、仪器及试剂

仪器：锥形瓶、圆底烧瓶、直形冷凝管、接引管、接受器、蒸馏头、温度计、分液漏斗、烧杯、短颈漏斗、玻璃棒、布氏漏斗、吸滤瓶。

试剂：洋茉莉醛、甲醛、甲醇、50％氢氧化钠、浓盐酸、乙醚、饱和亚硫酸氢钠、10％碳酸钠、无水硫酸镁。

四、操作步骤

在 150mL 锥形瓶中，加入 30mL 50％的氢氧化钠溶液、20mL 甲醛溶液（甲醛含量为 36％～40％）和 40mL 甲醇的混合液，在振荡下，分批加入 15g（0.1mol）洋茉莉醛，每加一次后，都应用力摇动锥形瓶，使反应物混合均匀，若温度过高，可将锥形瓶放入冷水浴中冷却片刻，最后反应物应变成白色细粒的糊状物，塞紧瓶塞，放置过夜。

反应物中加入 60～70mL 水，用力振荡或微热片刻使之完全溶解，冷却后倒入分液漏斗，用 48mL 乙醚分三次提取洋茉莉醇，合并上层的乙醚提取液，分别用 8mL 饱和亚硫酸氢钠、16mL 10％碳酸钠、16mL 水洗涤，用无水硫酸镁干燥；将干燥的提取液滤入 100mL 圆底烧瓶，水浴加热蒸出乙醚，减压蒸馏，收集馏分，产量约 7g。

五、注意事项

1. 使用浓碱时，操作要小心，不要沾到皮肤上。
2. 反应物要充分混合，否则对产率的影响很大。
3. 蒸馏乙醚时严禁使用明火，实验室内也不准有他人在使用明火。

六、思考题

1. 减压蒸馏的目的是什么？
2. 萃取时破除乳化现象常用的方法有哪些?

实验三十四 1-苯基-2-硝基乙醇的制备

一、实验目的

1. 掌握通过 Henry 反应制备 β-硝基醇的方法。
2. 学习使用薄层色谱板分离少量产品的方法。

二、实验原理

本实验通过苯甲醛与硝基甲烷反应，以三苯基膦和丙烯酸甲酯作为催化剂，在室温下合成 β-硝基醇（1-苯基-2-硝基乙醇），产率可高达 98％。

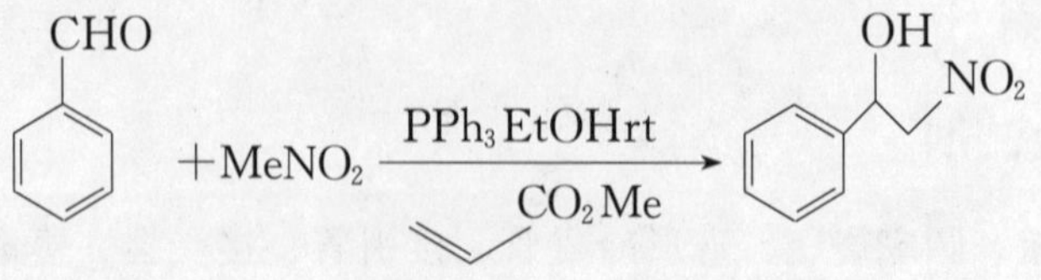

三、仪器及试剂

仪器：试管、搅拌子、搅拌器、薄层硅胶板。

试剂：苯甲醛、硝基甲烷、三苯基膦、丙烯酸甲酯、乙醇。

四、实验步骤

在试管中加入含有苯甲醛（53.6mg，0.50mmol）的乙醇（0.050mL）溶液，然后向试管中加入硝基甲烷（61.0mg，1.00mmol）以及催化剂三苯基膦（13.1mg，0.050mmol）和丙烯酸甲酯（4.4mg，4.6mL，0.050mol），室温下搅拌，反应用 TLC 检测，待反应不再进行后，直接用薄层色谱板分离（溶剂：石油醚：乙酸乙酯＝5：1），得到 1-苯基-2-硝基乙醇。

五、注意事项

本实验是微型实验，要小心操作，防止产品意外损失。

六、思考题

1. 请写出本反应的反应机理。
2. 吸电子基团和供电子基团对本反应各有什么影响？

知识拓展：格利雅和格氏试剂

1849 年英国有机化学家 Frankland 发现二甲基锌烷可用作烷基化试剂合成叔醇、酮、羧酸化合物，但有机锌数量小，不稳定。1899 年格利雅的导师 P. A. Barbier 利用异辛酮和碘甲烷在金属镁的存在下反应，经水解得到醇，但重复性不好。1900 年开始格利雅专注这项研究，认为镁比锌电负性小，应具有更高的反应活性，进行相同的化学反应更容易。将镁和氯代烷在无水乙醚中反应，得到化合物（RMgX）可溶于乙醚，从而制备一系列金属镁有机化合物。RMgX 遇水分解，易同氧气、二氧化碳反应，因此反应需要在无水无氧条件下进行。但它比制备有机锌的方法，仍具有很多优点，它的操作简便，应用广泛。事实证明，格氏试剂是有机合成中最有用的试剂，得到广泛的应用，极大促进了医药、香料工业的发展。

格利雅 1901 年成功地完成了有机镁化合物（后被称为格氏试剂）研究的博士论文。格氏试剂是有机化学家使用的最有用和最多能的化学试剂之一，它打开了有机金属在各种官能团合成的新领域，使人们大量地制造出自然界所没有的、性质更好的各种化合物，因此该试剂在有机化学中占有很重要的地位。

格利雅以格氏试剂的发现，于 1912 年获得诺贝尔化学奖。

有机化学实验

4.4 醚的制备

1. 醇的脱水

$$2CH_3CH_2OH \xrightarrow[140℃]{浓\ H_2SO_4} (CH_3CH_2)_2O$$

该反应过程需要高温（通常在 125℃），还需要酸的催化（通常为硫酸）。此法只能合成一些简单的醚和环醚，对于复杂的醚类特别是不对称醚不太适用。

2. 威廉姆逊法合成醚

$$(CH_3)_3CONa + CH_3CH_2Br \longrightarrow (CH_3)_3C-O-CH_2CH_3$$

卤代烃和醇盐发生亲核取代反应，该反应通过用强碱处理醇，形成醇盐，而后与带有合适离去基团的烃类衍生物反应。这里的离去基团包括碘、溴等卤素，或磺酸酯。该方法限于一级卤代烃能得到较好的收率，对于二级卤代烃与三级卤代烃则由于太易生成 E2 消除产物而不适用。对于芳香卤代烃一般不适用（如溴苯，参见 Ullmann 缩合）。

在相似的反应中，烷基卤代烃还可与酚负离子发生亲核取代反应。R—X 虽不能与醇反应，但酚却能够进行该反应（酚酸性远高于醇），它可通过一个强碱，如氢氧化钠先形成酚负离子再进行反应，形成酚醚为 S_N2 机理。

$$\text{苯基}-ONa + CH_3CH_2I \longrightarrow \text{苯基}-OCH_2CH_3$$

3. Ullmann 二芳醚合成

$$\text{苯基}-Br + NaO-\text{苯基} \xrightarrow[210℃]{Cu} \text{苯基}-O-\text{苯基}$$

Ullmann 二芳醚合成的反应类似于威廉姆逊反应，不同之处在于底物是芳香卤代烃。该反应需要催化剂才能进行，如铜。

4. 醇与烯烃的加成反应

$$CH_2=C(CH_3)_2 + HOCH_3 \xrightarrow{催化剂} (CH_3)_3COCH_3$$

$$RHC=CH_2 \xrightarrow[2.\ NaBH_4]{1.\ Hg\ (OAc)_2/R'OH} RCHCH_3 \atop \quad\quad OR'$$

醇在酸催化下可与烯烃进行加成反应，常用的酸有硫酸、磷酸、Lewis 酸、杂多酸和酸性离子交换树脂等，反应取向遵循马尔科夫尼科夫（Markovnikov）规则。用三氟醋酸汞 [Hg (OCOCF_3)_2] 等在醇中先进行类似于羟汞化的反应，再进行还原即得到相当于醇与烯烃的加成产物，反应生成具有弗拉基米尔·瓦西里耶维奇·马尔科夫尼科夫（Markovnikov）立体化学的醚类。使用相似的反应条件，四氢吡喃醚（THP）可作为一种醇的保护基。

$$CH_3CH_2OH + H_2SO_4 \underset{}{\overset{100℃\sim130℃}{\rightleftharpoons}} CH_3CH_2OSO_2OH + H_2O$$

$$CH_3CH_2OSO_2OH + CH_3CH_2OH \underset{}{\overset{135℃\sim145℃}{\rightleftharpoons}} CH_3CH_2OCH_2CH_3 + H_2SO_4$$

实验三十五　乙醚的制备

一、实验目的

1. 掌握实验制备乙醚的原理和方法。
2. 掌握低沸点易燃物蒸馏的操作要点。

二、实验原理

醚能溶解多数的有机化合物，有些有机反应必须在醚类中进行，例如 Grignard 反应，因此醚是有机合成中常用的溶剂。

反应式：

$$CH_3CH_2OH + H_2SO_4 \underset{}{\overset{100℃\sim130℃}{\rightleftharpoons}} CH_3CH_2OSO_2OH + H_2O$$

$$CH_3CH_2OSO_2OH + CH_3CH_2OH \underset{}{\overset{135℃\sim145℃}{\rightleftharpoons}} CH_3CH_2OCH_2CH_3 + H_2SO_4$$

副反应：

$$CH_3CH_2OH \xrightarrow[170℃]{H_2SO_4} CH_2{=}CH_2 + H_2O$$

$$CH_3CH_2OH + H_2SO_4 \longrightarrow CH_3CHO + SO_2 + 2H_2O$$

$$CH_3CHO + H_2SO_4 \longrightarrow CH_3COOH + SO_2 + 2H_2O$$

三、仪器及试剂

仪器：100mL 三颈烧瓶、滴液漏斗、分液漏斗、温度计、直形冷凝管、接引管、接受器、蒸馏头。

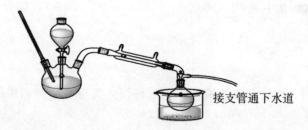

接支管通下水道

试剂：乙醇、浓 H_2SO_4、5％NaOH 溶液、饱和 NaCl 溶液、饱和 $CaCl_2$ 溶液、无水 $CaCl_2$。

四、实验步骤

1. 制备乙醚。

在一干燥的 100mL 三颈烧瓶中，放入 12mL 95％乙醇，在冷水浴冷却下边摇动边缓慢加入 12mL 浓硫酸，并加入 2 粒沸石；在滴液漏中加入 25mL 95％乙醇，漏斗脚末端和水银球必须浸没在液面以下，距离瓶底 0.5～1cm 处；用作接收器的烧瓶应浸入冰水浴中冷却，接引管的支管接上橡皮管通入下水道或室外。

将反应瓶加热，使反应液的温度迅速地上升到 140℃，开始由滴液漏斗慢慢滴加95％乙醇，控制滴入速度与流出速度大致相等（约 1 滴/s），并保持温度在 135℃～140℃之间。待乙醇加完（约需 45min），继续小火加热 10min，直到温度上升到 160℃为止，关闭热源，停止反应。

2. 精制乙醚。

将馏出物倒入分液漏斗，依次用 8mL 5％氢氧化钠溶液、8mL 饱和食盐水洗涤[1]，最后再用 8mL 饱和氯化钙溶液洗涤 2 次，充分静置后将下层氯化钙溶液分出，从分液漏斗上口把乙醚倒入干燥的 50mL 锥形瓶中，用 3g 块状无水氯化钙干燥。装好蒸馏装置，在热水浴上加热蒸馏，收集 33℃～38℃[2]的馏分，产量 7～9g（产率约 35％）。

五、注意事项

1. 控制滴入乙醇的速度与乙醚馏出速度大致相等，因为在 140℃时有乙醚馏出，若滴加过快，不仅乙醇未作用就被蒸出，且使反应液温度骤然下降，减少乙醚的生成。

2. 乙醇能和氯化钙生成醇络合物而被除去。洗涤时要充分振荡，才能把乙醇洗去。

3. 使用或精制乙醚的实验台附近严禁有火种，所以当反应完成拆下作为接受器的蒸馏烧瓶之前必须先灭火，同样，在精制乙醚时的热水浴应在别处预先加热好热水或用恒温水浴锅使其达到所需的温度，绝不能直接用明火加热蒸馏。

六、注释

[1] 用饱和食盐水洗去残留在粗乙醚中的碱及部分乙醇，以免在用饱和氯化钙溶液洗涤时析出氢氧化钙沉淀。用饱和食盐水洗涤，可以降低乙醚在水中的溶解度。

[2] 乙醚与水形成共沸物（沸点 34.15℃，含水 1.26％），馏分中还含有少量乙醇，故沸程较长。

七、思考题

1. 制备乙醚时，为什么将滴液漏斗的末端浸入反应液中？如果不浸入反应液中，将会导致什么后果？

2. 本实验中，如何把混在粗制乙醚里的杂质——除去？应采取哪些措施？

3. 反应温度过高或过低对反应有什么影响？

4. 蒸馏和使用乙醚时，应注意哪些事项？为什么？

实验三十六　正丁醚的制备

一、实验目的

1. 掌握醇分子间脱水制醚的反应原理和实验方法。
2. 学习分水器的实验操作。
3. 巩固分液漏斗的实验操作。

二、实验原理

主反应：

$$2CH_3CH_2CH_2CH_2OH \underset{134℃\sim135℃}{\overset{H_2SO_4}{\rightleftharpoons}} 2(CH_3CH_2CH_2CH_2O) + H_2O$$

副反应：

$$CH_2CH_2CH_2CH_2OH \xrightarrow[>135℃]{H_2SO_4} CH_3CH_2CH=CH_2 + H_2O$$

三、仪器及试剂

仪器：100mL 三颈瓶、滴液漏斗、分液漏斗、温度计、直形冷凝管、接引管、接受器、蒸馏头。

试剂：乙醇、浓 H_2SO_4、5％NaOH、饱和 NaCl、饱和 $CaCl_2$ 溶液、无水 $CaCl_2$。

四、实验步骤

1. 制备正丁醚。

在 100mL 三颈瓶中，加入 12.5g（15.5mL，0.17mol）正丁醇、4g（2.5mL）浓硫酸和几粒沸石，摇匀。一侧颈口装上温度计，温度计水银球插入液面以下，中间颈口装上分水器，分水器的上端接回流冷凝管，先在分水器内放置（V−2）mL 水[1]，第三口用塞子塞紧。

将三颈瓶放在电热套中小火加热至瓶中液体微沸，开始回流。随反应进行，回流液经冷凝管收集于分水器中，回流液中的水沉于下层，有机相积至分水器支管时，返回烧瓶继续反应[2]，约经 1h 后，三颈瓶中反应液温度可为 134℃～136℃[3]，分水器将全部被水充满，表明反应基本完成。若继续加热，则反应液变黑，并有较多副产物丁烯生成。

2. 精制。

方法一：反应液冷却后，连同分水器中的水一起转入盛有 25mL 水的分液漏斗中，充分振摇，静置后弃去下方水层，上层正丁醚[4]粗产品依次用 16mL 50％硫酸[5]分两次洗涤，再用 10mL 水洗涤，用 1g 无水氯化钙干燥。

干燥后的产物滤入蒸馏瓶中蒸馏，收集 140℃～144℃馏分，产量 5～6g（产率约 50%）。

方法二：反应液冷却后，连同分水器中的水一起转入盛有 25mL 水的分液漏斗中，充分振摇，静置后弃去下方水层，上层正丁醚粗产品依次用 10mL 水、6mL 5%氢氧化钠溶液、7mL 水和 7mL 饱和氯化钙溶液洗涤[6]，用 1g 无水氯化钙干燥。

干燥后的产物滤入蒸馏瓶中蒸馏，收集 140℃～144℃馏分，产量 5～6g（产率约 50%）。

五、注意事项

1. 加料时，正丁醇和浓硫酸如不充分摇动混匀，硫酸局部过浓，加热后易使反应溶液变黑。

2. 反应开始回流时，因为有恒沸物的存在，温度不可能马上达到 135℃。但随着水被蒸出，温度逐渐升高，最后达到 135℃，即应停止加热。如果温度升得太高，反应溶液会炭化变黑，并有大量副产物丁烯生成。

3. 在碱洗过程中，不要太剧烈地摇动分液漏斗，否则生成乳浊液，分离困难。

六、注释

[1] 根据理论计算失水体积为 1.5mL，故分水器放满水后先放掉约 2mL 水，V 为分水器的容积。但是实际分出水的体积要略大于理论计算量，因为有单分子脱水的副产物生成。

[2] 含水的恒沸物冷凝后，在分水器中分层。上层主要是正丁醇和正丁醚，下层主要是水。利用分水器可以使分水器上层的有机物流回到反应器中，而将生成的水除去。

[3] 制备正丁醚的较宜温度是 130℃～140℃，但开始回流时，这个温度很难达到，因为正丁醚可与水形成共沸物（沸点 94.1℃，含水 33.4%）；另外，正丁醚与水及正丁醇形成三元共沸物（沸点 90.6℃，含水 29.9%，正丁醇 34.6%），正丁醇也可与水形成共沸物（沸点 93℃，含水 44.5%），故应在 100℃～115℃之间反应半小时之后可达到 130℃。

[4] 正丁醇能溶于 50%硫酸，而正丁醚溶解很少。

[5] 50%硫酸的配制方法：20mL 浓硫酸缓慢加入到 34mL 水中。

[6] 正丁醇溶在饱和氯化钙溶液中，而正丁醚微溶。

七、思考题

1. 如何得知反应已经比较完全？

2. 反应物冷却后为什么要倒入 25mL 水中？各步的洗涤目的何在？

3. 能否用本实验方法由乙醇和 2-丁醇制备乙基仲丁基醚？你认为用什么方法比较好？

4. 如果反应温度过高，反应时间过长，可导致什么结果？

5. 如果最后蒸馏前的粗品中含有丁醇，能否用分馏的方法将它除去？

实验三十七 甲基叔丁基醚的制备

一、实验目的

1. 通过甲基叔丁基醚的合成，掌握均相催化反应技术。
2. 进一步巩固蒸馏、洗涤等基本操作。

二、实验原理

在实验室制备中，甲基叔丁基醚可用威廉森制醚法制取，反应式如下：

$$\underset{\underset{CH_3}{|}}{\overset{\overset{CH_3}{|}}{CH_3CONa}} + CH_3X \longrightarrow \underset{\underset{CH_3}{|}}{\overset{\overset{CH_3}{|}}{CH_3COCH_3}}$$

也可用硫酸脱水法合成，反应式如下：

$$\underset{\underset{CH_3}{|}}{\overset{\overset{CH_3}{|}}{CH_3COH}} + CH_3OH \xrightarrow{15\%H_2SO_4} \underset{\underset{CH_3}{|}}{\overset{\overset{CH_3}{|}}{CH_3COCH_3}} + H_2O$$

副反应：

$$HO-C(CH_3)_3 \xrightarrow{H^+} (CH_3)_2C=CH_2$$

本实验以甲醇和叔丁醇为原料，用硫酸为催化剂，进行均相催化合成甲基叔丁基醚。

三、仪器及试剂

仪器：磁力搅拌器、三颈瓶（250mL）、水浴锅、恒压滴液漏斗（100mL）、温度计、刺形分馏柱、冷凝管。

试剂：甲醇、叔丁醇、硫酸、无水碳酸钠。

四、实验步骤

在250mL三颈瓶上安装磁力搅拌器、恒压滴液漏斗、刺形分馏柱（约20cm长），加入15%硫酸100mL、甲醇35mL、叔丁醇10mL，搅拌并逐渐加热升温，控制反应温度在80℃～85℃范围内，使馏出物温度保持在40℃～60℃，产物缓慢蒸出并收集。约1h后，从恒压滴液漏斗中逐滴滴加另外25mL叔丁醇，1h内滴加完毕，继续收集馏出物，直至无馏出物为止（约2h）。

将馏出液转移到分液漏斗中，用水反复洗涤以除去所含的醇，每次用25mL水。当醇被除掉后，醚层清澈透明，分出醚层，加入少量无水碳酸钠干燥。将干燥后的甲基叔丁基醚进行蒸馏，收集 54℃～56℃的馏分。

五、思考题

叔丁醇的熔点为 25.5℃，当室温低于该温度时，如何能保证叔丁醇从滴液漏斗中逐滴加入？

实验三十八　邻叔丁基对苯二酚的制备

一、实验目的

1. 学习制备邻叔丁基对苯二酚的原理与方法。
2. 熟练电动搅拌、回流、重结晶等实验操作。

二、实验原理

邻叔丁基对苯二酚（TBHQ）是一种新颖的食用抗氧化剂，对植物性油脂抗氧化性有特效，同时还兼有良好的抗细菌、霉菌、酵母菌的能力。

TBHQ 的制备一般以对苯二酚为原料，在酸性催化剂作用下与异丁烯、叔丁醇或甲基叔丁基醚进行烷基化反应，反应混合物经进一步处理得到纯的 TBHQ。常用的催化剂有液体催化剂及固体催化剂。常用的液体催化剂有浓硫酸、磷酸、苯磺酸等，反应一般在水与有机溶剂组成的混合溶剂中进行。常用的固体催化剂有强酸型离子交换树脂（如 Amberlyst－15、拜耳 K－1481）、沸石和活性白土，反应需在环烷烃、芳香烃、脂肪酮等溶剂中进行。

本实验以对苯二酚、叔丁醇为原料，以磷酸为催化剂，在二甲苯溶剂中反应制得 TBHQ，其反应式为：

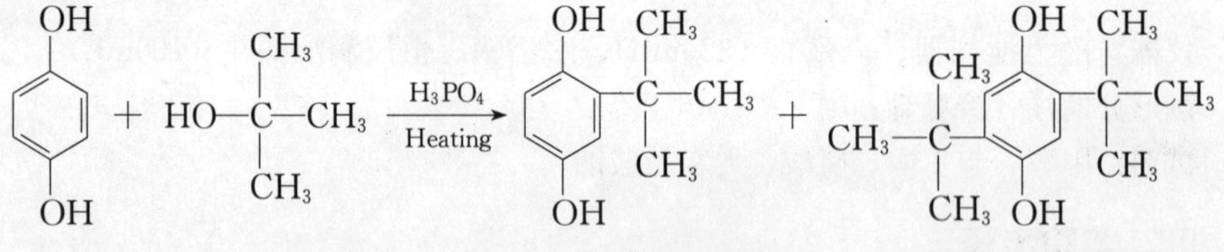

（主产物 TBHQ）　　（副产物 DTBHQ）

对苯二酚烷基化是芳环上的亲电取代反应，叔丁基是推电子基团，上一个叔丁基后，芳环进一步活化，很容易再上另一个叔丁基。由于位阻的关系，本反应的主要副产物是 2,5-二叔丁基对苯二酚，2、6 位与 2、3 位的二叔丁基对苯二酚很少。反应中，叔丁醇要慢慢滴加，以使对苯二酚保持相对过量，减少副反应。

反应实际上是分两步进行的，第一步是生成溶于水的中间产物——醚类，反应很快。第二步是中间产物进行重排，生成邻叔丁基对苯二酚。这步反应则比较困难，需在高温下反应较长时间才能使中间产物充分转化，是整个合成反应的控制步骤。

三、仪器及试剂

仪器：150mL 三颈瓶、二口连接管、温度计、球形冷凝管、滴液漏斗、烧杯、锥形瓶、布氏漏斗、吸滤瓶、表面皿、电动搅拌器、红外灯、红外光谱仪、熔点测定仪。

试剂：叔丁醇、对苯二酚、85％磷酸、二甲苯。

四、实验步骤

在 150mL 三颈瓶上装上温度计、回流冷凝管、搅拌子，依次加入 5.5g 对苯二酚、5.0mL 85％磷酸、20.0mL 二甲苯[1]，缓慢加热到 100℃～110℃，慢慢滴加 7.5mL 叔丁醇和 5mL 二甲苯配成的溶液，滴加过程中温度保持在 100℃～110℃，约 30～60min 滴加完毕，继续加热升温至 135℃～140℃，恒温加热回流 2.5h，缓慢降温至 120℃左右，待无回流液时，停止搅拌。

将反应液趁热迅速倒入盛有 50mL 热水的烧杯中，用少量热水清洗残余反应液，并入烧杯，冷却使之结晶完全，抽滤，得白色粗品[2]。用 25mL 二甲苯重结晶，活性炭脱色，产品在红外灯下干燥，称量，计算产率。

五、注意事项

控制叔丁醇局部浓度不至于过高，减少副产物二叔丁基对苯二酚的生成。

六、注释

[1] 加入二甲苯可去除产品中的二叔丁基对苯二酚，对产品起到初步的净化作用。

[2] 滤液经分离可回收二甲苯和磷酸。

七、思考题

1. 傅氏反应常用的催化剂有哪些？
2. 本实验以二甲苯作溶剂有何好处？

知识拓展：MTBE 与无铅汽油

城市汽车废气造成的环境污染日益严重。传统的有毒含铅汽油将逐步被停止使用，取而代之的是含甲基叔丁基醚（MTBE）、乙基叔丁基醚（ETBE）等的无铅汽油。

甲基叔丁基醚为低沸点液体（55.2℃），主要用作汽油添加剂，代替四乙基铅，提高汽油的辛烷值。它的毒性小，也是一种较理想的溶剂。1985年，Allen等首次报道了用甲基叔丁基醚溶解胆结石的实验，在体外溶解胆结石仅需60～100min，动物试验及临床试验经皮肝穿刺胆囊插管或经内窥镜胆管插管溶解胆囊或胆管结石效果也较满意。

目前生产甲基叔丁基醚的工艺主要由异丁烯和甲醇在低压下通过离子交换树脂催化反应而得，也有用改性沸石或固载杂多酸做催化剂，以异丁烯和甲醇为原料气固相催化合成，其反应为

$$\underset{\underset{CH_3}{|}}{CH_3C=CH_2} + CH_3OH \longrightarrow \underset{\underset{CH_3}{|}}{\overset{\overset{CH_3}{|}}{CH_3COCH_3}}$$

由于MTBE需求量的急剧膨胀，异丁烯原料远远满足不了需求，因此需要开发制取MTBE的非异丁烯原料路线。从甲醇和叔丁醇制取MTBE是一条极有价值的工艺路线，因为叔丁醇很容易通过丁烷氧化得到。国内外大量报道了甲醇和叔丁醇反应制MTBE的醚化催化剂，如ZSM—5、负载的ZSM—5、负载的Y—沸石和用氟磷改性的Y—沸石以及杂多酸盐等。

4.5 醛和酮的制备

1. 由醇制备

实验室最常用的制备醛、酮的方法是将伯醇、仲醇氧化，最重要和常用的氧化剂是六价铬。铬酸氧化醇的过程是放热反应，必须严格控制反应温度以免反应过于剧烈。三价铬导致最终反应混合物呈绿色。

$$CH_3(CH_2)_8CH_2OH \xrightarrow[CH_2Cl_2]{PDC} CH_3(CH_2)_8CHO$$

$$\underset{\underset{R'}{|}}{\overset{\overset{R}{|}}{CH-OH}} \xrightarrow{Cr(VI)} \underset{\underset{R'}{\diagup}}{\overset{R\diagdown}{C=O}}$$

叔醇在通常条件下对铬酸稳定。

工业上常用伯醇、仲醇在铜催化下脱氢生成醛或酮。

$$RCH_2OH \underset{}{\overset{Cu,\,325℃}{\rightleftharpoons}} \underset{醛}{R-\overset{\overset{O}{\|}}{C}-H} + H_2$$

$$\underset{\underset{R}{|}}{\overset{\overset{R}{|}}{CH-OH}} \xrightarrow{Cu,\,325℃} \underset{\underset{R}{\diagup}\,酮}{\overset{R\diagdown}{C=O}} + H_2$$

2 由烃制备

（1）烯烃的氧化

$$\underset{R'}{\overset{R}{>}}C=C\underset{R''}{\overset{H}{<}} \xrightarrow[\text{2. H}_2\text{O, Zn}]{\text{1. O}_3} \underset{R'}{\overset{R}{>}}C=O + O=C\underset{R''}{\overset{H}{<}}$$

$$\text{(CH}_3\text{)}_2\text{C=CHCH}_2\text{CH}_2\text{CH(CH}_3\text{)CH}_2\text{CH}_3 \xrightarrow[\text{2. H}_2\text{O, Zn}]{\text{1. O}_3} \underset{\text{O}}{\text{CH}_3\text{CCH}_3} + \underset{\text{O}}{\text{HCCH}_2\text{CH}_2\overset{\text{CH}_3}{\text{CHCH}_2\text{CH}_3}}$$

（2）取代芳烃的氧化

$$\underset{\text{CH}_3}{\overset{\text{CH}_3}{\bigcirc}} \xrightarrow[\text{H}_2\text{SO}_4\text{，H}_2\text{O}]{\text{MnO}_2} \underset{\text{CH}_3}{\overset{\text{CHO}}{\bigcirc}}$$

$$\bigcirc-\text{CH}_2\text{CH}_3 \xrightarrow[\text{H}_2\text{SO}_4\text{，H}_2\text{O}]{\text{MnO}_2} \bigcirc-\overset{\text{O}}{\text{C}}\text{CH}_3$$

（3）炔烃的水合

$$\text{RC} \equiv \text{CR}' + \text{H}_2\text{O} \xrightarrow[\text{HgSO}_4]{\text{H}_2\text{SO}_4} \underset{\text{O}}{\text{RCCH}_2\text{R}'} + \underset{\text{O}}{\text{RCH}_2\text{CR}'}$$

$$\text{HC} \equiv \text{C(CH}_2\text{)}_5\text{CH}_3 + \text{H}_2\text{O} \xrightarrow[\text{HgSO}_4]{\text{H}_2\text{SO}_4} \underset{\text{O}}{\text{CH}_3\text{C(CH}_2\text{)}_5\text{CH}_3}$$

　　　　1-辛炔　　　　　　　　　　　2-辛酮（91%）

炔烃（除乙炔外）和水在硫酸汞催化下，在酸性条件下反应只能得到酮。要想得到醛，需要端炔与硼烷水合－氧化法制备。

（4）付氏酰基化反应

芳烃与酰基化试剂如酰卤、酸酐、羧酸、烯酮等在 Lewis 酸（通常用无水三氯化铝）催化下发生酰基化反应，得到芳香酮，反应不发生烃基的重排。

$$\text{ArH} + \underset{\text{O}}{\text{RCCl}} \xrightarrow{\text{AlCl}_3} \underset{\text{O}}{\text{ArCR}} + \text{HCl}$$

$$\text{ArH} + \underset{\text{O O}}{\text{RCOCR}} \xrightarrow{\text{AlCl}_3} \underset{\text{O}}{\text{ArCR}} + \text{RCO}_2\text{H}$$

$$\text{H}_3\text{CO}-\bigcirc + \underset{\text{O O}}{\text{CH}_3\text{COCCH}_3} \xrightarrow{\text{AlCl}_3} \text{H}_3\text{CO}-\bigcirc-\underset{\text{O}}{\text{CCH}_3}$$

Friedel-Crafts 酰基化是实验室合成芳香酮最常用的方法。

另外，盖特曼－科希（Gatterman-Koch）反应可用来合成醛。

$$\text{（苯环）} + CO + HCl \xrightarrow[\text{压力}]{AlCl_3} \text{（苯环）}CHO + HCl$$

3. 由酚类和芳胺类制备

（1）维尔斯梅尔（Vilsmeier）反应

酚类和芳胺类在 $POCl_3$ 存在下与 N，N-二取代甲酰胺反应，可在其对位引入一个醛基。

$$\text{（苯环）}-OH + (CH_3)_2NCH{=}O \xrightarrow{POCl_3} OHC-\text{（苯环）}-OH + (CH_3)_2NH$$
$$65\%$$

（2）瑞穆—悌曼（Reimer-Tiemann）反应

苯酚和氯仿在氢氧化钠溶液中反应，经酸化后，可以在苯环的邻位导入一个醛基，生成邻羟基苯甲醛（水杨醛）。

$$\text{（苯环）}O^- + CHCl_3 \xrightarrow{NaOH} \xrightarrow{H^+} \text{（苯环）}\begin{matrix}OH\\CHO\end{matrix}$$

4. 由酰氯制备

（1）罗森孟德（Rosenmund）还原——制备醛

$$\text{（萘环）}COCl + H_2 \xrightarrow{Pd-BaSO_4-喹啉} \text{（萘环）}CHO$$

（2）与金属有机化合物反应——制备酮

$$(H_3C)_3C-\overset{O}{\underset{}{C}}-Cl + CH_3CH_3MgBr \longrightarrow (H_3C)_3C-\overset{O}{\underset{}{C}}-CH_2CH_3$$

$$R-\overset{O}{\underset{}{C}}-Cl + NaC{\equiv}CR' \longrightarrow R-\overset{O}{\underset{}{C}}-C{\equiv}CR'$$

实验三十九　苯乙酮的制备

一、实验目的

1. 学习并掌握傅—克酰基化反应的基本原理。

2. 掌握无水操作及产生有毒气体的实验操作方法。

二、实验原理

傅—克酰基化是制备芳酮的主要方法。在无水三氯化铝的存在下，酰氯、酸酐与活泼的芳香化合物反应得到高产率的芳酮，反应无烃基的重排。

$$\bigcirc + (CH_3CO)_2O \xrightarrow{AlCl_3} \bigcirc—COCH_3 + CH_3COOH$$

三、仪器及试剂

仪器：100mL 三颈瓶、冷凝管、滴液漏斗、干燥管、氯化氢气体吸收装置、分液漏斗、烧杯、空气冷凝管。

试剂：无水三氯化铝、无水苯、乙酸酐、浓盐酸、冰、5％氢氧化钠溶液、无水硫酸镁。

四、操作步骤

在 100mL 三颈瓶上，分别装上冷凝管和滴液漏斗，冷凝管上端装一氯化钙干燥管，干燥管再与氯化氢气体吸收装置相连。

迅速称取 20g 研细的无水三氯化铝，加入三颈瓶中，再加入 30mL 无水苯，塞住另一瓶口。自滴液漏斗慢慢滴加 7mL 乙酸酐，控制滴加速度勿使反应过于激烈，以三颈瓶稍热为宜，边滴加边摇荡三颈瓶，约 10～15min 滴加完毕；在沸水浴上回流 15～20min，直至不再有氯化氢气体逸出为止。

将反应物冷至室温，在搅拌下倒入盛有 50mL 浓盐酸和 50g 碎冰的烧杯中分解（在通风橱中进行）。当固体完全溶解后，将混合物转入分液漏斗，分出有机层，水层每次用 10mL 苯[1]萃取两次，合并有机层和苯萃取液，依次用等体积的 5％氢氧化钠溶液和水洗涤一次，用无水硫酸镁干燥。

将干燥后的粗产物先在水浴上蒸去苯[2]，再用电热套加热蒸去残留的苯，当温度上升至 140℃左右时，停止加热，稍冷却后改换为空气冷凝装置，收集 198℃～202℃馏分，产量 5～6g。

五、注意事项

1. 反应装置要干燥，以免 AlCl_3 吸水。无水三氯化铝的质量是本实验成败的关键：以白色粉末、打开盖冒大量的烟、无结块现象为好；若大部分变黄，则表明已水解，不可用。

2. AlCl_3 要研碎，速度要快。

3. 加入稀 HCl 时，开始慢滴，后渐快；稀 HCl（1：1）用量约为 140mL。

4. 滴加乙酐的时间以 10～15min 为宜，滴得太快则温度不易控制。

六、注释

[1] 苯以分析纯为佳，最好用钠丝干燥 24h 以上再用。

〔2〕粗产物中的少量水，在蒸馏时与苯以共沸物形式蒸出，其共沸点为 69.4℃，这也是液体化合物的干燥方法之一。

七、思考题

1. 水和潮气对本实验有何影响？在仪器装置和操作中应注意哪些事项？为什么要迅速称取无水三氯化铝？
2. 反应完成后为什么要加入浓盐酸和冰水的混合物？

实验四十　环己酮的制备

一、实验目的

1. 了解氧化法制备环己酮的原理和方法。
2. 掌握空气冷凝管的应用，了解盐析效应在有机物分离中的应用。

二、实验原理

$$3 \overset{OH}{\bigcirc} + Na_2Cr_2O_7 \cdot 2H_2O + 4H_2SO_4 \longrightarrow 3 \overset{O}{\bigcirc} + Cr_2(SO_4)_3 + Na_2SO_4 + 7H_2O$$

三、仪器及试剂

仪器：三颈瓶、烧杯、磁力搅拌电热装置、玻璃棒、球形冷凝管、直形冷凝管、温度计、尾接管、三角烧瓶。

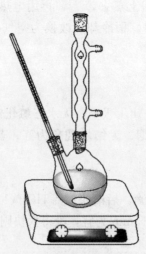

试剂：环己醇、重铬酸钠、硫酸、10％草酸、乙醚、氯化钠、无水硫酸镁。

四、实验步骤

1. 制备氧化剂。

向 400mL 烧杯中加入 10.5g 重铬酸钠和 60mL 水，然后在搅拌下，慢慢加入 9mL 浓 H_2SO_4，得橙红色铬酸溶液，冷至室温备用。

2. 制备环己酮。

在 250mL 烧瓶中，加入 10g（10.5mL，0.1mol）环己醇，开动搅拌，分批加入上述铬酸溶液，并控制反应液温度在 55℃～60℃（必要时用水浴），反应约 0.5h 后温度开始下降，放置 15min，反应液最终呈墨绿色（如果不变绿，可加入 1～2mL 10％草酸[1]）。

向反应液内加入 60mL 水，进行简易水蒸气蒸馏[2]，将环己酮与水一起蒸出，至馏出液不再混浊，再多收集 15～20mL 馏出液，最终收集馏出液约 50mL[3]。加入约 12g 氯化钠饱和馏出液，静置后分出有机相，水相用 15mL 乙醚萃取，萃取液并入有机相，用无水硫酸镁干燥，水浴加热蒸去乙醚后，经空气冷凝管蒸馏收集 151℃～155℃的馏分，产量 6～7g（产率 66％～72％）。

五、注意事项

严格控制反应温度在 55℃～60℃。

六、注释

[1] 用草酸除去过量的重铬酸钠，防止环己酮氧化开环生成己二酸。

[2] 环己酮与水形成恒沸溶液，沸点 95℃，含环己酮 38.4％。

[3] 水的馏出量不宜过多，因为环己酮在水中有一定的溶解（30℃时在水中的溶解度为 2.4g/100g），会造成损失。

七、思考题

1. 环己醇用铬酸氧化得到环己酮，用高锰酸钾氧化则得到己二酸，为什么？

2. 制备醛的铬酸氧化与制备酮的铬酸氧化在操作上有何不同？为什么？

实验四十一　二苯甲酮的制备

一、实验目的

学习利用 Friedel-Crafts 酰基化反应制备芳香酮的原理和方法。

二、实验原理

傅一克（Friedel-Crafts）酰基化反应是制备芳香酮的最重要和最常用的方法之一，

一般可用 $FeCl_3$、$SnCl_4$、BF_3、$ZnCl_2$、$AlCl_3$ 等 Lewis 酸作为催化剂，其中又以 $AlCl_3$ 最为常用；一些分子内的傅－克酰基化反应还可使用多聚磷酸（PPA）作为催化剂。由于 Lewis 酸催化剂可与反应产物形成稳定的络合物，因此 1mol 的酰化试剂常需加入多于 1mol 的催化剂。

常用的酰基化试剂有酸酐和酰氯。由于酰基对苯环的致钝作用，芳烃的酰化常停在一取代的阶段。傅－克酰基化反应是放热反应，通常在操作时，把酰基化试剂配成溶液后慢慢滴入芳烃底物，并需密切注意反应温度的变化。

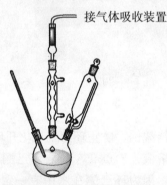

三、仪器及试剂

仪器：三颈瓶、烧杯、磁力搅拌电热装置、玻璃棒、球形冷凝管、直形冷凝管、温度计、尾接管、三角烧瓶、干燥管、气体导管、滴液漏斗、分液漏斗。

接气体吸收装置

试剂：无水三氯化铝、无水苯、苯甲酰氯、浓盐酸、氢氧化钠、无水硫酸镁、冰。

四、实验步骤

1. 制备二苯甲酮。

在 250mL 三颈瓶上装置冷凝管、滴液漏斗，冷凝管上端接氯化钙干燥管，干燥管再接气体吸收装置。

迅速称取 7.5g 无水三氯化铝放入三颈瓶中，再加入 30mL 无水苯，开动搅拌，自滴液漏斗滴加 6mL 新蒸的苯甲酰氯，反应液由无色变为黄色，三氯化铝缓慢溶解，约 10min 滴完后，在 50℃ 的水浴上加热 1.5～2h，直至无氯化氢气体逸出。反应完毕后（反应液为深棕色）将三颈瓶置于冰水浴中，漫漫滴加 50mL 冰水和 25mL 盐酸的混合液，分解反应产物，分出苯层，依次用 15mL 5‰ 氢氧化钠及 15mL 水各洗一次，用无水硫酸镁干燥，得粗产物。

2. 精制二苯甲酮。

粗产物转入蒸馏装置，先在常压下蒸出苯，温度升至 90℃ 左右停止加热，稍冷后进行减压蒸馏，收集 156℃～159℃/1.33kPa（10mmHg）馏分，冷却固化[1]，熔点

47℃～48℃[2]，产量约 5g（产率约 55％）。

五、注意事项

1. 实验所用仪器和试剂必须干燥，装置中所有与空气相通的部位均须装置干燥管，以免影响反应。

2. 三氯化铝易潮解，称量可在加塞的锥形瓶中进行，投料要迅速，防止长时间暴露在空气中。

六、注释

[1] 冷却后有时不易立刻得到结晶，这是形成少数低熔点（26℃）β 型二苯甲酮的原因。此步也可以用石油醚（30℃～60℃）重结晶来代替减压蒸馏。

[2] 二苯酮有多种晶型，α 型熔点 49℃，β 型熔点 26℃，γ 型熔点 45℃～48℃，δ 型熔点 51℃。

七、思考题

1. 用酰氯做酰基化试剂进行傅－克反应时，为什么要用过量很多的无水三氯化铝做催化剂？

2. 本反应完成后加入浓盐酸与冰水的混合液的目的是什么？

3. 酰基化反应中，是否容易产生多酰基化的副产物？

实验四十二　苄叉丙酮及其腙类衍生物的制备

一、实验目的

1. 学习利用羟醛缩合反应增长碳链的原理和方法。
2. 学习利用反应物投料比控制反应产物、利用衍生物来鉴别羰基化合物的方法。

二、实验原理

两分子具有活泼 α-H 的醛酮，在稀酸或稀碱的催化下发生分子间缩合反应生成 β-羟基醛酮；若提高反应温度，β-羟基醛酮可进一步脱水生成 α,β-不饱和醛酮，称羟醛缩合反应，是重要的碳－碳键构建方法。

羟醛缩合分为自身缩合和交叉羟醛缩合两种。如没有 α-活泼氢的芳醛，可与有 α-活泼氢的醛酮发生羟醛缩合，得到 α,β-不饱和醛酮，这种交叉的羟醛缩合称为 Claisen-Schmidt 反应，是合成侧链上含有两个官能团的芳香族化合物及含几个苯环的脂肪族体系中间体的重要方法。

在苯甲醛和丙酮的交叉羟醛缩合反应中，得到苄叉丙酮。

提高苯甲醛在反应物中的比例，可以生成二苄叉丙酮。

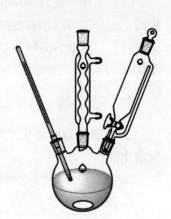

三、仪器及试剂

仪器：三颈瓶、烧杯、磁力搅拌电热装置、玻璃棒、球形冷凝管、直形冷凝管、温度计、尾接管、三角烧瓶、滴液漏斗、分液漏斗。

试剂：丙酮、新蒸苯甲醛、10％氢氧化钠溶液、1:1盐酸、乙醚、饱和氯化钠、无水硫酸镁、2,4-二硝基苯肼、浓硫酸、95％乙醇。

四、实验步骤

1. 制备苄叉丙酮。

在 100mL 三颈烧瓶中，分别装上滴液漏斗、球形冷凝管和温度计，在电磁搅拌下依次加入 22.5mL 10％氢氧化钠溶液和 4mL（0.054mol）丙酮[1]，然后自滴液漏斗中逐滴加入 5.3mL（0.05mol）新蒸馏的苯甲醛[2]，控制滴加速度使反应物的温度保持在 25℃～30℃，滴完后再反应 30min，再通过滴液漏斗加入 1:1盐酸，使反应液呈中性。用分液漏斗分出黄色油层，水层用 3×10mL 乙醚萃取，将萃取液与油层合并，用10mL 饱和食盐水洗涤 1 次后用无水硫酸镁干燥，用水浴蒸馏回收乙醚，可得黄色油状的苄叉丙酮约 5g[3]。

2. 制备苯叉丙酮衍生物。

取 0.5mL 苄叉丙酮（10～12 滴）溶于 20mL 95％的乙醇中，搅拌下，加入 15mL 2,4-二硝基苯肼溶液[4]，静置 10min 后，析出结晶，抽滤晶体，每次用 10mL 乙醇重结晶 2 次，风干后测定熔点[5]。

五、注意事项

1. 如苯甲醛滴加过快，反应温度太高，副产物多，产率下降。
2. 放置时应不时搅拌，使反应进行完全。
3. 苯甲醛及丙酮的量应准确，若苯甲醛过量会生成二苄叉丙酮。

六、注释

[1] 本实验为丙酮过量。

〔2〕本实验所用苯甲醛需用 10％碳酸钠溶液洗至无二氧化碳放出，再用水洗涤，然后用无水硫酸镁干燥。干燥时可加入 1％对苯二酚以防氧化。减压蒸馏，收集 79℃/3333Pa 或 69℃/2000Pa 或 62℃/1333Pa 的馏分，沸程 2℃。储存时可加入 0.5％的对苯二酚。

〔3〕苄叉丙酮（4-苯基-3-丁烯-2 酮）具有类似香豆素的香气，可作为合成香料的原料和花香香精的变调剂、染料工业的媒染剂及电镀工业的光亮剂。

〔4〕其中所用 2,4-二硝基苯肼溶液的配制方法为：将 1.2g 2,4-二硝基苯肼溶于 6mL 浓硫酸中，缓缓注入 8mL 水及 28mL 乙醇中，摇匀后滤去不溶物，储存备用。

〔5〕纯品熔点为 223℃，一般自制品熔点为 218℃～221℃。

七、思考题

1. 本实验中可能会产生哪些副反应？若碱的浓度偏高，有何不好？
2. 本实验中氢氧化钠起什么作用？

实验四十三 水杨醛的制备

一、实验目的

1. 学习回流、酸化、萃取、蒸馏的基本方法。
2. 熟悉水蒸气蒸馏操作。

二、实验原理

反应式：

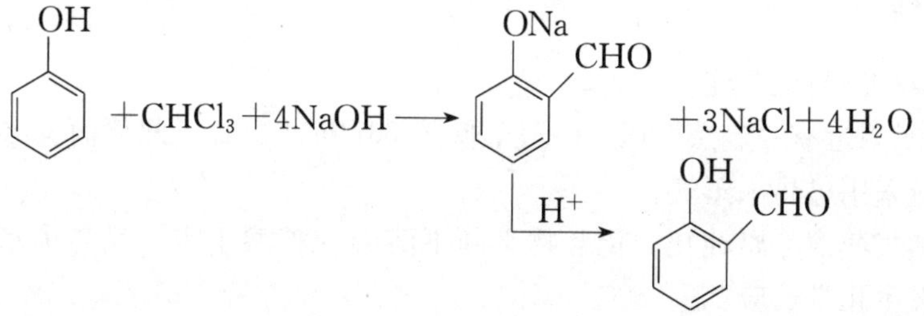

副反应：

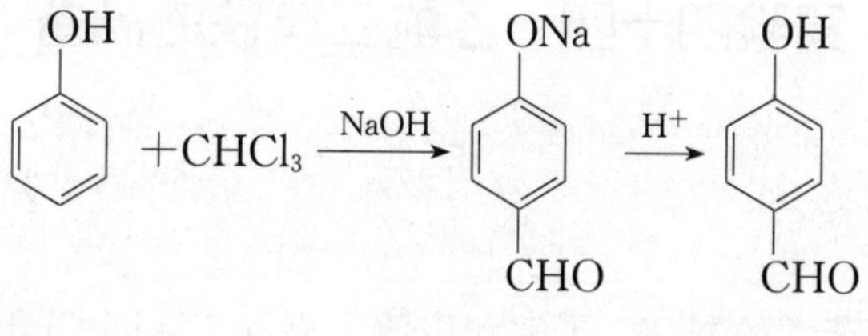

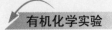

三、仪器及试剂

仪器：250mL 三颈瓶、磁搅拌子、温度计、回流冷凝管、滴液漏斗、温度计、玻璃棒、电热套、电磁水浴锅。

试剂：苯酚、三氯甲烷、氢氧化钠、10％稀硫酸、饱和焦亚硫酸钠、95％乙醇。

四、实验步骤

1. 制备水杨醛。

在装有磁搅拌子、温度计、回流冷凝管及滴液漏斗的 250mL 的三颈瓶中，加入 80mL 水、80g 氢氧化钠，当其完全溶解后，在搅拌下加入 25g 苯酚溶解在 25mL 水中的溶液，加热至 60℃～65℃[1]，于 30min 内缓缓滴加 60g（40.5mL，0.5mol）三氯甲烷。滴完后，继续搅拌回流 1h，保持反应温度在 65℃～70℃使反应完全。

将三颈瓶接水蒸气蒸馏装置[2～3]，在碱性溶液中蒸馏过量的氯仿，冷却反应液，加入 10％稀硫酸酸化至酸性。

再次接水蒸气蒸馏装置蒸出水杨醛，直至冷凝管中无油滴出现，将反应瓶放置，从残液中析出对羟基苯酚。

2. 精制水杨醛。

用 20mL 乙醚对馏出液进行萃取，分出有机层，水浴除去乙醚后，将残液（水杨醛和未反应的苯酚）转入含有大约两倍体积的饱和焦亚硫酸钠的烧瓶中，强烈搅拌 30min 后，静置 1h。抽滤得糊状加成物，用少许乙醇冲洗除去黏着的苯酚，在一烧瓶中用温热的 10％硫酸分解加成物，分出油层，用无水硫酸镁干燥，蒸馏，收集 195℃～197℃馏分，产量 9～10g（产率 28％～31％）。

五、注释

[1] 不得析出酚钠沉淀。

[2] 100℃附近有一定蒸气压，一般不低于 667Pa。若低于此值而又必须进行水蒸气蒸馏时，应采用过热水蒸气。

[3] 水蒸气蒸馏分离纯化，化合物必须不溶或者难溶于水，且与沸水或水蒸气长时间共存不发生化学反应。

实验四十四　乙酰二茂铁的制备

一、实验目的

1. 通过乙酰化二茂铁的制备，了解利用傅－克（Friedel-Crafts）酰基化反应制备芳酮的原理和方法。

2. 进一步巩固重结晶提纯的操作。

二、实验原理

二茂铁及其衍生物是一类很稳定而且具有芳香性的有机过渡金属络合物，为橙色固体，又名双环戊二烯基铁，由两个环戊二烯基负离子和一个二价铁离子键合而成，具有夹心型结构。二茂铁及其衍生物可作为火箭燃料的添加剂、汽油的抗爆剂、硅树脂和橡胶的防老剂及紫外线吸收剂等。

二茂铁具有类似于苯的芳香性，其茂基环上能发生多种取代反应，特别是亲电取代反应（例如 Fridel-Crafts 反应）比苯更容易。二茂铁与乙酸酐反应可制得乙酰二茂铁，但根据反应条件的不同形成的产物可以是单乙酰基取代物或双乙酰基取代物。

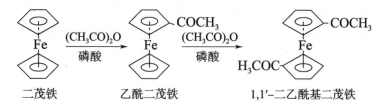

二茂铁　　　　　乙酰二茂铁　　　　　1,1'-二乙酰基二茂铁

三、仪器及试剂

仪器：圆底烧瓶、滴管、干燥管、水浴加热装置、烧杯、布氏漏斗、抽滤瓶、滤纸、硅胶板、层析缸。

试剂：二茂铁、乙酸酐、磷酸、碳酸氢钠、石油醚（60℃～90℃）。

四、操作步骤

1. 制备乙酰二茂铁。

在 100mL 圆底烧瓶中加入 1g 二茂铁和 10mL 乙酸酐，在振荡下用滴管慢慢加入 2mL 85％的磷酸，用装有无水氯化钙的干燥管塞住瓶口，沸水浴加热 15min，时加振荡。将反应混合物倾入盛有 40g 碎冰的 400mL 烧杯中，并用 10mL 冷水涮洗烧瓶，涮洗液并入烧杯，在搅拌下，分批加入 20～25g 固体碳酸氢钠，至溶液呈中性，冰浴中冷却 15min，抽滤，每次用 40mL 冰水洗两次，压干，在空气中干燥，用石油醚（60℃～90℃）重结晶，产物约 0.3g。

2. 薄层层析乙酰二茂铁。

取少许干燥后的粗产物溶于苯，在硅胶板上点样，用 30∶1 的苯－乙醇（体积比）做展开剂，层析板上从上到下出现黄色、橙色和红色三个点，分别代表二茂铁、乙酰二茂铁和 1,1'-二乙酰基二茂铁，测定 R_f 值。

五、注意事项

1. 滴加磷酸时一定要在振摇下用滴管慢慢加入。

2. 烧瓶要干燥，反应时应用干燥管，避免空气中的水进入烧瓶内。

3. 用碳酸氢钠中和粗产物时，应小心操作，防止因加入过快使产物逸出。

六、思考题

1. 二茂铁酰化时形成二酰基二茂铁，第二个酰基为什么不能进入第一个酰基所在的环上？

2. 二茂铁比苯更容易发生亲电取代，为什么不能用混酸进行硝化？

知识拓展：偶然中被发现的二茂铁

1973 年慕尼黑大学的恩斯特·奥托·菲舍尔及伦敦帝国学院的杰弗里·威尔金森爵士被授予诺贝尔化学奖，以表彰他们在有机金属化学领域的杰出贡献。

二茂铁，又称二环戊二烯合铁、环戊二烯基铁，是分子式为 $Fe\ (C_5H_5)_2$ 的有机金属化合物。橙色晶型固体；有类似樟脑的气味；熔点 172.5℃～173℃，100℃以上升华，沸点 249℃；有抗磁性，偶极矩为零；不溶于水、10%氢氧化钠和热的浓盐酸，溶于稀硝酸、浓硫酸、苯、乙醚、石油醚和四氢呋喃。二茂铁在空气中稳定，具有强烈吸收紫外线的作用，对热相当稳定，可耐470℃高温加热；在沸水、10%沸碱液和浓盐酸沸液中既不溶解也不分解。

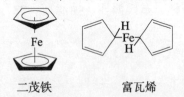

二茂铁　　　富瓦烯

二茂铁是最重要的金属茂基配合物，也是最早被发现的夹心配合物，包含两个环戊二烯环与铁原子成键。它的发现纯属偶然。1951 年，杜肯大学的 Pauson 和 Kealy 用环戊二烯基溴化镁处理氯化铁，试图得到二烯氧化偶联的产物富瓦烯（Fulvalene），却意外得到了一个很稳定的橙黄色固体。当时他们认为二茂铁的结构并非夹心，而是如图所示，并把其稳定性归咎于芳香的环戊二烯基负离子。与此同时，Miller、Tebboth 和 Tremaine 在将环戊二烯与氮气混合气通过一种还原铁催化剂时也得到了该橙黄色固体。

罗伯特·伯恩斯·伍德沃德、杰弗里·威尔金森及恩斯特·奥托·菲舍尔分别独自发现了二茂铁的夹心结构，并且后者还在此基础上开始合成二茂镍和二茂钴。NMR光谱和 X 射线晶体学的结果也证实了二茂铁的夹心结构。二茂铁的发现展开了环戊二烯基与过渡金属的众多 π 配合物的化学，也为有机金属化学掀开了新的帷幕。

二茂铁的结构为一个铁原子处在两个平行的环戊二烯的环之间。在固体状态下，两个茂环相互错开成全错构型，温度升高时则绕垂直轴相对转动。二茂铁的化学性质稳定，类似芳香族化合物。二茂铁的环能进行亲电取代反应，例如汞化、烷基化、酰基化等反应。它可被氧化为 $[Cp_2Fe]^+$，铁原子氧化态的升高，使茂环（Cp）的电子流向金属，阻碍了环的亲电取代反应。二茂铁能抗氢化，不与顺丁烯二酸酐发生反应。二茂铁与正丁基锂反应，可生成单锂二茂铁和双锂二茂铁。茂环在二茂铁分子中能相互影响，在一个环上的致钝，使另一环也有不同程度的致钝，其程度比在苯环要轻一些。

二茂铁由铁粉与环戊二烯在 300℃ 的氮气氛中加热，或以无水氯化亚铁与环戊二烯合钠在四氢呋喃中作用而制得。二茂铁可用作火箭燃料添加剂、汽油的抗爆剂和橡胶及硅树脂的熟化剂，也可做紫外线吸收剂。二茂铁的乙烯基衍生物能发生烯键聚合，得到碳链骨架的含金属高聚物，可做航天飞船的外层涂料。

4.6 羧酸的制备

羧酸的制备主要有烃、醇或醛、酮的氧化，腈水解，Grignard 试剂与二氧化碳作用，甲基酮的卤仿反应等。

一、烃、醇或醛、酮的氧化

1. 醇氧化

采用重铬酸钾－硫酸、三氧化铬－冰醋酸、高锰酸钾、硝酸等氧化剂，可以将伯醇氧化成羧酸盐。

$$CH_3CH_2CH_2OH \xrightarrow{K_2Cr_2O_7-H_2SO_4} CH_3CH_2COOH$$
$$65\%$$

$$CH_3(CH_2)_5CH_2OH \xrightarrow[20℃]{KMnO_4-H_2SO_4} CH_3(CH_2)_5COOH$$
$$95\%\sim97\%$$

仲醇、酮的剧烈氧化也能生成羧酸，但同时伴有碳链断裂，产物复杂，一般不用于制备。但环己醇或环己酮的氧化可顺利得到己二酸。

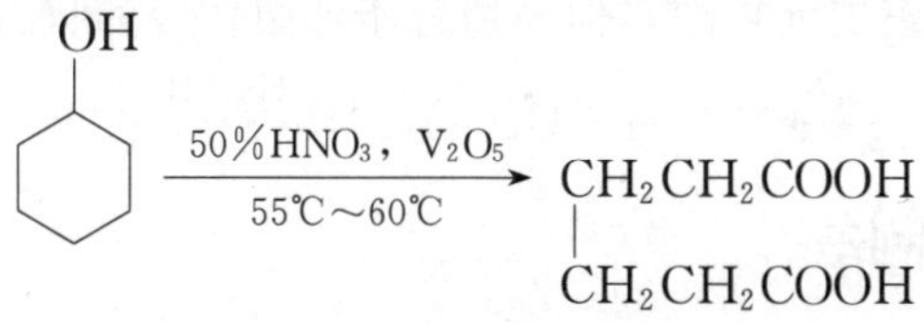

$$\text{环己醇} \xrightarrow[55℃\sim60℃]{50\%HNO_3，V_2O_5} \begin{array}{c} CH_2CH_2COOH \\ | \\ CH_2CH_2COOH \end{array}$$

环己醇　　　　　　　　　　己二醇

2. 醛、酮的氧化

醛容易氧化成相应的羧酸，常用高锰酸钾做氧化剂，例如：

$$n-C_6H_{13}CHO \xrightarrow[20℃]{KMnO_4，H_2SO_4} n-C_6H_{13}COOH$$
$$76\%\sim78\%$$

脂肪酮被强氧化剂氧化，生成含碳原子较少的羧酸，但很少用来制备羧酸。环内酮氧化时可生成相同碳原子数目的二元羧酸，例如：

$$\text{（环戊酮）}=O \xrightarrow{\ \text{HNO}_3\ } HOOCCH_2CH_2CH_2COOH$$

3. 芳烃侧链氧化

制备芳香族羧酸最重要的方法是芳烃的侧链氧化。由于侧链氧化是从进攻与苯环相连的碳氢键开始的，所以除叔丁基外，芳环上的支链不论长短，强烈氧化后最后都变成羧基。

$$\text{（甲苯）}CH_3 \xrightarrow{\ \text{KMnO}_4\ } \text{（苯甲酸）}COOH$$

芳环上存在卤素、硝基及磺酸基等基团并不影响侧链的氧化；但当芳环上存在羟基和氨基时，大多数氧化剂将使芳环遭受破坏而得到复杂的氧化产物；而在烷氧基和乙酰氨基存在的情况下，烷基的氧化却不受影响，并可得到高产率的羧酸。

$$\text{（邻氯甲苯）}CH_3, Cl \xrightarrow{\ \text{KMnO}_4,\ OH^-\ } \text{（邻氯苯甲酸）}COOH, Cl \quad 65\%$$

二、腈的水解

腈可由卤代烃与氰化钠或氰化钾的 S_N2 反应方便地制备，其水解也广泛用于制取羧酸。制得的羧酸比卤代烃增加了一个碳原子。例如：

$$\text{（苄基）}CH_2Cl \xrightarrow{\ \text{NaCN}\ } CH_2CN \xrightarrow{\ 70\%H_2SO_4\ } CH_2COOH$$
$$78\%$$

也可用此方法来制备二元羧酸，但不适宜于仲卤代烃和叔卤代烃。

$$BrCH_2CH_2CH_2Br \xrightarrow{\ \text{NaCN}\ } NCCH_2CH_2CH_2CN \xrightarrow{\ H_2O\ HCl\ } HOOC(CH_2)_3COOH$$

三、由格氏试剂制备

格氏试剂与二氧化碳加成、水解得到比原卤代烃多一个碳原子的羧酸，通常将格氏试剂的醚溶液在冷却下通入二氧化碳，或者直接将格氏剂倒入过量的干冰中。

$$RMgX + CO_2 \longrightarrow RCOOMgX \xrightarrow{\ H_2O,\ H^+\ } RCOOH$$

制备格氏试剂可以用伯、仲、叔卤代烃，也可以用芳香卤代烃，因此这种方法比腈水解制备羧酸应用更加普遍。

$$\text{（溴苯）}Br \xrightarrow{\ \text{Mg}\ } MgBr \xrightarrow[\ (2)\ H_2O,\ H^+\ ]{\ (1)\ CO_2\ } COOH$$

四、卤仿反应

甲基酮经碘仿反应可被氧化成少一个碳原子的羧酸，且不饱和甲基酮中的碳碳重键不受影响，因此常在合成上应用，例如：

$$(CH_3)_3C—\overset{\overset{\displaystyle O}{\|}}{C}—CH_3 \xrightarrow{I_2 \ NaOH} (CH_3)_3C—\overset{\overset{\displaystyle O}{\|}}{C}—OH$$

实验四十五　己二酸的制备

一、实验目的

1. 学习用环己醇氧化制备己二酸的原理和方法。
2. 掌握搅拌、浓缩、过滤、重结晶等基本操作。

二、实验原理

己二酸是合成尼龙－66 的主要原料之一，实验室可用硝酸或高锰酸钾氧化环己醇得到。

$$3\ \overset{OH}{\underset{\bigcirc}{}} +8KMnO_4+H_2O \longrightarrow 3HO_2C\ (CH_2)_4CO_2H+8MnO_2+8KOH$$

$$3\ \overset{OH}{\underset{\bigcirc}{}} +8HNO_3 \longrightarrow 3HO_2C(CH_2)_4CO_2H+8NO+7H_2O$$
$$\xrightarrow[\quad]{4O_2} 8NO_2$$

三、仪器及试剂

仪器：磁力搅拌器、烧杯、滴管、滴液漏斗、温度计、三颈瓶、气体导管、玻璃棒、抽滤瓶、布氏漏斗、水泵、回流冷凝管。

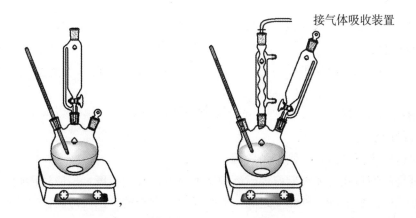

接气体吸收装置

试剂：2g 环己醇、高锰酸钾、10%氢氧化钠溶液、亚硫酸氢钠、10%碳酸钠溶液、浓盐酸、50％硝酸、钒酸铵。

四、实验步骤

1. 高锰酸钾氧化法：

将装有 5mL10％氢氧化钠溶液和 50mL 水的 250mL 烧杯装置于磁力搅拌器上，启动搅拌，加入 9g（0.057mol）高锰酸钾至溶解，用滴管慢慢加入 2g（约 2.1mL，0.02mol）环己醇，控制滴速，保持反应温度在 45℃左右，滴完后继续搅拌至温度开始下降，用沸水浴加热烧杯 5min，使反应完全并使二氧化锰沉淀凝结，用玻璃棒蘸一滴反应液到滤纸上做点滴实验，如有高锰酸盐存在，则在二氧化锰斑点的周围出现紫色的环，可向反应混合物中加少量亚硫酸氢钠固体至点滴实验无紫色的环出现为止。

趁热抽滤混合物[1]，用 10mL 10％的碳酸钠溶液洗涤二氧化锰滤渣 3 次[2]，合并滤液与洗涤液，用约 5mL 浓盐酸酸化至溶液呈强酸性，小心加热、浓缩至 14～15mL，放置冷却，析晶，抽滤，收集晶体，干燥，称重，为 1.5～2g（产率44％～58％）。

2. 硝酸氧化法：

在 50mL 三颈瓶上安装回流冷凝管、温度计和滴液漏斗，在冷凝管上接气体吸收装置，用碱液吸收反应过程中产生的二氧化氮气体。烧瓶中放置 6mL（7.9g，0.06mol）50％硝酸及少许钒酸铵（约 0.01g），滴液漏斗中加入 2g（约 2.1mL，0.02mol）环己醇，三颈瓶用水浴加热至 50℃左右后移去热源，自滴液漏斗先滴入5～6滴环己醇，开动搅拌至反应开始放出二氧化氮气体，然后慢慢加入其余的环己醇，控制滴加速度，使瓶内温度维持在 50℃～60℃之间，温度高时用水浴冷却，低时加热，约 5min 滴加完，滴完后用 80℃～90℃水浴加热 10min，至几乎无红棕色气体放出为止，将反应液趁热倒入 50mL 烧杯中，冷却，析出己二酸，抽滤，用 15mL 冰水洗涤[3]，干燥，粗产品约 1.7g（产率约 58％）。

五、注意事项

1. 因产生的二氧化氮有毒，装置要求严密不漏气。如发生漏气，需暂停实验，改正后再继续进行。

2. 环己醇与浓硝酸切不可用同一量筒量取，因为硝酸与醇会发生剧烈反应，甚至发生意外。

3. 硝酸过浓则反应太剧烈，50％硝酸可用市售 71％硝酸（相对密度 1.42）10.5mL 稀释至 16mL 即可。

4. 钒酸铵不可加多，否则产品发黄。

5. 高锰酸钾氧化时要控制好环己醇的滴加速度和反应温度，反应过剧则引起飞溅；严格控制反应温度在 43℃～49℃之间，否则易引起混合物冲出反应器。

6. 浓缩蒸发时，加热不要过猛，以防液体外溅，浓缩至 10mL 左右，停止加热，让其自然冷却、结晶。

六、注释

[1] 二氧化锰胶体受热后产生胶凝作用而沉淀下来，便于过滤分离。

[2] 二氧化锰残渣中易夹杂己二酸盐，使用碳酸钠溶液把它洗下来，每次加水量5～10mL，不可太多。

[3] 己二酸在水中的溶解度（g/100mL 水）：15℃，1.44；34℃，3.08；50℃，8.46；70℃，34.1；87℃，94.8；100℃，100。所以，粗产品需用冰水洗涤；重结晶滤出晶体后所得母液若经浓缩后再冷却结晶，还可回收一部分纯度较低的产品。

七、思考题

1. 为什么要控制环己醇的滴加速度？

2. 反应结束后如果反应混合物呈淡紫红色，加入亚硫酸氢钠的目的是什么？

3. 如用环戊醇做反应物会得到什么产物？

实验四十六　苯甲酸的制备

一、实验目的

1. 掌握用甲苯氧化制备苯甲酸的原理及方法。
2. 复习重结晶、减压过滤等操作方法。

二、实验原理

苯甲酸可用做食品防腐剂（仅在 pH4.5 以下的酸性介质中有效），可用做抗微生物剂、醇酸树脂和聚酰胺的改性剂、医药和染料的中间体，还可用于制备增塑剂与香料等。此外，苯甲酸及其钠盐还是金属材料的防锈剂。

苯甲酸的天然品存在于许多水果、蔬菜中。

苯甲酸可用以下方法制备：由甲苯直接氧化而得；由邻苯二甲酸以氧化铅、氧化锌脱羧制得；由甲苯氯化成三氯甲苯，再用石灰乳及铁粉水解而得。

本实验用高锰酸钾为氧化剂氧化甲苯制备苯甲酸。

三、仪器及试剂

仪器：三颈瓶、回流冷凝管、温度计、滴液漏斗、温度计、玻璃棒、抽滤瓶、布氏漏斗、水泵。

试剂：甲苯、高锰酸钾、浓盐酸、亚硫酸氢钠。

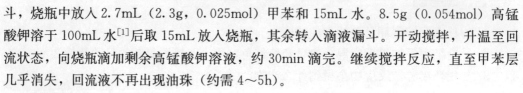

四、实验步骤

1. 制备苯甲酸。

在 250mL 三颈瓶上安装回流冷凝管、温度计和滴液漏斗，烧瓶中放入 2.7mL（2.3g，0.025mol）甲苯和 15mL 水。8.5g（0.054mol）高锰酸钾溶于 100mL 水[1]后取 15mL 放入烧瓶，其余转入滴液漏斗。开动搅拌，升温至回流状态，向烧瓶滴加剩余高锰酸钾溶液，约 30min 滴完。继续搅拌反应，直至甲苯层几乎消失，回流液不再出现油珠（约需 4～5h）。

2. 精制。

将反应混合物趁热抽滤，用 20mL 热水洗涤二氧化锰滤渣[2]，合并滤液和洗涤液，冰水浴冷却，用浓盐酸酸化至刚果红试纸变蓝，静置放冷至苯甲酸全部析出，抽滤，用少量冷水洗涤，按压去水分，把制得的苯甲酸放在沸水浴上干燥，产量约 1.7g（产率约 55%）[3]，若要得到纯净产物，可在水中进行重结晶[4～5]。

五、注意事项

1. 高锰酸钾要缓慢分批加入。

2. 控制好反应温度。

3. 充分搅拌，使甲苯与氧化剂之间充分混合，以加速反应和提高苯甲酸产量。

六、注释

[1] 高锰酸钾溶解度（g/100mL H_2O）：2.83，0℃；4.31，10℃；6.34，20℃；9.03，30℃；12.6，40℃；16.9，50℃；22.1，60℃。

[2] 滤液如果呈紫色，可加入少量亚硫酸氢钠使紫色褪去，重新减压过滤。

[3] 在体系中加入适量季铵盐类相转移催化剂可提高反应产率、缩短反应时间。

[4] 苯甲酸在 100g 水中的溶解度：4℃，0.18g；18℃，0.27g；75℃，2.2g。

[5] 苯甲酸在 100℃左右开始升华，所以除了重结晶方法外，也可用升华方法精制苯甲酸。

七、思考题

1. 在氧化反应中，影响苯甲酸产量的主要因素是哪些？

2. 反应完毕，如果滤液呈紫色，为什么要加亚硫酸氢钠？

3. 精制苯甲酸还有什么方法？

实验四十七　苦杏仁酸的制备

一、实验目的

1. 掌握季铵盐在多相反应中的催化机理和应用技术。
2. 学习卡宾的制备及其反应性能。
3. 巩固萃取及重结晶操作技术。

二、实验原理

苦杏仁酸又称扁桃酸，学名苯乙醇酸，可作为治疗尿路感染的消炎药物以及某些有机合成的中间体，也是用于测定某些金属如铜锆等的试剂。它含有一个手性碳原子，用化学方法合成得到的是外消旋体，可用手性的碱进行拆分。

传统上可用扁桃腈和 α,α-二氯苯乙酮的水解来制备苦杏仁酸，但其合成路线长，操作不便。本实验采用相转移催化[1]，一步即可得到产物。

$$CHCl_3 + NaOH \longrightarrow :CCl_2 + NaCl + H_2O$$

三、仪器及试剂

仪器：锥形瓶、温度计、回流冷凝管、滴液漏斗、250mL 三颈瓶、玻璃棒、抽滤瓶、布氏漏斗、水泵、分液漏斗、100mL 圆底烧瓶、直形冷凝管、尾接管、三角瓶、温度计套管。

试剂：苯甲醛、氯仿、氢氧化钠、苄基三乙基氯化铵 (TEBA)[2]、乙醚、浓硫酸、甲苯、无水硫酸钠。

四、实验步骤

1. 制备苦杏仁。

将 19g 氢氧化钠溶于 19mL 水中，在水浴中冷至室温，备用。

在 250mL 三颈瓶上安装温度计、回流冷凝管、滴液漏斗，加入 10.1mL 苯甲醛、1.0g TEBA 和 16mL 氯仿，在搅拌下慢慢加热反应液，当温度达 56℃时，开始慢慢滴加配好的氢氧化钠溶液，维持温度在 60℃～65℃，不得超过 70℃，滴加约需 1h，滴毕，继续保持 65℃～70℃下搅拌 1h。取反应液测 pH，当近中性时可停止反应，否则，继续延长反应时间至反应液 pH 为中性。

将反应液用 200mL 水稀释，每次用 20mL 乙醚提取两次，合并醚层，倒入指定容器待回收。水相用 50％硫酸酸化至 pH 约 2～3，用 40mL 乙醚分两次提取，合并提取液并用无水硫酸钠干燥，蒸出乙醚，抽滤得粗产品（±）－苦杏仁酸约 11.5g（产率 76％）。

2. 精制。

以 1.0g 粗产品用 1.5mL 甲苯重结晶[3]，趁热过滤，母液置于室温，使结晶慢慢析出，干燥、称量，测定熔点并计算产率。

五、注意事项

1. 浓碱液呈黏稠状，腐蚀性极强，应小心操作。
2. 滴碱用的漏斗用后应立即清洗，以防塞口发生黏结。

六、注释

[1] 在有机合成中常遇到非均相有机反应，通常反应速度很慢，收率低，但如果用水来溶解无机盐，用极性小的有机溶剂溶解有机物，并加入少量（0.05mol 以下）的季铵盐或季磷盐，反应则很容易进行，这类能促使提高反应速度并在两相间转移负离子的铵盐，称为相转移催化剂（Phase transfer catalyst），简称 PTC，是 20 世纪 70 年代以来在有机合成中应用日趋广泛的一种新的合成技术。除季铵盐外，常见的 PTC 还有聚乙二醇、冠醚等。

[2] 苄基三乙基氯化铵（TEBA）的制备：在装有搅拌和回流冷凝管的 250mL 三颈瓶中，加入 11.5mL 氯化苄、14mL 三乙胺和 40mL 1,2-二氯乙烷。回流搅拌 1.5～2h。将反应液冷却，析出结晶，过滤，用少量的 1,2-二氯乙烷洗涤两次，烘干后放干燥器中存放（产品在空气中易潮解），产量约 20g。

反应式：

$$C_6H_5CH_2Cl + (C_2H_5)_3N \longrightarrow [C_6H_5CH_2N^+(C_2H_5)_3] \ Cl^-$$

[3] 也可使用甲苯－无水乙醇（8：1体积比）进行重结晶，每克粗品约需 3mL。

七、思考题

1. 以季铵盐为相转移催化剂的催化反应原理是什么？
2. 本实验中，如果不加入季铵盐会产生什么后果？
3. 反应结束后为什么要用水稀释，而后用乙醚萃取？目的是什么？
4. 反应液经酸化后，为什么再次用乙醚萃取？

实验四十八 香豆素-3-羧酸的制备

一、实验目的

1. 掌握 Knoevenagel 反应原理和芳香族羟基内酯的制备方法。
2. 掌握用薄层层析法监测反应的进程，熟练掌握重结晶的操作技术。

二、实验原理

在弱碱的催化下，醛、酮与含有活泼亚甲基的化合物发生的失水缩合反应称为 Knoevenagel 反应。常用的碱催化剂有吡啶、六氢吡啶，其他一级胺、二级胺等。水杨醛与丙二酸酯在六氢吡啶的催化下发生 Knoevenagel 缩合及分子内酯交换反应，生成香豆素-3-甲酸乙酯，后者加碱水解，此时酯基和内酯均被水解，然后经酸化再次闭环形成内酯，即为香豆素-3-羧酸。

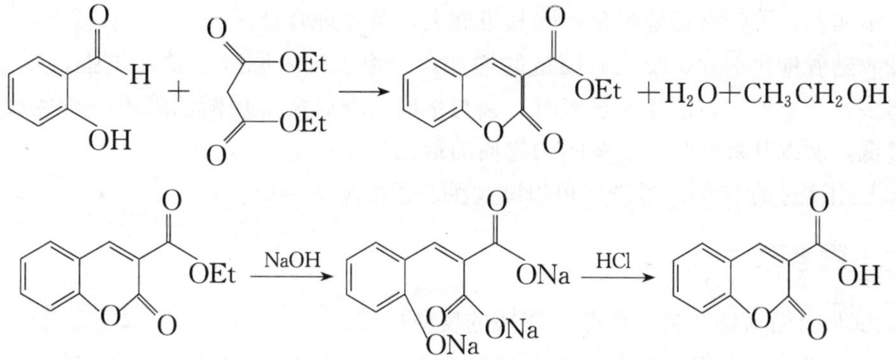

三、仪器及试剂

仪器：分液漏斗、恒压滴液漏斗、布氏漏斗、电动搅拌器、旋转蒸发仪、水浴锅、电热干燥箱、圆底烧瓶、球形冷凝管、干燥管、水泵、温度计、烧杯、量筒、滴液漏斗、电子天平。

试剂：水杨醛、丙二酸二乙酯、无水乙醇、六氢吡啶、冰醋酸，95%乙醇、氢氧化钠、浓盐酸、无水氯化钙。

四、操作步骤

1. 制备香豆素-3-羧酸乙酯。

在 50mL 圆底烧瓶上安装搅拌、回流、干燥装置。在烧瓶中依次加入 2mL 水杨醛[1]、2.4mL 丙二酸二乙酯、10mL 无水乙醇、0.2mL 六氢吡啶、一滴冰醋酸[2]，搅拌回流 1.5h，稍冷，拿掉干燥管，从冷凝管顶端加入约 12mL 冷水，析出结晶，抽滤，用 2mL 冰水冷却的 50%乙醇洗涤两次[3]，粗品用 25%乙醇重结晶，干燥，得香豆素-

3-羧酸乙酯，熔点 93℃。

2. 制备香豆素-3-羧酸。

在 50mL 圆底烧瓶中加入 2.0g 香豆素-3-羧酸乙酯、1.5g 氢氧化钾、10mL 95％乙醇和 5mL 水，加热回流约 15min，趁热将反应产物倒入 5mL 浓盐酸和 20mL 水的混合物中，立即有白色结晶析出，冰浴冷却，过滤，用少量冰水洗涤，干燥，得粗品约 1.6g，可用水重结晶。

五、注意事项

1. 反应温度以能让乙醇匀速缓和回流为好，大概在 80℃左右，温度过高回流过快，有负反应发生。

2. 产率随反应时间增多而提高，超过 2h 产率降低，所以反应时间最好控制在 2h 左右。

六、注释

[1] 水杨醛或者丙二酸酯过量，都可使平衡向右移动，提高香豆素-3-甲酸乙酯的产率。本实验也可使水杨醛过量，因其极性大，后处理容易。

[2] 随着催化剂六氢吡啶的用量的增加，产率提高，原因是碱性增强，碳负离子数目增多，产率增大，但用量过多时，会与生成的香豆素-3-甲酸乙酯进一步生成酰胺，产率降低，所以其最好与丙二酸酯的物质的量比为 1∶1。

[3] 用冰过的 50％乙醇洗涤可以减少酯在乙醇中的溶解。

七、思考题

1. 试写出用水杨醛制香豆素-3-羧酸的反应机理。

2. 羧酸盐在酸化得羧酸沉淀析出的操作中应如何避免酸的损失，提高酸的产量？

实验四十九　肉桂酸的制备

一、实验目的

1. 学习肉桂酸的制备原理和方法。
2. 练习水蒸气蒸馏的装置及操作方法。

二、实验原理

芳香醛和酸酐在碱性催化剂的作用下，可以发生类似羟醛缩合的反应，生成 α,β-不饱和羧酸盐，后者经酸性水解即可得到 α,β-不饱和羧酸，这个反应称为 Perkin 反应。催化剂通常是相应酸酐的羧酸的钾盐或钠盐，也可以用碳酸钾或叔胺。

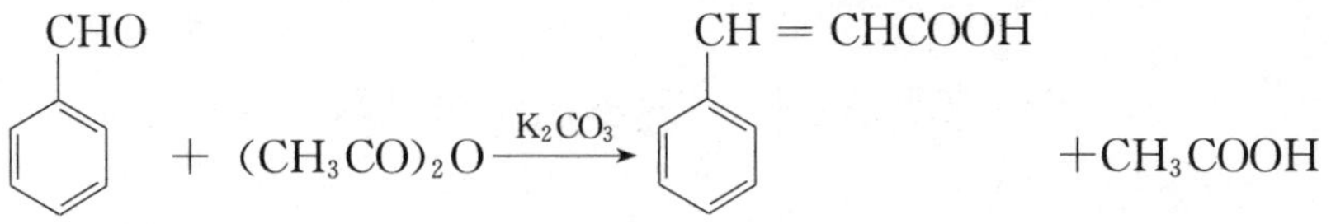

$$\underset{\text{CHO}}{\boxed{}} + (CH_3CO)_2O \xrightarrow{K_2CO_3} \underset{\text{CH}=\text{CHCOOH}}{\boxed{}} + CH_3COOH$$

三、仪器及试剂

仪器：三颈瓶、直形冷凝管、球形冷凝管、圆底烧瓶、75°弯管、接受瓶、锥形瓶、量筒、烧杯、布氏漏斗、吸滤瓶、表面皿、玻璃棒、电子天平、电热炉。

试剂：苯甲醛、乙酸酐、无水碳酸钾、10％氢氧化钠水溶液、浓盐酸、活性炭。

四、实验步骤

在 50mL 圆底烧瓶中，加入 5mL 新蒸馏过的苯甲醛、14mL 乙酸酐和 7.0g 无水碳酸钾，在 170℃～180℃的油浴中回流 45min。冷却，加入 40mL 水浸泡几分钟。用玻璃棒轻轻压碎瓶中的固体，并用水蒸气蒸馏蒸除未反应的苯甲醛，调节加热温度，使瓶内的混合物不致飞溅，控制馏出速度约 2～3 滴/s，当馏出液澄清透明无油滴时，停止蒸馏，先打开螺旋夹，移去热源，以免发生倒吸现象。

冷却，加入 40mL 10％氢氧化钠溶液，加 90mL 水，加热，活性炭脱色，趁热过滤，冷却滤液至室温以下，在搅拌下，将 20mL 浓盐酸和 20mL 水的混合液加入，使溶液呈酸性，冷水冷却，结晶，抽滤，干燥，称量。

五、注意事项

1. 加热最好用油浴，控温在 160℃～180℃，这是实验成败的关键。如果温度太高，反应太激烈，结果形成大量树脂状物质。

2. 反应刚开始，会因二氧化碳的放出产生大量泡沫，这时加热温度尽量低些，等二氧化碳大部分排出后，再小心加热到回流状态，这时溶液呈浅棕黄色。

3. 反应结束后加入热水，可能会出现整块固体，可不必压碎，以免触碎反应瓶，等水蒸气蒸馏时，固体会溶解。

4. 加热回流，控制反应呈微沸状态。如果反应液激烈沸腾，易使乙酸酐蒸汽沿冷凝管冒出，影响产率。

六、思考题

1. 本次实验出现误差较大，实际得到的肉桂酸产量比理论值高很多。试讨论原因。
2. 苯甲醛为何要使用新蒸的？
3. 本实验的反应温度为何不易过高？

实验五十　透明皂的制备

一、实验目的

1. 了解透明皂的性能、特点和用途。
2. 熟悉配方中各原料的作用。
3. 掌握透明皂的配制操作技巧。

二、实验原理

透明皂以牛羊油、椰子油、麻油等含不饱和脂肪酸较多的油脂为原料，与氢氧化钠溶液发生皂化反应制得，反应式如下：

$$
\begin{array}{l}
CH_2OOCR_1 \\
| \\
CH_2OOCR_2 \\
| \\
CH_2OCCR_3
\end{array}
+ 3NaOH \longrightarrow
\begin{array}{l}
CH_2OH \\
| \\
CHOH \\
| \\
CH_2OH
\end{array}
+ R_1COONa + R_2COONa + R_3COONa
$$

反应后不用盐析，将生成的甘油留在体系中增加透明度。然后加入乙醇、蔗糖做透明剂促使肥皂透明，这样可制得透明、光滑的透明皂作为皮肤清洁用品。

配方表

组分	质量分数/%	组分	质量分数/%
牛油	13	30％ NaOH 溶液	20
椰子油	13	95％乙醇	6
麻油	10	甘油	3.5
蔗糖	10	香蕉香精	少许
蒸馏水	10		

三、实验步骤

用托盘天平于 250mL 烧杯中称入 30％ NaOH 溶液 20g、95％乙醇 6g，混匀备用。

在 400mL 烧杯中依次称入牛油 13g、椰子油 13g，放入 75℃热水浴中混合融化。如有杂质，应用漏斗配加热过滤套趁热过滤，保持油脂澄清。然后加入蓖麻油 10g（长时间加热易使颜色变深），混溶。快速将上述烧杯中的碱液加入到此烧杯中，匀速搅拌1.5h，完成皂化反应（取少许样品溶解在蒸馏水中呈清晰状），停止加热。

另取一个 50mL 烧杯，称入甘油 3.5g、蔗糖 10g、蒸馏水 10mL，搅拌均匀，预热至80℃，呈透明状。将此液加入到皂化液中搅匀，降温至 60℃，加入香蕉香精，继续搅匀后，出料，倒入冷水冷却的冷模或大烧杯中，迅速凝固，得到淡黄色、透明、光滑的透明皂。

四、思考题

1. 为什么制备透明皂不用盐析，反而加入甘油？

2. 为什么蓖麻油不与其他油脂一起加入，而在加碱前才加入？

3. 制透明皂若油脂不干净怎样处理？

知识拓展：有机合成大师——伍德沃德

美国化学家 Robert Burns Woodward（1917～1979）是举世公认的有机合成大师。他16 岁进入麻省理工，19 岁获得学士学位，20 岁获得博士学业。伍德沃德记忆力惊人，据获得过诺贝尔奖的 Sharpless 回忆，伍德沃德看文献过目不忘，当和他谈论文献时，他总能告诉你这个文献可以在哪个杂志的哪一页找到。伍德沃德可以随手画出复杂分子的结构式，并且能给出分子在不同角度的立体结构。伍德沃德对于有机化学几乎各个方面都很了解，很难找到他在有机化学领域的知识缺陷。1944 年 27 岁的伍德沃德与其学生 William von Doering 完成了奎宁的合成。在 Woodward 工作的年代，也就是 20 世纪 40～60 年代，那时不对称合成还没有兴起，因此构建一个手性中心是很困难的。Woodward 凭借构建刚性骨架，迫使分子采取一定的构型，以此来构建手性中心。同时，那个时候有机化学的方法学发展远没有现在丰富，因此构建分子骨架也是很难的。

Woodward 与 Wilkinson 共同提出了二茂铁夹心结构，二茂铁也引发了金属有机的热潮，算得上是解开金属有机的序幕，而后者 Wilkinson 与 Pauson、Fischer 因对金属有机化学有杰出贡献获得了 1973 年诺贝尔化学奖。

Woodward 最为人熟悉的便是他卓越的有机合成成就。1944 年，因合成奎宁而一举成名。之后他又完成了许多结构复杂的天然产物分子，其中包括胆固醇、可的松、马钱子碱、麦角酸、利血平、叶绿素、头孢氨素、秋水仙碱。Woodward 因在有机合成中有杰出贡献获得了 1965 年诺贝尔化学奖。在他获得了诺贝尔奖后，Woodward 与瑞士有机化学家 Albert Eschenmoser 合作，率领 100 多位科学家经过 12 年的努力，于1973 年完成了 VB12 的全合成。

伍德沃德首先有意识地将物理方法用于分析有机化合物的结构，将紫外光谱用于鉴定共轭体系提出了 Woodward 规则。在合成维生素 B12 过程中，Woodward 和他的学生 Hoffmann 于 1965 年提出了用于解释周环反应的分子轨道对称守恒原理。1981年，Hoffmann 也因此项工作获得了诺贝尔化学奖。如果当时 Woodward 在世的话，无疑他将获得第二次化学奖。

4.7　羧酸衍生物的制备

1. 酯的制备

在少量酸（如 H_2SO_4）催化下，羧酸和醇直接反应是制备羧酸酯的重要方法，这个反应叫做酯化反应（esterification），反应历程为加成—消去过程。质子活化的羰基被亲核的醇进攻发生加成，在酸作用下脱水成酯。

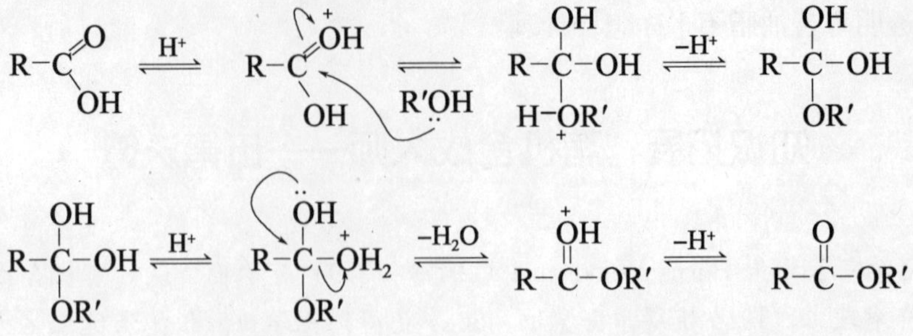

该反应为可逆反应，为了提高转化率一般采用过量某一反应物（根据反应物的价格加过量羧酸或过量醇），或利用蒸馏、共沸蒸馏、干燥剂吸收等方法，从体系中将反应生成的酯或水转移而促进平衡的移动。

新的酯化反应催化剂的应用，可简化反应的操作、提高收率并且反应条件更加温和，比如使用强酸性阳离子交换树脂以及各种固体酸催化剂等。用分子筛做酯化反应的脱水剂，也可大大提高酯化反应的收率。

另外，羧酸盐与某些卤代烃反应也可合成酯，雷夫马斯基（Reformatsky）反应可制β-羟基酸酯，Claisen 酯缩合反应可合成β-酮酸酯。

$$CH_3-\overset{O}{\overset{\|}{C}}-OC_2H_5 + H-CH_2-\overset{O}{\overset{\|}{C}}-OC_2H_5 \xrightarrow{C_2H_5ONa} CH_3\overset{O}{\overset{\|}{C}}CH_2\overset{O}{\overset{\|}{C}}OC_2H_5 + C_2H_5OH$$

2. 酰氯的制备

酰氯是羧酸衍生物中最活泼的化合物，可采用羧酸与氯化亚砜、草酰氯、三氯化磷、五氯化磷反应制备。

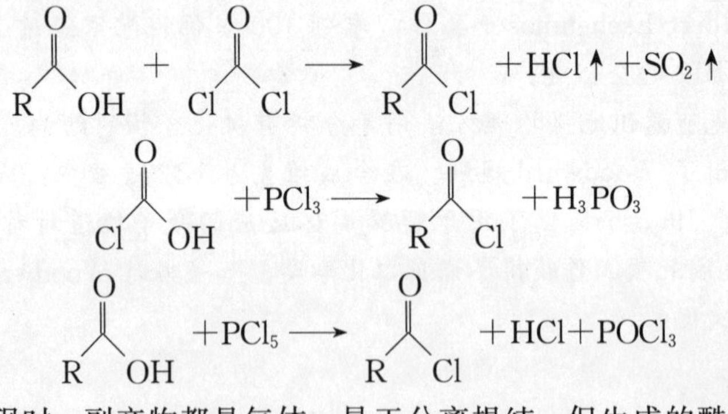

使用氯化亚砜时，副产物都是气体，易于分离提纯。但生成的酰氯沸点不能与氯化亚砜相近，否则难与反应中残留的氯化亚砜分离。因产物亚磷酸沸点高（200℃）、不易挥发，三氯化磷适于制备低沸点酰氯。五氯化磷副产品三氯氧磷（沸点 105.8℃）可蒸馏去除，适于高沸点酰氯的制备。

3. 酰胺的制备

酰胺可通过羧酸铵盐加热失水制备，也可利用羧酸衍生物反应活性次序，使用酰氯、酸酐、羧酸酯氨解制备。在强酸、碱作用下使腈水解，也可制备酰胺，使用6%～10%H_2O_2可催化该水解反应。

　　脂肪和芳香酮都可以和羟胺作用生成肟。肟受酸性催化剂如硫酸或五氯化磷等作用，发生分子重排生成酰胺的反应，称为Beckmann重排。据其机理，不对称的酮肟有Z/E不同构型，重排后可生成不同的酰胺，所以可用该反应测定酮肟构型。利用该反应可将环己酮转化为己内酰胺，这是合成尼龙－6的原料。

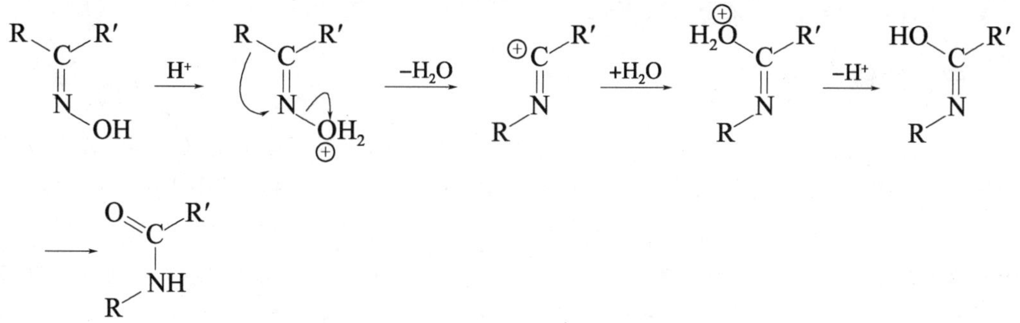

实验五十一　乙酸乙酯的制备

一、实验目的

1. 熟悉和掌握酯化反应的基本原理和制备方法。
2. 掌握蒸馏、分液漏斗的使用等操作。

二、实验原理

本实验利用浓硫酸催化冰乙酸和乙醇反应，得到乙酸乙酯，反应式如下：

$$CH_3COOH + CH_3CH_2OH \underset{110℃～120℃}{\overset{H_2SO_4}{\rightleftharpoons}} CH_3COOC_2H_5 + H_2O$$

三、仪器及试剂

　　仪器：100mL圆底烧瓶、回流冷凝管、电热套、水浴锅、温度计及套管、直形冷凝管、尾接管、橡胶管、三角烧瓶、分液漏斗。

　　试剂：冰醋酸、95%乙醇、浓硫酸、饱和碳酸钠溶液、饱和氯化钠溶液、饱和氯化钙溶液、无水硫酸镁。

四、实验步骤

　　1. 制备乙酸乙酯。

　　在100mL圆底烧瓶内加入14.3mL冰乙酸和23mL95%乙醇，搅拌下缓缓加入7.5mL浓硫酸，水浴加热回流0.5h，稍冷，改蒸馏装置，水浴加热蒸馏至不再有馏出物为止，得粗乙酸乙酯。

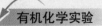

2. 精制。

在搅拌下向粗产品中加入饱和碳酸钠溶液至无二氧化碳气泡逸出，有机相用 pH 试纸试验显中性。将液体转入分液漏斗，摇振后静置，分去水层，有机层用 10mL 饱和氯化钠溶液洗涤[1]，再每次用 10mL 饱和氯化钙溶液洗涤两次，将酯层转入干燥锥形瓶中用无水硫酸镁干燥[2]。

将干燥后的粗乙酸乙酯滤入 50mL 蒸馏瓶中，水浴蒸馏，收集 73℃～78℃馏分[2]，产量 10～12g（产率 45%～54%）。

五、注释

[1] 此步可洗去碳酸钠，否则下一步用饱和氯化钙除醇时，会生成碳酸钙絮状沉淀，影响分离。饱和氯化钠还可以减少乙酸乙酯在水中的溶解度（每 17 份水溶解 1 份乙酸乙酯）。

[2] 水、乙醇、乙酸乙酯间可形成二元或三元恒沸物，未干燥前体系已经呈清亮透明状，但这不能作为产品干燥好的标准，而应以加入干燥剂后的现象来判断，并放置 30min，不时摇振。如干燥不够，则沸点降低，影响产品质量。

乙酸乙酯与水或乙醇形成的二元、三元共沸物的组成及沸点

沸点/℃	组成/%		
	乙酸乙酯	乙醇	水
70.2	82.6	8.4	9.0
70.4	91.9		8.1
71.8	69.0	31.0	

六、思考题

1. 酯化反应有何特点？本实验如何使酯化反应向生成酯的方向进行？

2. 如果采用醋酸过量是否可以？为什么？

3. 在纯化过程中，Na_2CO_3 溶液、NaCl 溶液、$CaCl_2$ 溶液、$MgSO_4$ 粉末分别除去什么杂质？

实验五十二　乙酸异戊酯的制备

一、实验目的

1. 了解乙酸异戊酯的制备原理。

2. 掌握乙酸异戊酯的实验室制备方法。

3. 掌握粗产品的分离技术。

二、实验原理

乙酸异戊酯是一种香料，因具有香蕉气味，又称为香蕉油。实验室通常采用冰醋酸和异戊醇在浓硫酸的催化下发生酯化反应来制取，反应式如下：

$$\underset{OH}{\overset{O}{\text{||}}} + \text{HO} \xrightarrow[\Delta]{H_2SO_4} \underset{O}{\overset{O}{\text{||}}} + H_2O$$

酯化反应是可逆的，本实验采取加入过量冰醋酸，使反应不断向右进行，提高酯的产率。

三、仪器及试剂

仪器：100mL 圆底烧瓶、回流冷凝管、电热套、水浴锅、温度计及套管、直形冷凝管、尾接管、橡胶管、三角烧瓶、分液漏斗。

试剂：异戊醇、冰醋酸、5％碳酸氢钠水溶液、饱和氯化钠水溶液，无水硫酸镁、浓硫酸。

四、实验步骤

1. 制备乙酸异戊酯。

在 100mL 干燥的圆底烧瓶中加入 10.8mL 异戊醇和 12.8mL 冰醋酸，开动搅拌，慢慢加入 2.5mL 浓硫酸[1]，安装回流冷凝管，加热回流 1h。

2. 精制。

将反应物冷至室温，小心转入分液漏斗中，用 25mL 冷水洗涤，并将洗涮液与反应液合并于分液漏斗中，摇振后静置，分出水相，有机相每次用 15mL 5％碳酸氢钠水溶液洗涤两次，至水溶液对 pH 试纸显碱性，再用 10mL 饱和氯化钠水溶液洗涤一次[2]，分出水层，将有机层转入锥形瓶中，用 1～2g 无水硫酸镁干燥。粗产品滤入圆底烧瓶中，蒸馏收集 138℃～143℃馏分，产量约 9g（产率约 69％）。

五、注意事项

1. 加浓硫酸时，要分批加入，并在冷却下充分振摇，以防止异戊醇被氧化、炭化发黑。

2. 回流酯化时，要缓慢均匀加热，以防止醇的炭化，确保完全反应。

3. 因冰醋酸过量，使用碳酸氢钠溶液洗涤时会产生大量二氧化碳。所以，开始时不要塞住分液漏斗，应摇振至无明显气泡产生时再塞住摇振，并注意随时放气。

六、注释

[1] 除使用浓硫酸做催化剂，还可以使用十二水合硫酸铁铵等作为催化剂。

[2] 饱和氯化钠溶液不仅降低异戊酯在水中的溶解度（0.16g/100mL 水），还可防

止乳化，利于分层。

七、思考题

1. 制备乙酸乙酯时使用了过量的醇，本实验为何要使用过量的冰醋酸？如使用过量的异戊醇有何不好？

2. 分离提纯乙酸异戊酯时，各步洗涤的目的是什么？

实验五十三　苯甲酸乙酯的制备

一、实验目的

1. 学习苯甲酸乙酯的合成方法和原理。
2. 掌握分水器的原理与使用方法。
3. 进一步练习蒸馏、萃取、干燥等基本操作。

二、实验原理

反应式为

$$\underset{\text{COOH}}{\text{苯}} + C_2H_5OH \xrightarrow{H^+} \underset{\text{COOC}_2H_5}{\text{苯}} + H_2O$$

酸催化的直接酯化是工业和实验室制备羧酸酯最重要的方法，常用的催化剂有硫酸、氯化氢和对甲苯磺酸等。

反应可逆，提高产率的措施：①乙醇过量；②环己烷为带水剂，分水器及时将水分出；③圆底烧瓶、回流冷凝管要彻底干燥；④使用适量浓硫酸做催化剂。

三、仪器及试剂

仪器：100mL 圆底烧瓶、分水器、回流冷凝管、电加热套、直形冷凝管、尾接管、三角瓶、空气冷凝管、分液漏斗。

试剂：苯甲酸、无水乙醇、浓硫酸、环己烷、碳酸钠、乙醚、无水氯化钙、pH 试纸。

四、实验步骤

在 100mL 圆底烧瓶中加入 6.1g 苯甲酸、13mL 无水乙醇、10mL 环己烷、3mL 浓硫酸、2 粒沸石，装上分水器，小心加环己烷至分水器支管处，分水器上端连回流冷凝管，加热回流 1~1.5h，分水器中出现二层*，分出下层液体，继续蒸出多余的环己烷和乙醇。

将烧瓶中的残液倒入盛有 20mL 冷水的烧杯中，搅拌下分批加入碳酸钠粉末，中和至无二氧化碳气体产生，pH 试纸检验呈中性。用分液漏斗分出粗产物，用 10mL 乙醚萃取水层，合并有机相，以无水氯化钙干燥。安装水浴蒸馏装置，蒸出乙醚后，改电热套加热空气冷凝管冷凝进行蒸馏，收集 211℃～213℃馏分。

五、注意事项

1. 加入碳酸钠粉末的目的是为了除去未反应的苯甲酸，要在不断搅拌下分批加入，防止大量泡沫产生使液体溢出。

2. 多余的环己烷和乙醇充满分水器时，可由活塞放出，放时应移去火源。

3. 若粗产品中有絮状物，不好分层，可直接加入乙醚。

六、注释

＊水－乙醇－环己烷三元共沸物的共沸点为 62.5℃，其中含水 4.8%、乙醇 19.7%、环己烷 75.5%。

七、思考题

1. 本实验应用什么原理和措施来提高该平衡反应的产率？

2. 在萃取和分液时，两相之间有时出现絮状物或乳浊液，难以分层，如何解决？

实验五十四　乙酰乙酸乙酯的制备

一、实验目的

1. 了解 Claisen 酯缩合的原理和方法。

2. 掌握无水操作和减压蒸馏操作。

二、实验原理

含有 α-H 的酯在碱性催化剂的作用下，能与另一分子的酯发生 Claisen 酯缩合反应，生成 β-酮酸酯。乙酰乙酸乙酯就是通过这一反应制备的，虽然反应中使用金属钠作为缩合试剂，但真正的催化剂是钠与乙酸乙酯中残留的少量乙醇作用产生的乙醇钠，如使用高纯度的乙酸乙酯和金属钠反而不能发生缩合反应。

$$CH_3-\overset{O}{\overset{\|}{C}}-\boxed{OC_2H_5 + H}-CH_2-\overset{O}{\overset{\|}{C}}-OC_2H_5 \xrightarrow{C_2H_5ONa} CH_3\overset{O}{\overset{\|}{C}}CH_2\overset{O}{\overset{\|}{C}}OC_2H_5 + C_2H_5OH$$

乙酰乙酸乙酯是含活泼亚甲基的化合物，其亚甲基上的氢酸性比乙醇强很多，因此最后一步实际上不可逆，反应消耗等摩尔的钠生成乙酰乙酸乙酯的钠盐，最后必须使用醋酸酸化，才能使乙酰乙酸乙酯游离出来。

乙酰乙酸乙酯与其烯醇式是互变异构现象的一个典型例子，它们是酮式和烯醇式平衡的混合物，在室温时含 92% 的酮式和 8% 的烯醇式。单个异构体具有不同的性质并能分离为纯态，但在微量酸碱催化下，迅速转化为二者的平衡混合物。

$$CH_3COCH_2COOC_2H_5 \rightleftharpoons CH_3-\overset{\overset{\displaystyle OH}{|}}{C}=CH-COOC_2H_5$$

三、仪器及试剂

仪器：100mL 圆底烧瓶、回流冷凝管、干燥管、橡皮塞、分液漏斗、克氏蒸馏头、温度计、直形冷凝管、真空泵、尾接管。

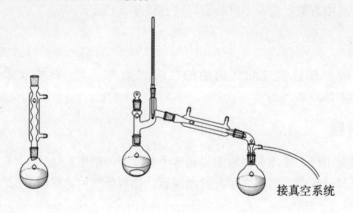

接真空系统

试剂：乙酸乙酯、金属钠、二甲苯、50% 醋酸溶液、饱和氯化钠水溶液、无水硫酸钠。

四、实验步骤

1. 制备乙酰乙酸乙酯。

在干燥的 100mL 圆底烧瓶中放入 2.5g 清除了表面氧化膜的钠和 12.5mL 二甲苯，装上冷凝管，加热至钠全部熔融。立即拆下冷凝管，用橡皮塞塞紧圆底烧瓶，用毛巾包住烧瓶用力来回振荡，使钠分散成尽可能小的细粒状钠珠。冷却，将二甲苯倾滗至专用回收瓶。迅速向瓶中加入 27.5mL 乙酸乙酯[1]，并安装顶端装有氯化钙干燥管的回流冷凝管，反应随即开始，并有氢气泡逸出。如反应不开始或很慢，可用电热套稍微加热引发反应；若反应过于剧烈，可用冷水冷却。

保持微沸状态直至所有金属钠消失，约需 1.5h。得到的乙酰乙酸乙酯钠盐溶液为红棕色透明溶液（有时可能有少量黄白色沉淀），稍冷，在搅拌下加入 50% 的醋酸溶液，直至体系呈现弱酸性（约需 15mL），将反应液转入分液漏斗，加入等体积的饱和氯化钠溶液，搅拌，静置，分出有机层，用无水硫酸钠干燥。

2. 精制。

将干燥后的粗产品滤入蒸馏瓶，沸水浴蒸出乙酸乙酯，剩余液体转入 25mL 克氏蒸馏瓶中进行减压蒸馏[2]，先缓慢加热除去低沸物，再升高温度，收集乙酰乙酸乙酯[3]，产量约 6g（产率约 42%）[3]。

五、注意事项

1. 金属钠遇水即燃烧、爆炸，使用时严禁与水接触。称量切片时宜迅速，以免空气中水气侵蚀或被氧化。

2. 一般要求钠全部反应消失，但少量未反应的钠并不妨碍下一步操作。

3. 加入醋酸后，当液体已呈弱酸性，但仍有少许固体未完全溶解时，可加入少量水使其溶解。应避免加入过量的醋酸，否则会增加酯在水层中的溶解而降低产率。

4. 本实验产率按钠计算。

六、注释

[1] 乙酸乙酯必须绝对干燥，但其中需含 1％～2％ 乙醇，其精制方法如下：将普通乙酸乙酯用饱和氯化钙溶液洗涤数次，然后用焙烧过的无水碳酸钾干燥，水浴蒸馏收集 76℃～78℃ 馏分。

[2] 乙酰乙酸乙酯常压蒸馏时，易发生分解生成去水乙酸。去水乙酸通常溶解在酯中，随着过量的乙酸乙酯的蒸出，特别是减压阶段随着乙酰乙酸乙酯的蒸出，去水乙酸呈棕黄色固体析出。

[3] 乙酰乙酸乙酯的沸点—压力数据：

压力/mmHg	760	80	60	40	30	20	18	14	12
沸点/℃	181	100	97	92	88	82	78	74	71

七、思考题

1. 什么是 Claisen 酯缩合反应中的催化剂？本实验为什么可以用金属钠代替？

2. 为什么计算产率时要以金属钠为基准？

3. 本实验中加入 50％醋酸和饱和氯化钠溶液有何作用？

4. 如何用实验证明常温下得到的乙酰乙酸乙酯是两种互变异构体的平衡混合物？

实验五十五　乙酰水杨酸的制备

一、实验目的

1. 了解乙酰水杨酸（阿司匹林）的制备原理和方法。

2. 巩固重结晶、抽滤等基本操作。

3. 了解乙酰水杨酸的应用价值。

二、实验原理

乙酰水杨酸，俗称阿司匹林（Aspirin），是 19 世纪末成功合成的，作为一个有效的解热止痛、治疗感冒的药物，至今仍广泛使用。有关报道表明，人们正在发现它的某些新功能。

阿司匹林是由水杨酸（邻羟基苯甲酸）与醋酸酐进行酯化反应而得的。水杨酸是一个具有羟基和羧基的双官能团化合物，可进行两种不同的酯化反应：与乙酸酐作用时，得到乙酰水杨酸；如与过量的甲醇反应，可得到水杨酸甲酯，因其首先系作为冬青树的香味成分被发现，又称为冬青油。

将水杨酸与乙酸酐通过乙酰化反应，使水杨酸分子中酚羟基上的氢原子被乙酰基取代，生成乙酰水杨酸。为了加速反应的进行，通常加入少量浓硫酸做催化剂，浓硫酸的作用是破坏水杨酸分子中羧基与酚羟基间形成的氢键，从而使酰化作用较易完成。在生成乙酰水杨酸的同时，水杨酸分子之间也可发生缩合反应，生成少量的聚合物。

主反应：

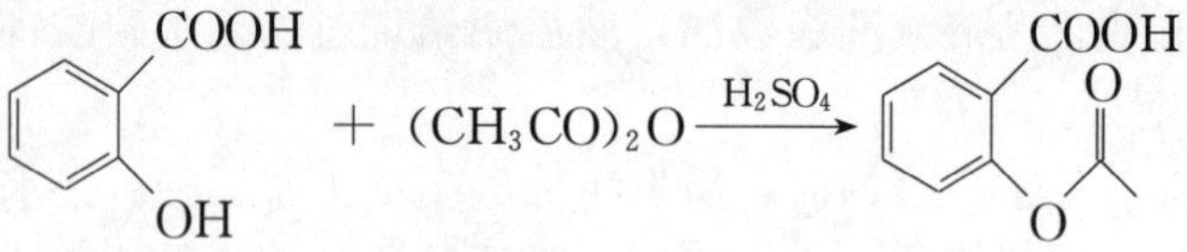

副反应：

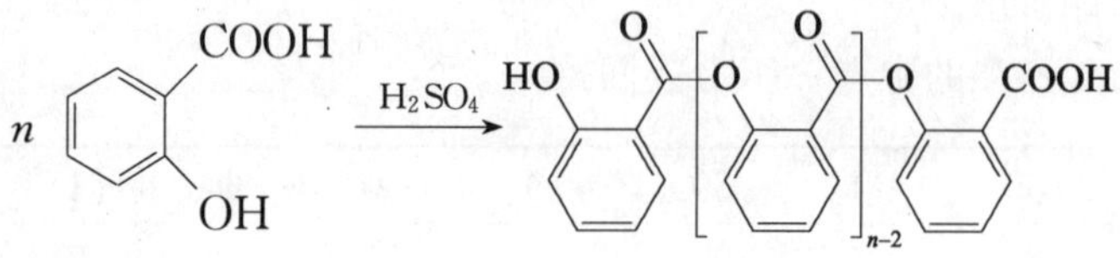

三、仪器及试剂

仪器：锥形瓶、水浴锅、玻璃棒、布氏漏斗、抽滤瓶、水泵、表面皿、烧杯、试管、玻璃漏斗。

试剂：水杨酸、乙酸酐、饱和碳酸氢钠水溶液、1%三氯化铁溶液、乙酸乙酯、浓硫酸、浓盐酸。

四、实验步骤

1. 制备乙酰水杨酸。

在125mL形瓶内加入2g水杨酸、5mL乙酸酐[1]和5滴浓硫酸，旋摇锥形瓶使水杨酸全部溶解，在85℃～90℃水浴上加热5～10min，冷至室温，有乙酰水杨酸结晶析出，如无晶体析出，可用玻璃棒摩擦瓶壁并将瓶置于冰浴中使结晶析出。加入50mL水，将混合物继续在冰浴中冷却使结晶完全，抽滤，用滤液反复洗涤锥形瓶，将全部晶体收集到布氏漏斗，用冷水洗涤晶体数次，抽干，将晶体转移至表面皿上，在空气中风干，称重，约得粗产品1.8g。

2. 精制。

将粗品放入150mL烧杯中，搅拌下加入25mL饱和碳酸氢钠水溶液[2]，继续搅拌几分钟至无二氧化碳气泡产生。用布氏漏斗过滤去除聚合物副产品，用5～10mL水冲洗漏斗，合并滤液，倒入盛有4mL浓盐酸和10mL水的混合液中，搅拌均匀，即有乙酰水杨酸晶体析出，冰浴，使结晶析出完全，抽滤，压干，再用冷水洗涤 2～3 次，抽去水分，将结晶转到表面皿上干燥，称重，产品约 1.5g[3~4]。

五、注意事项

1. 反应在较低的温度下（90℃）就可以进行。实验中水浴加热温度不宜过高，时间不宜过长，否则副产物可能增加。

2. 仪器要全部干燥，药品也要干燥处理。

3. 乙酰水杨酸易受热分解（128℃～135℃），重结晶时不宜长时间加热，产品采取自然晾干。

4. 测定乙酰水杨酸熔点时，应先将热载体加热至 120℃ 左右，然后放入样品测量。

六、注释

[1] 乙酸酐需新蒸，收集 139℃～140℃ 馏分。

[2] 乙酰水杨酸与碳酸氢钠反应生成可溶性钠盐，而副产物聚合物则不溶于碳酸氢钠溶液，故可分离。

[3] 为了检验产品中是否还有水杨酸，利用水杨酸属酚类物质可与三氯化铁发生颜色反应的特点，用几粒结晶加入盛有 3mL 水的试管中，加入 1～2 滴 1‰ $FeCl_3$ 溶液，观察有无紫色。

[4] 若想得到更纯的产品，可将上述结晶的一半溶于最少量的乙酸乙酯中（2～3mL），在水浴上加热溶解，如有不溶物出现，用预热好的玻璃漏斗趁热过滤，滤液冷至室温，晶体析出。如无晶体析出，则可水浴上稍加热浓缩，并将溶液置于冰水浴中冷却，或用玻璃棒摩擦瓶内壁。抽滤，收集产物，干燥，称重，测熔点。

七、思考题

1. 制备乙酰水杨酸时，加入浓硫酸的目的是什么？

2. 反应中有什么副产物？如何除去？

3. 乙酰水杨酸在沸水中受热时，分解得到一种溶液，该溶液对三氯化铁呈阳性反应。试对之进行解释，并写出反应方程式。

实验五十六　白乳胶的制备

一、实验目的

1. 了解乳液聚合的基本原理。

2. 掌握醋酸乙烯酯乳胶的制备方法及用途。

3. 掌握无氧操作技术。

二、实验原理

聚醋酸乙烯酯由醋酸乙烯酯在光或过氧化物等引发下聚合而得。根据反应条件，如温度、引发剂浓度、溶剂的不同，可以得到分子量不同的聚合物。

$$nCH_2=CH \xrightarrow{\text{引发剂}} \left[CH_2-CH \right]_n$$
$$\quad | \qquad\qquad\qquad\qquad |$$
$$OCOCH_3 \qquad\qquad\qquad OCOCH_3$$

聚合可以按本体、溶液或乳液等方式进行。采用乳液聚合方法得到的醋酸乙烯酯乳胶（白乳胶）可用做涂料或黏合剂，具有水基漆的优点，即黏度小而分子量较大，不用易燃、有毒的溶剂。作为黏合剂时常称为白胶，可黏结木材、纸张、织物等。

采用过硫酸盐为引发剂。为使反应平稳进行，单体和引发剂均要分批加入。最常用的乳化剂聚乙烯醇和 OP-10。实验中通常把两种乳化剂并用，其乳化效果和稳定性比使用单独乳化剂好。本实验使用聚乙烯醇和 OP-10 两种乳化剂。

三、仪器及试剂

仪器：三颈瓶、滴液漏斗、球形冷凝管、电动搅拌器、水浴锅等。

试剂：醋酸乙烯酯、过硫酸铵、聚乙烯醇、OP-10、邻苯二甲酸二丁酯、碳酸氢钠等。

四、实验步骤

在装有搅拌器、回流冷凝管及温度计的三颈瓶中加入乳化剂（6g 聚乙烯醇[1]及 1g OP-10 和 78mL 水），加入醋酸乙烯酯 21.5mL，充分搅拌使乳化剂溶解并使醋酸乙烯酯乳化。称取 1g 过硫酸铵[2]于小烧杯中用 5mL 水溶解，将此溶液一半倒入反应瓶中，通氮气，开动搅拌，水浴加热，控制反应温度 65℃～70℃。然后用滴液漏斗滴加 32mL 醋酸乙烯酯，滴加速度不宜过快。待滴加完毕，加入余下的过硫酸铵溶液，继续加热搅拌，缓慢地逐渐升温[3]，以不产生大量气泡为准，最后升温到 90℃左右至无单体回流为止。停止加热，冷却到 50℃，加入 0.25g 碳酸氢钠[4]溶于 5mL 水的溶液，调节 pH 为 4～6。再加入 8mL 邻苯二甲酸二丁酯，搅拌，冷却即成白色乳胶，可直接作黏合剂，也可用水稀释后加入色浆制成各种颜色的乳胶漆。

五、注意事项

1. 聚合反应为放热反应，反应开始后注意控制好温度，必要时用冷水冷却。
2. 单体须滴加；引发剂须分批加入，也可采用滴加的方式。

六、注释

[1] 聚乙烯醇是一种非离子型乳化剂。它除了起乳化作用外，也起到保护胶体和增稠剂的作用。

[2] 用过硫酸铵做引发剂时，乳液的 pH 应加以控制。因为反应时酸会不断增加，pH<2 则反应速度很慢，有时会破坏乳液聚合的正常进行，使乳液粒子加大。

［3］升温过快易结块。

［4］由于聚乙烯醇一般是聚醋酸乙烯酯的碱性水解产品，水溶液呈弱碱性，反应前可以不调整 pH，反应结束后加入碳酸氢钠中和至 pH 为 4～6，以保持乳液稳定。

七、思考题

1. 乳液聚合的主要配方是什么？
2. 本实验应注意哪些问题？

知识拓展：阿司匹林

阿司匹林诞生于 1899 年 3 月 6 日，作为一种历史悠久的解热镇痛药，用于治疗感冒、发热、头痛、牙痛、关节痛、风湿病，还能抑制血小板聚集，用于预防和治疗缺血性心脏病、心绞痛、心肺梗塞、脑血栓形成，应用于血管形成术及旁路移植术也有效。

早在 1853 年，弗雷德里克·热拉尔（Gerhardt）就用水杨酸与醋酐合成了乙酰水杨酸，但没能引起人们的重视；1897 年德国化学家菲利克斯·霍夫曼又进行了合成，并为他父亲治疗风湿关节炎，疗效极好；1899 年由德莱塞介绍到临床，并取名为阿司匹林（Aspirin）。至今，阿司匹林已应用百余年，成为医药史上三大经典药物之一，仍是世界上应用最广泛的解热、镇痛和抗炎药，也是作为比较和评价其他药物的标准制剂。它在体内具有抗血栓的作用，能抑制血小板的释放反应，抑制血小板的聚集，临床上用于预防心脑血管疾病的发作。

将阿司匹林及其他水杨酸衍生物与聚乙烯醇、醋酸纤维素等含羟基聚合物进行熔融酯化，使其高分子化，所得产物的抗炎性和解热止痛性比游离的阿司匹林更为长效。

文献记载，阿司匹林的发明人是德国的费利克斯·霍夫曼，但这项发明中，起着非常重要作用的还有一位犹太化学家阿图尔·艾兴格林。1934 年，德国正处在纳粹统治的黑暗时期，对犹太人的迫害已经愈演愈烈。在这种情况下，狂妄的纳粹统治者更不愿意承认阿司匹林的发明者有犹太人这个事实，于是便把发明家的桂冠戴到了费利克斯·霍夫曼一个人的头上，为他们的"大日耳曼民族优越论"贴金，为了堵住阿图尔·艾兴格林的嘴，还把他关进了集中营。第二次世界大战结束后，阿图尔·艾兴格林又提出这个问题，但不久他就去世了，从此这事便石沉大海。英国医学家、史学家瓦尔特·斯尼德几经周折获得德国拜尔公司的特许，查阅了拜尔公司实验室的全部档案，终于以确凿的事实恢复了这项发明的历史真面目：在阿司匹林的发明中，阿图尔·艾兴格林功不可没。事实是在 1897 年，费利克斯·霍夫曼的确第一次合成了构成阿司匹林的主要物质，但他是在他的上司——知名的化学家阿图尔·艾兴格林的指导下，并且完全采用艾兴格林提出的技术路线才获得成功的。

注意：阿司匹林与食物同服或用水冲服，以减少对胃肠的刺激。阿司匹林和酒不能同时吃。酒的主要成分酒精在肝脏乙醇脱氢酶作用下变成乙醛，再在乙醛脱氢酶作用下变成乙酸，进而生成二氧化碳和水。阿司匹林会降低乙醛脱氢酶活性，阻止乙醛氧化为乙酸,导致体内乙醛堆积,使全身疼痛症状加重,并导致肝损伤。

4.8 含氮化合物的制备

一、芳香硝基化合物的制备

在混酸作用下,苯环上的亲电取代反应是制备硝基苯的主要方法。

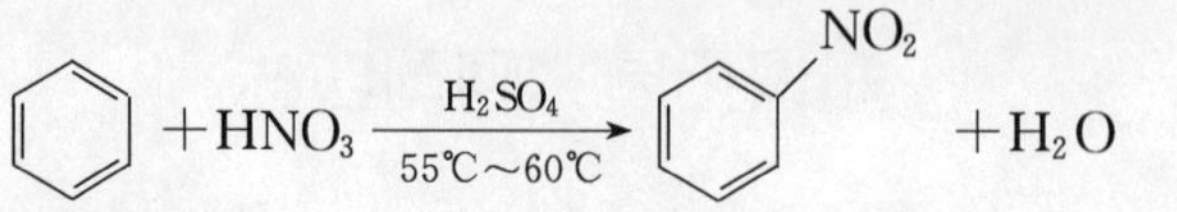

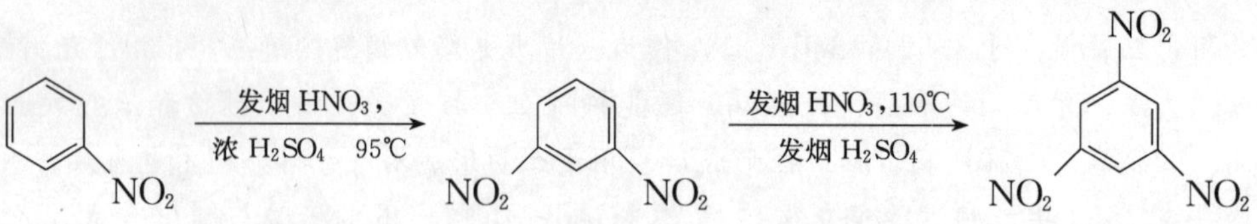

间二硝基苯 88%　　　　　极少量

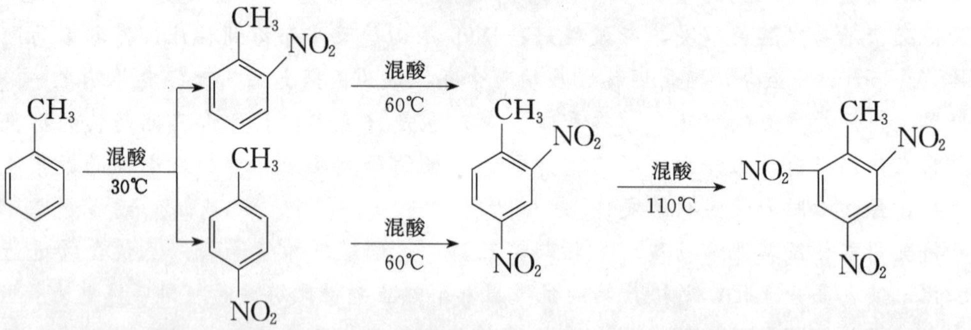

2,4,6-三硝基甲苯
(TNT)

二、胺的制备

1. 含氮化合物的还原

在酸性(稀酸)介质中还原酸与金属(铁、锌或氯化亚锡)还原硝基化合物,直接生成相应的胺。例如:

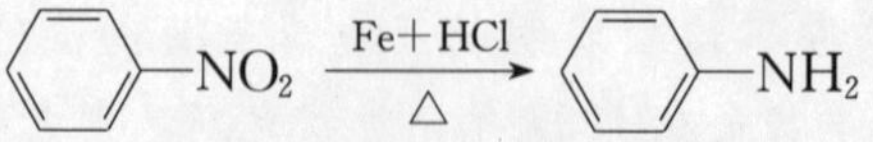

芳香族多硝基化合物在钠或铵的硫化物、硫氢化物等还原剂作用下,可进行选择性还原。

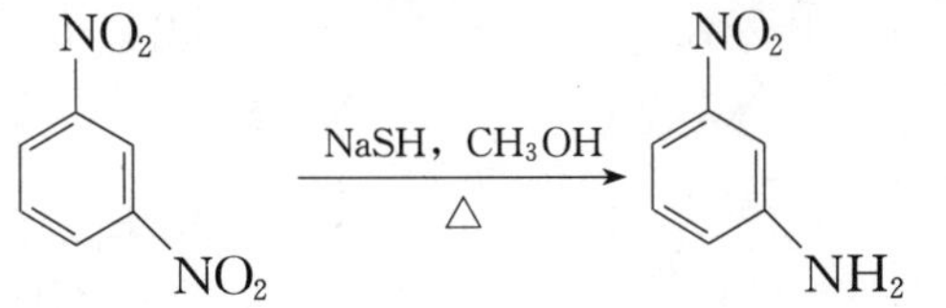

将酰胺和腈通过氢化铝锂还原：

$$RCONH_2 \xrightarrow[\text{②}H_2O]{\text{①}LiAlH_4\text{，干醚}} RCH_2NH_2 \quad \text{伯胺}$$

$$RCONHR' \xrightarrow[\text{②}H_2O]{\text{①}LiAlH_4\text{，干醚}} RCH_2NHR' \quad \text{仲胺}$$

$$RCONR'R'' \xrightarrow[\text{②}H_2O]{\text{①}LiAlH_4\text{，干醚}} RCH_2NR'R'' \quad \text{叔胺}$$

2. 盖布瑞尔合成法

邻苯二甲酰亚胺盐与卤代烃发生 S_N2 反应，再用氢氧化钾（钠）处理，得纯净的伯胺。

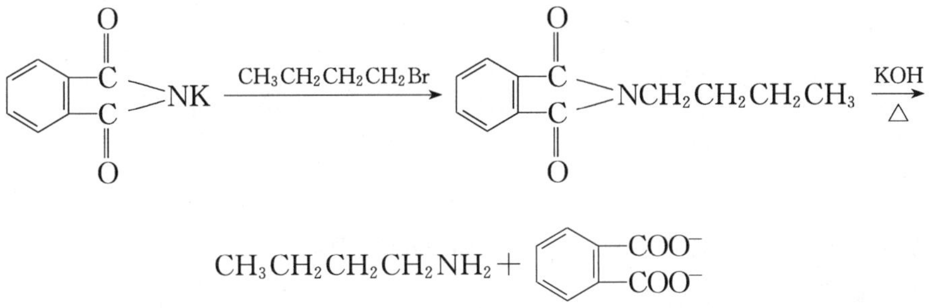

3. 霍夫曼降解

酰胺与次氯酸钠或次溴酸钠的碱溶液作用，脱去羰基生成少一个碳原子的伯胺。

$$R-\overset{\overset{O}{\|}}{C}-NH_2 \xrightarrow[(Br_2+NaOH)]{NaOBr} R-NH_2+Na_2CO_3+NaBr+H_2O$$

三、重氮盐和偶氮化合物的制备

芳香族伯胺在冷的强酸存在下和亚硝酸钠作用生成重氮苯。

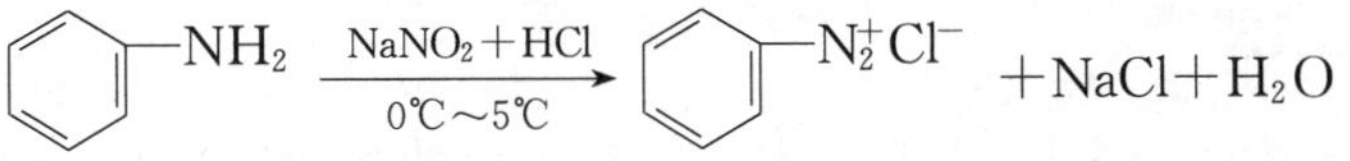

重氮化反应必须在低温下（一般 0℃～5℃）进行，否则重氮盐易分解而放出氮气。

在弱酸或弱碱性溶液中，重氮盐正离子作为亲电试剂可与连有强供电子基的芳香族化合物（如芳胺、酚类等）发生亲电取代反应，生成色彩鲜艳的偶氮化合物。

重氮盐与芳胺的偶联在弱酸性溶液中进行（pH＝5～6），与酚偶联在微碱性（pH≈8）溶液中进行。

$$NaO_3S-\!\!\!\!\bigcirc\!\!\!\!-N_2Cl + \bigcirc\!\!\!\!-N\!\!\begin{matrix}CH_3\\CH_3\end{matrix} \xrightarrow{CH_3COOH}$$

$$NaO_3S-\!\!\!\!\bigcirc\!\!\!\!-N\!=\!N-\!\!\!\!\bigcirc\!\!\!\!-N\!\!\begin{matrix}CH_3\\CH_3\end{matrix}$$

甲基橙

$$\bigcirc\!\!\!\!-N_2Cl + \bigcirc\!\!\!\!-OH \xrightarrow[\text{低温}]{OH^-（pH=8）} \bigcirc\!\!\!\!-N\!=\!N-\!\!\!\!\bigcirc\!\!\!\!-OH$$

四、贝克曼重排合成己内酰胺

贝克曼重排是肟在酸的催化作用下重排为酰胺的反应。常用的酸为硫酸、多聚磷酸以及能产生强酸的五氯化磷、三氯化磷、苯磺酰氯、亚硫酰氯等。若起始物为环肟，产物则为内酰胺。此反应是由德国化学家恩斯特·奥托·贝克曼发现并由此得名。

$$\text{环己酮} \xrightarrow{NH_2OH} \text{环己酮肟} \xrightarrow{H_2SO_4} \text{己内酰胺}$$

贝克曼重排的一个很重要的应用是以环己酮肟为起始原料，重排生成己内酰胺。己内酰胺是制造尼龙－6的原料。

实验五十七 硝基苯的制备

一、实验目的

1. 了解硝化反应中混酸的浓度、反应温度、反应时间与硝化产物的关系。

2. 掌握硝基苯的制备原理和方法。

二、实验原理

硝基苯是重要的精细化工原料，是医药和染料的中间体，可用于制备二硝基苯、苯胺、间硝基苯氨、磺酸等，还可做有机溶剂、有机反应的弱氧化剂等。

芳香族硝基化合物一般由芳香族化合物直接硝化制得，最常用的硝化剂是浓硝酸与浓硫酸的混合液，俗称混酸。混酸中浓硫酸的作用是有利于 NO_2^+ 离子的生成，增加 NO_2^+ 离子的浓度，加快反应速度。硝化反应是强放热反应，进行硝化反应时，必须严格控制升温和加料速度，同时进行充分的搅拌。

在硝化反应中，对不同的硝化对象硝化试剂也不尽相同，除混酸外，也可单独采用硝酸或硝酸与冰醋酸（或醋酸酐）组成的溶液，许多对氧化敏感的酚类一般采用稀硝酸，对于混酸难以硝化的化合物，可以采用发烟硝酸和发烟硫酸构成的混酸。

反应机理：

$$\text{（苯）} + HNO_3 \xrightarrow[50℃\sim55℃]{H_2SO_4} \text{（硝基苯 } NO_2）$$

$$HNO_3 + 2H_2SO_4 \rightleftharpoons NO_2^+ + H_3O^+ + 2HSO_4^-$$

$$\text{（苯）} + O = \overset{+}{N} = O \longrightarrow \text{（} \overset{+}{H} NO_2 \text{）} \longrightarrow \text{（} NO_2 \text{）}$$

三、仪器及试剂

仪器：三颈瓶、温度计、滴液漏斗、导气管、橡皮管、电磁水浴锅、磁搅拌、烧杯、蒸馏瓶、空气冷凝管、尾接管、三角烧瓶。

试剂：苯、浓硝酸、浓硫酸、5％氢氧化钠溶液、无水氯化钠。

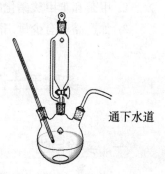

通下水道

四、实验步骤

1. 制备硝基苯。

在 100mL 的锥形瓶中，放入 18mL 浓硝酸，在冷却和搅拌下缓缓加入 20mL 浓硫酸制成混酸，待用*。

在 250mL 三颈瓶上分别安装温度计、滴液漏斗、导气管，导气管接橡皮管通入下水道。加入 18mL 苯，开动磁搅拌，自滴液漏斗滴入上述制好的混酸，控制混酸滴加速度，使温度维持在 50℃～55℃之间，不要超过 60℃，必要时以冷水冷却。滴完后，在 60℃左右热水浴中继续搅拌 15～30min。

2. 精制。

反应物冷至室温，倒入盛有 100mL 水的烧杯中，充分搅拌，静置，待硝基苯沉降后，尽量将上层酸液沥至废液缸，依次用等体积的水、5％氢氧化钠溶液、水洗涤，用无水氯化钙干燥。

将粗硝基苯滤入蒸馏瓶，用空气冷凝管蒸馏，收集 205℃～210℃馏分，产量约 18g（产率约 73％）。

五、注意事项

1. 反应温度控制在 50℃～55℃之间。硝化反应系放热反应，温度超过 60℃时，易生成二硝基苯，也易造成部分硝酸和苯挥发。

2. 用氢氧化钠溶液洗涤时不可过于用力振荡，否则会因产品乳化造成分离困难。

如遇此情况，可用少量氯化钙固体使溶液饱和（或加数滴乙醇），静置后即可分层。

3. 高温时，粗产品中的二硝基苯易发生剧烈分解，因此蒸产品时不可蒸干或使蒸馏温度超过 214℃。

4. 硝基苯有强的毒性，吸入较多蒸汽或通过皮肤接触吸收均会造成中毒，处理时务须小心。如不慎接触皮肤，应立即用少量乙醇擦洗，再用肥皂及温水洗涤。

六、注释

＊用 3.3mL 水、20mL 浓硫酸、18mL 工业硝酸（$d＝1.52$）配成混酸进行硝化，减少二硝基苯的生成。

七、思考题

1. 粗产品依次用水、氢氧化钠溶液、水洗涤的目的是什么？
2. 甲苯和苯甲酸硝化的产物是什么？在反应条件上有何差异？为什么？
3. 如产品中有少量硝酸没有除掉，在蒸馏过程中会产生什么现象？

实验五十八　邻硝基苯酚和对硝基苯酚的制备

一、实验目的

1. 学习芳烃硝化反应的基本理论和硝化方法，加深对芳烃亲电取代反应的理解。
2. 掌握水蒸气蒸馏技术。

二、实验原理

苯酚因羟基的活化作用易于发生硝化，与冷的稀硝酸作用即生成邻和对硝基苯酚的混合物。实验室多用硝酸钠与稀硫酸的混合物代替稀硝酸，以减少苯酚被硝酸氧化的可能性，且利于提高对位取代产品的比率。尽管如此，仍可能有少量苯酚被氧化成焦油状物质。

由于对硝基苯酚存在分子间的氢键而邻硝基苯酚易形成分子内氢键，因而邻硝基苯酚的沸点比前者低，在水中溶解度也较对位低很多，且易随水蒸气挥发。利用这一差异可以采用水蒸气蒸馏的方法将邻硝基苯酚蒸出，从而达到分离的目的。

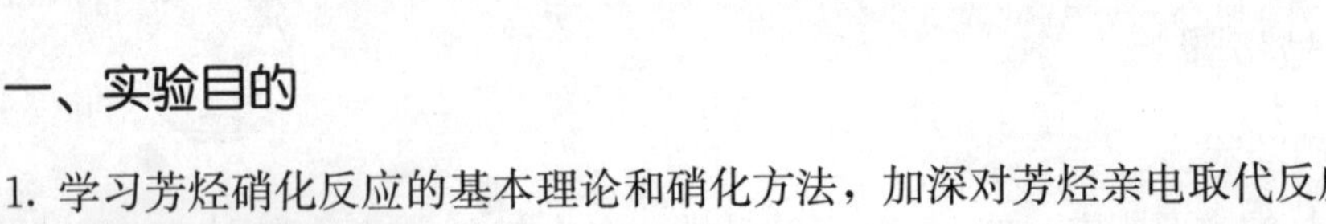

三、仪器及试剂

仪器：250mL 三颈瓶、温度计、滴液漏斗、小烧杯、回流冷凝管、50mL 圆底烧瓶、T 形管、螺旋夹、蒸馏头、直形冷凝管、尾接管、空心塞、50mL 三角瓶、玻璃管、升降台、分液漏斗、空气冷凝管、加热套、电磁水浴锅。

试剂：苯酚、硝酸钠、浓硫酸、浓盐酸、活性炭。

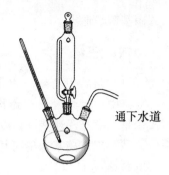

通下水道

四、实验步骤

1. 制备邻硝基苯酚。

在搅拌下向 250mL 三颈瓶中慢慢加入 30mL 水、10.5mL 浓硫酸、11.5g 硝酸钠，振荡至硝酸钠全溶，装上温度计和滴液漏斗，将三颈瓶置于冰浴中冷却。在小烧杯中加入 7g 苯酚和 2mL 水，温热搅拌使溶解，冷却，转入滴液漏斗，搅拌下滴加，其间冰浴，使反应温度维持在 10℃～15℃，滴完后，保持同样温度搅拌 30min 使反应完全，冰水冷却，使油状物凝成黑色固体，并有黄色针状结晶析出，仔细倾去酸液，固体每次用 20mL 水以倾泻法洗涤 3 次，尽量洗去残余的酸液。

在留有黑色固体的三颈瓶上安装好水蒸气蒸馏装置，蒸至冷凝管无黄色油状液滴馏出为止；馏出液冷却后邻硝基苯酚迅速凝成黄色固体，抽滤收集后晾干，得粗产品约 3g[1]。

2. 制备对硝基苯酚。

在水蒸气蒸馏后的残液中加水至总体积约 80mL，再加入 5m 浓盐酸和 0.5g 活性炭，加热煮沸 10min，趁热过滤，滤液再用活性炭脱色一次，然后将此溶液加热，用滴管将其滴入另一浸在冰浴中的烧杯中，边加边搅拌，即有淡黄色对硝基苯酚析出，抽滤，收集后晾干，得产品 2～2.5g[2]。

五、注意事项

1. 苯酚对皮肤有强的腐蚀性，如不慎接触皮肤，应立即用少许乙醇擦洗至不再有苯酚味，再用肥皂和水清洗。

2. 苯酚室温时为固体（熔点 41℃），可用温水浴使其熔化，加水可降低其熔点，使其在滴加时呈液态。

3. 酚与酸不能互溶，故须不断搅拌使接触充分，使反应完全，并防止局部过热。

4. 反应温度维持在 10℃～15℃，若低于 10℃，邻硝基苯酚的比例减少；若高于 20℃，硝基苯酚将继续硝化或氧化。

5. 浸入冰浴使油状物固化，洗涤时更方便。黑色油状物难以固化，用倾泻法洗涤时，可先用滴管吸取少量酸液。残余酸液需去除干净，否则水蒸气蒸馏时，温度的升高，会使硝基苯酚进一步硝化或氧化。

6. 水蒸气蒸馏时，可能有邻硝基苯酚的结晶析出而堵塞冷凝管，这时必须注意调小冷凝管水量，让热的蒸汽熔化晶体成液体流下，再开大水流，以避免热的蒸汽携带邻硝基苯酚逸出。

六、注释

[1] 粗品用乙醇－水混合溶剂重结晶：将粗邻硝基苯酚溶于热的乙醇（40℃～45℃）中，过滤后滴入温水至出现浑浊，然后在温水浴（40℃～45℃）中温热或再滴入少量乙醇至浑浊变清，冷却后即析出亮黄色针状的邻硝基苯酚约 2g，熔点 45℃。

[2] 粗对硝基苯酚可用稀盐酸（2%或 3%）重结晶，得无色针状对硝基苯酚约 1.5g，熔点 114℃。

七、思考题

1. 本实验有哪些可能的副反应，如何减少这些副反应的发生？
2. 比较苯、硝基苯、苯酚硝化的难易，并解释其原因。
3. 在重结晶邻硝基苯酚时，在加入乙醇温热后常常出现油状物，如何使其消失？后来再滴加水时，也常会析出油状物，应如何避免？
4. 为什么可用水蒸气蒸馏法来分离邻和对硝基苯酚？
5. 在使用重结晶法提纯固体产品时，为什么要先用其他方法除去副产品、原料和杂质后再进行重结晶？反应完成后直接进行重结晶来提纯是否可行，为什么？

实验五十九　苯胺的制备

一、实验目的

1. 掌握硝基苯还原为苯胺的实验原理和方法。
2. 巩固水蒸气蒸馏和简单蒸馏的基本操作。

二、实验原理

芳香硝基化合物的还原是制备芳胺的主要方法。实验室常用酸－金属体系进行化学还原，常用的还原体系有 Fe－HCl、Fe－HAc、Sn－HCl、Zn－HCl 等。铁作为还原剂曾在工业上广泛应用，但因残渣处理的问题难以解决，目前一般使用催化氢化的方法。

许多硫化物，如硫化铵、硫化钠、保险粉（连二亚硫酸钠）等也可用于硝基还原，在适当条件下，可选择性地将多硝基化合物中的某一个硝基还原成氨基。

使用贵金属催化氢化还原芳香硝基化合物时，除使用氢气外，还可使用肼、环己烯等作为氢供体，还原过程中，环己烯脱氢变成苯，肼脱氢生成氮气。

本实验使用铁－醋酸体系还原硝基苯成苯胺，该法具有价格低廉、时间较短的优势。

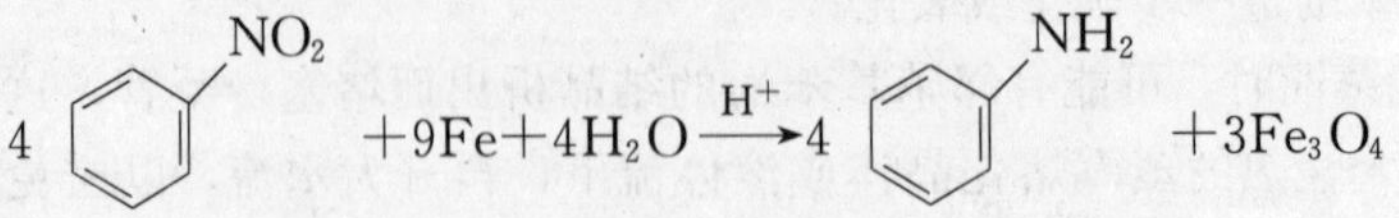

$$4\,C_6H_5NO_2 + 9Fe + 4H_2O \xrightarrow{H^+} 4\,C_6H_5NH_2 + 3Fe_3O_4$$

电化学实验研究表明，硝基化合物的还原是分步进行的：

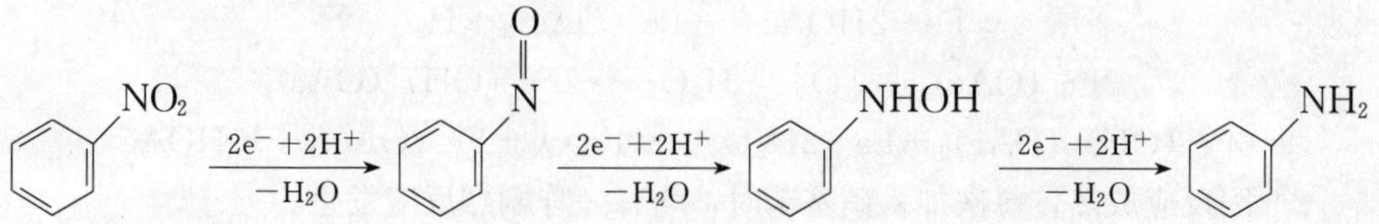

反应过程中，金属作为电子供体，水或酸作为质子供体；使用较温和的条件（锌—氯化铵）时，反应可停留在 N—羟基苯胺阶段。

三、仪器及试剂

仪器：250mL 三颈瓶、回流冷凝管、500mL 圆底烧瓶、50mL 圆底烧瓶、T 形管、螺旋夹、蒸馏头、直形冷凝管、尾接管、空心塞、50mL 三角瓶、玻璃管、升降台、加热套、分液漏斗、空气冷凝管。

试剂：硝基苯、还原铁粉（40～100 目）、冰醋酸、乙醚、氯化钠、氢氧化钠。

四、实验步骤

1. 制备苯胺。

在 250mL 的圆底烧瓶中，放置 13.5g 还原铁粉、25mL 水及 1.5mL 冰醋酸[1]，摇振使其混合。装上回流冷凝管，小火加热煮沸 10min，稍冷，从冷凝管顶端分批加入 7.5mL 硝基苯，每次加完都要用力摇振使反应物充分混合[2]，回流 30min，回流过程中，经常用力摇振反应混合物，以使反应完全，加热至回流液不再呈现硝基苯的黄色。

2. 精制苯胺。

将回流装置改为水蒸气蒸馏装置，蒸至馏出液澄清，再多收集 10mL 馏出液，共收集 80mL。转入分液漏斗分出有机层，水层加入氯化钠至饱和（需 17～20g）后[3]，用 10mL 乙醚萃取 3 次，合并有机相，用无水硫酸钠干燥。水浴蒸去乙醚，接上空气冷凝管，在石棉网上加热蒸馏，收集 180℃～185℃的馏分[4]，产量 4.5～5g（产率 64%～72%）。

五、注意事项

1. 苯胺有毒，操作时应避免与皮肤接触或吸入其蒸气。如不慎接触皮肤，应先用水冲洗，再用肥皂和温水清洗。

2. 硝基苯必须反应完全，否则在以下提纯步骤中很难分离，影响产品纯度。如回流液中黄色油状物消失变成乳白色油珠，表示反应已经完全。

3. 反应完成后，残留在烧瓶壁上的黑褐色物质，可用 1∶1（体积比）盐酸溶液温热除去。

六、注释

[1] 此步目的是使铁粉活化，缩短反应时间。铁—醋酸作为还原剂时，铁与醋酸作用生成醋酸亚铁，它是实际上的还原剂，反应中被氧化成碱式醋酸铁，碱式醋酸铁与铁和水作用后，生成醋酸亚铁及四氧化三铁和醋酸，醋酸亚铁与醋酸再次参与反应

循环。总体上看，由铁提供电子、水提供质子完成整个还原反应。

$$Fe + 2HOAc \longrightarrow Fe(OAc)_2 + H_2$$

$$2Fe(OAc)_2 + [O] + H_2O \longrightarrow 2Fe(OH)(OAc)_2$$

$$6Fe(OH)(OAc)_2 + Fe + 2H_2O \longrightarrow 2Fe_3O_4 + Fe(OAc)_2 + 10HOAc$$

[2] 因反应放热，每次加入硝基苯时，均有一阵剧烈反应发生。

[3] 20℃时，每100mL 水可溶解 3.4g 苯胺，根据盐析原理，加入氯化钠饱和，可使溶于水中的苯胺变成油状物析出。

[4] 纯的苯胺为无色液体，放置于空气中因氧化作用呈现浅黄色，此颜色可通过加入少许锌粉重蒸而去除。

七、思考题

1. 根据什么原理，选择水蒸气蒸馏把苯胺从反应混合物中分离出来？

2. 如果最后制得的苯胺中混有硝基苯，该怎样提纯？

3. 如果以盐酸代替醋酸，则反应后要加入饱和碳酸钠至溶液呈碱性后，才进行水蒸气蒸馏，本实验为何不进行中和？

5. 在水蒸气蒸馏完毕时，先灭火焰，再打开 T 形管下端弹簧夹，这样做行吗？为什么？

实验六十　己内酰胺的制备

一、实验目的

1. 掌握利用 Beckmann 重排反应来制备酰胺的方法和原理。

2. 掌握和巩固低温操作、干燥、减压蒸馏、沸点测定等基本操作。

二、实验原理

肟在酸性试剂作用下发生分子重排生成酰胺的反应，叫做贝克曼重排。不对称的酮肟或醛肟进行重排时，通常羟基总是和在反式位置的烃基进行位置互换，即为反式位移。在重排过程中，烃基的迁移与羟基的离去是同时发生的。该反应是立体专一性的。

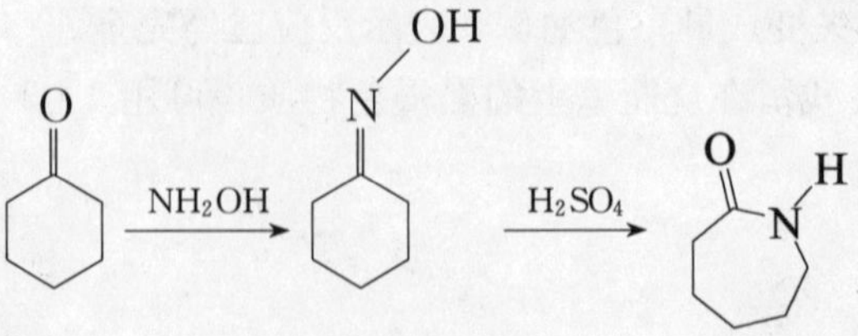

三、仪器及试剂

仪器：锥形瓶、布氏漏斗、吸滤瓶、克式烧瓶、分液漏斗、减压蒸馏装置、烧杯、温度计。

试剂：环己酮、盐酸羟胺、醋酸钠、水、浓硫酸、氨水、无水硫酸镁。

四、实验步骤

向 250mL 的锥形瓶中加入 6.5g 盐酸羟胺、10g 结晶醋酸钠和 25mL 水，使之完全溶解，水浴加热到 35℃~40℃，分批加入 7.5mL 的环己酮，剧烈振荡，析出固体，得环己酮肟。冷却，过滤，用少量冷水洗涤，干燥，计算产率。

在 800mL 的烧杯中加入 5g 环己酮肟和 10mL 85％的硫酸，放置一支温度计，小火加热烧杯，使温度上升到 110℃~120℃，当有气泡产生时，立即移去火源，温度迅速升到 160℃，反应在几秒钟内完成，冰水冷却到 0℃~5℃，在搅拌下小心滴加 30mL 的浓氨水，控制反应温度在 12℃~20℃，粗产品转入分液漏斗，分出有机层，加入 1g 无水硫酸镁干燥，减压蒸馏，收集 140℃~144℃/14mmHg 馏分，测熔点，计算产率。

五、注意事项

1. 控制反应温度在要求范围之内，防止反应复杂化。
2. 温度上升到 110℃~120℃，当有气泡产生时，立即移去火源。

六、思考题

1. 为什么要加入 20％氨水中和？
2. 滴加氨水时为什么要控制反应温度？
3. 粗产品转入分液漏斗，分出的水层为哪一层？应从漏斗的哪个口放出？

实验六十一 甲基橙的制备

一、实验目的

1. 学习重氮化反应和偶合反应的原理和实验操作。
2. 巩固盐析和重结晶的原理和操作。

二、实验原理

偶氮染料是自苯胺黄（1859，J.P. 格里斯）问世以来，迄今最重要的一类合成染料。其结构特点为偶氮基（—N＝N—）连接两个芳香环。为了提高染色能力和改善颜色，芳香环上一般连有可成盐的基团，如酚羟基、氨基、磺酸基、羧基等。

甲基橙是一种偶氮染料，一般作为指示剂使用。其制备一般先将芳香胺与亚硝酸钠在酸性条件下反应生成重氮盐，再与芳胺发生偶联反应。重氮盐与芳胺偶联时，体系必须有合适的酸性，酸性太强时芳胺变成铵盐，酸性太低时重氮盐变成重氮酸或其盐，降低了反应物浓度，对反应有不利影响。

$$R\underset{}{\overset{}{\text{苯环}}}\!-\!\overset{+}{N}\!\equiv\!N + H_2O \Longleftrightarrow R\underset{}{\overset{}{\text{苯环}}}\!-\!N\!=\!N\!-\!O^- + 2H^+$$

$$R\underset{}{\overset{}{\text{苯环}}}\!-\!NH_2 + H^+ \longrightarrow R\underset{}{\overset{}{\text{苯环}}}\!-\!\overset{+}{N}H_3$$

因此，芳胺的偶联反应，一般在中性或弱酸性条件下进行，而且通过加入醋酸钠等弱酸盐使反应液形成缓冲体系。

在制备重氮盐时，因芳伯胺的结构而有不同的重氮化方法。苯胺、联苯胺及含有给电子基的芳胺，其无机酸盐稳定又溶于水，一般采用顺重氮法，即先把 1mol 胺溶于 2.5～3mol 的无机酸，于 0℃～5℃加入亚硝酸钠。含有吸电子基（—SO₃H、—COOH）的芳胺，由于本身形成内盐而难溶于无机酸，较难重氮化，一般采用逆重氮化法，即先溶于碳酸钠溶液，再加入亚硝酸钠，最后加酸。含有一个—NO₂、—Cl 等吸电子的芳胺，由于碱性弱，难成无机盐，且铵盐难溶于水，易水解，生成的重氮盐又容易与未反应的胺生成重氮氨基化合物（—ArN=N—NHAr），因此多采用先将胺溶于热的盐酸，冷却后再重氮化。

本实验采用逆重氮化法，反应方程式如下：

$$NH_2\!-\!\underset{}{\overset{}{\bigcirc}}\!-\!SO_3 + NaOH \longrightarrow NH_2\!-\!\underset{}{\overset{}{\bigcirc}}\!-\!SO_3^-Na^+ + H_2O$$

$$NH_2\!-\!\underset{}{\overset{}{\bigcirc}}\!-\!SO_3^-Na^+ \xrightarrow[NaNO_2]{HCl} \left[HO_3S\!-\!\underset{}{\overset{}{\bigcirc}}\!-\!N^+\!\equiv\!N\right]Cl^- \xrightarrow[HOAc]{C_6H_5N(CH_3)_2}$$

$$\left[HO_3S\!-\!\underset{}{\overset{}{\bigcirc}}\!-\!N\!=\!N\!-\!\underset{}{\overset{}{\bigcirc}}\!-\!NH(CH_3)_2\right]^+ OAc^- \xrightarrow{NaOH}$$

$$HaO_3S\!-\!\underset{}{\overset{}{\bigcirc}}\!-\!N\!=\!N\!-\!\underset{}{\overset{}{\bigcirc}}\!-\!N(CH_3)_2 + NaOAc + H_2O$$

三、仪器及试剂

仪器：烧杯、试管、锥形瓶、抽滤装置、电加热套等。

试剂：二水合对氨基苯磺酸晶体、亚硝酸钠、N,N-二甲基苯胺、盐酸、氢氧化钠、乙醇、乙醚、冰醋酸、淀粉—碘化钾试纸、尿素。

四、实验步骤

1. 制备重氮盐。

在 100mL 烧杯中、加入 2.1g 对氨基苯磺酸[1]晶体和 10mL 5％的氢氧化钠溶液，温热使结晶溶解，用冰盐浴冷却至 0℃以下；另在一试管中将 0.8g 亚硝酸钠和 6mL 水配成溶液，将此溶液加入到烧杯中，维持温度 0℃～5℃，在不断搅拌下，将 3mL 浓盐酸和 10mL 水配成的溶液滴入，用淀粉—碘化钾试纸检测[2]，继续在冰盐浴中放置

15min，使反应完全，此时常会有白色细小重氮盐晶体析出[3]。

2. 偶合反应。

在试管中混合 1.2g N,N-二甲基苯胺和 1mL 冰醋酸，在搅拌下将此混合液缓慢加到上述冷却的重氮盐溶液中，加毕继续搅拌 10min，缓缓加入约 25mL 5％的氢氧化钠溶液，至反应物变为橙色（此时反应液为碱性），甲基橙粗品呈细粒状沉淀析出[4]。

将反应物置沸水浴中加热 5min，冷至室温，冰浴冷却，使结晶完全，抽滤，依次用少量水、乙醇和乙醚洗涤，压干。

3. 精制。

粗产品用 0.5％的氢氧化钠溶液重结晶（每克粗产品约用 25mL），待结晶析出完全后抽滤收集，并依次用少量水、乙醇和乙醚洗涤结晶[5]，得橙色小叶片状甲基橙结晶，产量约 2.5g（产率约 76％）[6]。

将少许甲基橙溶于水中，加几滴稀盐酸，再用稀碱中和，观察并记录颜色变化。

五、注意事项

1. 重氮化反应必须严格控制低温，若高于 5℃，生成的重氮盐易水解为酚。
2. 重结晶操作需迅速，否则因产物呈碱性，温度高时易使产品变质。

六、注释

[1] 对氨基苯磺酸为两性化合物，酸性比碱性强，以酸性内盐存在，它能与碱作用生成盐而溶解，但难溶于酸。重氮化反应必须在酸性条件下进行，因此先使其与碱作用，变成水溶性较大的对氨基苯磺酸钠。

[2] 如试纸不显色，则需补加亚硝酸钠溶液；如试纸显蓝色，说明亚硝酸钠过量，这时可加入少量尿素去除过多的亚硝酸钠，其用量过多会因其氧化能力和亚硝基化作用引入一系列副反应。

$$2HNO_2 + 2KI + 2HCl \longrightarrow I_2 + 2NO + 2KCl$$

$$NH_2CONH_2 + 2HNO_2 \longrightarrow CO_2 + N_2 + 3H_2O$$

[3] 重氮盐在水中可以电离，形成中性内盐，低温时难溶于水而析出。

$$\left[HO_3S - \!\!\!\!-\!\!\!\!-\!\!\!\!- N \equiv N \right]^+ OAc^- \longrightarrow {}^-O_3S - \!\!\!\!-\!\!\!\!-\!\!\!\!- N \equiv N + HOAc$$

如反应不完全，体系中有未作用的 N,N-二甲基苯胺醋酸盐存在，遇氢氧化钠时，会有难溶于水的 N,N-二甲基苯胺析出，影响产品纯度。

[4] 湿的甲基橙在空气中受光照射后颜色很快变深，所以一般得到的粗产物呈紫红色。

[5] 用乙醇、乙醚洗涤的目的是使其迅速干燥。

[6] 产品无明确熔点，因而不必测量。

七、思考题

1. 本实验中，重氮盐的制备为什么要控制在 0℃～5℃条件下进行？偶合反应为什么要在弱酸性介质中进行？

2. 在制备的重氮盐中加入氯化亚铜会出现什么样的结果？

3. N,N-二甲基苯胺与重氮盐偶合为什么总是在氨基的对位发生？

实验六十二　喹啉的制备

一、实验目的

1. 学习 Skraup 反应制备喹啉及其衍生物的反应原理及方法。
2. 掌握水蒸气蒸馏操作。

二、实验原理

反应式为

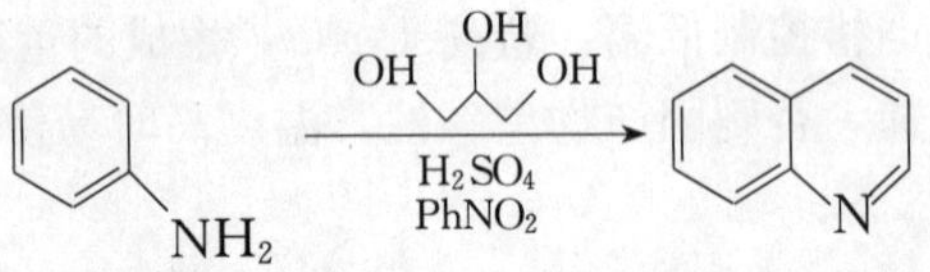

Skraup 反应又称 Skraup 合成，是指利用苯胺（或其他芳胺）与硫酸、甘油和氧化剂如硝基苯共热，合成喹啉环的一类反应。

反应进行得激烈才能获得较好的产率；不过，反应过于猛烈则会使反应难以控制，因此通常需要加入硫酸亚铁等缓和剂使反应顺利进行。反应中的氧化剂也可以是五氧化二砷或氯化铁。

反应机理：一般认为首先是甘油受到硫酸的作用失水生成丙烯醛，丙烯醛与苯胺发生麦克尔加成，烯醇化并在酸催化下失水关环生成二氢喹啉，最后二氢喹啉受到氧化剂的氧化作用，芳构化为喹啉。

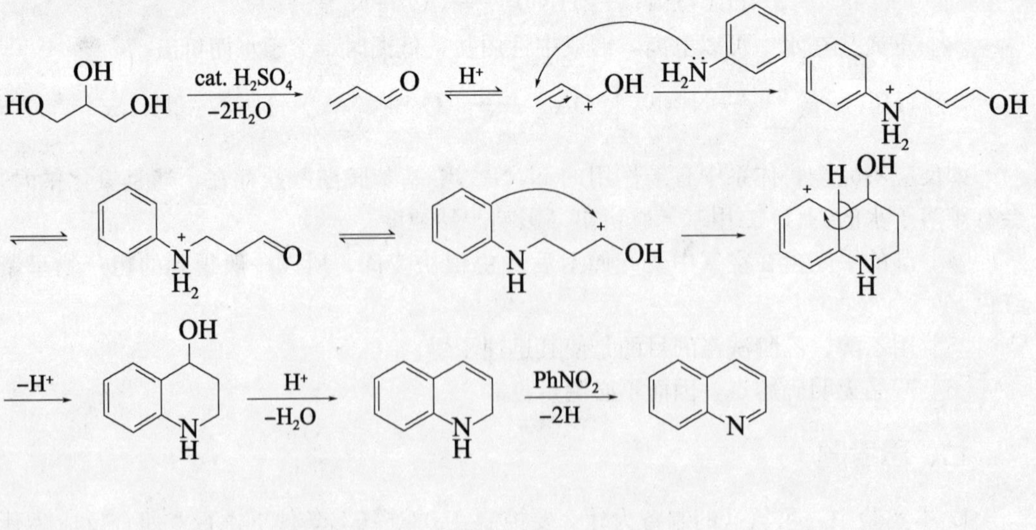

三、仪器及试剂

仪器：圆底烧瓶（250mL）、电热套、回流冷凝管、水蒸气蒸馏装置、分液漏斗、温度计、直型冷凝管、蒸馏头、尾接管。

试剂：苯胺、甘油、硝基苯、硫酸亚铁、浓硫酸、亚硫酸钠、淀粉－碘化钾试纸、乙醚、氢氧化钠。

四、实验步骤

在 250mL 的圆底烧瓶中依次加入 19.5g 无水甘油[1]、研成粉末的硫酸亚铁少许、4.7mL 苯胺、3.4mL 硝基苯，充分混合，在摇动下缓缓加入 9mL 浓硫酸，小火加热回流 2h。

待反应物稍冷后，向烧瓶中慢慢加入 30％的氢氧化钠溶液，使混合液呈碱性。然后进行水蒸气蒸馏，蒸出喹啉和未反应的苯胺及硝基苯，直至馏出液不显浑浊为止（约需收集 50mL）。

馏出液用浓硫酸酸化（约需 5mL），使呈强酸性，用分液漏斗将不溶的黄色油状物分出。剩余水溶液倒入烧杯，置于冰水中冷却至 5℃左右，慢慢加入 1.5g 亚硝酸钠和 5mL 水配成的溶液，直至取出一滴反应使淀粉－碘化钾试纸立即变蓝为止[2]。然后将混合物在沸水浴上加热 15min，至无气体放出为止。冷却后，向溶液中加入 30％氢氧化钠溶液，使呈强碱性，再进行水蒸气蒸馏。从馏出液中分出水层，水层每次用 12mL 乙醚萃取两次。合并油层及醚萃取液，用无水硫酸钠干燥后，进行常压蒸馏，收集馏出液（乙醚），再称量剩下的有机液（喹啉）。

五、注意事项

1. 试剂必须按所述次序加入，如果浓硫酸比硫酸亚铁早加，则反应太剧烈，会使溶液冲出容器。

2. 反应放热，当溶液刚开始沸腾时，立即移去热源，用湿布敷在烧瓶上冷却，再用小火加热，保持回流反应 2h。

3. 每次酸化或碱化时，都必须将溶液稍加冷却，用试纸检验至明显的强碱或强酸性。

六、注释

[1] 所用甘油的含水量不应超过 0.5％。如果甘油中含水量较大，则喹啉的产量不好，可将普通甘油在通风橱内置于瓷蒸发皿中加热至 180℃，冷至 100℃左右，放入盛有硫酸的干燥器中备用。

[2] 由于重氮反应在接近完成时，反应变得很慢，故应在加入亚硝酸钠 2～3min 后再检验是否有亚硝酸存在。

七、思考题

1. 如果要制备 8-甲基喹啉需要用何种起始原料?
2. 为何硫酸亚铁要比浓硫酸早加?

实验六十三　8-羟基喹啉的制备

一、实验目的

1. 学习合成 8-羟基喹啉的原理和方法。
2. 巩固回流加热和水蒸气蒸馏等基本操作。

二、实验原理

Skraup 反应是合成杂环化合物喹啉及其衍生物最重要的方法,为了避免反应过于剧烈,常加入 $FeSO_4$ 作为氧的载体;反应中所用的硝基化合物,要与芳胺的结构相对应,否则有其他喹啉衍生物生成。8-羟基喹啉形成的过程如下:

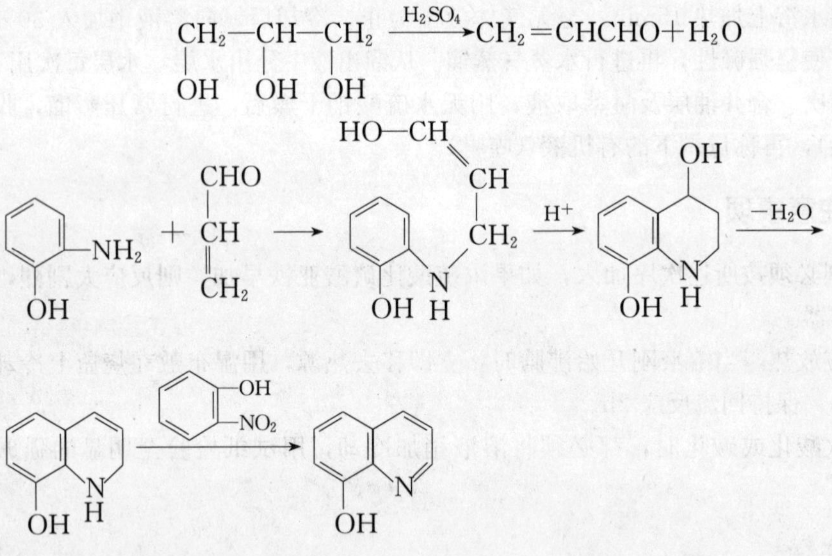

三、仪器及试剂

仪器:装置圆底烧瓶、回流冷凝管、水蒸气蒸馏装置、锥形瓶、滴管、烧杯、玻璃棒。

试剂:无水甘油、邻硝基苯酚、邻氨基苯酚、浓硫酸、氢氧化钠、饱和碳酸钠溶液、乙醇。

四、实验步骤

在圆底烧瓶中加入 19g 无水甘油[1]（约 0.2mol）、3.6g（0.026mol）邻硝基苯酚、5.5g（0.05mol）邻氨基苯酚，混合均匀，然后缓缓加入 9mL 浓硫酸（约 16g）。装上回流冷凝管，小火加热回流，当溶液微沸时，立即移去火源，待作用缓和后，继续加热，保持反应物微沸 2h。稍冷，水蒸气蒸馏，除去未作用的邻硝基苯酚；瓶内液体冷却，加入 12g 氢氧化钠与 12mL 水的溶液，小心滴入饱和碳酸钠溶液，使呈中性[2]，再进行水蒸气蒸馏，蒸出 8-羟基喹啉，馏出液充分冷却，抽滤，洗涤，干燥，称重，粗产品约 6g。

粗产物 25mL 用乙醇-水混合溶剂重结晶[3]，得 8-羟基喹啉 5g 左右（产率 69%）。取上述 0.5g 产物进行升华操作，可得针状结晶，熔点 76℃。

五、注意事项

1. 此反应系放热反应，要严格控制反应温度以免溶液冲出容器。
2. 严格控制 pH=7~8，此时瓶内析出的 8-羟基喹啉沉淀最多。

六、注释

[1] 同喹啉制备 [1~2]。

[2] 8-羟基喹啉既溶于碱又溶于酸而成盐，一旦成盐后不被水蒸气蒸馏出来。

[3] 重结晶溶剂乙醇-水混合溶剂体积比为 4:1，8-羟基喹啉难溶于冷水，在滤液中慢慢滴入无离子水，即有 8-羟基喹啉不断析出结晶。

七、思考题

1. 简述水蒸气蒸馏的操作要点。
2. 甘油含水过多对本反应有何影响？

知识拓展：生物合成与化学合成

生物合成是把多种生物学模块组合在一起用于合成化学品的方法。这一领域目前已经取得长足进展，可用工程菌来合成几乎所有有机分子——即使是非天然的有机分子。这一进步将对特殊或是大宗化学品的获取方式产生巨大影响。

药物分子特别适于使用微生物进行生产，它们复杂的结构很难用化学合成法制备，要么线路太长，要么产率很低，适合由一些微生物经自然途径生产，或者由诱导异变的菌株高效生产。此外，还有一些药物经半合成方式制备，其前体药物由微生物获得，然后经化学合成转变为最终产品。

目前，已经可以把生产目标天然产物所需的特定酶甚至整条代谢路径从原先罕见的微生物转移至容易工程化的菌株中。非天然的燃料、大宗或特殊化学品也可以通过把存在于不同微生物中的各种不同的酶或是代谢途径合并至同一微生物中来获得。

青蒿素（Artemisinin）是一种从中药黄花蒿中提取的抗疟疾药物，通过把黄花蒿的基因和一些其他不同来源的基因组并到同一种酵母菌株（Saccharomyces cerevisiae）中，这种工艺省钱、环境友好，运行可靠，已经成功转化为该药物的商业生产途径。

与化学合成相比，生物合成有如下优势：不需要把中间体纯化就可用于下一步操作；不需要"保护"和"去保护"这样的化学合成中常见到的步骤，酶催化的专一性保证了反应只在分子的特定位点发生；产品的特定立体构型可以得到保证；可以"加工"细胞，使其将产物分泌出来，利于纯化；生物合成使用简单、可再生的材料，降低人类对石化资源的依存度。

化合物的结构优化或是改造以适应新的用途，常常要就其化学结构进行修饰，化学合成为这种需要提供了可靠工具，与生物合成不同，化学合成法修整起来更为迅速。

许多拥有优良性能的非天然分子是经化学合成发明的，比如可打印太阳能电池中的染料、生化分析用的荧光探针、放射标记的药物等。一些方兴未艾的领域，如超分子化学、化学生物学、纳米科技所需的分子也依赖化学合成供应。这些领域指数型的发展步伐使其需求的分子不断变化，这就对分子合成及其合成线路评估造成了时限。化学合成法相比生物工程法更能适应这种快速的节奏变换。

所以，生物合成当然是前景光明，而化学合成则在制取多样化的分子上普适有效，看上去有无穷无尽的潜力。

4.9　天然产物的提取

天然产物种类繁多，广泛存在于自然界中。多数天然产物的提取物具有特殊的生理效能，可用作药物、香料和染料。天然产物的分离、提纯和鉴定是有机化学中一个十分活跃的领域。我国有着独特和丰富的天然中药资源，因而对中药有效成分的分离和研究十分重要。随着现代色谱和波谱技术的发展，对天然产物的分离和鉴定变得更为有利和方便。

实验六十四　茶叶中提取咖啡因

一、实验目的

1. 学习从天然产物——茶叶中提取咖啡因的原理和方法。
2. 了解索氏提取器的使用和升华的基本操作。

二、实验原理

茶叶含有多种生物碱、丹宁酸、茶多酚、纤维素和蛋白质等物质。咖啡因是其中一种生物碱，在茶叶中含量为1％～5％。含结晶水的咖啡因系无色针状结晶，熔点为234℃～237℃，在100℃时即失去结晶水开始升华，120℃时升华相当显著，至178℃时升华很快。味苦，能溶于水、乙醇、氯仿等。咖啡因属于杂环化合物嘌呤的衍生物，化学名称为1,3,7-三甲基-2,6-二氧嘌呤，结构式如下：

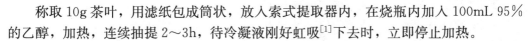

可利用适当的溶剂（氯仿、乙醇等）在脂肪提取器（又称索氏提取器）中连续抽提的方法来提取茶叶中的咖啡因，然后蒸去溶剂，即得粗咖啡因。粗咖啡因还含有其他一些生物碱和杂质，利用升华可进一步提纯。

三、仪器及试剂

仪器：索式提取器、圆底烧瓶、水浴加热装置、蒸馏装置、蒸发皿、滤纸、三角漏斗。

试剂：茶叶、95％乙醇、生石灰。

四、实验步骤

称取10g茶叶，用滤纸包成筒状，放入索式提取器内，在烧瓶内加入100mL 95％的乙醇，加热，连续抽提2～3h，待冷凝液刚好虹吸[1]下去时，立即停止加热。

换蒸馏装置，补加2粒沸石，加热蒸馏，回收大部分乙醇。将残液倾入蒸发皿，加入3g生石灰粉[2]，在蒸汽浴上蒸干，最后将蒸发皿移至石棉网上，加热焙炒片刻，使水分全部除去，冷却，擦去沾在蒸发皿边上的粉末。

取一刺有许多小孔的滤纸（孔刺向上），盖在蒸发皿上，上罩一支合适的玻璃漏斗，在石棉网上小心加热升华，当纸上出现白色毛状结晶时，暂停加热，冷至100℃以下，拿开漏斗和滤纸，将咖啡因用小刀刮下。残渣搅拌后用较大的火继续加热片刻，使升华完全。合并两次升华制得的咖啡因，测定熔点。本实验约需6h。

五、注意事项

1. 滤纸套大小既要紧贴器壁，又能方便取放，其高度不得超过虹吸管。滤纸包茶叶末要严防漏出，以免堵塞虹吸管。纸套上面折成凹形，以保证回流液均匀浸润被萃取物。

2. 当提取液颜色很淡时，即可停止提取。

3. 瓶中乙醇不可蒸得太干，否则残液很黏，转移时损失较大。

4. 如留有少量水分，会在升华开始时带来一些烟雾，污染器皿。

5. 升华过程中始终都应小火间接加热，温度太高会使滤纸炭化变黑，甚至使产品着火。

六、注释

[1] 虹吸是一种流体力学现象，可以不借助泵而抽吸液体。处于较高位置的液体充满一根倒 U 形的管状结构之后，开口置于更低的位置，这种结构下，管子两端的液体压强差能够推动液体越过最高点，向另一端排放。

[2] 生石灰起吸水和中和作用，可以除去部分酸性杂质。

[3] 若产品不纯，可用少量热水结晶提纯，或用减压升华装置再次升华。无水咖啡因的熔点为 234℃~237℃。

七、思考题

1. 总结提纯固体物质的方法和使用范围。

2. 简要说明索氏提取器的萃取原理。

3. 提取咖啡因时加入生石灰起什么作用？

实验六十五　从柑橘皮中提取橙油

一、实验目的

1. 学习从柑橘皮中提取橙油的原理和方法。

2. 了解并掌握水蒸气蒸馏的原理及基本操作。

二、实验原理

橙皮油是一种天然香精油，为萜烯类化合物，主要成分是分子式为 $C_{10}H_{16}$ 的多种烃类物质。它们均为无色液体，沸点、折光率都很相近，多具有旋光性，不溶于水，溶于乙醇和冰醋酸。可从柑橘皮经水蒸气蒸馏得到。

三、仪器及试剂

仪器：圆底烧瓶、水蒸气蒸馏装置、分液漏斗、水浴加热装置、试管。

试剂：鲜橘皮、二氯甲烷、无水硫酸钠。

四、实验步骤

将 4~6 个橘皮磨碎，称重后置于 500mL 圆底烧瓶中，加入 100mL 热水，水蒸气蒸馏，控制馏出速度为每秒 1 滴，收集馏出液 100~150mL。

将馏出液移至分液漏斗中，用 10mL 二氯甲烷萃取两次，弃去水层，用无水硫酸钠干燥，滤弃干燥剂，在水浴上蒸出大部分溶剂，将剩余液体移至一支试管中，继续在水浴上小心加热，浓缩至完全除净溶剂为止，揩干试管外壁，称重，计算产率。

本实验约需 5h。

五、注意事项

1. 可使用食品绞碎机将鲜橘皮绞碎后称重，以备水蒸气蒸馏使用。
2. 以所用鲜橘皮重量为基准，计算橙皮油的回收重量百分率。

六、思考题

1. 能用水蒸气蒸馏提纯的物质应具备什么条件？
2. 在水蒸气蒸馏过程中，出现安全管的水柱迅速上升，并从管上口喷出来等现象，这表明蒸馏体系中发生了什么故障？

实验六十六　油料作物种子粗脂肪的测定

一、实验目的

1. 学习油料作物种子中粗脂肪的提取方法和连续萃取的原理。
2. 进一步熟悉索氏提取器的应用和了解油脂的化学性质。

二、实验原理

测定油料作物种子内的粗脂肪是采用有机溶剂连续萃取法进行的。萃取是有机化学实验中用来提取或纯化有机化合物的常用手段之一，应用萃取可以从固体或液体混合物中提出所需要的物质。若所需萃取物质在有机溶剂中的溶解度小，一般要用大量溶剂和很长时间才能萃取出来，这时通常采用索氏提取器来抽提。这种方法主要是利用溶剂回流及虹吸的原理，使所要萃取的物质每一次都能用纯的溶剂萃取，因而溶剂用量大大减少而效率得到提高。

三、仪器及试剂

仪器：分析天平、粉碎机、圆底烧瓶、恒温水浴、索氏提取器、球形冷凝管、直形冷凝管、蒸馏头、接受弯管。

试剂：无水乙醚、研细黄豆粉、四氯化碳、3%溴—四氯化碳溶液。

四、实验步骤

1. 提取粗脂肪。

将黄豆粉 1~2g（需准确到 0.0001g）研细，置于 105℃±2℃烘箱中干燥 1h，取出放在干燥器中冷却至室温。另外再称黄豆粉一份测定样品中的水分。

将已干燥好的黄豆粉放入干燥过的滤纸筒内,将包好的滤纸筒放入提取器内,将干净的提取瓶事先称重。加无水乙醚达到提取瓶体积的一半,加热提取,控制回流速度 2～3 滴/s,提取 8～10h。到最后一次虹吸以后,停止加热,改蒸馏装置,水浴蒸馏,回收乙醚,将提取瓶放入 105℃±2℃烘箱内,烘干 1h,放在干燥器中冷至室温后,称重再烘 30min,直至恒重,提取瓶增加的重量即为粗脂肪的重量。提取的油应该清亮透明,否则应重做。

计算公式:

$$粗脂肪(\%)=\frac{粗脂肪质量}{试样质量(去水分)}\times100\%$$

2. 检定试验。

(1) 溶解性试验:在两支试管中,分别加入蒸馏水和四氯化碳各 1mL,向两试管中各滴加粗脂肪 1～2 滴,剧烈摇动后,观察溶解情况并解释。

(2) 不饱和性试验:向上面得到的粗脂肪的四氯化碳溶液里滴加 3%的溴-四氯化碳溶液 2～3 滴,观察现象并解释。

五、注意事项

1. 提取剂用的是乙醚,要注意安全,防止着火。

2. 提取瓶应事先干燥。

六、思考题

1. 提取剂用的是无水乙醚,为确保安全,需注意什么?

2. 蒸去残留的乙醚后,为什么还要在 105℃±2℃的烘箱内烘干使提取物恒重?目的是什么?

3. 粗脂肪的简便鉴别方法是什么?

实验六十七　从丁香中提取丁香酚

一、实验目的

1. 掌握从丁香中提取丁香酚的原理与操作。

2. 进一步熟悉水蒸气蒸馏技术。

二、实验原理

丁香酚又名丁子香酚,是丁香油的主要成分。它具有酚和醚的结构,也是丁香香味的主要成分之一。它具有辛辣刺激的味道,用做牙医消毒和止痛药物,工业上用它配制牙膏和作为皂用香料。

丁香酚是无色至淡黄色液体，不溶于水，而易溶于乙醇、醚、氯仿等有机溶剂。沸点为 253℃～254℃。丁香酚与水在一起加热到 100℃ 左右，可以和水一起蒸出，因此丁香酚可以通过水蒸气蒸馏提取。丁香花蕾通过水蒸气蒸馏得到的油状物是丁香油，其中主要成分是丁香酚。丁香酚的结构如下：

$$CH_2=CHCH_2--OMe$$
$$OH$$

可以利用丁香油中的丁香酚在氢氧化钠存在下与 2,4-二硝基氟苯作用，生成具有良好晶型和固定熔点的丁香酚 2,4-二硝基苯醚来对丁香酚进行鉴定。此反应可以证明酚羟基的存在。

三、仪器及试剂

仪器：分析天平、圆底烧瓶、锥形瓶、分液漏斗、加热装置、直形冷凝管、蒸馏头、接受弯管、烧杯。

试剂：丁香花蕾、氯仿、氢氧化钠、2,4-二硝基氟苯、甲醇、苯、石油醚（30℃～60℃）。

四、实验步骤

1. 提取丁香酚。

在 500mL 圆底烧瓶中加入 10g 完整、干燥的丁香花蕾、150mL 水，装好蒸馏装置，用文火加热至沸，蒸馏至收集到的馏出液约 100mL，注意蒸馏液的气味，记录蒸馏温度。将蒸馏液移入 125mL 分液漏斗中，用氯仿分三次萃取馏出液，每次 10mL，将氯仿萃取液置于干燥的 100mL 圆底烧瓶中，蒸馏至烧瓶中液体只剩 5～7mL。冷却剩余物，并将其移入 50mL 烧杯中，用 2～3mL 氯仿洗涤烧瓶，将洗涤液并入烧杯的内容物中，用热水浴或加热套蒸发掉剩余的氯仿，烧杯中剩 500～700mg 无色或淡黄色油状物，即为丁香油，其中主要成分是丁香酚。

2. 制备丁香酚-2,4-二硝基苯醚。

在 50mL 锥形瓶中加入 10mL 5％氢氧化钠水溶液，加 10 滴丁香油，振荡使油溶解，再加入 10 滴 2,4-二硝基氟苯，用塞子塞住瓶口充分振荡 5min，将锥形瓶置于冷水浴中冷却，以促使丁香酚-2,4-二硝基苯醚的亮黄色结晶生成，抽滤，用 0.5mL 甲醇洗涤，产物用 1mL 苯溶解，然后逐滴加入石油醚（30℃～60℃）1～2mL 重结晶，测熔点。本实验约需 6h。

五、注意事项

1. 氯仿密度比水大，提取液在下层。

2. 2,4-二硝基氟苯的熔点为 25.8℃，实验时若为结晶，需稍微加热。

六、思考题

1. 丁香酚为何溶于碱液？

2. 写出丁香酚与 2,4-二硝基氟苯在氢氧化钠存在下的反应式。

3. 丁香酚具备了什么条件，使其可以通过水蒸气蒸馏提取？

实验六十八　从黄连中提取黄连素

一、实验目的

1. 学习从中草药提取生物碱的原理和方法。
2. 学习减压蒸馏的操作技术。
3. 进一步掌握索氏提取器的使用方法，巩固减压过滤操作。

二、实验原理

黄连素（也称小檗碱），属于生物碱，有抗菌、消炎、止泻的功效，对急性菌痢、急性肠炎、百日咳、猩红热等各种急性化脓性感染和各种急性外眼炎症都有效。

黄连素在自然界多以季铵碱的形式存在，是中草药黄连的主要有效成分，含量为 $4\%\sim10\%$，除黄连外，黄柏、白屈菜、伏牛花、三颗针等中也含有黄连素，以黄连和黄柏中含量最高。其结构如下：

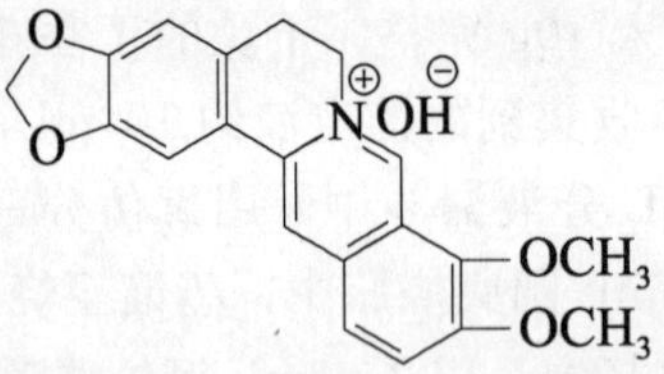

纯黄连素为黄色针状体，微溶于水和乙醇，较易溶于热水和热乙醇中，几乎不溶于乙醚。黄连素的盐酸盐、氢碘酸盐、硫酸盐、硝酸盐均难溶于冷水，易溶于热水，故可用水对其进行重结晶，从而达到纯化目的。

从黄连中提取黄连素，常采用适当的溶剂（如乙醇、水、硫酸等）。在脂肪提取器中连续抽提，然后浓缩，再加以酸进行酸化，得到相应的盐。粗产品可以采取重结晶等方法进一步提纯。

三、仪器及试剂

仪器：索氏提取器、圆底烧瓶、克氏蒸馏头、冷凝管、接引管、锥形瓶、烧杯、抽滤装置。

试剂：95％乙醇、1％醋酸、浓盐酸、蒸馏水。

四、实验步骤

1. 提取黄连素。

称取 10g 中药黄连，切研碎磨烂，装入索氏提取器的滤纸套筒内，烧瓶内加入 100mL 95％乙醇，加热萃取 2～3h，至回流液体颜色很淡为止。蒸馏回收大部分乙醇，至瓶内残留液体呈棕红色糖浆状。

向浓缩液里加入 30mL 1％的醋酸，加热溶解，趁热抽滤去掉固体杂质，向滤液中滴加浓盐酸，至溶液混浊为止（约需 10mL），用冰水冷却上述溶液，即有黄色针状的黄连素盐酸盐析出，抽滤，所得结晶用冰水洗涤两次，可得黄连素盐酸盐的粗产品。

2. 精制。

将粗产品放入 100mL 烧杯中，加入 30mL 水，加热至沸，搅拌沸腾几分钟，趁热抽滤，滤液用盐酸调节 pH 为 2～3，室温下放置几小时，有较多橙黄色结晶析出，抽滤，滤渣用少量冷水洗涤两次，烘干，称重。

五、思考题

如果黄连粉碎得不好，对实验结果有何影响？

实验六十九 菠菜叶中叶绿素的提取

一、实验目的

1. 了解柱层析法分离菠菜叶中色素的原理和方法。
2. 掌握柱层析操作技术。
3. 学习薄层色谱法鉴定化合物的原理和操作。
4. 学习萃取原理，掌握分液漏斗的使用方法。

二、实验原理

绿色植物如菠菜中含有叶绿素（包括叶绿素 a 和叶绿素 b）、叶黄素及胡萝卜素等天然色素。叶绿素 a 为蓝黑色固体，在乙醇溶液中呈蓝绿色；叶绿素 b 为暗绿色，其乙醇溶液呈黄绿色。它们是吡咯衍生物与镁的络合物，是植物进行光合作用必需的催化剂，易溶于石油醚等非极性溶剂中。通常植物中叶绿素 a 的含量是叶绿素 b 的三倍。其结构式如下：

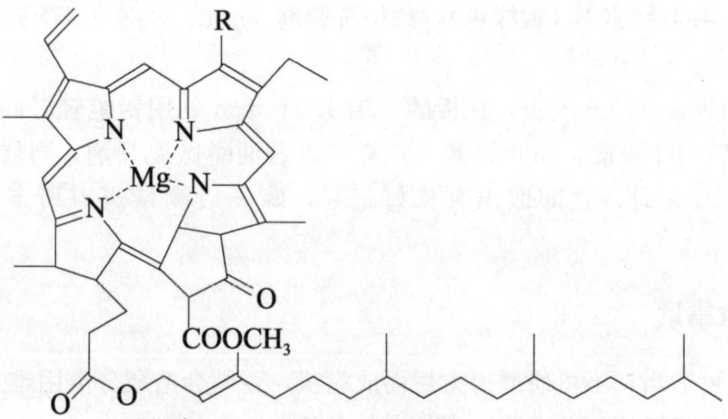

叶绿素 a（R＝CH₃）和叶绿素 b（R＝CHO）

胡萝卜素是一种橙色的天然色素，属于四萜，为一长链共轭多烯，有 α、β、γ 三种异构体，其中 β 异构体含量最多。

β-胡萝卜素（R＝H）和叶黄素（R＝OH）

叶黄素是一种黄色色素，与叶绿素同存在于植物体内，是胡萝卜素的羟基衍生物，较易溶于乙醇，在石油醚中溶解度较小。秋天，高等植物的叶绿素被破坏后，叶黄素的颜色就显示出来。

本实验从菠菜叶中提取上述各种色素，并用柱层析法进行分离。

三、仪器及试剂

仪器：研钵、分液漏斗、锥形瓶、酸式滴淀管、硅胶板、层析缸。

试剂：菠菜、石油醚、乙醇、无水硫酸钠、中性氧化铝、丙酮、正丁醇、蒸馏水。

四、实验步骤

1. 提取。

取 5g 新鲜的菠菜叶于研钵中捣烂，用 30mL 2：1 的石油醚－乙醇溶液分几次浸取，过滤萃取液，滤液转移至分液漏斗，加等体积的水洗一次，弃去下层的水－乙醇层，石油醚层再用等体积的水洗两次[1]，有机相用无水硫酸钠干燥后转移到另一锥形瓶中保存。取一半做柱层析分离，其余留作薄层分析。

2. 柱层析分离。

取 25mL 酸式滴淀管，用 20g 中性氧化铝装柱，先用 9：1 的石油醚－丙酮洗脱，当第一个橙黄色色带流出时（胡萝卜素），换一接受瓶接收，约用洗脱剂 50mL[2]；再用 7：3 的石油醚－丙酮洗脱，当第二个棕黄色色带流出时（叶黄素），再换一接受瓶接收，约用洗脱剂 200mL；再换用 3：1：1 的正丁醇－乙醇－水洗脱，分别接收叶绿素 a（蓝绿色）和叶绿素 b（黄绿色），约用洗脱剂 30mL。

3. 鉴定。

取一 10cm×4cm 的硅胶板，在板的一端 1～1.5cm 处用铅笔轻轻画一条直线作为起点，用分离后的叶绿素 a 和叶绿素 b 点样，以石油醚做展开剂，当展开剂前沿上行到板另一端约 1cm 时，立即取出并作好记号，晾干后测量斑点所走的距离，计算 R_f 值。

五、注意事项

1. 研磨只可适当，不可研磨得太烂而成糊状，否则会造成分离困难。
2. 洗涤时要轻轻振荡，以防止产生乳化现象。

六、注释

［1］水洗的目的是除去有机相中少量的乙醇和其他水溶性物质。

［2］若流速慢，可稍稍进行减压。

七、思考题

1. 为什么极性大的组分要用极性大的溶剂洗脱？

2. 如果柱子填充不均匀或留有气泡，会对分离有何影响？如何避免？

3. 什么叫 R_f 值？为什么利用它能鉴定化合物？

实验七十　从果皮中提取果胶

一、实验目的

1. 了解用酸提法从植物中提取果胶的原理和操作方法。

2. 了解果胶在食品中的应用。

二、实验原理

果胶的主要用途是用作酸性食品的胶凝剂、增稠剂等。果胶主要以不溶于水的原果胶形式存在于植物中。在原果胶中，聚半乳糖醛酸可被甲基部分酯化，并以金属桥（特别是钙离子）与多聚半乳糖醛酸分子残基上的游离羧基相连接，其结构为：

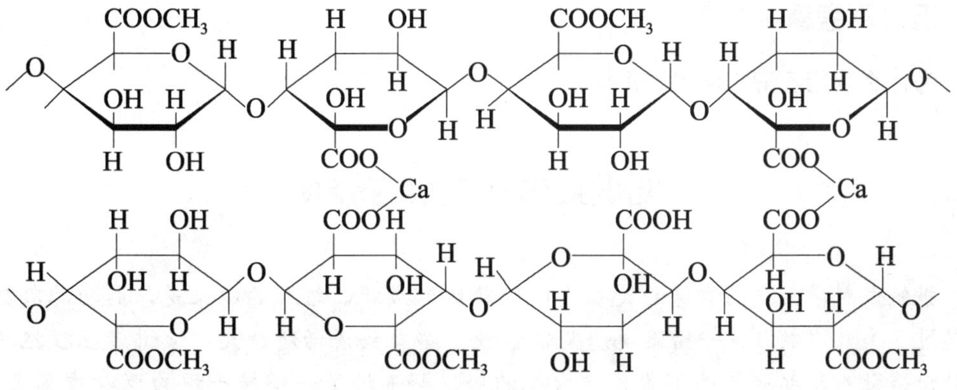

当用酸从植物中提取果胶时，原果胶被水解形成果胶，果胶又叫果胶酯酸，其主要成分是半乳糖尾酸甲酯及半乳糖尾酸通过 1,4-苷键连成的高分子化合物，结构片断示意如下：

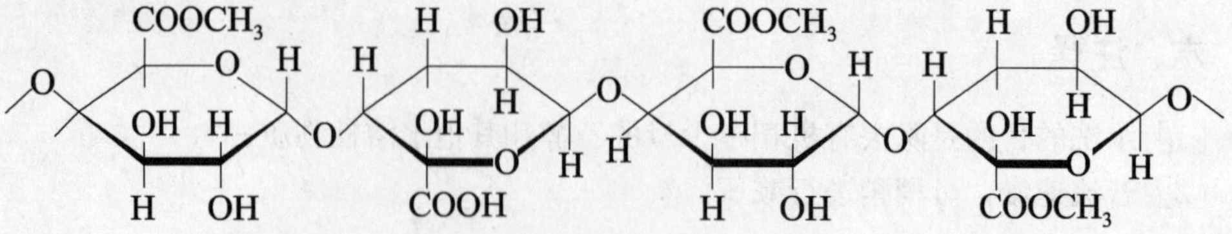

果胶不溶于乙醇，在提取液中加入至约 50％时，可使果胶沉淀下来而与杂质分离。

三、仪器及试剂

仪器：烧杯、量筒、酒精灯、台秤。

试剂：果皮（柑橘、苹果、梨）、浓盐酸、活性炭、95％乙醇、滤纸、纱布。

四、实验步骤

1. 提取果胶。

取 10g 果皮（柑橘、苹果、梨）放入烧杯中，加 60mL 水和 1.5～2mL 浓盐酸，加热至沸，在搅拌下维持沸腾约 30min，用纱布过滤除去残渣，向滤液内加入少量活性炭，再加热 10～20min，用滤纸过滤，得浅黄色滤液。

滤液放入一小烧杯中，在不断搅拌下慢慢加入等体积的 95％乙醇，可见絮状果胶沉淀，静置片刻，抽滤，用 95％乙醇 5mL 分 2～3 次洗涤，烘干。

2. 果胶凝胶实验。

将 1g 柠檬酸和 0.8g 柠檬酸钠溶解于 100mL 水中，将果胶适量拌入 1～2 倍白糖中，然后加入到柠檬酸和柠檬酸钠的溶液中，不断搅拌，加热至沸，在白糖完全溶解后继续煮沸 20min，冷却后即成果酱。

五、思考题

为什么要用乙醇洗涤果胶沉淀？

知识拓展：失败的价值

报纸或科学杂志上宣传的大多是已经获得的成就，给人的印象是，成功的次数大大超过了失败次数。这一错误观念又常常被一些口头讲话所放大：演讲者往往把研究工作讲得让人听起来像是不费什么力气的事，那不过是一步接一步的逻辑步骤罢了。然而上述印象实在是一种误导，每个研究者都知道这一点。真正的研究乃是一部由错误组成的喜剧，其中错误的事情一件接着一件发生。不妨用丘吉尔的话来说，研究进展其实是怀着永不衰竭的热情，在一个接着另一个失败的道路上蹒跚前行。

倘若研究真正具有创新性，那么关于什么将会发生或将被发现，事先实在是没有多少可以预测的。创新性研究并非在某种表格上填空，或者在已经很好地确立的知识边界上做些拓展而已。当然这类活动也有它自己的地位，不过我们不称它为创新。对任何开始做研究的人来说，要学到的最重要的教训之一就是：实验是要遭遇失败的，而且是经常性地遭遇失败。因为研究性实验不是在实验室里做教学实验，教学实验往往是根据成功的范例而设计的。无论你依据多么完美的理论，无论你设计的实验计划多么周祥，实验结果常常与你最早的想象大相径庭。实验科学乃是对未知的一种探索，所以预先的计划充其量不过是一种猜测而已。有时候，这些猜测被证明为完全想错了，而一系列实验数据完全未产生任何有意义的结果。实际上，伟大的发现总会使我们大吃一惊。没有什么差异的话，便不能认为这些发现已经改变了我们认识世界的方式。

失败是创造过程的一部分，研究工作者常常是在一系列失败中穿插个别的成功。一个聪明人从每一次失败中学到东西，并且把失败作为引导我们走向真理的固有的方式而加以接受。当然，人的本性会因一次次失败而感到沮丧。然而，从失败中学习，学会与失败共处，是成就一个成功的研究者最关键的两个因素。若没有那些接二连三、连续不断的失败，则难以体会那份难得的成功所带来的喜悦。失败确有其独特价值，激励我们不断地去揭示自然之谜。在研究的竞技场中，失败肯定是一个与你形影相随的伴侣。聪明的研究者利用失败作为一种强有力的、但常常是秘密的武器去取得成功。

[资料来源：扎雷，科学［J］，2006，Vol58（3），5～6（倪光炯译）]

第五章 | CHAPTER 5

多步合成及设计性实验

5.1 多步合成实验

实验七十一 由苯酚制备除草剂 2,4-二氯苯氧乙酸

一、实验目的

1. 了解 2,4-二氯苯氧乙酸的制备方法。
2. 掌握芳环上温和条件下的卤化反应及 Williamson 醚合成法。
3. 熟练酸碱滴定分析产物含量的检测方法。
4. 复习机械搅拌、分液漏斗使用、重结晶等操作。

二、实验原理

2,4-二氯苯氧乙酸俗名 2,4-D，属于苯氧羧酸类除草剂。该品在此类化合物中活性最强，比同类植物生长调节剂吲哚丁酸大 100 倍。2,4-D 及其盐和酯都是高效、内吸、具有高度选择性的除草剂和植物生长调节剂，对植物有强烈的生理活性。低浓度时，往往促进生长，有防止落花落果、提高坐果率、促进果实生长、提早成熟、增加产量的作用；高浓度时，表现出生长抑制及除草剂的特性，尤其在阔叶植物上表现更明显。该品作用机理属于激素型除草剂，在高浓度时具有毒杀作用，促使杂草茎部组织增加核酸和蛋白质合成，恢复成熟细胞的分裂能力，从而促使细胞分裂，造成生长异常而导致杂草死亡。合成方法如下：

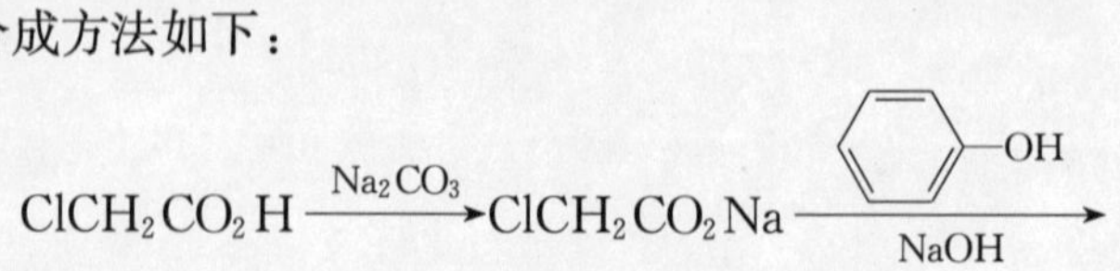

$$ClCH_2CO_2H \xrightarrow{Na_2CO_3} ClCH_2CO_2Na \xrightarrow[NaOH]{\text{⬡—OH}}$$

$$\text{——OCH}_2\text{CO}_2\text{Na} \xrightarrow{\text{HCl}} \text{——OCH}_2\text{COOH}$$

$$\text{——OCH}_2\text{COOH} + \text{HCl} + \text{H}_2\text{O}_2 \xrightarrow{\text{FeCl}_3} \text{Cl——OCH}_2\text{COOH}$$

$$\text{Cl——OCH}_2\text{COOH} + 2\text{NaOCl} \xrightarrow{\text{H}^+} \text{Cl——OCH}_2\text{COOH}$$

芳环上的卤化为芳环上的亲电取代反应，一般是在氯化铁催化下与氯气反应。本实验通过浓盐酸加过氧化氢和用次氯酸钠在酸性介质中氯化，避免了直接使用氯气带来的危险和不便。其反应原理如下：

$$2\text{HCl} + \text{H}_2\text{O}_2 \longrightarrow \text{Cl}_2 + 2\text{H}_2\text{O}$$

$$\text{HOCl} + \text{H}^+ \Longleftrightarrow \text{H}_2\text{O}^+\text{Cl}$$

$$2\text{HOCl} \Longleftrightarrow \text{Cl}_2\text{O} + \text{H}_2\text{O}$$

$\text{H}_2\text{O}^+\text{Cl}$ 和 Cl_2O 也是良好的氧化试剂。

三、仪器及试剂

仪器：100mL 三颈瓶、烧杯、磁力搅拌器、回流冷凝管、锥形瓶。

试剂：氯乙酸、苯酚、饱和碳酸钠溶液、35%氢氧化钠溶液、冰醋酸、浓盐酸、33%过氧化氢溶液、次氯酸钠、乙醇、三氯化铁、四氯化碳。

四、实验步骤

1. 制备苯氧乙酸。

在 100mL 三颈瓶中放置 3.80g 氯乙酸（0.04mol）和 5.00mL 水，装上搅拌器、滴液漏斗和回流冷凝管。启动搅拌器，慢慢滴加饱和碳酸钠溶液至 pH 为 7～8。然后加入 2.50g 苯酚（0.0266mol），再慢慢滴加 35%氢氧化钠溶液至 pH 为 12，用沸水浴加热回流 0.5h。反应完毕后将反应混合物趁热倒入锥形瓶中。在搅拌下滴加浓盐酸酸化至 pH 为 3，用冰冷却，结晶完全后抽滤，粗产品用冷水洗涤 3 次，在 60℃～65℃下干燥，称重，粗产品可不经纯化直接用于下步反应。

2. 制备对氯苯氧乙酸。

在装有搅拌器、滴液漏斗和回流冷凝管的 100mL 三颈瓶中加入 3.00g 苯氧乙酸（0.02mol）和 10.00mL 冰醋酸，启动搅拌并用水浴加热，待浴温升至 55℃时加入少许（0.02g）三氯化铁和 10.00mL 浓盐酸，搅拌后在 10min 内慢慢滴加 3.00mL 的 33%过氧化氢。滴完后维持此温度搅拌反应 20min，升温至瓶内固体全部溶解，冷却结晶完全后抽滤，粗产品用水洗涤 3 次，用 1∶3 的乙醇—水混合溶剂将粗品重结晶，干燥后称重。

3. 制备 2,4-二氯苯氧乙酸。

在 100mL 锥形瓶中加入 1.00g 干燥的对氯苯氧乙酸（0.0053mol）和 12.00mL 冰醋酸。振荡溶解后，在冰浴冷却和振荡下分批加入 19.00mL 5%的次氯酸钠溶液，加完后撤掉冰浴，待温度升至室温后放置 5min，反应液颜色变深。向锥形瓶中加入

50.00mL 水，然后用 6mol/L 盐酸酸化至刚果红试纸变蓝，用乙醚萃取反应物 2 次，每次 25.00mL。合并乙醚萃取液于分液漏斗中，先用 15.00mL 水洗涤，再用 15.00mL10％碳酸钠溶液萃取产物，将碱性萃取液转移至烧杯中，加入 25.00mL 水，再用盐酸酸化至刚果红试纸变蓝，抽滤，用冷水洗涤 3 次，粗品用四氯化碳重结晶。

五、思考题

1. 产品略带黄色是什么原因？

2. 以苯氧乙酸为原料，如何制备对－溴苯氧乙酸？为何不能用本法制备对－碘苯氧乙酸？

实验七十二　鸡蛋壳制备柠檬酸钙

一、实验目的

1. 掌握鸡蛋壳制备有机酸钙的原理及方法。

2. 熟悉蒸发浓缩、过滤结晶等基本操作。

3. 学会正确使用马福炉及干燥箱。

二、实验原理

柠檬酸钙是目前食品市场上广泛使用的一种食品添加剂，它既是一种食品防腐剂，也是一种很好的钙强化剂，在食品生产中用途很广。

蛋壳中 $CaCO_3$ 的含量为 $93\%\sim96\%$，用它生产的柠檬酸钙，纯度高，安全、无毒副作用。

鸡蛋壳经清洗、晾干、高温、煅烧分解后，除去有机物得到灰分氧化钙，加水反应生成石灰乳 $Ca(OH)_2$，再用柠檬酸中和，纯化浓缩后得到柠檬酸钙。反应式如下：

$$CaCO_3 \xrightarrow{\text{高温煅烧}} CaO + CO_2 \uparrow$$
$$CaO + H_2O == Ca(OH)_2$$
$$2C_6H_8O_7 \cdot H_2O + 3Ca(OH)_2 == Ca_3(C_6H_5O_7)_2 \cdot 4H_2O \downarrow + 4H_2O$$

三、仪器及试剂

仪器：马福炉、电热恒温干燥箱、布氏漏斗、漏斗、滤纸、电子天平、研钵、蒸发皿、玻璃棒、数显恒温水浴锅、傅立叶变换红外光谱仪。

试剂：鸡蛋壳、13mol/L 柠檬酸、KBr。

四、实验步骤

1. 鸡蛋壳预处理。

收集的鸡蛋壳用自来水清洗、除去泥土蛋清等杂质，在马福炉中烘干，粉碎，用清水浸泡 1h，除去水面上浮的蛋壳膜，用真空泵减压过滤得洁净的蛋壳粉，置于表面皿中晾干，在干燥箱 110℃烘干 1h，备用。

2. 煅烧分解。

称取 7.59g 的蛋壳粉，置于马福炉里 1000℃煅烧 1h（不能出现暗灰色），得白色蛋壳灰分 CaO。

3. 制备柠檬酸钙。

称取 2.5g 的蛋壳灰分置于 100mL 烧杯中，研细，加 50mL 水制成石灰乳，在不断搅拌下，缓慢加入 12mL 50％的柠檬酸溶液，继续搅拌，冷却静止至澄清，过滤除去不溶物得柠檬酸钙溶液。

4. 浓缩。

滤液转入蒸发皿，95℃加热蒸发浓缩至果冻状，冷却结晶，减压过滤（多抽滤一会）得到白色粉末状柠檬酸钙，再在 110℃干燥箱烘干，研细，就得到了柠檬酸钙产品。

5. 产品的定性分析。

用傅立叶变换红外光谱仪测定产品的红外光谱图，与柠檬酸钙的标准红外光谱图比较来定性分析产品。

实验七十三　2-甲基-3-丁基-1-庚烯-3-醇的合成

一、实验目的

1. 学习无水无氧操作。
2. 进一步熟悉减压蒸馏操作。

二、实验原理

三、仪器及试剂

仪器：三颈瓶、温度计、磁力搅拌器、恒压滴液漏斗、锥形瓶、分液漏斗、加热装置、氮气钢瓶。

试剂：无水乙醚、锂、甲基丙烯酸甲酯、溴代正丁烷、无水硫酸镁。

四、操作步骤

三颈瓶上安装冷凝管、温度计和滴液漏斗（所用仪器要绝对干燥），反复抽空、充氮三次后，在氮气流的保护下经一个瓶口向瓶中迅速加入 12mL 无氧无水乙醚、0.4g 金属锂（此过程必须在大流量的氮气保护下进行，以造成正压，防止湿空气侵入瓶内，否则将大大影响产率）。

开动电磁搅拌，用冰盐浴冷至 $-20℃±2℃$ 后，通过滴液漏斗在 2h 内滴加由 1g 甲基丙烯酸甲酯和 4g 溴代正丁烷组成的混合物（反应激烈放热）。温度控制在 $-20℃±2℃$，反应液由无色渐渐变成黑色。滴完后，于同样的温度下再搅拌 2h，将未反应的金属锂用 95％乙醇小心分解。

在冷却下用 10％的盐酸进行水解使 pH＝2。分出油层，水层用乙醚提取。合并后再用水洗至中性，经无水硫酸镁干燥、过滤、蒸出乙醚后，用油泵减压蒸馏，收集 80℃/0.133kPa 馏分，得 2-甲基-3-丁基-1-庚烯-3-醇，收率 80％。

五、注意事项

1. 本实验所用仪器必须绝对干燥。
2. 加料时动作要迅速，防止湿空气进入。
3. 液体滴加速度要合适，不可过快。

六、思考题

1. 本实验如果有水进入反应体系，会得到何种产物？
2. 请简述实验室常用的低温体系。

实验七十四　乙酰乙酸乙酯合成 1,1-二苯基-1-丁烯-3-酮

一、实验目的

1. 了解以乙酰乙酸乙酯为原料的多步骤合成中保护基团的作用。
2. 学习以共沸蒸馏法带出反应中的水使平衡移动，以提高反应产率的操作。
3. 学习液体的蒸发、浓缩、减压蒸馏和柱层析分离纯化等操作。

二、实验原理

乙酰乙酸乙酯是典型的 β-酮酸酯，同时具有羰基、酯基和活性亚甲基的反应特性，在合成上有重要应用。本实验使乙酰乙酸乙酯中的酯基与格氏试剂反应生成叔醇，再使叔醇起消去反应生成 α,β-不饱和酮，即 1,1-二苯基-1-丁烯-3-酮。为使酮羰基不受干扰，必须加以保护。故本实验中采用保护羰基的典型方法使其生成环状缩酮，在酯基与格氏试剂反应时不干扰反应，至该反应完成后除去保护基团得到所需

的目标化合物。

各步反应式如下：

1. 乙酰乙酸乙酯在酸催化下与乙二醇反应，生成环状缩酮和水：

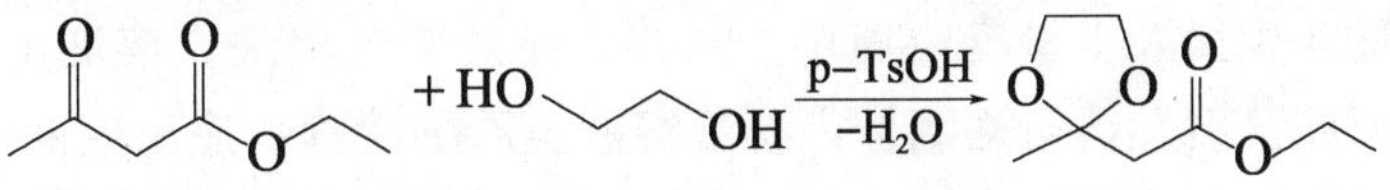

2. 制备苯基溴化镁（格氏试剂），然后与环状缩酮酯反应生成叔醇缩酮：

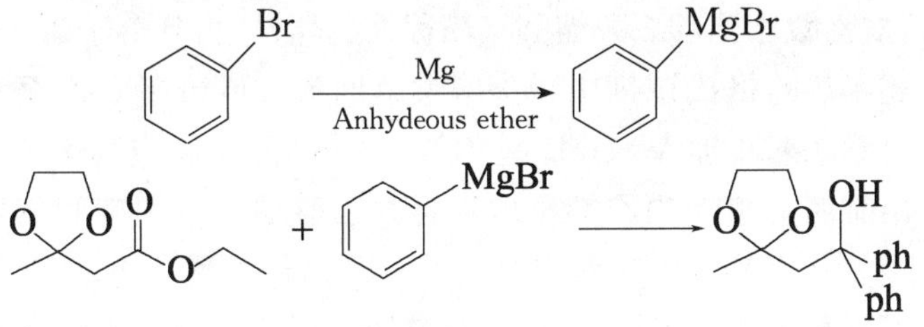

3. 脱除保护基与脱水，生成目标分子：

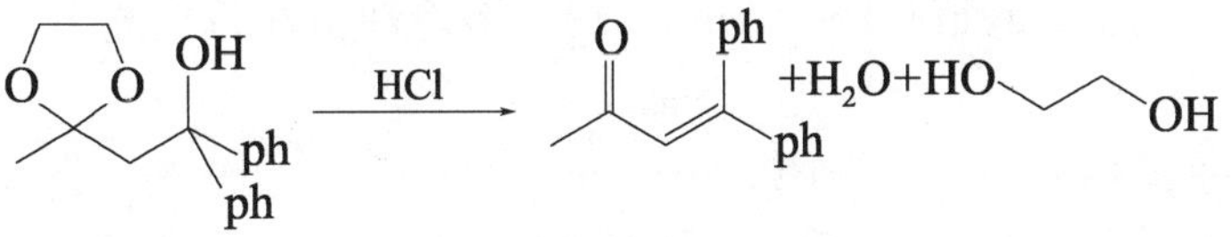

三、仪器及试剂

仪器：圆底烧瓶、水分离器、磁力搅拌器、油浴加热装置、蒸馏装置、恒压滴液漏斗、分液漏斗、干燥管、层析柱、旋转蒸发仪。

试剂：对甲苯磺酸、乙酰乙酸乙酯、乙二醇、无水甲苯、5‰NaOH 溶液、无水硫酸镁、镁屑、碘、溴苯、NH_4Cl、石油醚、丙酮、$NaHCO_3$、无水 Na_2SO_4、硅胶。

四、操作步骤

1. 制备乙酰乙酸乙酯乙二醇缩酮。

在放有搅拌磁子的 50mL 圆底烧瓶中放入 150mg（0.9mmol）对甲苯磺酸催化剂、3.0mL 乙酰乙酸乙酯、3.0mL 乙二醇和 20mL 无水甲苯，装上水分离器和回流冷凝管，再在分水器中加满无水甲苯，开动电磁搅拌，用油浴加热，剧烈回流约 2h。随着反应进行，生成的水随甲苯共沸蒸出至水分离器中，使其中的甲苯变得浑浊，并逐渐有小水珠析出，沉积在分水器的下端，至水层不再增加，分水器中的甲苯层从浑浊变为清澈，冷至室温，反应液先用 10mL 5‰NaOH 溶液洗涤，再用 20mL 水 2 次洗涤，仔细分出甲苯层并用无水硫酸镁干燥，将干燥后的甲苯过滤到 50mL 圆底烧瓶中，用少量无水甲苯洗涤漏斗中的干燥剂，装上蒸馏装置，常压蒸馏除去甲苯溶剂。烧瓶中留下粗产物乙酰乙酸乙酯乙二醇缩酮，为浅黄色液体，升高油浴温度，减压蒸馏，收集 110℃～116℃/3332Pa 馏分（文献值 109℃/2266Pa）。

2. 格氏试剂制备与反应。

在 50mL 三口圆底烧瓶中放入搅拌磁子，加 0.3g 镁屑、一小粒碘晶体和 5mL 无水乙醚，立即装上滴液漏斗和带干燥管的球形冷凝管。1.3mL 溴苯溶解在 5mL 无水乙醚中，通过滴液漏斗先加入少量反应瓶中，片刻，碘的紫色消失，溶液由黄色至乳白色时，说明格氏反应已引发，可逐滴加入溴苯溶液至乙醚沸腾，使反应液处于回流状态，并开启电磁搅拌。溴苯溶液加完后，用少量无水乙醚淋洗滴液漏斗后将其注入反应液中，在搅拌下继续回流 1h 后，此时反应液呈棕黄色。

称取 1.0g 乙酰乙酸乙酯乙二醇缩酮（简称缩酮酯），将其溶于 3.0mL 无水乙醚中，在搅拌下滴入上述温热的格氏试剂中，滴毕继续回流 30min 后，冷至室温，在冰水浴冷却并搅拌下通过滴液漏斗加入 12mL 饱和 NH_4Cl 溶液使反应物水解，静置分层，转入分液漏斗，分出醚层，水层用乙醚萃取，合并乙醚层，再用饱和 NH_4Cl 溶液洗涤，每次 3mL，直至水层不对石蕊试纸呈碱性为止。乙醚层用无水 $MgSO_4$ 干燥，过滤掉干燥剂，盛乙醚的容器和干燥剂再用 2mL 乙醚淋洗，合并溶液，收集在称过重的圆底烧瓶中，用温水浴加热蒸除乙醚，瓶中残留的黄色油状物即粗产物 1,1-二苯基-1-羟基-3-丁酮乙二醇缩酮。加入石油醚 1~1.5mL，用冰浴冷却得浅黄色立方晶体（文献报道 mp 90℃~91℃）。

3. 制备 1,1-二苯基-1-丁烯-3-酮。

称取上步反应产物，将其置于 25mL 圆底烧瓶中，加入 1mL 4mol/L HCl、10mL 丙酮和搅拌磁子，装上回流冷凝管，在搅拌下将反应混合物用油浴温和回流 1h，降至室温，加入 10mL 水稀释，用 10ml 乙醚分 2 次提取，乙醚提取液依次用等体积饱和 $NaHCO_3$ 和水洗涤，用无水 Na_2SO_4 干燥，将干燥后的乙醚液转移到 50mL 圆底烧瓶中，干燥剂用 5mL 乙醚淋洗后合并到烧瓶中，用旋转蒸发仪蒸出乙醚，瓶中残留物即为 1,1-二苯基-1-丁烯-3-酮粗产物。称重。

将粗产物用柱层析纯化：以不同比例的石油醚与乙酸乙酯做展开剂，用硅胶薄板层析法确定柱层析洗脱液组成，用 50 倍粗产品重的硅胶装柱，上样后以配好的洗脱液淋洗，收集各组分，其中主要的两个组分分别浓缩，并用波谱法测定其结构。

五、注意事项

1. 进行格式反应时，需保证反应容器干燥。
2. 减压蒸馏以前，需让油浴温度下降至室温，以防止爆沸。
3. 格式反应如不容易引发，可用手捂一下，或者小火加热即可顺利引发。
4. 柱层析时，液体流出速度不宜过快。

六、思考题

1. 无水硫酸钠和无水硫酸镁都是常用的干燥剂，二者有何异同？
2. 在制备 1,1-二苯基-1-丁烯-3-酮时，为何酮羰基需要保护？

实验七十五　频哪水相偶联反应

一、实验目的

1. 学习利用 TLC 跟踪反应进程。
2. 学习微型实验的操作方法。
3. 进一步熟悉柱层析分离提纯有机化合物的方法。

二、实验原理

频哪醇偶联反应，又称醛酮的双分子还原偶联，是一种通过醛或酮分子的羰基在电子供体的存在下，发生自由基反应，形成新碳—碳共价键的有机反应，反应产物为邻二醇。反应名称取自于以丙酮为原料的反应产物为频哪醇（也称为"2,3-二甲基-2,3-丁二醇"或"四甲基乙二醇"）。此反应于 1859 年被威廉·鲁道夫·菲蒂希首次发现。频哪醇偶联反应通常以同分子间偶联为主，也可发生含双羰基的分子内或不同分子间的交叉偶联反应。苯甲醛的频哪醇偶联反应如下：

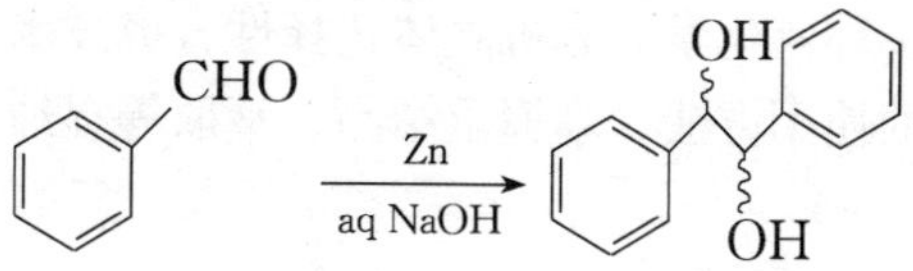

三、仪器及试剂

仪器：圆底烧瓶、磁力搅拌器、恒压滴液漏斗、锥形瓶、分液漏斗、层析柱、紫外分析仪、旋转蒸发仪。

试剂：氢氧化钠、苯甲醛、锌粉、乙酸乙酯、无水硫酸镁、稀盐酸、石油醚、硅胶。

四、操作步骤

25mL 圆底烧瓶中加入 10mL 10% NaOH 溶液，搅拌下加入 2mmol（0.21g）苯甲醛和 1.0g 锌粉。溶液出现灰色浑浊，快速搅拌使其充分反应约 1h，TLC 跟踪反应至反应完全，用稀 HCl 中和至中性。再用 3×6mL 乙酸乙酯萃取，合并上层有机层，收集到磨口锥形瓶中，用无水 $MgSO_4$ 干燥约 0.5h。将 $MgSO_4$ 滤出并用少量溶剂洗涤，滤液盛于圆底烧瓶中，用旋转蒸发仪蒸掉溶剂，得到白色固体。

柱色谱：加少量溶剂溶解粗产品，将溶液用滴管加入柱上层，用配比为 3：1 的石油醚—乙酸乙酯淋洗剂淋洗。用试管收集淋洗液适量，同时用薄层色谱检测是否有产物。

将检测到有产物的试管淋洗液转移到圆底烧瓶中，用旋转蒸发仪蒸掉溶剂，蒸干得产品（白色固体）。

五、注意事项

1. 搅拌速度要快。
2. 干燥剂也可选用无水硫酸钠。
3. 柱层析时，溶解粗产品的溶剂量不宜过多。

六、思考题

1. 柱层析时，溶解粗产品的溶剂量为何不宜过多？
2. 此反应何时反应完全？
3. 可不可以使用放置很久的苯甲醛？为什么？

实验七十六　Jacobsen's 催化剂催化手性环氧苯乙烯的合成

一、实验目的

1. 学习 Jacobsen's 催化剂的制备。
2. 通过苯乙烯不对称环氧化学习有机立体选择性合成技术。
3. 掌握旋转蒸发仪的使用方法，掌握重结晶、萃取等提纯技术。

二、实验原理

烯烃环氧化生成的三元环因承受较高的环张力，可以接受亲核试剂进攻生成多种产物，在弱矿物酸的催化下水解成邻位二醇。因其产物的多变，该反应在有机合成中有重要价值。

传统上，烯烃环氧化物用烯烃与过氧酸反应获得，自 20 世纪 80 年代以来，发展出了两种重要的不对称环氧化方法，即 Sharpless 环氧化与 Jacobsen 环氧化，二者的手性源均作为催化剂使用，可以用几毫克的光学活性化合物得到几克甚至更多光学纯产物。

Sharpless 环氧化的底物为烯丙醇，催化剂由钛酸异丙酯与（R，R）或（S，S）-酒石酸二酯组成，反应时，由金属钛将反应底物烯丙基醇及氧化剂叔丁基过氧化氢组配在一起，手性的酒石酸二酯起立体指导作用。

Jacobsen 环氧化催化剂由水杨醛和手性二胺制备，又叫 Salen。1994 年，该催化剂荣获 Fluka prize "reagent of the year"。该催化剂不需要烯烃在烯丙位连有羟基官能团，对 cis-烯烃效果较好。其制备过程如下：

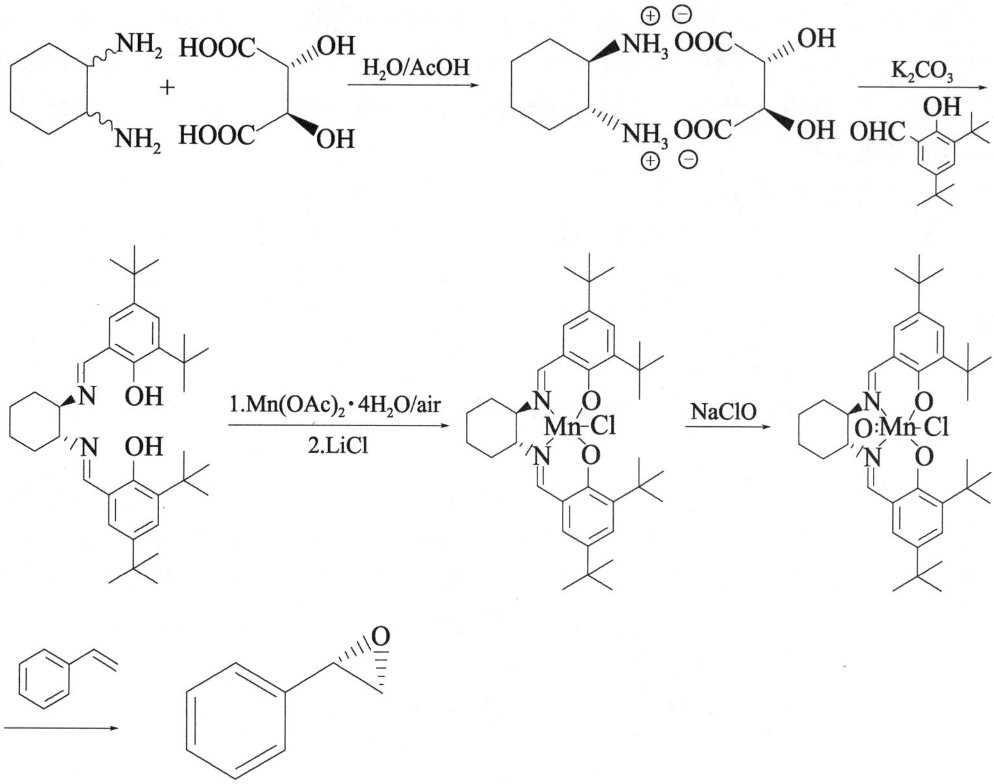

其立体选择性的获得与近似平面状的 Salen 平面在水杨醛处与手性环己二胺处不同的位阻效应有关。

三、仪器及试剂

仪器：抽滤瓶、布氏漏斗、水泵、热水漏斗、100mL 圆底烧瓶、磁力搅拌水浴锅、回流冷凝管、100mL 三颈瓶、旋转蒸发仪、分液漏斗、紫外灯。

试剂：（＋）-酒石酸、1,2-环己二胺、冰醋酸、甲醇、碳酸钾、乙醇、3,5-二叔丁基水杨醛、二氯甲烷、饱和氯化钠溶液、无水硫酸钠、四水合醋酸锰、氯化锂、市售次氯酸钠溶液（约含 0.55mol/L 次氯酸钠）、0.05mol/L 磷酸一氢钠、1mol/L 氢氧化钠溶液、苯乙烯、庚烷。

四、实验步骤

1. 制备 Jacobsen's 催化剂。

（1）手性胺的拆分——(R,R)-1,2-环己二胺单-（＋）-酒石酸盐的分离：

在 150mL 的烧杯中加入 7.5g（0.05mol）L-（＋）-酒石酸，并加入 25mL 蒸馏水溶解。搅拌下向烧杯中缓慢地一次性加入 12.2mL（11.4g，0.10mol）1,2-环己二胺[1]（顺式及反式异构体的混合物）。反应液一开始呈现雾状，数分钟后形成透明溶液，此时，向其中一次性投入 5.0mL 冰醋酸，加完后，溶液中很快有晶体析出，将反应混合物置于冰浴中冷却 30min 后，抽滤收集晶体，用 5.0mL 冰水洗涤后，用 4×5mL 甲醇洗涤。

将粗产品溶于尽量少的沸水中，趁热滤去不溶物及浮沫（普通过滤：折成菊花型滤纸、大口径漏斗）。滤液自然放冷后置于冰浴中冷却，如结晶难以析出，可向滤液中加入 1～2mL 甲醇促进结晶形成。抽滤收集晶体。如有必要，向滤液中加入甲醇可以生成第二批次晶体。

（2）手性配体的制备：

（R,R)-N，N'-双（3,5-二叔丁基亚水杨基)-1,2-环己二胺的制备。100mL 圆底烧瓶中加入 1.11g（4.20mmol）(R,R)-1,2-环己二胺单-(＋)-酒石酸盐、1.16g 碳酸钾和 6.0mL 水。开启磁力搅拌至固体溶解，加入 22mL 乙醇，混合液呈现雾状，烧瓶接上回流冷凝管，加热至回流。加热下将 2.0g（8.50mmol）3,5-二叔丁基水杨醛溶于 10mL 乙醇，用滴管将此溶液通过冷凝管加入上述圆底烧瓶中（用 2mL 乙醇冲洗确保二叔丁基水杨醛全部转移）。

反应液在圆底烧瓶中回流 1h 后，停止加热并向反应液中加入 6mL 水，将烧瓶于冰浴中放置 30min，减压抽滤，用 5mL 乙醇洗涤收集到的黄色固体。将该黄色固体溶于 25mL 二氯甲烷，溶液依次用 2×5mL 水及 5mL 饱和氯化钠溶液洗涤，分出有机层，用无水硫酸钠干燥后滤去干燥剂。滤液蒸去溶剂后，得到黄色固状产品，熔点 200℃～203℃。

（3）配体比旋光度检测：

精确称取上述制得的配体 0.5～1.0g，用容量瓶将其制成 10mL 二氯甲烷溶液，测定此溶液的旋光度，并计算配体比旋光度，文献值为 $[\alpha]_D^{20} = -315°$。

（4）Jacobsen's 催化剂合成：

在装有回流冷凝管、搅拌磁子的 100mL 三颈瓶中放入 1.0g（1.83mmol）上述制备的配体和 25mL 无水乙醇。反应物加热回流 20min，向其中一次性投加 2.0 倍物质的量的四水合醋酸锰（约 0.89g），继续回流 30min。将反应瓶接气体导管，导管口伸入至液面下，以较慢的速率于回流状态通入空气 1h。移去空气导管，于回流状态下一次性加入 3 倍物质的量的氯化锂（约 0.23g），继续回流 30min。停止加热，将反应液转移至 100mL 圆底烧瓶中，旋蒸除去溶剂得粗产品。

粗产品溶于 25mL 二氯甲烷中，依次用 2×5mL 水及 5mL 饱和氯化钠溶液洗涤。分出有机层，用无水硫酸钠干燥后加入 30mL 庚烷，小心蒸除二氯甲烷（不要蒸除庚烷），冰浴冷却得到的褐棕色糊状物 30min。抽滤收集褐色固体，并于空气中干燥，其熔点为 324℃～326℃。滤液可以旋蒸去溶剂，收集残余的粗品。

2. Jacobsen's 催化剂作用下的立体选择性环氧化反应。

取市售次氯酸钠溶液（约含 0.55mol/L 次氯酸钠）12.5mL，向其中加入 5mL 0.05mol/L 磷酸一氢钠，然后滴入 1mol/L 氢氧化钠溶液将其 pH 调至约 11.3（11～12 之间，大约需用 1 滴）。

在装有搅拌磁子的 50mL 三角烧瓶中放入 5mL 二氯甲烷、0.5g（约 4.8mmol）苯乙烯及 0.31g 的 Jacobsen's 催化剂，搅拌使其溶解。加入上述制得的次氯酸钠溶液，盖上塞子，室温下剧烈搅拌该两相反应体系，使用 TLC 法监控反应进程。停止搅拌后，使用滴管从下层有机相移取一滴反应液，然后使用点样管就此反应液点样。使用紫外灯观察点样结果，直至苯乙烯样品点消失，而新生成的环氧化产物样品点在紫外灯下清晰可辨（约需 2h）。

取出磁子，向体系中加入 50mL 庚烷，摇振后分出褐色有机相，用饱和氯化钠溶液洗涤 2 次后，放置少许无水硫酸钠干燥。

滤出干燥剂后，蒸除溶剂，将所得环氧化物溶于少许庚烷。取一根长玻璃滴管，头端塞入一小块脱脂棉，装入 5cm 高的硅胶（40～60μm），将制得的环氧化物庚烷溶液转入其中，用 30～40mL 庚烷进行洗脱提纯，旋去庚烷后即得纯的环氧化物[2]。

五、注意事项

每步操作都必须小心仔细。

六、注释

[1] 该反应放热，此步应缓慢加入。
[2] 此化学品可参考 J. Org. Chem. 1994，59，1939～1942 的方法大量制备。

七、思考题

1. 对于顺式烯烃来说，如果同侧的基团大小相差较大，使用 Jacobsen's 催化剂通常可取得较高的 ee％，为什么？

2. 本实验使用的配体为（R，R）-Z 环己二胺，如使用（S，S）-环己二胺制得 Jacobsen's 催化剂，环氧化后会得到同样的对映体吗？其 ee％如何？

3. Sharpless's 催化剂是另一种常用的立体选择性烯烃环氧化催化剂，它的结构如何？是如何制备的？

实验七十七　面包酵母催化还原制备 (+)‑(1R,2S)‑2‑羟基环戊烷甲酸乙酯

一、实验目的

1. 学习 Dickmann 环化反应制备环状酮的方法。
2. 学习利用面包酵母催化 β-羰基酯类不对称还原的方法。

二、实验原理

Dickmann 环化反应机理与 Claisen 缩合反应类似（参见乙酰乙酸乙酯的制备），只不过发生在二元酸酯的分子内部，是一种分子内的缩合反应。反应在强碱作用下进行，本实验由己二酸二乙酯出发，在乙醇钠作用下生成外消旋的环戊酮羧酸酯。

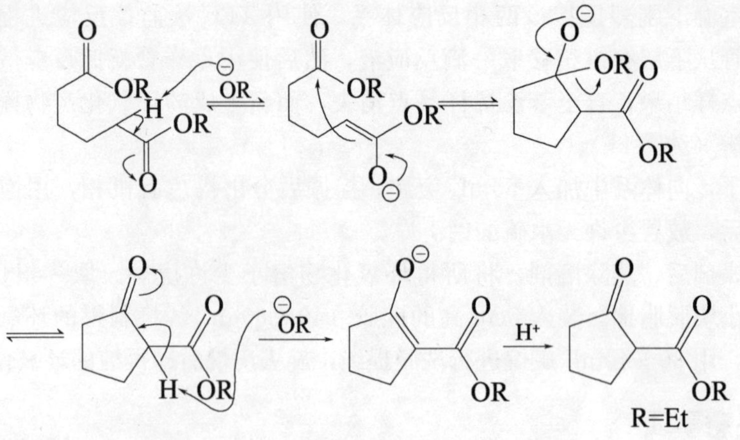

手性化合物的获取除化学不对称合成，还可利用微生物发酵技术。后者具有高区域和立体选择性、反应条件温和、环境友好的特点。

面包酵母含有脱氢酶、酯酶、丙酮酸脱羧酶等多种酶，在催化羰基及活性碳碳双键不对称还原方面有广泛应用。在催化 β-羰基酯还原时，由于空间位阻效应，常常只还原其中的一个羰基。

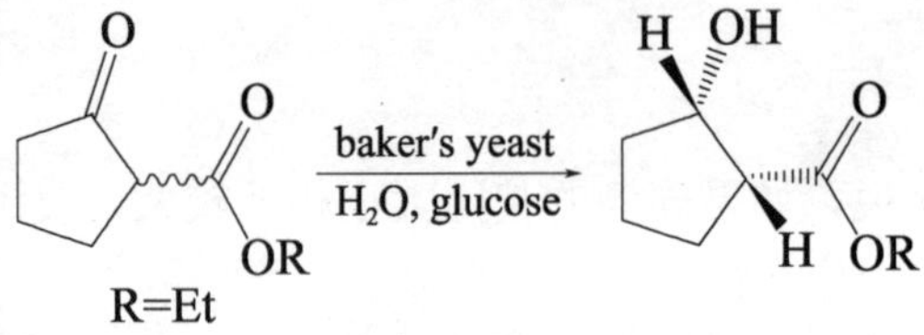

三、仪器及试剂

仪器：250mL 三颈瓶、减压蒸馏装置、抽滤装置、电磁水浴锅、减压分馏装置、玻璃砂芯漏斗、阿贝折光仪。

试剂：金属钠、乙醇、己二酸二乙酯、甲苯、盐酸、饱和碳酸氢钠、饱和氯化钠、面包酵母、砂糖、聚乙烯醇叔辛基苯基醚、乙醚、硅藻土、无水硫酸钠、无水硫酸镁。

四、实验步骤

1. 制备 2-氧代环戊烷甲酸乙酯。

250mL 三颈瓶中，加入 5.75g（0.25mol）金属钠和 150mL 乙醇，反应完毕后真空除去过量乙醇得到乙醇钠。向三颈瓶中加入 50mL（50.5g，0.25mol）己二酸二乙酯和 50mL 甲苯配成的溶液，得到的悬浮液回流搅拌 8h。

反应液冷至室温，加入 120mL 2mol/L 盐酸使体系清晰分层。分出有机层，分别用 100mL 饱和碳酸氢钠及 100mL 饱和氯化钠溶液洗涤后，加入无水硫酸钠干燥。减压蒸馏除去甲苯后，在水泵减压下收集 100℃～140℃馏分。该馏分使用油泵（2mbar）和刺型分馏柱减压分馏得 29g 无色油状产品（收率约 75%），bp 288℃～289℃，折光率 n_D^{20} 1.5863。

2. 酵母还原制备（＋）-（1R,2S）-2-羟基环戊烷甲酸乙酯。

在装有磁搅拌子和气体鼓泡装置的 1L 单口烧瓶中放置面包酵母 75g ST、500mL

水和 75g 砂糖，室温（25℃～30℃）搅拌 0.5h 后，加入 7.5g（48mmol）2-氧代环戊烷甲酸乙酯及 0.15g 聚乙烯醇叔辛基苯基醚，反应混合液在室温搅拌 48h，鼓泡速率为每秒 2 个气泡。

向反应混合物中加入 30g 硅藻土，用 G2 玻璃砂芯漏斗过滤，滤液加氯化钠饱和，4×100mL 乙醚萃取，醚液用无水硫酸镁干燥。水浴蒸除乙醚，残余液减压蒸馏得无色油状产品 4.9g（产率 65%），bp 95℃～96℃，$[\alpha]_D^{20} = +15.1$（C=2.25，$CHCl_3$）。

五、思考题

1. 面包酵母可用于乙酰乙酸乙酯的不对称还原，试查询文献写出其主还原产物的立体结构。

2. 试查询文献写出脂肪酶在有机合成中的应用。

实验七十八　苏丹红Ⅰ分子印迹聚合物的制备

一、实验目的

1. 掌握沉淀聚合制备高分子化合物的方法。
2. 了解分子印迹技术选择性吸附目标分子的方法。

二、实验原理

分子印迹聚合物（molecular imprinted polymer，MIP）合成的基本原理为模板分子（template molecule）和功能单体（functional monomer）先通过共价键或非共价键作用结合，形成主客体配合物；然后加入交联剂（cross linker）使主客体配合物与交联剂发生自由基共聚，从而得到在模板分子周围形成高度交联的刚性聚合物。最后用适当的溶剂将聚合物中模板分子洗脱，所得的聚合物具有对模板分子在功能基团、分子尺寸、空间结构具有记忆功能的结合位点，可以根据预定的选择性和高度识别性能进行分子识别。

本次实验以苏丹红Ⅰ为模板分子，采取沉淀聚合法合成分子印迹聚合物微球，并使用紫外可见分光光度计分析合成出的聚合物对苏丹红Ⅰ的选择性吸附行为。分子印迹聚合物的合成反应表示如下：

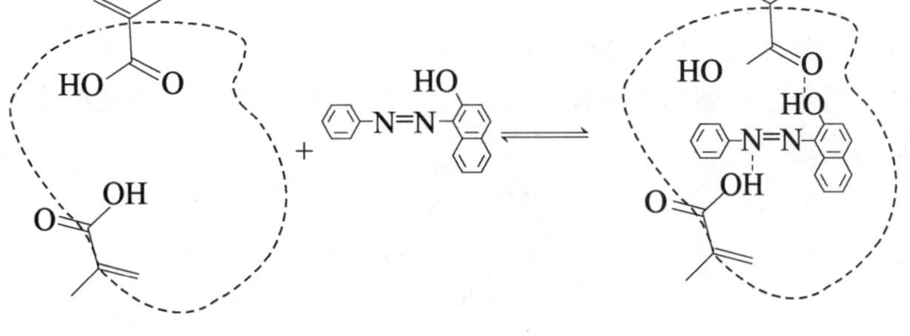

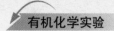

三、仪器及试剂

仪器：常规成套标准磨口玻璃仪器。

试剂：苏丹红Ⅰ、甲基丙烯酸、乙二醇二甲基丙烯酸酯、偶氮二异丁腈、氯仿、甲醇。

四、实验步骤

1. 制备分子印迹聚合物 MIP。

在装有磁搅拌子的 100mL 三颈瓶中，加入 0.0497g（0.2mmol）苏丹红Ⅰ和 0.1033g（1.2mmol）甲基丙烯酸，加入 30mL 氯仿，室温下搅拌 12h，再向反应混合液中分别加入 0.7928g（4mmol）乙二醇二甲基丙烯酸酯和 100mg（0.61mmol）偶氮二异丁腈，混合物用超声波脱气 10min，充氮气 5min 后，于 65℃ 下反应 24h。制备的聚合物用 3×10mL 甲醇洗涤除去细小颗粒和未反应物。

模板分子的洗脱使用索式抽提装置。用极性溶剂甲醇为洗脱溶剂反复淋洗聚合物 3 次，每次 3h，洗至在 467nm 波长下检测不再产生特征吸收峰。制得的 MIP 粉末过 250 目筛，干燥、密封备用。

2. 制备非印迹的参比聚合物 NIP。

除不加模板分子外，其他步骤均与印迹聚合物的制备相同。

3. 分子印迹聚合物 MIP 对模板分子苏丹红Ⅰ的选择性吸附。

分别称取自制的上述 MIP 和 NIP 各 20mg 分别放入两支 4mL 的离心管中，分别加入 2mL 10μg/mL 的苏丹红Ⅰ—正己烷溶液，离心管口用保鲜膜密封扎紧振荡吸附 2h，4000r/min 离心 30min 后，用针管小心抽取上清液，于 467nm 处分别检测其吸收强度。用相应的聚合物吸附纯的正己烷做空白。

五、思考题

1. 与本体聚合法相比，采用聚合沉淀法制取分子印迹聚合物有何方便之处？
2. 根据测得的紫外吸收强度，计算每毫克 MIP 和 NIP 各吸附多少苏丹红Ⅰ，并对比二者的吸附能力。

实验七十九　苯妥英钠的合成

苯妥英钠又名大伦丁钠（Dilantin sodium）（化学名为 5,5-二苯基乙内酰脲钠），为抗癫痫药，适于治疗癫痫大发作，也可用于三叉神经痛，以及某些类型的心律不齐。化学结构式为

$$
\begin{array}{c}
\text{H}_5\text{C}_6 \\
\text{H}_5\text{C}_6
\end{array}
$$

本品 $C_{15}H_{11}O_2N_2Na$ 为白色粉末，无嗅、味苦。微有吸湿性，在空气中渐渐吸收二氧化碳析出苯妥英。易溶于水，溶液呈碱性，常因一部分被水解而变浑浊。易溶于乙醇，难溶于乙醚和氯仿。

一、实验目的

1. 学习安息香缩合反应的原理，应用维生素 B1 及氰化钠为催化剂进行反应的实验方法。
2. 学习有害气体的排出方法。
3. 学习二苯羟乙酸重排反应机理。
4. 掌握用硝酸氧化的实验方法。

二、实验原理

1. 安息香缩合反应（安息香的制备）：

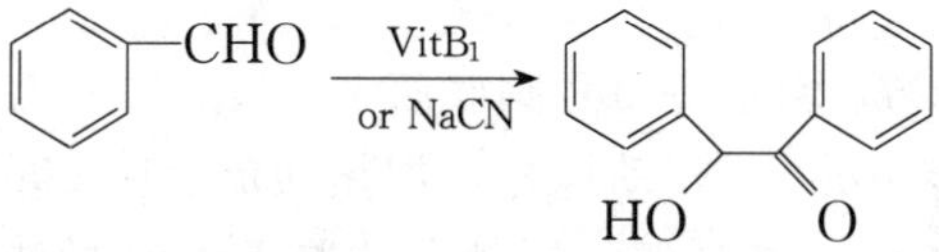

2. 氧化反应（二苯乙二酮的制备）：

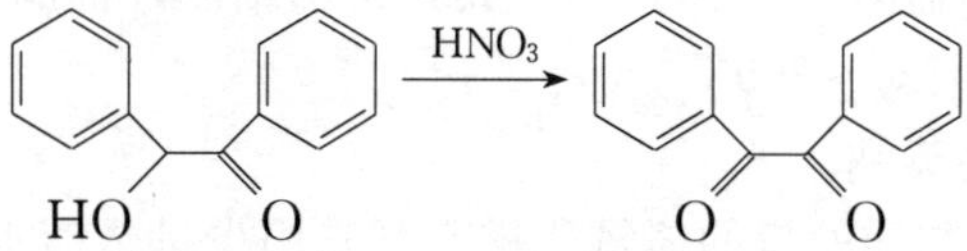

3. 二苯羟乙酸重排及缩合反应（苯妥英的制备）：

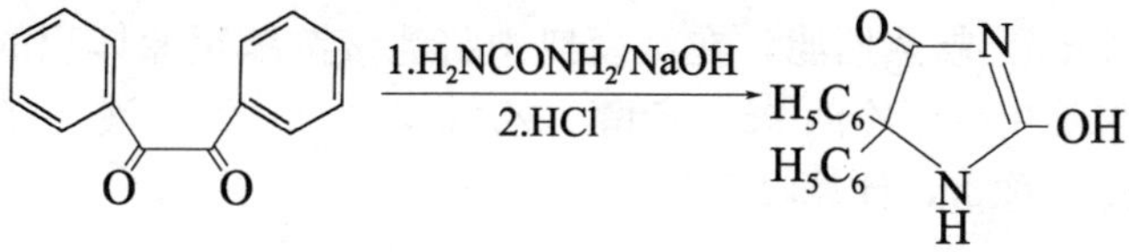

4. 成盐反应（苯妥英钠的制备）。

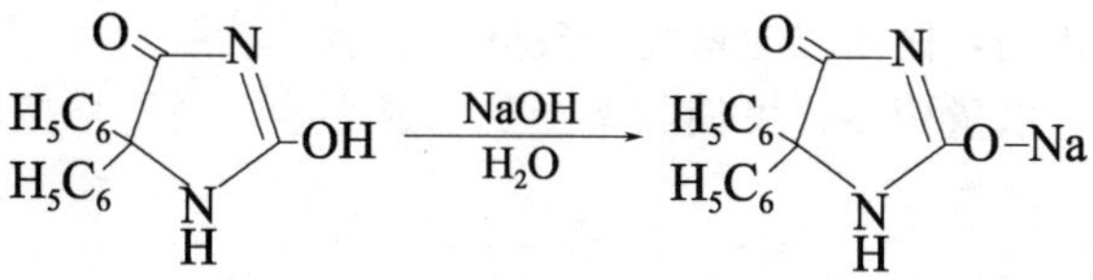

三、仪器及试剂

仪器：水浴锅、冷凝器、数字熔点仪、烧瓶、尾气吸收装置、烧杯、三角瓶等。

试剂：苯甲醛、盐酸硫胺、氢氧化钠、安息香、硝酸、二苯乙二酮、尿素、氢氧化钠、乙醇。

四、实验步骤

1. 制备安息香（盐酸硫胺催化）。

在 100mL 三颈瓶中加入 3.5g 盐酸硫胺（VB1）和 8mL 水，溶解后加入 95％乙醇 30mL。搅拌下滴加 2mol/L NaOH 溶液 10mL。再取新蒸苯甲醛 20mL，加入上述反应瓶中。水浴加热至 70℃左右反应 1.5h。冷却，抽滤，用少量冷水洗涤。干燥后得粗品 *，测定熔点（mp136℃～137℃），计算收率。

2. 制备二苯乙二酮（联苯甲酰）。

取 8.5g 粗制的安息香和 25mL 硝酸（65％～68％）置于 100mL 圆底烧瓶中，安装冷凝器和气体吸收装置[1]，加热并搅拌，逐渐升高温度，直至二氧化氮逸去（约 1.5～2h）。反应完毕，在搅拌下趁热将反应液倒入盛有 150mL 冷水的烧杯中，充分搅拌，直至油状物呈黄色固体全部析出。抽滤，结晶用水充分洗涤至中性，干燥，得粗品。用四氯化碳重结晶（1：2），也可用乙醇重结晶（1：25），mp94℃～96℃。

3. 制备苯妥英。

在装有搅拌及球型冷凝器的 250mL 圆底瓶中，投入二苯乙二酮 8g、尿素 3g、15％ NaOH 25mL、95％乙醇 40mL，开动搅拌，加热回流反应 60min。反应完毕，反应液倾入到 250mL 水中，加入 1g 醋酸钠，搅拌后放置 1.5h，抽滤。滤除黄色二苯乙二酮二脲沉淀。滤液用 15％盐酸调至 pH＝6，放置析出结晶，抽滤，结晶用少量水洗，得白色苯妥英粗品，mp295℃～299℃。

4. 制备与精制苯妥英钠。

将与苯妥英粗品等物质的量的氢氧化钠[2]（先用少量蒸馏水将固体氢氧化钠溶解）置 100mL 烧杯中，加入苯妥英粗品，水浴加热至 40℃，使其溶解，加活性炭少许，在 60℃下搅拌加热 5min，趁热抽滤，在蒸发皿中将滤液浓缩至原体积的 1/3。冷却后析出结晶，抽滤。沉淀用少量冷的 95％乙醇－乙醚（1：1）混合液洗涤[3]，抽干，得苯妥英钠，真空干燥，称重，计算收率。

五、注意事项

1. 硝酸为强氧化剂，使用时应避免与皮肤、衣服等接触。
2. 制备钠盐时，水量稍多，可使收率受到明显影响，要严格按比例加水。

六、注释

［1］也可采用室温放置的方法制备安息香，即将上述原料依次加入到 100mL 三角瓶中，室温放置有结晶析出，抽滤，用冷水洗涤。干燥后得粗品。

［2］氧化过程中，硝酸被还原产生大量的二氧化氮气体，应用气体连续吸收装置，避免逸至室内。

［3］苯妥英钠可溶于水及乙醇，洗涤时要少用溶剂，洗涤后要尽量抽干。

七、思考题

1. 制备二苯乙二酮时，为什么要控制反应温度使其逐渐升高？

2. 制备苯妥英为什么在碱性条件下进行？

实验八十　苯佐卡因的制备

苯佐卡因是一种白色针状晶体，无臭，味微苦而麻，遇光渐变黄色，易溶于乙醇、乙醚、氯仿等，难溶于水，临床上一般用作局部麻醉剂。苯佐卡因（Benzocaine），化学名为对氨基苯甲酸乙酯，是一种重要的中间体，多用于医药、塑料和涂料等生产中。

一、实验目的

1. 掌握合成苯佐卡因的原理和方法。
2. 进一步熟悉有害气体的处理方法。
3. 熟悉有机合成各种操作。

二、实验原理

目前以对甲基苯胺为主要原料的苯佐卡因合成路线已有一定探索：第一种是先保护苯环上的氨基，再氧化，去保护，最后酯化；第二种是先用硝酸—硫酸混合液与对甲基苯胺共热将氨基取代为硝基，而后进行氧化，还原，酯化。第一种方法相对来说反应步骤较多，但所用的原料便宜，反应条件温和。

实验路线：

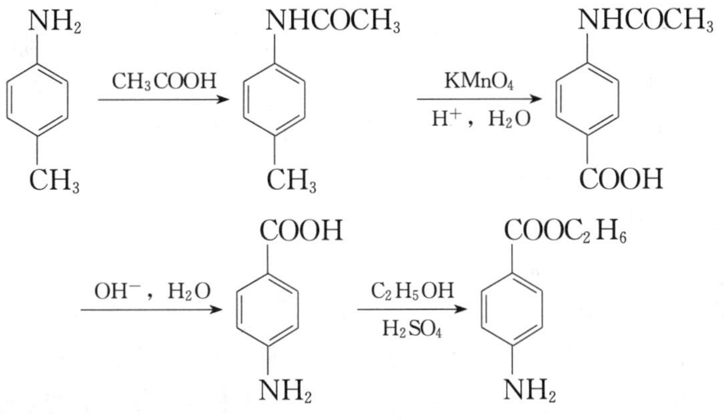

三、仪器及试剂

仪器：100mL 圆底瓶、分液漏斗、布氏漏斗、烧杯、水浴锅、球型冷凝管、直型冷凝管、刺形分馏柱、熔点仪、TLC 硅胶板、紫外灯、红外灯、红外吸收光谱仪、循环水式多用真空泵、WRS—1B 数字熔点仪等。

试剂：对甲苯胺、冰醋酸、七水硫酸镁、锌粉、活性炭、高锰酸钾、无水乙醇、20％硫酸溶液、18％盐酸溶液、10％氨水、10％碳酸钠溶液、无水硫酸镁、乙醚、精密 pH 试纸、亚硝酸钠、草酸、乙酸乙酯、环己烷等。

四、实验步骤

1. 合成对甲基乙酰苯胺。

在 100mL 圆底烧瓶中，加入 10.7g 对甲苯胺（0.1mol）后，缓慢加入 14.4mL 冰醋酸（0.25mol）及少许锌粉（约 0.1g）（目的是防止对甲苯胺氧化），混合均匀后，装上刺形分馏柱，接一蒸馏装置。将圆底烧瓶在石棉网上用小火加热，使对甲苯胺溶解，溶液成褐黄色。然后逐渐升高温度，维持在 100℃～110℃，反应约 1.5h。在搅拌下趁热将反应物倒入 200mL 冷水中，冷却后抽滤析出的固体，用冷水洗涤，粗产物用乙醇和水的混合液（乙醇：水＝7：3）重结晶（15g 粗产品溶于 100mL 乙醇和水的混合液中回流做重结晶），抽滤得白色固体，干燥，称重并测其熔点（纯对甲基乙酰苯胺的熔点为 148℃～151℃），计算产率。

2. 合成对乙酰氨基苯甲酸。

在 500 烧杯中，加入对甲基乙酰苯胺 7.5g（0.05mol）、七水硫酸镁 20g（0.08mol）、17.5g 高锰酸钾（0.11mol）和 420mL 水，将混合物充分搅拌并在水浴上加热到约 85℃，维持此温度继续搅拌 45 分钟。混合物变成深棕色，趁热用二层滤纸抽滤除去二氧化锰沉淀，不干净可以重新过滤一次。如果滤液呈紫色，高锰酸钾过量，则用 20％硫酸溶液酸化至溶液呈酸性后，加无水乙醇与其反应直到溶液无色，继续加 20％硫酸溶液酸化至生成白色固体，抽滤，压干，干燥，计算产率，并测化合物的熔点。（对乙酰氨基苯甲酸熔点为 250℃～252℃）

3. 合成对氨基苯甲酸。

在 100mL 圆底烧瓶中加入对乙酰氨基苯甲酸 9.0g（0.05mol），加入约 72mL 的 18％的盐酸溶液进行水解，小火缓缓回流 30min。待反应物冷却后，加入 50mL 冷水，然后用 10％氨水中和到 pH 为 5 左右，充分摇振后置于冰浴中骤冷以引发结晶，必要时用玻璃棒摩擦瓶壁引发结晶直到有白色晶体析出。抽滤收集产物，压干，干燥，计算产率，并测熔点。（纯品熔点为 186℃～187℃）

4. 合成对氨基苯甲酸乙酯。

在 50mL 圆底烧瓶中，加入对氨基苯甲酸 1.7g（0.0125mol）、23mL 95％乙醇，旋摇烧瓶使大部分固体溶解。将烧瓶置于冰浴中冷却，加入 1.8mL 浓硫酸，立即产生大量沉淀，将反应混合物在水浴上回流 1h，并时加摇荡。将反应混合物转入烧杯中，冷却后分批加入 10％碳酸钠溶液中和，直至加入碳酸钠溶液后无明显气体释放。反应混合物接近中性时，检查溶液 pH，再加入少量碳酸钠溶液至 pH 为 9 左右。在中和过程中产生少量固体沉淀。将溶液倾析到分液漏斗中，向分液漏斗中加入 15mL 乙醚萃取两次，合并乙醚层，用无水硫酸镁干燥后，在水浴上蒸去乙醚和大部分乙醇，至残余油状物约 4mL 为止。残余油状物用 50％乙醇的水溶液重结晶，然后菊花滤纸过滤（也可以抽滤）。然后冰水冷却，抽滤，洗涤，干燥得白色结晶状固体，称重，计算产率，测产物熔点，并做红外光谱分析（纯品熔点为 90℃～91℃）。

四、注意事项

1. 对氨基苯甲酸是两性物质，碱化或酸化时都要小心控制酸、碱用量。特别是在滴加冰醋酸时，须小心慢慢滴加，避免过量或形成内盐。

2. 做薄层色谱实验时展开剂的比例要调配好。

3. 酯化反应中，仪器需干燥。

4. 酯化反应结束时，反应液要趁热倒出，冷却后可能有苯佐卡因硫酸盐析出。

5. 碳酸钠的用量要适宜，太少则产品不析出，太多则可能使酯水解。

五、思考题

1. 实验中，第一步为什么将对甲苯胺用乙酸处理转变为相应的酰胺？

2. 在氧化反应中加入少量硫酸镁的作用是什么？

知识拓展：如何发现新事物

现年 67 岁的巴里·夏普莱斯（K. Barry Sharpless）教授因在不对称催化合成反应研究方面做出杰出贡献，于 2001 年获得诺贝尔化学奖。2008 年 11 月 18 日，夏普莱斯教授做客天津大学，并发表精彩演讲：如何发现新事物？

夏普莱斯教授以一句中国古语"千里之行始于足下"开始了他对"如何发现新事物"的精彩演讲。这个演讲中，他引经据典，生动有趣。他提到温斯顿·丘吉尔曾经说过："人们偶然碰到真相，但是大部分人与真相擦身而过，匆忙路过，好像根本什么都没有发生过。"科学发现的秘诀到底是什么呢？"就观察而言，幸运只会眷顾那些有准备的人。"夏普莱斯教授说。事实上，伟大的发现总是不期而遇——青霉素、牛痘、硫化橡胶，甚至还有电话——所有这些都是无意中发现的，并非有意而为之。夏普莱斯在回忆自己童年的时候说道："我记得在我还是学生的时候，我的导师从来不告诉我该怎么做，这让我更自信、更独立、更成熟，实验经常会行不通，但我知道下一步该怎么做。"

"失败是经常发生的。"夏普莱斯教授接着说，"对于一个发明家甚至任何一个人来说，你不能认为失败是浪费时间，'聪明的失败'是注重过程而非最终的结果。'成功'或许是你在不断探索过程中的新发现，你要学会坦然面对那些不确定的事情。没有人告诉你新的发现是否是你想要的，但你可以决定向未知进发的方向。"

对于研究如何发掘新事物，夏普莱斯教授认为：第一，准备好你的头脑——在课堂上学习和吸收你所能够顾及的一切；第二，打开思想的门窗——科学的很多发现来自意外惊喜；第三，注重过程——很多发现并不是在结果中得出而是产生于过程之中；第四，克服缺点——克服阻碍自己实现目标的自身缺点。夏普莱斯教授强调了研究过程中应坚持自己所追求的理论，不要轻易放弃，因为"她就像你自己的孩子"；但也"不要简单地爱上你的理论"，因为在实践过程中，新的实验结果也许会将自己的理论彻底颠覆。

总之，发现新事物的首要原则就是要在头脑里有所准备，不仅要尽可能地掌握大量的知识，还有掌握一些非常具体的技巧。唯有如此，幸运才有可能降临在你头上。夏普莱斯还形象地比喻说，如果你是一位行人，当你走在乡间小路上，也许你有可能偶然被汽车撞上，但如果你在上下班的高峰期站在高速公路的中间，那么你会被撞得更快、更严重、更频繁。如果你是一位科学家，那么你可能会偶然发现一些新事物，不过有一些方法可以让你置身于"发现"这条高速公路的中间。你一定能够为自己创造运气！最后，夏普莱斯教授鼓励大家要勇于尝试，并分享了自己的"KISS"理论，即 Keep It Short & Simple。在演讲最后，夏普莱斯教授再一次提醒大家要"在发现之旅中将门窗打开"，并祝愿大家能够在自己的研究中有所成就。

5.2 设计性实验

实验八十一 3,4,5-三甲氧基溴苄的合成

一、实验目的

1. 自行设计 3,4,5-三甲氧基溴苄的合成方法，并独立完成该化合物的合成、纯化和鉴定。

2. 通过 3,4,5-三甲氧基溴苄的合成掌握官能团保护方法和无水无氧条件操作。

二、实验原理

以没食子酸为原料，先通过甲基化，再还原，然后与 PBr_3 反应即可得到 3,4,5-三甲氧基溴苄。

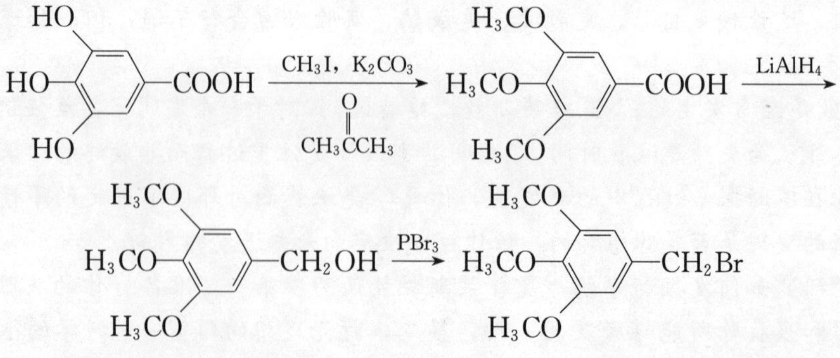

三、仪器及试剂

仪器：三颈瓶、分液漏斗、漏斗、布氏漏斗、真空干燥箱、分析天平、抽滤装置、SHB－Ⅲ循环水式真空泵、JJ－1 增力电动搅拌器、旋转蒸发器 RE－52、DF－101S 集

热式磁力加热搅拌器、X—4显微熔点仪、玻璃仪器气流烘干器。

试剂：3,4,5-三羟基苯甲酸、乙酸乙酯、四氢呋喃、丙酮、石油醚、无水乙醚、二苯甲酮、氢氧化钠、氢化铝锂、三溴化磷、二氯甲烷等，均为分析纯。

四、实验步骤

本实验拟用没食子酸为原料合成3,4,5-三甲氧基溴苄。提供以下合成步骤供参考：

1. 将没食子酸和碘甲烷在碱性条件下反应合成3,4,5-三甲氧基苯甲酸。

2. LiAlH$_4$还原3,4,5-三甲氧基苯甲酸得3,4,5-三甲氧基苯甲醇。

3. 将3,4,5-三甲氧基苯甲醇与PBr$_3$反应得3,4,5-三甲氧基溴苄。

4. 以上各实验步骤具体合成条件由学生查阅资料拟定，并独立进行合成、提纯及产物鉴定。亦可提出其他合适的方法进行合成。

五、实验结果

记录各步骤的具体合成条件、各步产物的产量及产率，并记录各步产物的鉴定数据。

六、思考题

1. 用没食子酸为原料，设计3,4,5-三甲氧基溴苄的其他合成方法。

2. 如何对合成的产品进行分离提纯和结构鉴定？

七、参考文献

[1] 朱玉松，罗世能，沈永嘉，等. 白藜芦醇类似物的合成 [J]. 有机化学，2006，26（7）：958~962.

[2] 陈国良，耿春梅，刘湘永. 白藜芦醇衍生物及类似物的研究进展 [J]. 药学进展，2006，30（4）：145~149.

[3] 汪秋安，王力，邹亮华. 湖南大学学报（自然科学版），2009，36（7）：59~62.

实验八十二 柱层析法分离苯甲醇和二苯甲酮的混合物

一、实验目的

1. 学习使用TLC板寻找柱层析淋洗剂条件的原理及方法。

2. 学习柱层析分离混合物的操作方法。

3. 学习利用红外波谱法鉴定化合物结构的原理及操作方法。

二、实验原理

（见柱层析法）

三、仪器及试剂

仪器：红外光谱仪、折光仪、熔点仪、色谱柱、试管、试管架、TLC 板和玻璃刀、紫外灯、旋转蒸发仪、毛细管、展开缸。

试剂：苯甲醇、二苯甲酮、乙酸乙酯、石油醚、二氯甲烷、丙酮和乙醇均为分析纯、脱脂棉、硅胶（200～300 目）、石英砂。

四、实验步骤

1. 用 TLC 法找出苯甲醇和二苯甲酮的分离条件，配出合适的淋洗剂。

2. 称取 15g 硅胶，用适量淋洗剂调匀，然后进行湿法装柱，并且使淋洗剂恰好降至硅胶上端的石英砂表面。

3. 在 25mL 锥形瓶中将 0.4g 苯甲醇和二苯甲酮的混合物用溶剂溶解，然后用胶头滴管转入层析柱顶端，打开塞子，待溶液降至硅胶上端的石英砂表面，将洗瓶子的淋洗剂转入柱子内，重复三次。然后在柱子顶端加入淋洗剂，用标注序号的试管收集溶液。

4. TLC 跟踪柱层析过程，待所有产品全部流出柱子时，停止过柱子。

五、结果与讨论

1. 根据 TLC 测定，合并含有相同组分的溶液至一称重的圆底烧瓶，旋干称重，得出组分中两种物质的质量，从而算出二者的含量。

2. 通过红外光谱仪初步鉴定两种物质的归属，然后液体测折光率，固体测熔点，进一步确认。

六、注意事项

1. 色谱柱必须填装均匀。

2. 使用红外光谱仪测试时，固体压片要均匀透明，液体需要压片或者使用液体池。

七、思考题

1. 柱色谱中为什么极性大的组分要用极性较大的溶剂洗脱？

2. 柱中若有空气或者填装不均匀，对分离效果有何影响？如何避免？

3. 苯甲醇和二苯甲酮中，哪一种物质在色谱柱上吸附得更牢固？为什么？

实验八十三　食用香料——甲基环戊烯醇酮的合成

一、实验目的

1. 设计合成甲基环戊烯醇酮的路线、实验方案。

2. 完成甲基环戊烯醇酮的合成、纯化和表征。

3. 通过甲基环戊烯醇酮的合成，进一步熟练各种分离、纯化技术与操作。

二、实验原理

甲基环戊烯醇酮即 3-甲基-2-羟基-2-环戊烯-1-酮，具有焦糖样的甜香味，作为香料已广泛应用于食品、烟草等行业。它存在于山毛榉干馏的焦油和葫芦巴、焙炒咖啡的香气成分中。合成路线有多条，但从原料来源和合成条件考虑有以下两条路线容易在实验室中制备：

1. 2,5-己二酮路线：

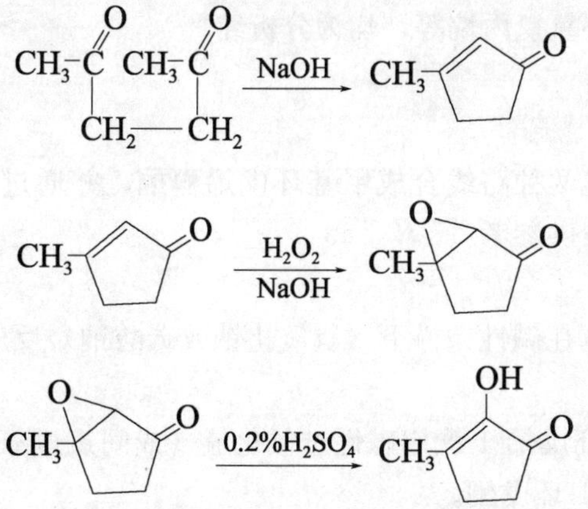

2. 己二酸二甲酯路线：

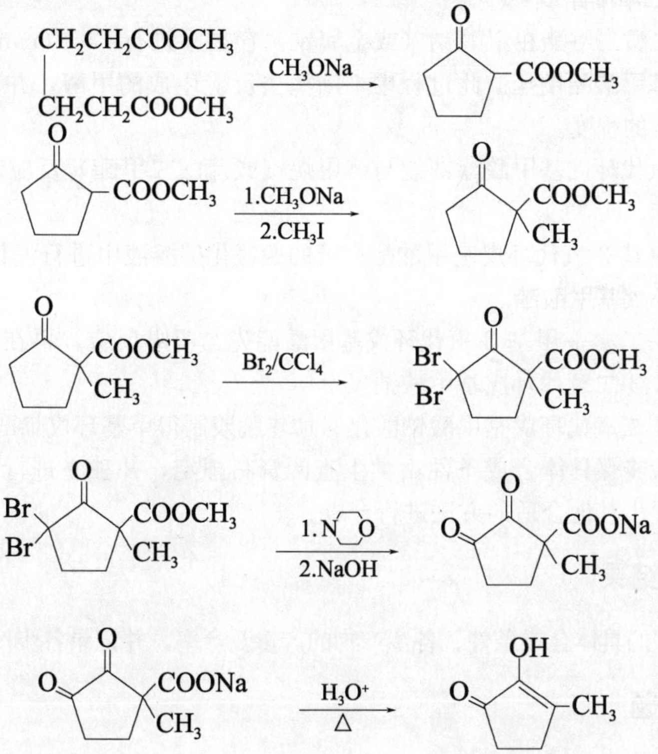

三、仪器及试剂

仪器：常用有机化学实验成套仪器、布氏漏斗、真空干燥箱、抽滤装置、SHB—Ⅲ循环水式真空泵、旋转蒸发器 RE—52、DF—101S 集热式磁力加热搅拌器、X—4 显微熔点仪、色谱仪、IR—200 红外光谱仪（赛默飞世尔）、玛瑙研钵、液压机、压片模具、溴化钾盐窗。

试剂：2,5-己二酮、氢氧化钠、过氧化氢、间氯过氧苯甲酸、浓硫酸、己二酸二甲酯、己二酸二乙酯、溴、甲醇钠、乙醇钠、金属钠、吗啉、碘甲烷、硫酸二甲酯、四氯化碳、二甲亚砜、环氧氯丙烷等，均为分析纯。

四、实验步骤

本实验拟采用上述两种路线合成甲基环戊烯醇酮，并通过实验对这两路线进行比较。提供以下合成步骤供参考：

1. 2,5-己二酮路线：

（1）将 2,5-己二酮在碱性条件下（氢氧化钠或碳酸钠）反应合成 3-甲基-2-环戊烯-1-酮。

（2）将 3-甲基-2-环戊烯-1-酮用碱性过氧化氢（或间氯过氧苯甲酸）氧化成环氧化合物 3-甲基-2,3-环氧-1-环戊酮。

（3）将 3-甲基-2,3-环氧-1-环戊酮在 0.2% 硫酸下重排为甲基环戊烯醇酮。

2. 己二酸二甲酯路线：

（1）将己二酸二甲酯在甲醇钠（或金属钠）存在下进行 Dieckmann 酯缩合反应制成 2-氧代环戊基甲酸酯钠盐。此过程中不断蒸去反应生成的甲醇，并根据生成甲醇的量判断反应进行的程度。

（2）将 2-氧代环戊基甲酸酯钠盐与碘甲烷（或硫酸二甲酯）反应制成 1-甲基-2-氧代环戊基甲酸酯。

（3）将 1-甲基-2-氧代环戊基甲酸酯在溴的四氯化碳溶液中进行溴代制得 3,3-二溴-1-甲基-2-氧代环戊基甲酸酯。

（4）将 3,3-二溴-1-甲基-2-氧代环戊基甲酸酯先与吗啉反应，再在氢氧化钠溶液下进行皂化制成 2,3-二氧代环戊基甲酸钠。

（5）将 2,3-二氧代环戊基甲酸钠酸化、加热脱羧制得甲基环戊烯醇酮。

以上各实验步骤具体合成条件由学生查阅资料拟定，并独立进行合成、提纯及产物鉴定。亦可提出其他合适的方法进行合成。

五、实验结果

记录各步骤的具体合成条件、各步产物的产量及产率，并记录各步产物的鉴定数据。

六、思考题

1. 设计以己二酸为原料合成甲基环戊烯醇酮的其他合成方法。

2. 如何对合成的产品进行分离提纯和结构鉴定？

3. 试比较 2,5-己二酮路线、己二酸二甲酯路线的优缺点。

知识拓展：细节决定成败——一位博士生做课题工作的点滴体会

有时试剂中一些微量杂质的存在，往往会使反应产生出人意料的结果。请看下面两个例子。第一个例子：李安虎博士在首例通过叶立德途径实现的高立体选择性的氮杂环丙烷的反应中，采用未处理的国产分析纯乙腈做溶剂。文章在 Angen. Chem. Int. Ed 上发表后，引起了一位法国学者的注意。然而，这位法国学者在重复该实验的过程中，却发现直接使用欧洲市售分析纯乙腈做溶剂不能重复反应结果，只有在反应体系中添加一定量的水才能获得相同结果，于是专门撰文指正。经分析得出结论：可能由于国产试剂的含水量比进口试剂的含水量要高所致。第二个例子：袁宇博士在杂 DA 反应中，发现实验结果难以重复。而且，所用反应物苯甲醛越纯，反应结果越差。由此推测最初使用的苯甲醛可能有部分被氧化成苯甲酸，进而发现使用酸做添加剂可以有效促进该反应。

虽然这些无意识的疏忽给我们带来了一些意想不到的惊喜，但是这并不意味着我们的实验操作可以不必严格遵循标准办法。事实上，对于未知领域的探索，常常需要对实验结果的成因进行分析和总结。如果反应中所用试剂或溶剂不纯，那将会如何确保实验的重复性呢？我们又将如何根据实验结果去设计下一步的实验改进方案呢？

显然，遵循一套标准的实验方法进行操作是十分必要的，尤其是对于新进实验室的同学更为必要。因为失败是新手的家常便饭，如果不能保证实验试剂的纯度，一旦实验失败，我们将不知所措：到底是操作失误还是其他原因。

十分庆幸的是，当我刚进实验室时，一位师姐曾经语重心长地告诫我说：一切溶剂、试剂都必须严格按照标准方法处理，哪怕处理工作十分繁琐。这个标准方法就是我要推荐给大家的一本书：Purification of Laboratory Chemicals, edited by W. L. F. Armarego and Perrin, 6th Edition。这也是上海有机所每个课题组的导师要求学生严格执行的工作指南。这本书不断更新，几乎综合了文献中对常见化合物纯化的最新处理方法。

记得我的第一篇论文在 J. Am. Chem. Soc 发表半年后，曾经有位韩国学者到我们所交流，专门提到他们花了半年之久合成了一个与我做过的相同配体，后来却非常失望地发现我们的论文早已发表了。回想过去做论文时期的经历，我非常感激那位师姐，因为她给了我十分可贵的忠告。

从此，在做实验前，我都要对所用试剂或溶剂做严格处理。俗话说，磨刀不误砍柴工。事实上，我只花了两个星期就成功地合成出上述配体。这篇论文发表后，当时还有些国内的同行仍然做不出这个配体，我们课题组的其他同学一开始也做不出。究其原因，都是溶剂处理有问题。

与合成反应实验相比，溶剂处理似乎微不足道。然而，实践经验告诉我们：细节决定成败，千里之行始于足下。我希望自己的这些体会能够给大家带来一些有益的启示。

第六章 | **CHAPTER 6**

附　录

Ⅰ. 常用元素相对原子质量对照表

元素名称		相对原子质量	元素名称		相对原子质量
银	Ag	107.87	锂	Li	6.941
铝	Al	26.98	镁	Mg	24.31
硼	B	10.81	锰	Mn	54.938
钡	Ba	137.34	钼	Mo	95.94
溴	Br	79.904	氮	N	14.007
碳	C	12.01	钠	Na	22.99
钙	Ca	40.08	镍	Ni	58.69
氯	Cl	35.45	氧	O	15.999
铬	Cr	51.996	磷	P	30.97
铜	Cu	63.55	铅	Pb	207.2
氟	F	18.998	钯	Pd	106.4
铁	Fe	55.847	铂	Pt	195.084
氢	H	1.008	硫	S	32.065
汞	Hg	200.59	硅	Si	28.086
碘	I	126.904	锡	Sn	118.71
钾	K	39.10	锌	Zn	65.409

Ⅱ．常用有机溶剂的沸点、相对密度对照表

名称	相对密度 d_4^{20}	沸点/℃	名称	相对密度 d_4^{20}	沸点/℃
甲醇	0.792	64.7	己烷	0.660	69
乙醇（95％）	0.816	78.2	环己烷	0.778	80.7
乙醇（无水）	0.789	78.5	戊烷	0.626	36.1
乙醚	0.713	34.6	异丙醇	0.785	82.5
乙酸	1.049	118	二甲基甲酰胺（DMF）	0.944	153
乙酸乙酯	0.902	77	四氢呋喃（THF）	0.889	66
氯仿	0.791	56.5	二氧六环	1.034	101
二氯甲烷	1.325	40	甲苯	0.866	110.6
四氯化碳	1.594	76.5	苯	0.879	80

Ⅲ．水的蒸汽压力对照表

温度/℃	压力/mmHg※	温度/℃	压力/mmHg※	温度/℃	压力/mmHg※	温度/℃	压力/mmHg※
0	4.579	15	12.788	30	31.824	85	433.6
1	4.926	16	13.634	31	33.695	90	525.76
2	5.294	17	14.530	32	35.663	91	546.05
3	5.685	18	15.477	33	37.729	92	566.99
4	6.101	19	16.477	34	39.898	93	588.60
5	6.543	20	17.535	35	42.175	94	610.90
6	7.013	21	18.650	40	55.324	95	633.90
7	7.513	22	19.827	45	71.88	96	657.62
8	8.045	23	21.068	50	92.51	97	682.07
9	8.609	24	22.377	55	118.04	98	707.27
10	9.209	25	23.756	60	149.38	99	733.24
11	9.844	26	25.209	65	187.54	100	760.00
12	10.518	27	26.739	70	233.7		
13	11.231	28	28.349	75	289.1		
14	11.987	29	30.043	80	355.1		

※1mmHg≈133Pa

Ⅳ．压力换算对照表

表 1

压力/mmHg	压力/kPa	压力/mmHg	压力/kPa
0. 1	0. 013	11	1. 463
0. 2	0. 027	12	1. 596
0. 3	0. 040	13	1. 729
0. 4	0. 053	14	1. 862
0. 6	0. 080	15	1. 995
0. 8	0. 107	17	2. 261
1	0. 133	19	2. 527
2	0. 267	20	2. 666
3	0. 400	30	3. 999
4	0. 533	40	5. 332
5	0. 667	50	6. 665
6	0. 800	60	7. 998
7	0. 931	80	10. 994
8	1. 067	100	13. 332
9	1. 197		
10	1. 333		

表 2

压力/atm	压力/mmHg	压力（N/m²）	压力（kg/cm²）
1	760	1.01325×10^5	1. 03323
1.31579×10^{-3}	1	133. 322	1.35951×10^{-3}
9.86923×10^{-6}	7.50062×10^{-2}	1	1.01972×10^{-5}
0. 967841	735. 559	9.80665×10^4	1

Ⅴ．有机化学文献和手册中常见试剂的英文名称及缩写

试剂	英文名称	缩写
醋酸	acetic acid	aa
丙酮	acetone	ace
苯	benzene	bz
氯仿	chloroform	chl
环己烷	cyclohexane	cy
二噁烷、二氧杂环己烷	dioxane	diox
二甲基甲酰胺	dimethyl formamide	DMF
乙醚	ether	eth
乙酸乙酯	ethyl acetate	et. ac.
庚烷	heptane	hp
石油醚	petroleum ether	peth
硫酸	sulfuric acid	sulf
四氢呋喃	terohydrofuran	THF
甲苯	toluene	to
水	water	w
二甲苯	xylene	xyl

Ⅵ．常用有机溶剂的纯化

有机化学实验离不开溶剂，溶剂不仅作为反应介质，而且在产物的纯化和后处理中也经常使用。市售的有机溶剂有工业纯、化学纯和分析纯等各种规格，纯度愈高，价格愈贵。在有机合成中，常常根据反应的特点和要求，选用适当规格的溶剂，以便使反应能够顺利地进行而又符合勤俭节约的原则。某些有机反应（如 Grignard 反应等），对溶剂要求较高，即使微量杂质或水分的存在，也会对反应速率、产率和纯度带来一定的影响。由于有机合成中使用溶剂的量都比较大，若仅依靠购买市售纯品，不仅价值较高，有时也不一定能满足反应的要求。因此，了解有机溶剂性质及纯化方法，是十分重要的。有机溶剂的纯化，是有机合成工作的一项基本操作。这里介绍市售的普通溶剂在实验室条件下常用的纯化方法。

1. 无水乙醚 (absolute ether)

bp34.5℃，n_D^{20}1.3526，d_4^{20}0.71378

普通乙醚中含有一定量的水、乙醇及少量过氧化物等杂质，这对于要求以无水乙醚做溶剂的反应（如 Grignard 反应），不仅影响反应的进行，且易发生危险。试剂级的无水乙醚，往往也不合要求，且价格较贵，因此在实验中常需自行制备。制备无水乙醚时首先要检验有无过氧化物：取少量乙醚与等体积的2％碘化钾溶液，加入几滴稀盐酸一起振摇，若能使淀粉溶液呈紫色或蓝色，即证明有过氧化物存在。除去过氧化物可在分液漏斗中加入普通乙醚和相当于乙醚体积 1/5 的新配制的硫酸亚铁溶液[1]，剧烈振摇后分去水溶液。

在 250mL 圆底烧瓶中，放置 100mL 除去过氧化物的普通乙醚和几粒沸石，装上冷凝管。冷凝管上端通过一带有侧槽的橡皮塞，插入盛有 10mL 浓硫酸[2]的滴液漏斗。通入冷凝水，将浓硫酸慢慢滴入乙醚中，由于脱水作用产生热，乙醚会自行沸腾。加完后摇动反应物。待乙醚停止沸腾后，拆下冷凝管，改成蒸馏装置。在收集乙醚的接受瓶支管上连一氯化钙干燥管，并用与干燥管连接的橡皮管把乙醚蒸汽导入水槽。加入沸石，用事先准备好的水浴加热蒸馏。蒸馏速度不宜太快，以免乙醚蒸汽冷凝不下来而逸散室内[3]。

当收集到约 70mL 乙醚，且蒸馏速度显著变慢时，即可停止蒸馏。瓶内所剩残液，倒入指定的回收瓶中，切不可将水加入残液中（为什么？）。将蒸馏收集的乙醚倒入干燥的锥形瓶中，加入 1g 钠屑或钠丝，然后用带有氯化钙干燥管的软木塞塞住，或在木塞中插入一末端拉成毛细管的玻璃管，这样可以防止潮气侵入并可使产生的气泡逸出。放置 24h 以上，使乙醚中残留的少量水和乙醇转化为氢氧化钠和乙醇钠。如不再有气泡逸出，同时钠的表面较好，则可储放备用。如放置后，金属钠表面已全部发生作用，需重新压入少量钠丝，放置至无气泡发生。这种无水乙醚符合一般无水要求[4]。

>>> 注释

[1] 硫酸亚铁溶液的配制：在 110mL 水中加入 6mL 浓硫酸，然后加入 60g 硫酸亚铁。硫酸亚铁溶液久置后容易氧化变质，因此需在使用前临时配制。使用较纯的乙醚制取无水乙醚时，可免去硫酸亚铁溶液洗涤。

[2] 也可在 100mL 乙醚中加入 4～5g 无水氯化钙代替浓硫酸做干燥剂，并在下一步操作中用五氧化二磷代替金属钠而制得合格的无水乙醚。

[3] 乙醚沸点低（34.51℃），极易挥发（20℃时蒸汽压为 58.9kPa），且蒸汽比空气重（约为空气的 2.5 倍），容易聚集在桌面附近或低凹处。空气中含有 1.85％～36.5％的乙醚蒸汽时，遇火即会发生燃烧爆炸。故在使用和蒸馏过程中，一定要谨慎小心，远离火源。尽量不让乙醚蒸汽散发到空气中，以免造成意外。

[4] 如需要更纯的乙醚，则在除去过氧化物后，应再用 0.5％高锰酸钾溶液与乙醚共振摇，使其中含有的醛类氧化成酸，然后依次用 5％氢氧化钠溶液、水洗涤，经干燥、蒸馏，再压入钠丝。

2. 无水乙醇 (absolute ethyl alcohol)

bp78.5℃，n_D^{20}1.3611，d_4^{20}0.7893

市售的无水乙醇一般只能达到99.5%纯度，在许多反应中需用纯度更高的无水乙醇，经常需自己制备。通常工业用的95.5%的乙醇不能直接用蒸馏法制取无水乙醇，因95.5%乙醇和4.5%的水形成恒沸点混合物。要把水除去，第一步是加入氧化钙（生石灰）煮沸回流，使乙醇中的水与生石灰作用生成氢氧化钙，再将无水乙醇蒸出。这样得到无水乙醇，纯度最高约99.5%。纯度更高的无水乙醇可用金属镁或金属钠进行处理。

$$2C_2H_5OH+Mg \longrightarrow (C_2H_5O)_2Mg+H_2\uparrow$$
$$(C_2H_5O)_2Mg+2H_2O \longrightarrow 2C_2H_5OH+Mg(OH)_2$$
$$C_2H_5OH+Na \longrightarrow C_2H_5ONa+1/2H_2\uparrow$$
$$C_2H_5ONa+H_2O \Longleftrightarrow C_2H_5OH+NaOH$$

（1）无水乙醇（含量99.5%）的制备：在500mL圆底烧瓶[1]中，放置200mL 95%乙醇和50g生石灰[2]，用木塞塞紧瓶口，放置至下次实验[3]。下次实验时，拔去木塞，装上回流冷凝管，其上端接一氯化钙干燥管，在水浴上回流加热2~3h，稍冷后取下冷凝管，改成蒸馏装置。蒸去前馏分后，用干燥的吸滤瓶或蒸馏瓶做接受器，其支管接一氯化钙干燥管，使与大气相通。用水浴加热，蒸馏至几乎无液滴流出为止。称量无水乙醇的质量或量其体积，计算回收率。

（2）无水乙醇（含量99.95%）的制备：

①用金属镁制取：在250mL的圆底烧瓶中，放置0.6g干燥纯净的镁条、10mL 99.5%乙醇，装上回流冷凝管，并在冷凝管上端加一只无水氯化钙干燥管。在沸点浴上或用火直接加热使达微沸，移去热源，立刻加入几粒碘片（此时注意不要振荡），顷刻即在碘粒附近发生作用，最后可以达到相当剧烈的程度。有时作用太慢则需加热，如果在加碘之后，作用仍不开始，则可再加入数粒碘。待全部镁作用完毕后，加入100mL 99.5%乙醇和几粒沸石。回流1h，蒸馏，收存于玻璃瓶中，用一橡皮塞或磨口塞塞住。

②用金属钠制取：装置和操作同①，在250mL圆底烧瓶中，放置2g金属钠[4]和100mL纯度至少为99%的乙醇，加入几粒沸石。加热回流30min后，加入4g邻苯二甲酸二乙酯[5]，再回流10min。取下冷凝管，改成蒸馏装置，按收集无水乙醇的要求进行蒸馏。产品储于带有磨口塞或橡皮塞的容器中。

>>> 注释

[1] 本实验中所用仪器均需彻底干燥。由于无水乙醇具有很强的吸水性，故操作过程中和存放时必须防止水分浸入。

[2] 一般用干燥剂干燥有机溶剂时，在蒸馏前应先过滤除去。但氧化钙与乙醇中的水反应生成的氢氧化钙，因在乙醇沸点时不分解，故可留在瓶中一起蒸馏。

[3] 若不放置，可适当延长回流时间。

[4] 加入邻苯二甲酸二乙酯的目的，是利用它和氢氧化钠进行如下反应：

$$COOC_2H_5C_6H_4COOC_2H_5 + 2NaOH \longrightarrow COONaC_6H_4COONa + 2C_2H_5OH$$

避免了乙醇和氢氧化钠生成乙醇钠与水的反应，这样制得的乙醇可达到极高的纯度。

3. 苯 (benzene)

bp80.1℃，$n_D^{20}1.5011$，$d_4^{20}0.87865$

普通苯含有少量的水（可达 0.02％），由煤焦油加工得来的苯还含有少量噻吩（沸点 84℃），不能用分馏的方法分离除去。为制得无水无噻吩的苯，可采用下列方法：在分液漏斗内将普通苯及相当于苯体积 15％的浓硫酸一起摇荡，摇荡后将混合物静置，弃去底层的酸液，再加入新的浓硫酸，这样重复操作直至酸层呈现无色或淡黄色，且检验无噻吩为止。分去酸层，苯层依次用水、10％碳酸钠溶液、水洗涤，用氯化钙干燥，蒸馏，收集 80℃的馏分。

若要高度干燥可加入钠丝（见"无水乙醚"）进一步去水。由石油加工得来的苯一般可省去除噻吩的步骤。噻吩的检验：取 5 滴苯放入小试管中，加入 5 滴浓硫酸及 1～2 滴 1％ α,β-吲哚醌—浓硫酸溶液，振荡片刻。如呈墨绿色或蓝色，表示有噻吩存在。

4. 丙酮 (acetone)

bp56.2℃，$n_D^{20}1.3588$，$d_4^{20}0.7899$

普通丙酮中往往含有少量水及甲醇、乙醛等还原性杂质，可用下列方法精制：

（1）在 100mL 丙酮中加入 0.5g 高锰酸钾回流，以除去还原性杂质，若高锰酸钾紫色很快消失，需要加入少量高锰酸钾继续回流，直至紫色不再消失为止。蒸出丙酮，用无水碳酸钾或无水硫酸钙干燥，过滤，蒸馏收集 55℃～56.5℃的馏分。

（2）于 100mL 丙酮中加入 4mL 10％硝酸银溶液及 35mL 0.1mol/L 氢氧化钠溶液，振荡 10min，除去还原性杂质。过滤，滤液用无水硫酸钙干燥后，蒸馏收集 55℃～56.5℃的馏分。

5. 乙酸乙酯 (ethyl acetate)

bp77.06℃，$n_D^{20}1.3723$，$d_4^{20}0.9003$

市售的乙酸乙酯中含有少量水、乙醇和醋酸，可用下述方法精制：

（1）于 100mL 乙酸乙酯中加入 10mL 醋酸酐、1 滴浓硫酸，加热回流 4h，除去乙醇及水等杂质，然后进行分馏。馏液用 2～3g 无水碳酸钾振荡干燥后蒸馏，最后产物的沸点为 77℃，纯度达 99.7％。

（2）将乙酸乙酯先用等体积 5％碳酸钠溶液洗涤，再用饱和氯化钙溶液洗涤，然后用无水碳酸钾干燥后蒸馏。

6. 氯仿 (chloroform)

bp61.7℃，$n_D^{20}1.4459$，$d_4^{20}1.4832$

普通用的氯仿含有 1％的乙醇，这是为了防止氯仿分解为有毒的光气，作为稳定剂加进去的。为了除去乙醇，可以将氯仿用一半体积的水振荡数次，然后分出下层氯仿，用无水氯化钙干燥数小时后蒸馏。

另一种精制方法是将氯仿与小量浓硫酸一起振荡两三次。每 1000mL 氯仿，用浓硫酸 50mL。分去酸层以后的氯仿用水洗涤，干燥，然后蒸馏。除去乙醇的无水氯仿应保存于棕色瓶子里，并且不要见光，以免分解。

7. 石油醚 (petroleum)

石油醚为轻质石油产品，是低相对分子质量烃类（主要是戊烷和己烷）的混合物。其沸程为 30℃～150℃，收集的温度区间一般为 30℃左右，如有 30℃～60℃、60℃～90℃、90℃～120℃等沸程规格的石油醚。石油醚中含有少量不饱和烃，沸点与烷烃相近，用蒸馏法无法分离，必要时可用浓硫酸和高锰酸钾把它除去。通常将石油醚用其体积 1/10 的浓硫酸洗涤两三次，再用 10% 的硫酸加入高锰酸钾配成的饱和溶液洗涤，直至水层中的紫色不再消失为止。然后用水洗，经无水氯化钙干燥后蒸馏。如要绝对干燥的石油醚，则加入钠丝（见"无水乙醚"）。

8. N,N-二甲基甲酰胺 (N, N-dimethyl formamide)

bp149℃～156℃，d_4^{20}1.4305，d_4^{20}0.9487

N,N-二甲基甲酰胺含有少量水分，在常压蒸馏时有少量分解，产生二甲胺与一氧化碳。若有酸或碱存在，分解加快，所以在加入固体氢氧化钾或氢氧化钠在室温放置数小时后，即有部分分解。因此，最好用硫酸钙、硫酸镁、氧化钡、硅胶或分子筛干燥，然后减压蒸馏，收集 76℃/4.79kPa（36mmHg）的馏分。如其中含水较多，可加入 1/10 体积的苯，在常压及 80℃以下蒸去水和苯，然后用硫酸镁或氧化钡干燥，再进行减压蒸馏。N,N-二甲基甲酰胺中如有游离胺存在，可用 2,4-二硝基氟苯产生颜色来检查。

9. 四氢呋喃 (tetrahydrofuran)

bp67℃，n_D^{20}1.4050，d_4^{20}0.8892

四氢呋喃系具乙醚气味的无色透明液体，市售的四氢呋喃常含有少量水分及过氧化物。如要制得无水四氢呋喃，可与氢化锂铝在隔绝潮气下回流（通常 1000mL 约需 2～4g 氢化锂铝）除去其中的水和过氧化物，然后在常压下蒸馏，收集 66℃的馏分。精制后的液体应在氮气氛中保存，如需较久放置，应加 0.025% 4-甲基 2,6-二叔丁基苯酚做抗氧剂。处理四氢呋喃时，应先取少量进行试验，以确定只有少量水和过氧化物，作用不致过于猛烈时方可进行。

四氢呋喃中的过氧化物可用酸化的碘化钾溶液来试验。如过氧化物很多，应另行处理为宜。

10. 二甲亚砜 (dimethyl sulfone)

bp189℃（mp18.5℃），n_D^{20}1.4783，d_4^{20}1.0954

二甲亚砜为无色、无嗅、微带苦味的吸湿性液体。常压下加热至沸腾可部分分解。市售试剂级二甲亚砜含水量约为 1％，通常先减压蒸馏，然后用 4A 型分子筛干燥；或用氢化钙粉末搅拌 4～8h，再减压蒸馏收集 64℃～65℃/533Pa（4mmHg）馏分。蒸馏时，温度不宜高于 90℃，否则会发生歧化反应生成二甲砜和二甲硫醚。二甲亚砜与某些物质混合时可能发生爆炸，如氢化钠、高碘酸或高氯酸镁等，应予注意。

11. 二氧六环 (dioxane)

bp101.5℃（mp12℃），n_D^{20} 1.4224，d_4^{20} 1.0336

二氧六环的作用与醚相似，可与水任意混合。普通二氧六环中含有少量二乙醇缩醛与水，久贮的二氧六环还可能含有过氧化物。二氧六环的纯化，一般加入质量分数为 10％的盐酸回流 3h，同时慢慢通入氮气，以除去生成的乙醛，冷至室温，加入粒状氢氧化钾直至不再溶解。然后分去水层，用粒状氢氧化钾干燥过夜后，过滤，再加金属钠加热回流数小时，蒸馏后压入钠丝保存。

12. 1, 2-二氯乙烷 (1, 2-dichloro ethane)

bp83.4℃，n_D^{20} 1.4448，d_4^{20} 1.2531

1,2-二氯乙烷为无色油状液体，有芳香味。其 1 份溶于 120 份（体积）水中，与之形成恒沸点混合物，沸点 72℃，其中含 81.5％的 1,2-二氯乙烷。可与乙醇、乙醚、氯仿等相混溶。在结晶和提取时是极有用的溶剂，比常用的含氯有机溶剂更为活泼。一般纯化可依次用浓硫酸、水、稀碱溶液和水洗涤，用无水氯化钙干燥或加入五氧化二磷分馏即可。

Ⅶ. 本书所涉及物质的基本物理性质参数表

名称	英文名	分子式	分子量	熔点/℃	沸点/℃	密度(g/cm³)	折光率	溶解性
1,2-二氯乙烷	ethylenedichloride	$C_2H_4Cl_2$	98.96	−40	83~84	1.2569	1.4443	溶于约120倍的水，与乙醇、氯仿、乙醚混溶；能溶解油和脂类,润滑脂,石蜡
1,2-二溴乙烷	1,2-dibromoethane	$C_2H_4Br_2$	187.88	9.3	131.4	2.17	1.539	微溶于水,可混溶于多数有机溶剂
1,2-环己二胺	1,2-diaminocyclohexane	$C_6H_{14}N_2$	114.19		92~93/18mmHg	0.931	1.49	
1-溴丁烷	butyl bromide	C_4H_9Br	137.03	−112.4	100~104	1.27	1.4399	不溶于水,溶于乙醇,乙醚
2,4-二氯苯氧乙酸	(2,4-dichlorophenoxy)-acetic acid	$C_8H_6Cl_2O_3$	221.04	137~141	160	1.563		能溶于乙醇、醚、酮等大多数有机溶剂,几乎不溶于水
2,4-二硝基苯肼	2,4-dinitrophenylhydrazine	$C_6H_6N_4O_4$	198.14	200		0.843(25℃)	1.374	微溶于水,乙醇,溶于乙酸
2,4-二硝基氟苯	2,4-dinitrofluorobenzene	$C_6H_3FN_2O_4$	186.0974	23~26	337.3	1.586g	1.568~1.57	能溶于乙醇,苯,丙二醇等
2-甲基-2-己醇	2-methyl-2-hexanol	$C_7H_{16}O$	116.2		141~142	0.8119	1.4175	微溶于水,容易溶解在醚,酮的溶液中
3,5-二叔丁基水杨醛	3,5-di-tert-butylsalicyl-aldehyde	$C_{15}H_{22}O_2$	234.34	59~61	277.6	1.006		
8-羟基喹啉	8-hydroxyquinoline	C_9H_7NO	145.16	75~76	267	1.03		不溶于水和乙醚,溶于乙醇,丙酮,氯仿,苯或稀酸

续表

名称	英文名	分子式	分子量	熔点/℃	沸点/℃	密度/(g/cm³)	折光率	溶解性
L-(+)酒石酸	L-(+)-tartaric acid	$C_4H_6O_6$	150.09	170~172		1.76		易溶于水、乙醇和甘油，微溶于乙醚，不溶于氯仿
N,N-二甲基苯胺	N,N-dimethylaniline	$C_8H_{11}N$	121.18	1.5~2.5	193~194	0.9555(20/4℃)	1.557	微溶于水，能随水蒸气挥发，混溶于乙醇、醚、氯仿、苯等有机溶剂
β-萘酚	2-naphthol	$C_{10}H_8O$	144.17	123~124	285~286	1.28		不溶于水，易溶于乙醇、乙醚、氯仿、甘油及碱溶液
苯	benzene	C_6H_6	78.11	5.5	80.1	0.88	1.4979	不溶于水，溶于乙醇、乙醚、丙酮等多数有机溶剂
苯胺	aniline	C_6H_7N	93.13	-6.2	184.4	1.02	1.586	微溶于水，溶于乙醇、乙醚、苯
苯酚	phenol	C_6H_6O	94.11	40.6	181.9	1.07	1.5408	室温时稍溶于水，与大约8%水混合可液化，65℃以上能与水混溶，混溶于乙醚、乙醇、氯仿、甘油
苯甲醇	benzyl alcohol	C_7H_8O	108.13	-15.3	205.7	1.0419	1.5396	溶于水，易溶于乙醇、醚、芳烃
苯甲醛	benzaldehyde	C_7H_6O	106.12	-26	179	1.0458(20℃)	1.5463	微溶于水，20℃时水中溶解度为0.35，与乙醇、乙醚、苯、氯仿混溶
苯甲酸	benzoic acid	$C_7H_6O_2$	122.12	122.4	249.4	1.2659	1.5397	微溶于水，水中溶解度0.21g（17.5℃）、5.9g（100℃）。易溶于乙醇（1g/2.3mL）、乙醚（1g/3mL）、氯仿（1g/4.5mL）等有机溶剂

续表

名称	英文名	分子式	分子量	熔点/℃	沸点/℃	密度(g/cm³)	折光率	溶解性
苯甲酰氯	benzoyl chloride	C_7H_5ClO	140.57	-1	197	1.22	1.5515	溶于乙醚、氯仿、苯、二硫化碳
苯乙酮	phenyl methyl ketone	C_8H_8O	120.14	19.7	202.3	1.03(20℃)	1.5372	不溶于水,易溶于多数有机溶剂,不溶于甘油
苯乙烯	styrene	C_8H_8	104.15	-30.6	146	0.99	1.542	不溶于水,溶于乙醇、乙醚等多数有机溶剂
苄叉丙酮	4-phenyl-3-buten-2-one	$C_{10}H_{10}O$	146.19	38~41	260~262			黄色固体,微溶于水
苄氯	benzyl chloride	$C_6H_5CH_2Cl$	126.58	-39	179	1.1002	1.5415	与氯仿、乙醇、乙醚等有机溶剂混溶,不溶于水;但可以与水蒸气一起挥发
苄基三乙基氯化铵	benzyltriethylammonium chloride	$C_{13}H_{22}ClN$	227.78	190(分解)		1.08		溶于水、乙醇、甲醇、异丙醇,DMF、丙酮和二氯甲烷
冰醋酸(乙酸)	acetic acid	$C_2H_2O_2$	60.05	16.6	118	1.05	1.3719	溶于水、乙醇、乙醚、甘油,不溶于二硫化碳
丙二酸二乙酯	diethyl malonate	$C_7H_{12}O_4$	160.17	-50	199.3	1.0551	1.4135	与醇、醚混溶,溶于氯仿、苯等有机溶剂。稍溶于水。20℃时水中溶解度为2.08g/100mL
丙酮	acetone	C_3H_6O	58.08	-95	56.5	0.8	1.3589	与水、乙醇、乙醚、氯仿、烃类等混溶
丙烯酸甲酯	methyl acrylate	$C_4H_6O_2$	86.09	-75	80	0.95	1.402	溶于乙醇、乙醚、丙酮及苯,微溶于水
次氯酸钠	sodium hypochlorite	NaClO	74.43					

续表

名称	英文名	分子式	分子量	熔点/℃	沸点/℃	密度(g/cm³)	折光率	溶解性
碘苯	iodobenzene	C_6H_5I	204.0169	−30	188	1.82	1.618	难溶于水,可溶于氯仿、乙醚和乙醇
丁香酚	eugenol	$C_{10}H_{12}O_2$	164.2011	−9.2	255	1.063	1.5400	几乎不溶于水,与乙醇、氯、乙醚及油可混溶;1mL溶于2mL 70%乙醇,溶于冰醋酸
对氨基苯磺酸(二水合物)	p-aminobenzene sulfonic acid	$C_6H_7NO_3S \cdot 2H_2O$	173.19(无水)	288(分解)		1.485		100℃以上失水,无水物280℃开始分解炭化,微溶于冷水,溶于乙醇、氨水、碳酸钠、氢氧化钠溶液,溶于乙醚、苯
对氨基苯甲酸	p-aminobenzoic acid	$C_7H_7NO_2$	137.14	187~188		1.374		稍溶于冷水,易溶于沸水、乙醇和乙醚
对氨基苯甲酸乙酯	ethyl p-aminobenzoate	$C_9H_{11}O_2N$	165.19	88~90	172/2.26kPa	1.039		难溶于水,易溶于乙醇、醚、氯仿
对苯二酚	hydroquinone	$C_6H_6O_2$	110.11	172~175	285	1.32		易溶于热水、乙醇及乙醚,微溶于苯
对甲苯胺	p-toluidine	C_7H_9N	107.15	43~45	200~202	0.962		微溶于冷水,易溶于乙醚、醇、苯等有机溶剂
对甲苯磺酸	p-toluenesulfonic acid	$C_7H_8O_3$	136.05	103~105	140/2.67kPa	1.34	1.563	易溶于水,醇和醚,极易潮解
对甲基乙酰苯胺	p-acetotoluidide	$C_9H_{11}NO$	149.19	148~151	307	1.212		微溶于水,溶于醇、醚、乙酸乙酯,冰乙酸和热水
对硝基苯胺	p-nitroaniline	$C_6H_6N_2O_2$	138.13	148.5	331.7	1.424		水中溶解度为0.0008g。微溶于冷水,溶于沸水、乙醇、乙醚、苯和酸溶液

续表

名称	英文名	分子式	分子量	熔点/℃	沸点/℃	密度(g/cm³)	折光率	溶解性
对硝基苯酚	p-nitrophenol	$C_6H_5NO_3$	139.11	114~116	279	1.479		常温下微溶于水(1.6%,25℃),不易随蒸汽挥发。易溶于乙醇、氯仿及乙醚、苯。可溶于碳酸钠、氢氧化钠溶液
蒽	anthracene	$C_{14}H_{10}$	178.22	216	340	1.283		不溶于水,难溶于乙醇和乙醚,易溶于热苯
二苯甲醇	diphenylmethanol	$C_{13}H_{12}O$	184.23	67	297~298	1.102		易溶于乙醇、醚、氯仿和二硫化碳,在20℃水中的溶解度为0.5g/L
二苯甲酮	benzophenone	$C_{13}H_{10}O$	182.22	52~54	303~305	1.11	1.6077	1g本品溶于7.5mL乙醇、6mL乙醚、溶于氯仿,不溶于水
二甲苯	xylene	C_8H_{10}	106.17		137~140	0.86		系三种异构体混合物,与乙醇或乙醚能任意混合,在水中不溶
二氯甲烷	methylene dichloride	CH_2Cl_2	84.93	−95	39.8	1.33(4℃)	1.4213	微溶于水,溶于乙醇、乙醚
二茂铁	ferrocene	$C_{10}H_{10}Fe$	186.03	172~174	249			不溶于水、10%氢氧化钠和热的浓盐酸,溶于稀硝酸、浓硫酸、苯、乙醚、石油醚和四氢呋喃
呋喃甲醇	furfuryl alcohol	$C_5H_6O_2$	98.1	−31	171	1.1296	1.4869	溶于水,可混溶于乙醇、乙醚、苯、氯仿
呋喃甲醛	furfural	$C_5H_4O_2$	96.09	−36.5	161.1	1.16	1.5261	微溶于冷水,溶于热水、乙醇、乙醚、苯

续表

名称	英文名	分子式	分子量	熔点/℃	沸点/℃	密度（g/cm³）	折光率	溶解性
呋喃甲酸	2-furoic acid	$C_5H_4O_3$	112.08	129~133	230~232	1.322		1g该品可溶于26mL冷水或4mL沸水,易溶于乙醇和乙醚
甘氨酸	aminoacetic acid	$C_2H_5NO_2$	75.07	182		1.595		溶于水,微溶于吡啶,不溶于乙醚
甘油（丙三醇）	glycerin	$C_3H_8O_3$	92.09	20	290	1.26331	1.4746	可混溶于乙醇,与水混溶,不溶于氯仿、醚、二硫化碳、苯、油类。可溶解某些无机物
高锰酸钾	potassium permanganate	$KMnO_4$	156.03	240		2.703		溶于水、碱液、微溶于甲醇、丙酮、硫酸。
庚烷	heptane	C_7H_{16}	100.2	−90.5	98.5	0.68		不溶于水,溶于乙醇、四氯化碳,可混溶于乙醚、氯仿、丙酮、苯
谷氨酸	glutamic acid	$C_5H_9NO_4$	147.13	205		1.538		微溶于冷水,易溶于热水,几乎不溶于乙醚、丙酮及冷醋酸中,也不溶于乙醇和甲醇
胱氨酸	cystine	$C_6H_{12}N_2O_4S_2$	240.3	>240(分解)				溶于稀酸和碱溶液,极难溶于水,不溶于乙醇
硅藻土	diatomaceous earth	$H_2Al_2Si_4O_{12} \cdot nH_2O$		1400~1650		2.7~2.9		不溶于酸,溶于强碱溶液
还原铁粉	iron	Fe	55.85	1535	3000	7.86		能溶于盐酸,稀硫酸及稀硝酸,不溶于水

续表

名称	英文名	分子式	分子量	熔点/℃	沸点/℃	密度(g/cm³)	折光率	溶解性
环己醇	cyclohexanol	$C_6H_{12}O$	100.16	26	161	0.9455	1.4647	溶于水、能与醇、醚、二硫化碳、苯、丙酮、氯仿、松节油等混溶
环己酮	cyclohexanone	$C_6H_{10}O$	98.14	−27.9	156	0.9466	1.4507	微溶于水、混溶于多种有机溶剂，本身是多种树脂的良好溶剂
环己烷	cyclohexane	C_6H_{12}	84.16	6.5	80.7	0.78	1.42662	不溶于水、溶于乙醇、乙醚、苯、丙酮等多数有机溶剂
环己烯	cyclohexene	C_6H_{10}	82.15	−103.7	83.3	0.81	1.445	难溶于水、易溶于乙醇、乙醚等有机溶剂
环戊二烯	cyclopentadiene	C_5H_6	66.1011	−85	42.5	0.8	1.503	不溶于水、溶于乙醇、乙醚、苯等多数有机溶剂
己二酸	adipic acid	$C_6H_{10}O_4$	146.14	153	337.5	1.36		稍溶于水、易溶于醇、醚，可溶于丙酮，微溶于环己烷和苯
己二酸二乙酯	diethyl adipate	$C_{10}H_{18}O_4$	202.25	−19.8	245	1.007	1.4272	溶于乙醇和其他有机溶剂，不溶于水
甲苯	toluene	C_7H_8	92.14	−95	100.6	0.866	1.496	能与乙醇、乙醚、丙酮、氯仿、二硫化碳和冰乙酸混溶，极微溶于水
甲醇	methanol	CH_4O	32.04	−97.7	64~65	0.7913	1.3284	能与水、乙醇、乙醚、苯、酮类和大多数其他有机溶剂混溶，能溶解多种无机盐
甲基丙烯酸	methacrylic acid	$C_4H_6O_2$	86.09	41624	163	1.015	1.431	易溶于热水、乙醇、乙醚及大多数有机溶剂，容易聚合形成水溶性聚合物

名称	英文名	分子式	分子量	熔点/℃	沸点/℃	密度/(g/cm³)	折光率	溶解性
甲基橙	methyl orange	$C_{14}H_{15}N_3NaO_3S$	327.33		300	0.987		1份可溶于500份水中,易溶于热水和醇,难溶于醚
甲基叔丁基醚	t-butyl methyl ether	$C_5H_{12}O$	88.15	-108.6	55.2	0.7353(25℃)	1.36889	20℃时,4.3g/100g水,与水、甲醇、乙醇可形成共沸物,与烃类及许多有机溶剂混溶
甲醛	formalin	CH_2O	30.03	-118	-19.5	1.081~1.085	1.3746	能与水、乙醇、丙酮等有机溶剂按任意比例混溶
焦亚硫酸钠	sodium pyrosulfite	$Na_2S_2O_5$	190.09	300(分解)		1.48		溶于水
间苯二酚	m-dihydroxybenzene	$C_6H_6O_2$	110.11	110.7	276.5	1.28		易溶于水、乙醇、乙醚,溶于氯仿,四氯化碳,不溶于苯
金属钠	sodium	Na	23	97.8	881.4—	0.97		不溶于煤油、乙醚、苯、溶于液氨
咖啡因	caffeine	$C_8H_{10}N_4O_2$	194.19	237	178(升华)	1.2		微溶于水,在乙酸乙酯,氯仿,吡啶,四氢呋喃中可溶,酒精和丙酮中一般可溶,石油醚,醚及苯中微溶
苦杏仁酸	mandelic acid	$C_8H_8O_3$	152.15	119	321.8	1.3		易溶于水、乙醇、乙醚、异丙醇
喹啉	quinoline	C_9H_7N	129.16	-15.6	238.05	0.0929	1.6268	微溶于水,溶于稀酸,能与多种有机溶剂混溶
酪氨酸	tyrosine	$C_9H_{11}NO_3$	181.2	342~344(分解)		1.456		易溶于甲酸,难溶于水,不溶于乙醇和乙醚

续表

名称	英文名	分子式	分子量	熔点/℃	沸点/℃	密度(g/cm³)	折光率	溶解性
邻氨基苯酚	o-aminophenol	C_6H_7NO	109.12	170~174	153/1.47kPa	1.328		微溶于水
邻硝基苯胺	o-nitroaniline	$C_6H_6N_2O_2$	138.13	69.7	284.5	1.44		微溶于冷水,溶于热水,乙醇,易溶于乙醚,丙酮,苯
邻硝基苯酚	o-nitrophenol	$C_6H_5NO_3$	139.11	45	214~216	1.495		溶于热水,易溶于乙醇,乙醚,苯
磷酸一氢钠	sodium hydrogen phosphate	Na_2HPO_4	141.96	243~245		1.064		易溶于水,其水溶液呈碱性;不溶于醇
六氢吡啶	hexahydropyridine	$C_5H_{11}N$	85.15	-7	106	0.86		能与水混溶,溶于乙醇,乙醚,丙酮及苯
氯仿(三氯甲烷)	chloroform	$CHCl_3$	119.38	-63.2	61.3	1.4891(25℃)	1.4431	不溶于水,与乙醇,乙醚,石油醚,卤代烃,二硫化碳等多种有机溶剂混溶
氯化钙	calcium chloride anhydrous	$CaCl_2$	110.98	782	1600	2.15		易溶于水,溶于乙醇,丙酮,醋酸,甲酸,吡啶
氯化锂	lithium chloride	$LiCl$	42.39	605	1350	2.068		溶于乙醇,醚,吡啶,戊醇和丙酮
氯化钠	sodium chlorde	$NaCl$	58.44	801	1413	2.165		易溶于水与甘油,难溶于乙醇。有杂质存在时潮解
氯乙酸	chloroacetic acid	$C_2H_3ClO_2$	94.5	63	189	1.58		易溶于水,溶于乙醇,乙醚,苯,二硫化碳和氯仿
吗啡啉(吗啉)	morpholine	C_4H_9NO	87.12	-4.6	128.4	1.00	1.4548	与水混溶,可混溶于多数有机溶剂

续表

名称	英文名	分子式	分子量	熔点/℃	沸点/℃	密度(g/cm³)	折光率	溶解性
没食子酸	gallic acid	$C_7H_6O_5$	170.1195	251	501.1	1.749		1g溶于87mL水,3mL沸水,6mL乙醇,100mL乙醚,10mL甘油及5mL丙酮,几乎不溶于苯,氯仿及石油醚
尿素	urea	CH_4N_2O	60.06	132.9(分解)	383	1.323	1.4299	易溶于水、乙醇和苯,1g该品可溶于1mL,10mL95%乙醇,沸乙醇,20mL无水乙醇,6mL甲醇和2mL甘油,微溶于乙醚,不溶于氯仿
浓硫酸	sulfuric acid	H_2SO_4	98.08	10~10.5(98%)	330	1.84	1.4288(94.11%)	与水、乙醇混溶
浓硝酸	nitric acid	HNO_3	63.01	-42(无水)	83(无水)	1.50(无水)		与水混溶,溶于乙醚
浓盐酸	hydrochloric acid	HCl	36.46	-114.2	-85			易溶于水,溶于乙醇,乙醚
偶氮苯	azobenzene	$C_{12}H_{10}N_2$	182.23	68	293	1.203		不溶于水,溶于乙醇,醚
偶氮二异丁腈	2,2'-azobis(2-methyl-propionitrile)	$C_8H_{12}N_4$	164	110				不溶于水,溶于乙醇、乙醚、甲苯、甲醇等多种有机溶剂及乙烯基单体
硼氢化钠	sodium borohydride	$NaBH_4$	37.87	>300(分解)		1.035		溶于水、液氨、胺类,微溶于甲醇、乙醇、四氢呋喃,不溶于乙醚、苯、烃

続表

名称	英文名	分子式	分子量	熔点/℃	沸点/℃	密度(g/cm³)	折光率	溶解性
葡萄糖	glucose	$C_6H_{12}O_6$	180	83				易溶于水、微溶于乙醇、不溶于乙醚
氢氧化钠	sodium hydroxide	$NaOH$	40	318.4	1390	2.13		易溶于水、乙醇、甘油、不溶于丙酮、乙醚
肉桂酸	cinnamic acid	$C_9H_8O_2$	148.16	133	300	1.245		溶于乙醇、甲醇、石油醚、氯仿，易溶于苯、乙醚、丙酮、冰醋酸、二硫化碳及油类、微溶于水
三苯基膦	triphenylphosphine	$C_{18}H_{15}P$	80.5	377		1.184		易溶于醇、苯和三氯甲烷、微溶于乙酯、几乎不溶于水
三苯甲醇	triphenylmethanol	$C_{19}H_{16}O$	260.33	164.2	38	1.199	1.1994	不溶于水和石油醚，溶于乙醇、乙醚、丙酮、苯、溶于浓硫酸显黄色
三氯化铁	ferric chloride	$FeCl_3$	162.21	306	319	2.9		易溶于水、溶于甘油、易溶于甲醇、乙醇、丙酮、乙醚
三乙氧基乙烯基硅烷	triethoxyvinylsilane	$C_8H_{18}O_3Si$	190.31	185~187	62.56/2.67kPa	0.9027	1.3960	易溶于水、微溶于乙醇、不溶于乙醚和乙酯乙酯等有机溶剂
砂糖(蔗糖)	sucrose	$C_{12}H_{22}O_{11}$	342.3			1.587		能与水、醇、醋、醚、脂肪烃、芳香烃等溶有机溶剂
叔丁醇	tert-butanol	$C_4H_{10}O$	74	25.7	82.42	0.775	1.3878	剂混溶，可溶于大多数有机溶剂，如醇类、酯类、酮类、芳香族及脂肪烃类

名称	英文名	分子式	分子量	熔点/℃	沸点/℃	密度(g/cm³)	折光率	溶解性
水杨醛	salicyladehyde	$C_7H_6O_2$	122.12	-7	197	1.17		微溶于水,溶于乙醇,乙醚
水杨酸	salycylic acid	$C_7H_6O_3$	138.12	158~161	210/2.67kPa	1.44		1g水杨酸可分别溶于460mL水,15mL沸水,2.7mL乙醇,3mL丙酮,3mL乙醚,42mL氯仿,135mL苯,52mL松节油,约60mL甘油和80mL石油醚中
顺丁烯二酸酐(马来酐,顺酐)	cis-butenedioic anhydride	$C_4H_2O_3$	98.06	52.8	202	1.48		溶于水,丙酮,苯,氯仿等多数有机溶剂
四氯化碳	carbon tetrachloride	CCl_4	153.84	-22.6	76.8	1.60	1.459~1.46	微溶于水,易溶于多数有机溶剂
四水合醋酸锰	manganese(II) acetate tetrahydrate	$Mn(CH_3COO)_2 \cdot 4H_2O$	245.088					溶于水和乙醇,20℃时在100g水中溶解度为40g
苏丹红I	sudan I	$C_{16}H_{12}N_2O$	248.28	131~133				不溶于水和碱溶液,微溶于乙醇,易溶于油脂和矿物油;溶于丙酮和苯
碳酸钾	potassium carbonate	K_2CO_3	138.21	891		2.428		易溶于水,其水溶液呈碱性。不溶于乙醇和醚
碳酸钠	sodium carbonate	Na_2CO_3	105.99	851	1600	2.54	1.535	溶于水,甘油,微溶于乙醇
碳酸氢钠	sodium bicarbonate	$NaHCO_3$	84.01	270		2.2		溶于水,微溶于乙醇
无水硫酸镁	magnesium sulfate anhydrous	$MgSO_4$	120.37	1124		2.66		能溶于水和甘油,难溶于醇,不溶于丙酮

续表

名称	英文名	分子式	分子量	熔点/℃	沸点/℃	密度(g/cm³)	折光率	溶解性
无水硫酸钠	sodium sulfate anhydrous	Na_2SO_4	142.04	884	1430	2.68		不溶于乙醇,溶于水,甘油
无水三氯化铝	aluminum trichloride anhydrous	$AlCl_3$	133.34	190~194	182.7(升华)	2.44		易溶于水,乙醇,氯仿,四氯化碳,微溶于苯
香豆素-3-羧酸	coumarin-3-carboxylic acid	$C_{10}H_6O_4$	190.15	190~193(分解)				37℃在水中的溶解度为13g/L
硝基苯	nitrobenzene	$C_6H_5NO_2$	123.11	5.7	210.8	1.2		不溶于水,溶于乙醇,乙醚,苯,丙酮等多数有机溶剂
硝基甲烷	nitromethane	CH_3NO_2	61.04	−28.6	101.2	1.14	1.3805	溶于乙醇,乙醚和二甲基甲酰胺,部分溶于水
硝酸钠	sodium nitrate	$NaNO_3$	84.99	306.8	380(分解)	2.26		易溶于水,甘油,液氨,微溶于乙醇,不溶于丙酮
溴	bromine	Br_2	159.81	−7.25	59.47	3.1023	1.664	易溶于乙醇,乙醚,氯仿,二硫化碳,四氯化碳,浓盐酸和溴化物水溶液
溴苯	bromobenzene	C_6H_5Br	157.02	−30.7	156.2	1.5	1.559	不溶于水,溶于甲醇,乙醚,丙酮,苯,四氯化碳等多数有机溶剂
亚硫酸氢钠	sodium hydrogen sulfite	$NaHSO_3$	104.06	150		1.48		易溶于水,水溶液呈酸性,难溶于乙醇
亚硝酸钠	sodium nitrite	$NaNO_2$	69	271	320(分解)	2.17		易溶于水,微溶于乙醇,甲醇,乙醚
盐酸羟胺	hydroxylamine hydrochloride	$HONH_3Cl$	69.49	152(分解)		1.67		溶于热水,醇,丙三醇,不溶于乙醚

名称	英文名	分子式	分子量	熔点/℃	沸点/℃	密度(g/cm³)	折光率	溶解性
洋茉莉醛（胡椒醛）	piperonal(dehyde)	$C_8H_6O_3$	150.14	35.5～37	264			溶于乙醇、乙醚和热水，微溶于冷水
乙醇	ethanol	C_2H_6O	46.07	−114.1	78.3	0.79		与水、乙酸、丙酮、苯、四氯化碳、氯仿、乙醚、乙二醇、甘油、硝基甲烷、吡啶和甲苯等溶剂混溶
乙二醇	ethylene glycol	$C_2H_6O_2$	62.068	−12.6	197.3	1.1155		与水、乙醇、丙酮、醋酸甘油、吡啶等混溶，微溶于乙醚，不溶于石油烃及油类，能够溶解氯化锌、氯化钠、碳酸钾、氯化钾、碘化钾、氢氧化钾等无机物
乙二醇二甲基丙烯酸酯	Ethylene glycol dimethacrylate	$C_{10}H_{14}O_4$	198.22	−20	98～100/5mmHg	1.051	1.454	不溶于水，溶于部分有机溶剂
乙醚	diethyl ether	$C_4H_{10}O$	74.12	−116.2	34.6	0.71	1.3524	微溶于水，溶于乙醇、苯、氯仿、溶剂石脑油等多数有机溶剂
乙酸酐（醋酸酐）	acetic anhydride	$C_4H_6O_3$	102.09	−73	139	1.08	1.3904	溶于冷水、乙醇、乙醚、苯
乙酸乙酯	ethyl acetate	$C_4H_8O_2$	88.11	−83	77	0.902	1.3719	微溶于水，溶于乙醇、丙酮、乙醚、氯仿、苯等多数有机溶剂
乙酸异戊酯	isopentyl acetate	$C_7H_{14}O_2$	130.19	−78.5	142	0.88	1.4	微溶于水，可混溶于乙醇、乙醚、乙酸乙酯、戊醇等
乙酰二茂铁	acetylferrocene	$C_{12}H_{12}FeO$	228.07	81～86		1.014		难溶于冷水，易溶于乙醇、乙醚等有机溶剂

续表

名称	英文名	分子式	分子量	熔点/℃	沸点/℃	密度（g/cm³）	折光率	溶解性
乙酰水杨酸	aspirin	$C_9H_8O_4$	180.16	135		1.35		溶于乙醇,乙醚,微溶于水(20℃,3.3g/L)
乙酰乙酸乙酯	ethyl acetoacetate	$C_6H_{10}O_3$	130.14		181	1.02(25℃)	1.4194	微溶于水,溶于有机溶剂。25℃时在水中溶解12%,水在乙酰乙酸乙酯中溶解4.9%
异戊醇	isopentyl alcohol	$C_5H_{12}O$	88.15	−117.2	132.5	0.81(15℃)	1.4052	微溶于水,可混溶于乙醇,乙醚,苯,氯仿,石油醚,溶于丙酮,溶于多数有机溶剂
茚三酮	ninhydrin	$C_9H_4O_3$	160.13	251		0.86		微溶于乙醚及三氯甲烷
正丁醇	n−butyl alcohol	$C_4H_{10}O$	74.12	−89.8	117.7	0.81	1.3971	微溶于水,溶于乙醇,乙醚等多数有机溶剂
正丁醚	butyl ether	$C_8H_{18}O$	130.23	−97.9	142.2	0.7725(20℃)	1.3968	能与乙醇和乙醚混溶,易溶于丙酮,几乎不溶于水。20℃时在水中溶解0.03%,水在丁醚中溶解0.19%
重铬酸钠(二水合)	sodium dichromate di-hydrate	$Na_2Cr_2O_7 \cdot 2H_2O$	298	356.7		2.52		易溶于水,在水中溶解度20℃时为73.18%,100℃时为91.48%,水溶液呈酸性。不溶于醇

Ⅷ. 本书所涉及部分物质的红外光谱图和核磁共振谱图

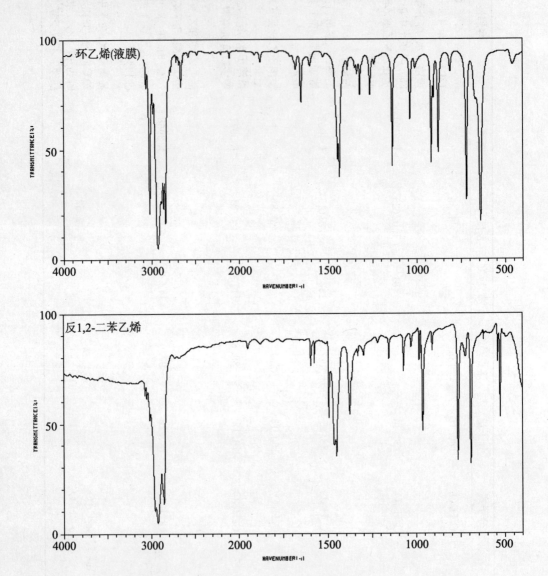

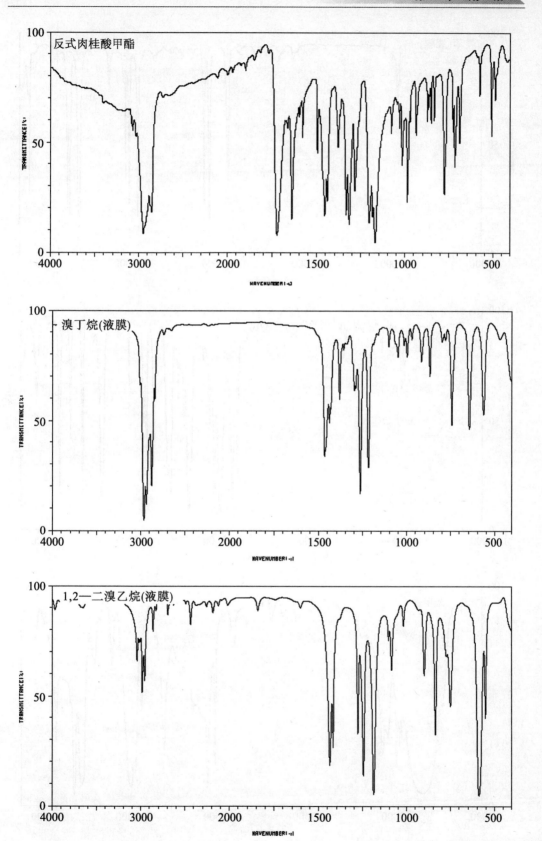

反式肉桂酸甲酯

溴丁烷(液膜)

1,2—二溴乙烷(液膜)

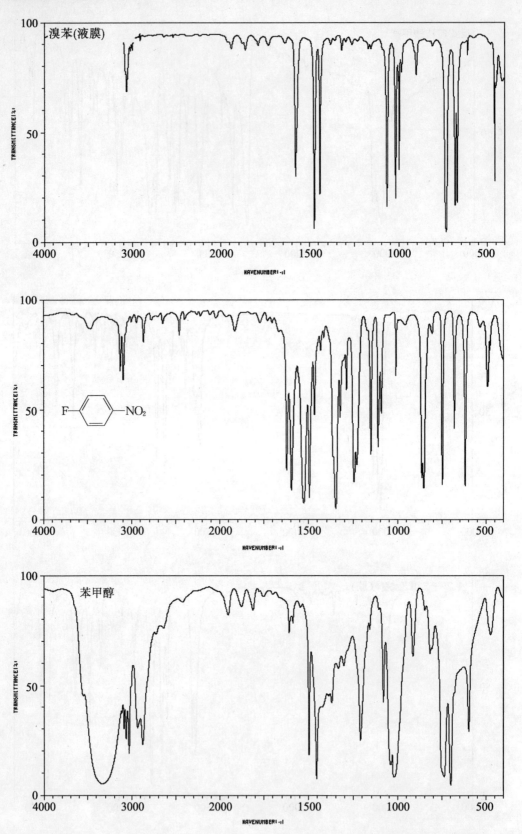

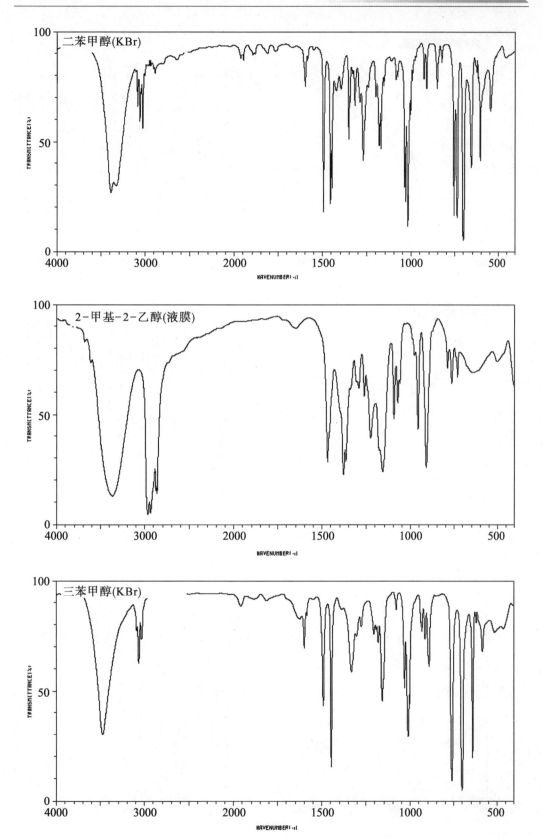

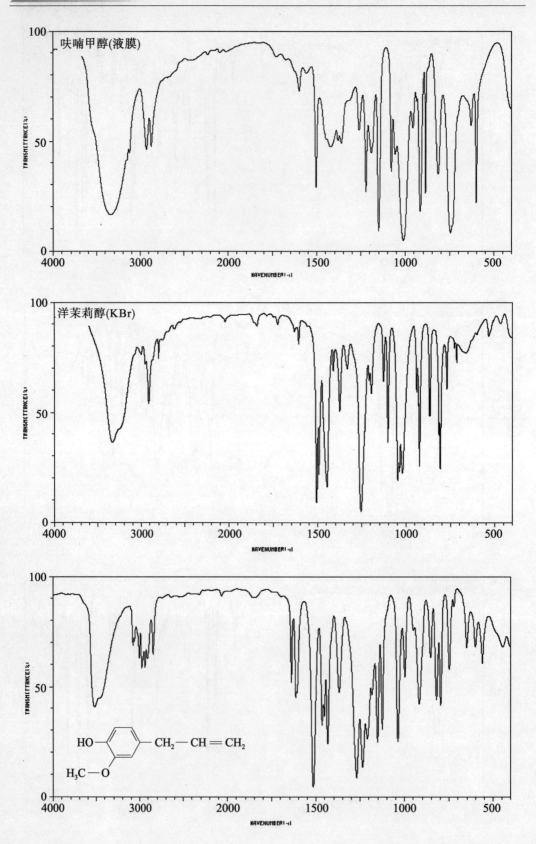

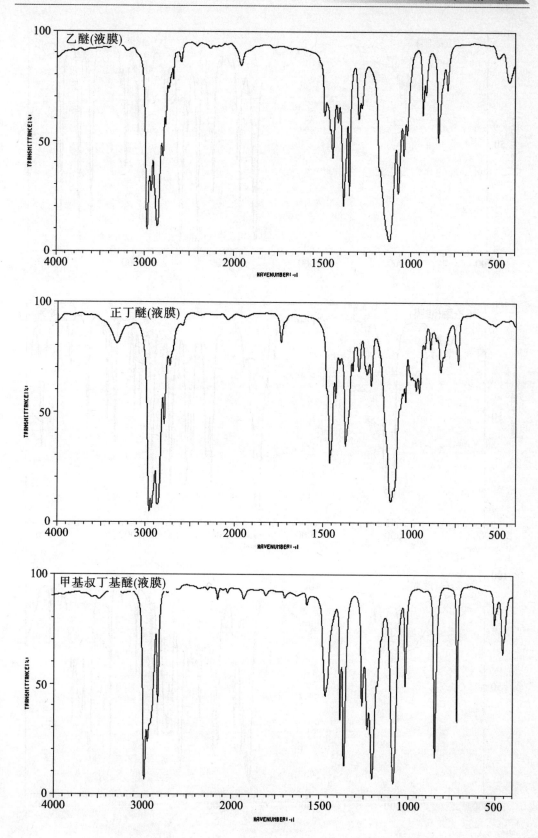

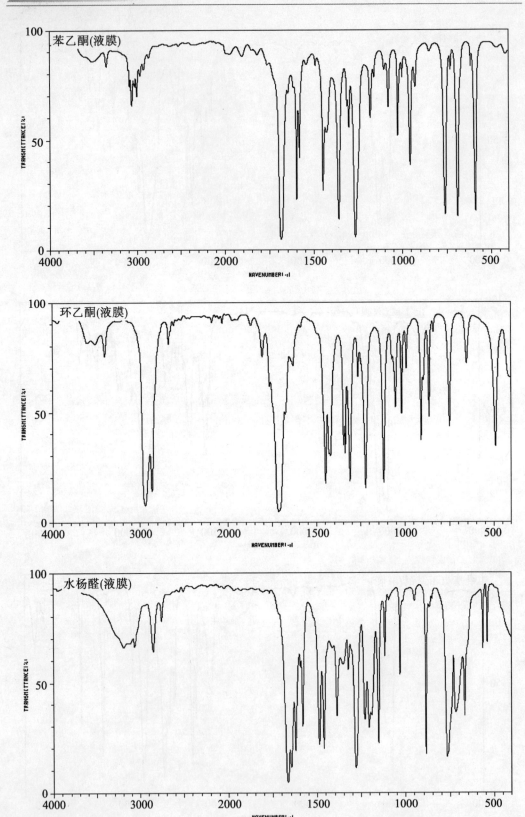

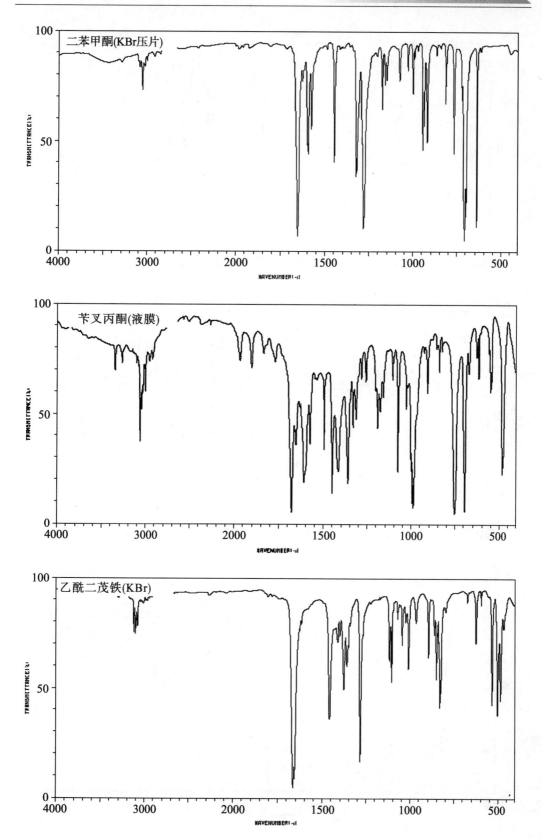

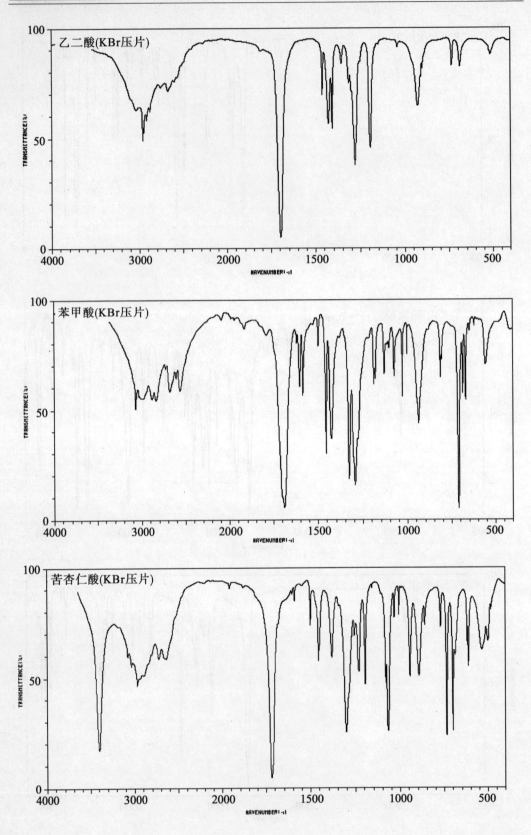

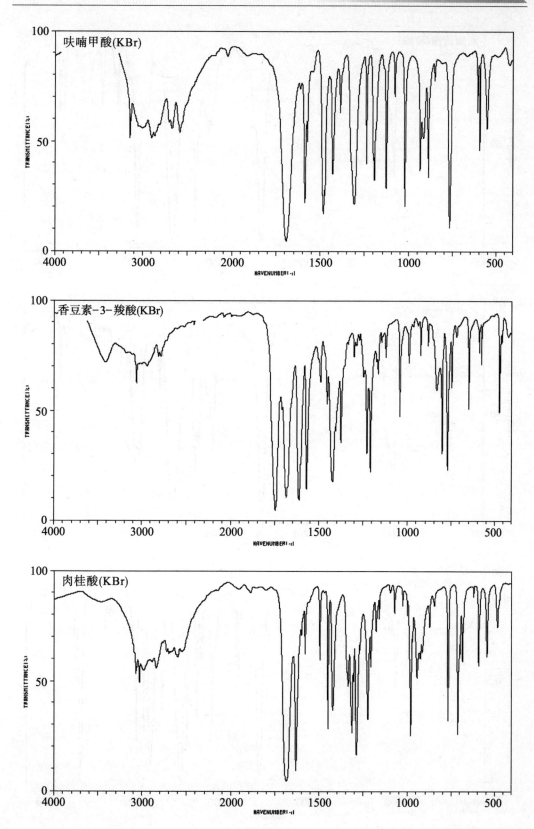

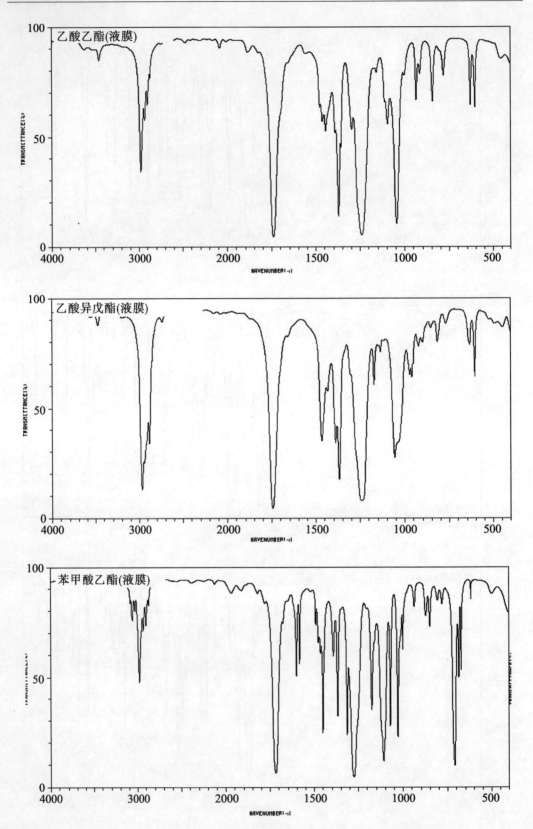

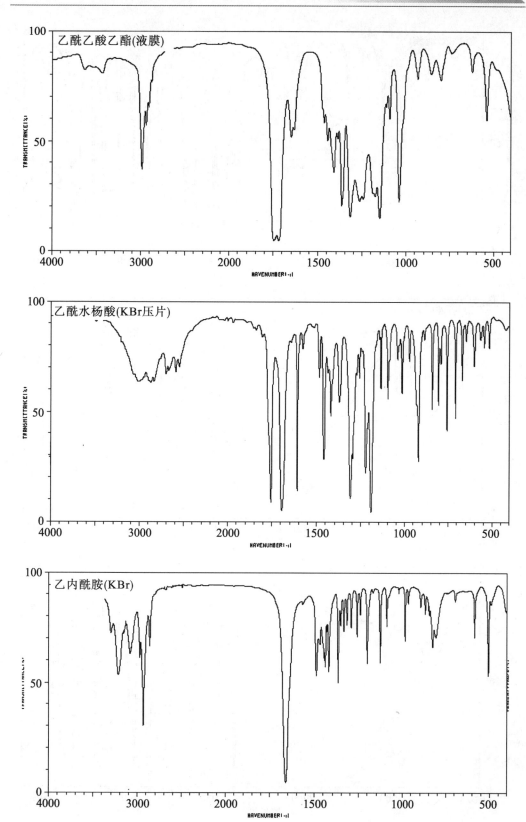

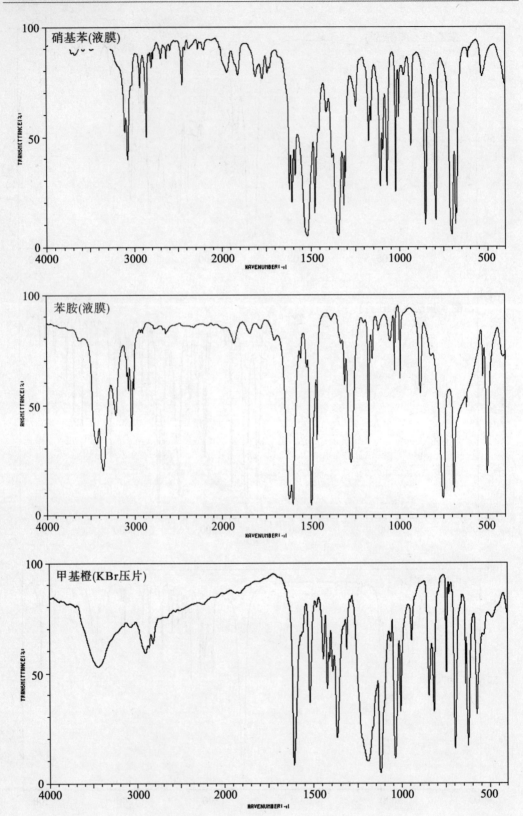

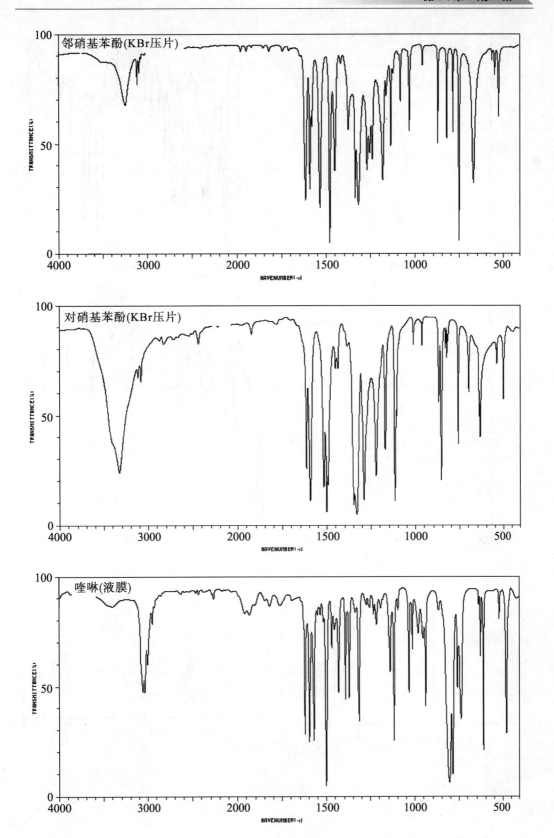

邻硝基苯酚(KBr压片)

对硝基苯酚(KBr压片)

喹啉(液膜)

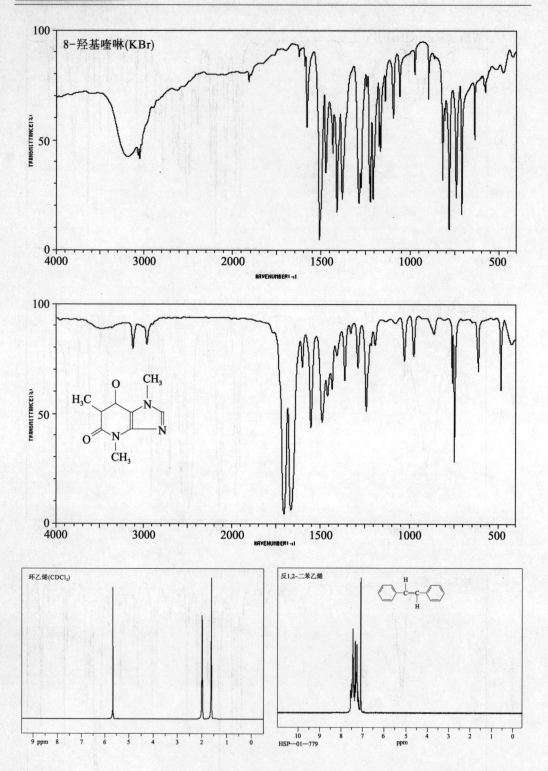

8-羟基喹啉(KBr)

环乙烯(CDCl₃)

反1,2-二苯乙烯

HSP—01—779

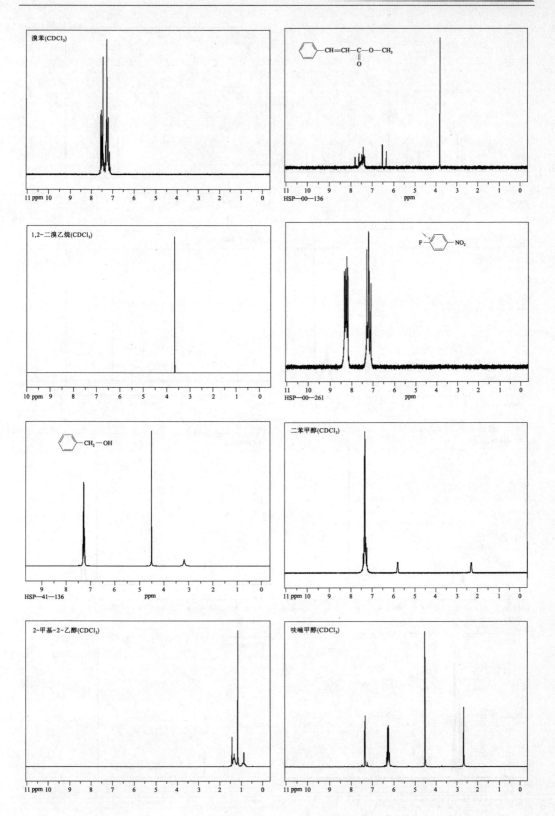

溴苯(CDCl₃)

11 ppm 10 9 8 7 6 5 4 3 2 1 0

CH=CH—C—O—CH₃
　　　　‖
　　　　O

HSP—00—136

11 10 9 8 7 6 5 4 3 2 1 0   ppm

1,2-二溴乙烷(CDCl₃)

10 ppm 9 8 7 6 5 4 3 2 1 0

F—⟨⟩—NO₂

HSP—00—261

11 10 9 8 7 6 5 4 3 2 1 0   ppm

CH₂—OH

HSP—41—136

9 8 7 6 5 4 3 2 1 0   ppm

二苯甲醇(CDCl₃)

11 ppm 10 9 8 7 6 5 4 3 2 1 0

2-甲基-2-乙醇(CDCl₃)

11 ppm 10 9 8 7 6 5 4 3 2 1 0

呋喃甲醇(CDCl₃)

11 ppm 10 9 8 7 6 5 4 3 2 1 0

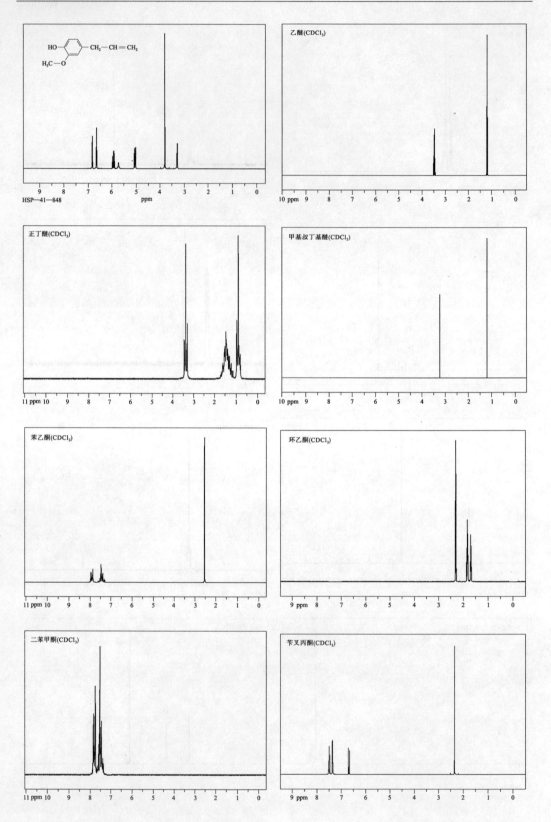

HSP—41—848

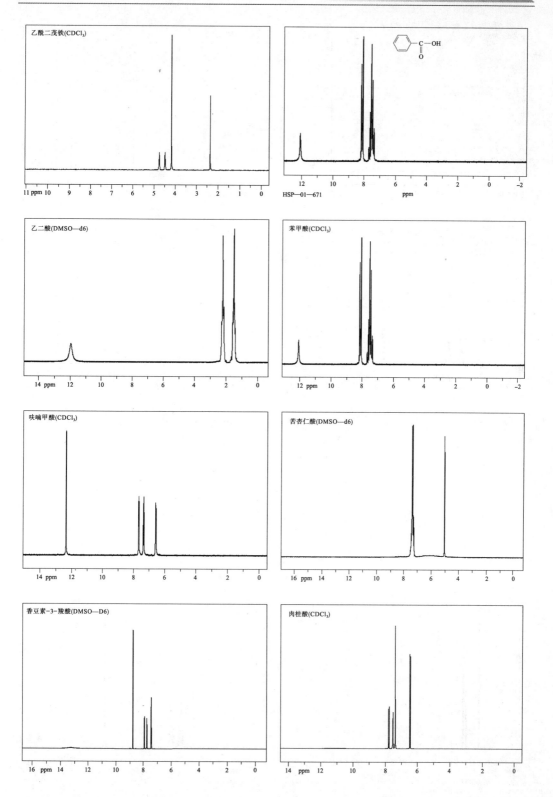

乙酰二茂铁(CDCl₃)

苯甲酸(CDCl₃)

乙二酸(DMSO—d6)

呋喃甲酸(CDCl₃)

苦杏仁酸(DMSO—d6)

香豆素-3-羧酸(DMSO—D6)

肉桂酸(CDCl₃)

HSP—01—671

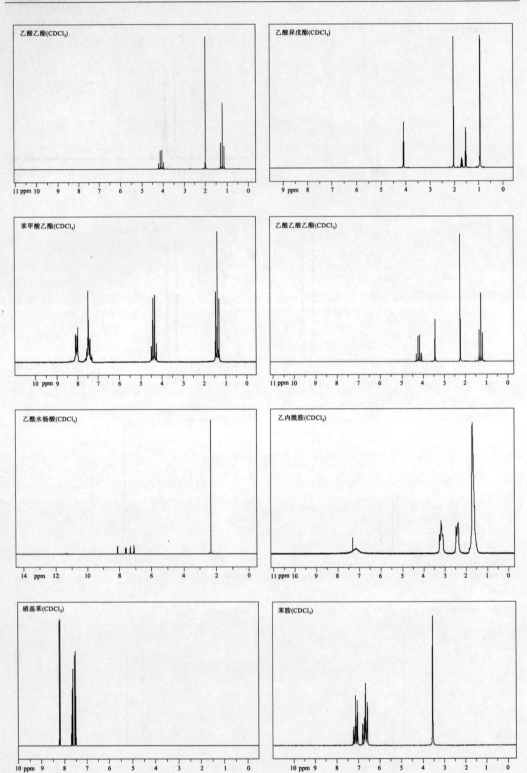

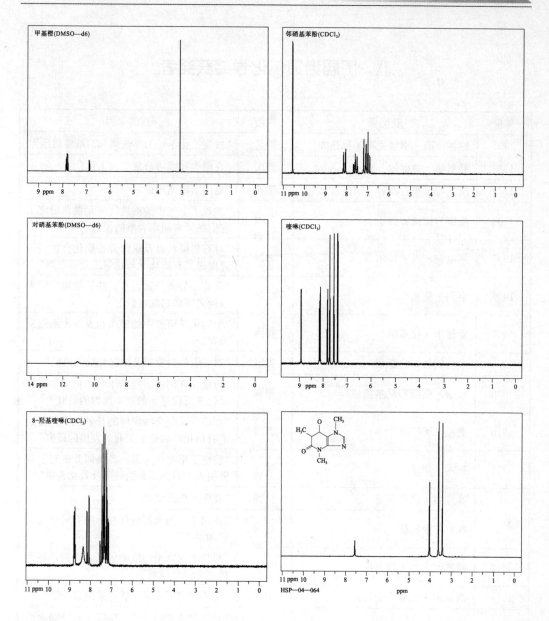

甲基橙(DMSO—d6)

邻硝基苯酚(CDCl₃)

对硝基苯酚(DMSO—d6)

喹啉(CDCl₃)

8-羟基喹啉(CDCl₃)

HSP—04—064

Ⅸ. 历届诺贝尔化学奖获奖者

年份	获奖者	国籍	获奖原因
1901	雅各布斯·亨里克斯·范托夫	荷兰	"发现了化学动力学法则和溶液渗透压"
1902	赫尔曼·费歇尔	德国	"在糖类和嘌呤合成中的工作"
1903	斯凡特·奥古斯特·阿伦尼乌斯	瑞典	"提出了电离理论"
1904	威廉·拉姆齐爵士	英国	"发现了空气中的惰性气体元素并确定了它们在元素周期表里的位置"
1905	阿道夫·冯·拜尔	德国	"对有机染料以及氢化芳香族化合物的研究促进了有机化学与化学工业的发展"
1906	亨利·莫瓦桑	法国	"研究并分离了氟元素,并且使用了后来以他名字命名的电炉"
1907	爱德华·比希纳	德国	"生物化学研究中的工作和发现无细胞发酵"
1908	欧内斯特·卢瑟福	英国	"对元素的蜕变以及放射化学的研究"
1909	威廉·奥斯特瓦尔德	德国	"对催化作用的研究工作和对化学平衡以及化学反应速率的基本原理的研究"
1910	奥托·瓦拉赫	德国	"在脂环族化合物领域的开创性工作促进了有机化学和化学工业的发展的研究"
1911	玛丽·居里	波兰	"发现了镭和钋元素,提纯镭并研究了这种引人注目的元素的性质及其化合物"
1912	维克多·格林尼亚	法国	"发明了格氏试剂"
1912	保罗·萨巴捷	法国	"发明了在细金属粉存在下的有机化合物的加氢法"
1913	阿尔弗雷德·维尔纳	瑞士	"对分子内原子连接的研究,特别是在无机化学研究领域"
1914	西奥多·威廉·理查兹	美国	"精确测定了大量化学元素的原子量"
1915	里夏德·维尔施泰特	德国	"对植物色素的研究,特别是对叶绿素的研究"
1916	(未颁奖)		
1917	(未颁奖)		
1918	弗里茨·哈伯	德国	"对从单质合成氨的研究"
1919	(未颁奖)		
1920	瓦尔特·能斯特	德国	"对热化学的研究"
1921	弗雷德里克·索迪	英国	"对人们了解放射性物质的化学性质上的贡献,以及对同位素的起源和性质的研究"
1922	弗朗西斯·阿斯顿	英国	"使用质谱仪发现了大量非放射性元素的同位素,并且阐明了整数法则"

续表

年份	获奖者	国籍	获奖原因
1923	弗里茨·普雷格尔	奥地利	"创立了有机化合物的微量分析法"
1924	（未颁奖）		
1925	里夏德·阿道夫·席格蒙迪	德国	"阐明了胶体溶液的异相性质，并创立了相关的分析法"
1926	特奥多尔·斯韦德贝里	瑞典	"对分散系统的研究"
1927	海因里希·奥托·威兰	德国	"对胆汁酸及相关物质的结构的研究"
1928	阿道夫·温道斯	德国	"对甾类的结构以及它们和维生素之间的关系的研究"
1929	阿瑟·哈登	英国	"对糖类的发酵以及发酵酶的研究"
	汉斯·冯·奥伊勒－切尔平	德国	
1930	汉斯·费歇尔	德国	"对血红素和叶绿素的组成的研究，特别是对血红素的合成的研究"
1931	卡尔·博施	德国	"发明与发展化学高压技术"
	弗里德里希·贝吉乌斯	德国	
1932	欧文·兰米尔	美国	"对表面化学的研究与发现"
1933	（未颁奖）		
1934	哈罗德·克莱顿·尤里	美国	"发现了重氢"
1935	弗雷德里克·约里奥－居里	法国	"合成了新的放射性元素"
	伊伦·约里奥－居里	法国	
1936	彼得·德拜	荷兰	"通过对偶极矩以及气体中的 X 射线和电子的衍射的研究来了解分子结构"
1937	沃尔特·霍沃思	英国	"对碳水化合物和维生素 C 的研究"
	保罗·卡勒	瑞士	"对类胡萝卜素、黄素、维生素 A 和维生素 B2 的研究"
1938	里夏德·库恩	德国	"对类胡萝卜素和维生素的研究"
1939	阿道夫·布特南特	德国	"对性激素的研究"
	拉沃斯拉夫·鲁日奇卡	瑞士	"对聚亚甲基和高级萜烯的研究"
1940	（未颁奖）		
1941	（未颁奖）		
1942	（未颁奖）		
1943	乔治·德海韦西	匈牙利	"在化学过程研究中使用同位素作为示踪物"
1944	奥托·哈恩	德国	"发现重核的裂变"
1945	阿尔图里·伊尔马里·维尔塔宁	芬兰	"对农业和营养化学的研究发明，特别是提出了饲料储藏方法"

年份	获奖者	国籍	获奖原因
1946	詹姆斯·B. 萨姆纳	美国	"发现了酶可以结晶"
	约翰·霍华德·诺思罗普	美国	"制备了高纯度的酶和病毒蛋白质"
	温德尔·梅雷迪思·斯坦利	美国	
1947	罗伯特·鲁宾逊爵士	英国	"对具有重要生物学意义的植物产物，特别是生物碱的研究"
1948	阿尔内·蒂塞利乌斯	瑞典	"对电泳现象和吸附分析的研究，特别是对于血清蛋白的复杂性质的研究"
1949	威廉·吉奥克	美国	"在化学热力学领域的贡献，特别是对超低温状态下的物质的研究"
1950	奥托·迪尔斯	西德	"发现并发展了双烯合成法"
	库尔特·阿尔德	西德	
1951	埃德温·麦克米伦	美国	"发现了超铀元素"
	格伦·西奥多·西博格	美国	
1952	阿彻·约翰·波特·马丁	英国	"发明了分配色谱法"
	理查德·劳伦斯·米林顿·辛格	英国	
1953	赫尔曼·施陶丁格	西德	"在高分子化学领域的研究发现"
1954	莱纳斯·鲍林	美国	"对化学键的性质的研究以及在对复杂物质的结构的阐述上的应用"
1955	文森特·迪维尼奥	美国	"对具有生物化学重要性的含硫化合物的研究，特别是首次合成了多肽激素"
1956	西里尔·欣谢尔伍德爵士	英国	"对化学反应机理的研究"
	尼古拉·谢苗诺夫	苏联	
1957	亚历山大·R. 托德男爵	英国	"在核苷酸和核苷酸辅酶研究方面的工作"
1958	弗雷德里克·桑格	英国	"对蛋白质结构组成的研究，特别是对胰岛素的研究"
1959	雅罗斯拉夫·海罗夫斯基	捷克	"发现并发展了极谱分析法"
1960	威拉得·利比	美国	"发展了使用碳14同位素进行年代测定的方法，被广泛使用于考古学、地质学、地球物理学以及其他学科"
1961	梅尔文·卡尔文	美国	"对植物吸收二氧化碳的研究"
1962	马克斯·佩鲁茨	英国	"对球形蛋白质结构的研究"
	约翰·肯德鲁	英国	
1963	卡尔·齐格勒	西德	"在高聚物的化学性质和技术领域中的研究发现"
	居里奥·纳塔	意大利	
1964	多萝西·克劳福特·霍奇金	英国	"利用X射线技术解析了一些重要生化物质的结构"

年份	获奖者	国籍	获奖原因
1965	罗伯特·伯恩斯·伍德沃德	美国	"在有机合成方面的杰出成就"
1966	罗伯特·S. 马利肯	美国	"利用分子轨道法对化学键以及分子的电子结构所进行的基础研究"
1967	曼弗雷德·艾根	西德	"利用很短的能量脉冲对反应平衡进行扰动的方法，对高速化学反应的研究"
	罗纳德·乔治·雷伊福特·诺里什	英国	
	乔治·波特	英国	
1968	拉斯·昂萨格	美国	"发现了以他的名字命名的倒易关系，为不可逆过程的热力学奠定了基础"
1969	德里克·巴顿	英国	"发展了构象的概念及其在化学中的应用"
	奥德·哈塞尔	挪威	
1970	卢伊斯·弗德里科·莱洛伊尔	阿根廷	"发现了糖核苷酸及其在碳水化合物的生物合成中所起的作用"
1971	格哈德·赫茨贝格	加拿大	"对分子的电子构造与几何形状，特别是自由基的研究"
1972	克里斯蒂安·B. 安芬森	美国	"对核糖核酸酶的研究，特别是对其氨基酸序列与生物活性构象之间的联系的研究"
	斯坦福·摩尔	美国	"对核糖核酸酶分子的活性中心的催化活性与其化学结构之间的关系的研究"
	威廉·霍华德·斯坦	美国	
1973	恩斯特·奥托·菲舍尔	西德	"对金属有机化合物，又被称为夹心化合物的化学性质的开创性研究"
	杰弗里·威尔金森	英国	
1974	保罗·弗洛里	美国	"高分子物理化学的理论与实验两个方面的基础研究"
1975	约翰·康福思	英国	"酶催化反应的立体化学的研究"
	弗拉迪米尔·普雷洛格	瑞士	"有机分子和反应的立体化学的研究"
1976	威廉·利普斯科姆	美国	"对硼烷结构的研究，解释了化学成键问题"
1977	伊利亚·普里高津	比利时	"对非平衡态热力学的贡献，特别是提出了耗散结构的理论"
1978	彼得·米切尔	英国	"利用化学渗透理论公式，为了解生物能量传递作出贡献"
1979	赫伯特·布朗	美国	"分别将含硼和含磷化合物发展为有机合成中的重要试剂"
	格奥尔格·维蒂希	西德	
1980	保罗·伯格	美国	"对核酸的生物化学研究，特别是对重组DNA的研究"
	沃特·吉尔伯特	美国	"对核酸中DNA碱基序列的确定方法"
	弗雷德里克·桑格	英国	

续表

年份	获奖者	国籍	获奖原因
1981	福井谦一	日本	"通过他们各自独立发展的理论来解释化学反应的发生"
	罗德·霍夫曼	美国	
1982	阿龙·克卢格	英国	"发展了晶体电子显微术，并且研究了具有重要生物学意义的核酸－蛋白质复合物的结构"
1983	亨利·陶布	美国	"对特别是金属配合物中电子转移反应机理的研究"
1984	罗伯特·布鲁斯·梅里菲尔德	美国	"开发了固相化学合成法"
1985	赫伯特·豪普特曼	美国	"在发展测定晶体结构的直接法上的杰出成就"
	杰尔姆·卡尔	美国	
1986	达德利·赫施巴赫	美国	"对研究化学基元反应的动力学过程的贡献"
	李远哲	中国台湾	
	约翰·查尔斯·波拉尼	加拿大	
1987	唐纳德·克拉姆	美国	"发展和使用了可以进行高选择性结构特异性相互作用的分子"
	让－马里·莱恩	法国	
	查尔斯·佩德森	美国	
1988	约翰·戴森霍费尔	西德	"对光合反应中心的三维结构的测定"
	罗伯特·胡贝尔	西德	
	哈特穆特·米歇尔	西德	
1989	悉尼·奥尔特曼	加拿大	"发现了RNA的催化性质"
	托马斯·切赫	美国	
1990	艾里亚斯·詹姆斯·科里	美国	"发展了有机合成的理论和方法学"
1991	理查德·恩斯特	瑞士	"对开发高分辨率核磁共振（NMR）谱学方法的贡献"
1992	鲁道夫·马库斯	美国	"对化学体系中电子转移反应理论的贡献"
1993	凯利·穆利斯	美国	"发展了以DNA为基础的化学研究方法，开发了聚合酶连锁反应（PCR）"
	迈克尔·史密斯	加拿大	"发展了以DNA为基础的化学研究方法，对建立寡聚核苷酸为基础的定点突变及其对蛋白质研究的发展的基础贡献"
1994	乔治·安德鲁·欧拉	美国	"对碳正离子化学研究的贡献"
1995	保罗·克鲁岑	荷兰	"对大气化学的研究，特别是有关臭氧分解的研究"
	马里奥·莫利纳	美国	
	弗兰克·舍伍德·罗兰	美国	

年份	获奖者	国籍	获奖原因
1996	罗伯特·柯尔	美国	"发现富勒烯"
	哈罗德·克罗托爵士	英国	
	理查德·斯莫利	美国	
1997	保罗·博耶	美国	"阐明了三磷酸腺苷（ATP）合成中的酶催化机理"
	约翰·沃克	英国	
	延斯·克里斯蒂安·斯科	丹麦	
1998	沃尔特·科恩	美国	"创立了密度泛函理论"
	约翰·波普	英国	发展了量子化学中的计算方法
1999	亚米德·齐威尔	埃及	"用飞秒光谱学对化学反应过渡态的研究"
2000	艾伦·黑格	美国	"发现和发展了导电聚合物"
	艾伦·麦克德尔米德	美国	
	白川英树	日本	
2001	威廉·斯坦迪什·诺尔斯	美国	"对手性催化氢化反应的研究"
	野依良治	日本	
	巴里·夏普莱斯	美国	
2002	约翰·贝内特·芬恩	美国	"发展了对生物大分子进行鉴定和结构分析的方法，建立了软解析电离法对生物大分子进行质谱分析"
	田中耕一	日本	
	库尔特·维特里希	瑞士	"发展了对生物大分子进行鉴定和结构分析的方法，建立了利用核磁共振谱学来解析溶液中生物大分子三维结构的方法"
2003	彼得·阿格雷	美国	"对细胞膜中的离子通道的研究，发现了水通道"
	罗德里克·麦金农	美国	"对细胞膜中的离子通道的研究，对离子通道结构和机理的研究"
2004	阿龙·切哈诺沃	以色列	"发现了泛素介导的蛋白质降解"
	阿夫拉姆·赫什科	以色列	
	欧文·罗斯	美国	
2005	伊夫·肖万	法国	"发展了有机合成中的复分解法"
	罗伯特·格拉布	美国	
	理查德·施罗克	美国	
2006	罗杰·科恩伯格	美国	"对真核转录的分子基础的研究"
2007	格哈德·埃特尔	德国	"对固体表面化学进程的研究"

续表

年份	获奖者	国籍	获奖原因
2008	下村脩	美国	"发现和改造了绿色荧光蛋白（GFP）"
	马丁·查尔菲	美国	
	钱永健	美国	
2009	文卡特拉曼·拉马克里希南	英国	"对核糖体结构和功能方面的研究"
	托马斯·施泰茨	美国	
	阿达·约纳特	以色列	
2010	理查德·赫克	美国	"对有机合成中钯催化偶联反应的研究"
	根岸英一	日本	
	铃木章	日本	
2011	丹·谢赫特曼	以色列	"准晶体的发现"
2012	罗伯特·莱夫科维茨	美国	"对G蛋白偶联受体的研究"

参考文献

[1] 兰州大学. 有机化学实验. 第 3 版. 北京:高等教育出版社,2010.

[2] 高占先. 有机化学实验. 第 4 版. 北京:高等教育出版社,2004.

[3] 周科衍,商白先. 有机化学实验. 第 3 版. 北京:高等教育出版社,2000.

[4] 武汉大学化学与分子科学学院实验中心. 有机化学实验. 武汉:2004.

[5] 曾昭琼. 有机化学实验. 第 2 版. 北京:高等教育出版社,1987.

[6] 黄涛. 有机化学实验. 第 2 版. 北京:高等教育出版社,1998.

[7] 焦家俊. 有机化学实验. 第 2 版. 上海:上海交通大学出版社,2010.

[8] 赵斌. 有机化学实验. 青岛:中国海洋大学出版社,2009.

[9] 徐雅琴,杨玲,王春. 有机化学实验. 北京:化学工业出版社,2010.

[10] 贾瑛,许国根,张剑. 绿色有机化学实验. 西安:西北工业大学出版社,2009.

[11] 刘红英. 有机化学实验. 北京:中国农业出版社,2008.

[12] 周宁怀,王德林. 微型有机化学实验. 北京:科学出版社,1999.

[13] 贾云宏,张晓峰. 有机化学实验及学习指导. 北京:科学普及出版社,2008.

[14] 郭书好. 有机化学实验. 武汉:华中科技大学出版社,2008.

[15] 谷瑶珉. 有机化学实验. 上海:复旦大学出版社,1991.

[16] SMITH P. W. ,FURNISS B. S. ,VOLGEL A. I.. *Vogel's Textbook of Prectical Organic Chemistry*[M]. 5th Ed. New York:Halslead Press,1989.

[17] WILCOX Jr CF. *Experimental Organic Chemistry:A Small Scale Approach* [M]. New York:Macmillan,1988.

[18] BELL C. E. ,CLARK A. K. ,TABER D. F. ,et al. *Organic Chemistry Laboratory Standard&Microscale Experiments*[M]. 2nd Ed. New York:Saunders College Publishing,1997.

[19] MOHRIG J. R. ,HAMMOND C. N. ,MORRILL T. C. ,et al. *Experimental Organica Chemistry:A Balanced Approach ,Macroscale and Microscale*[M]. New York:W. H. Freeman,1998.

[20] PAVIA D. L. ,LAMPMAN G. M. ,KRIZ S.. *Introduction to Organic Laboratory Techniques:A Contemporary Approach* [M]. 3rd Ed. Philadelphia:Saunders College Publishing,1998.

[21] PALLEROS D. R.. *Experimental Organica Chemistry*[M]. New York:John W-iley&Sons Inc,2000.

图书在版编目（CIP）数据

有机化学实验/余天桃主编. —济南:山东人民出版社，2013.9
ISBN 978-7-209-07556-5

I. ①有… II. ①余… III. ①有机化学—化学实验
IV. ①O62-33

中国版本图书馆 CIP 数据核字(2013)第 204300 号

责任编辑:王　晶　李　楠

有机化学实验
余天桃　主编
山东出版集团
山东人民出版社出版发行
社　址:济南市经九路胜利大街 39 号　　邮　编:250001
网　址:http://www.sd-book.com.cn
发行部:(0531)82098027　82098028
新华书店经销
山东临沂新华印刷物流集团印装

规　格　16 开(185mm ×260mm)
印　张　20.5
字　数　470 千字
版　次　2013 年 9 月第 1 版
印　次　2013 年 9 月第 1 次
ISBN 978-7-209-07556-5
定　价　41.00 元

如有质量问题,请与印刷单位联系调换。(0539)2925888